BIM 应用工程师丛书

中国制造2025人才培养系列丛书

造价 BIM 应用工程师教程

工业和信息化部教育与考试中心　编

机 械 工 业 出 版 社

本书作为建筑信息模型（BIM）专业技术技能培训考试丛书（中级）的配套教材，全书内容由浅到深，循序渐进地讲解造价行业 BIM 应用的内容，知识点全面，通俗易懂。内容讲解以 Revit 2019 及斯维尔软件为主要操作平台，并配合大量的实操案例，使读者能更好地巩固所学知识。书中以造价 BIM 在各阶段应用为主要讲解流程，涵盖了一个造价 BIM 应用工程师应具有的技术技能要点，同时也讲解了鲁班、晨曦、品茗这几款软件对于造价 BIM 的解决方案及应用。本书可帮助广大造价行业从业人员理解 BIM 特点，快速掌握造价 BIM 的理论和操作方法，让大家可以把 BIM 技术尽快应用到项目实战中。

本书不仅可以作为建筑信息模型（BIM）专业技术技能考试用书，还可作为初学者进阶学习造价 BIM 应用知识点的用书，更是造价行业人员学习了解 BIM 造价技术，进阶“充电”的参考用书。

图书在版编目（CIP）数据

造价 BIM 应用工程师教程 / 工业和信息化部教育与考试中心编. —北京：机械工业出版社，2020.4
（BIM 应用工程师丛书. 中国制造 2025 人才培养系列丛书）
ISBN 978-7-111-64982-3

Ⅰ.①造…　Ⅱ.①工…　Ⅲ.①建筑工程-工程造价-应用软件-技术培训-教材　Ⅳ.①TU723.3-39

中国版本图书馆 CIP 数据核字（2020）第 039781 号

机械工业出版社（北京市百万庄大街 22 号　邮政编码 100037）
策划编辑：李　莉　　责任编辑：李　莉　沈百琦　常金锋　王靖辉
责任校对：王明欣　　封面设计：鞠　杨
责任印制：张　博
北京铭成印刷有限公司印刷

2020 年 5 月第 1 版第 1 次印刷
184mm×260mm · 16.5 印张 · 440 千字
标准书号：ISBN 978-7-111-64982-3
定价：78.00 元

电话服务
客服电话：010-88361066
　　　　　010-88379833
　　　　　010-68326294

网络服务
机 工 官 网：www.cmpbook.com
机 工 官 博：weibo.com/cmp1952
金 书 网：www.golden-book.com
机工教育服务网：www.cmpedu.com

丛书编委会

本书编委会

本书编委会主任：

虞国明　杭州三才工程管理咨询有限公司
段　然　中国建筑第二工程局有限公司

本书编委会副主任：

彭　明　深圳市斯维尔科技股份有限公司
曾开发　福建省晨曦信息科技股份有限公司
胡定贵　天职工程咨询股份有限公司
李　旭　上海益埃毕建筑科技有限公司

本　书　编　委：

朱国亚　杭州三才工程管理咨询有限公司
龙乃武　深圳市斯维尔科技股份有限公司
孙精学　江苏盛德量行建设咨询有限公司
毛贞美　浙江钜元建设有限公司
张洪钢　万邦工程管理咨询有限公司
何朝霞　安徽鼎信项目管理股份有限公司
张新奇　四川宏业建科工程管理有限公司
林　兵　重庆工元工程项目管理有限公司
陈菊近　杭州三才工程管理咨询有限公司
王勇军　中铁十二局集团第四工程有限公司
尤　忆　台州职业技术学院
汪　林　安徽鼎信造价咨询有限公司
顾　靖　上海国际旅游度假区工程建设有限公司
农小毅　广西毅创工程项目管理有限公司
姚志淳　深圳市斯维尔科技股份有限公司
徐　然　上海东方投资监理有限公司
龚东晓　北京华文燕园文化有限公司
刘见见　上海交通职业技术学院轨道学院
陈文灵　福建省晨曦信息科技股份有限公司
张　铮　福建省晨曦信息科技股份有限公司
杨　俊　广西火天信工程管理咨询有限公司
陈　震　广西火天信工程管理咨询有限公司
刘　利　杭州品茗安控信息技术股份有限公司
于学刚　杭州绿城鼎力建设管理有限公司
袁佳成　上海第一测量师事务所有限公司
吴天晴　苏州新一造价师价格事务所有限公司
黄开良　云南筑模科技有限公司
张翠红　新疆建设职业技术学院
付庆学　中电建建筑集团有限公司
梁承龙　广西交通职业技术学院
莫正贺　广西微比建筑科技有限公司
周文铄　上海东方投资监理有限公司
郭泽猛　浙江中南建设集团有限公司

出版说明

为增强建筑业信息化发展能力，优化建筑信息化发展环境，加快推动信息技术与建筑工程管理发展深度融合，工业和信息化部教育与考试中心聘任BIM专业技术技能项目工作组专家（工信教［2017］84号），成立了BIM项目中心（工信教［2017］85号），承担BIM专业技术技能项目推广与技术服务工作，并且发布了《建筑信息模型（BIM）应用工程师专业技术技能人才培训标准》（工信教［2018］18号）。该标准的发布为专业技术技能人才教育和培训提供了科学、规范的依据，其中对BIM人才岗位能力的具体要求标志着行业BIM人才专业技术技能评价标准的建立健全，这将有利于加快培养一支结构合理、素质优良的行业技术技能人才队伍。

基于以上工作，工业和信息化部教育与考试中心以《建筑信息模型（BIM）应用工程师专业技术技能人才培训标准》为依据，组织相关专家编写了本套BIM应用工程师丛书。本套丛书分初级、中级、高级。初级针对BIM入门人员，主要讲解BIM建模、BIM基本理论；中级针对各行各业不同工作岗位的人员，主要培养运用BIM的技术技能；高级针对项目负责人、企业负责人，将BIM技术融入管理。本套丛书具有以下特点：

1. 整套丛书围绕《建筑信息模型（BIM）应用工程师专业技术技能人才培训标准》编写。要求明确，体系统一。
2. 为突出广泛性和实用性，编写人员涵盖建设单位、咨询企业、施工企业、设计单位、高等院校等。
3. 根据读者的基础不同，分适用层次编写。
4. 将理论知识与实际操作融为一体，理论知识以够用、实用为原则，重点培养操作能力和思维方法。

希望本套丛书的出版能够提升相关从业人员对BIM的认知和掌握程度，为培养市场需要的BIM技术人才、管理人才起到积极推动作用。

本丛书编委会

序

国务院办公厅在国办发［2017］19 号文件中提出“加快推进建筑信息模型（BIM）技术在规划、勘察、设计、施工和运营维护全过程的集成应用，实现工程建设项目全生命周期数据共享和信息化管理，为项目方案优化和科学决策提供依据，促进建筑业提质增效。”国家发展和改革委员会（发改办高技［2016］1918 号文件）提出支撑开展“三维空间模型（BIM）及时空仿真建模”。同时，住建部、水利部、交通运输部等部委，铁路、电力等行业，以及各地房管局、造价站、质监局等均在大力推进 BIM 技术应用。建筑业信息化是建筑业发展战略的重要组成部分，也是建筑业发展方式、提质增效、节能减排的必然要求。

工业和信息化部教育与考试中心依据当前建筑行业信息化发展的实际情况，组织有关专家，根据 BIM 人才培训标准，编写了本套 BIM 应用工程师丛书。希望本套丛书能为我国 BIM 技术的发展添砖加瓦，为广大建筑业的从业者和 BIM 技术相关人员带来实质性的帮助。在此，也诚挚地感谢各位 BIM 专家对此丛书的研发、充实和提炼。

这不仅是一套 BIM 技术应用丛书，更是一笔能启迪建筑人适应信息化进步的精神财富，值得每一个建筑人去好好读一读！

住房和城乡建设部原总工程师

姚兵

18/5/2018.

前　言

随着我国改革开放的推进和物质文化水平的提高，人们对建筑物的需求从传统的居住和使用功能开始向外观更个性化、内在更舒适的一个环境与质量并重的需求转变，日益多样化的建筑形体的改变也对建筑结构行业中从事造价工作的人员带来了更高的挑战。

本书作为造价 BIM 应用工程师技能考试配套教材，全书将造价 BIM 应用的内容循序渐进地进行了介绍讲解。首先介绍造价的定义及基本概念、造价 BIM 在工程造价各阶段的应用，读者通过这一部分的学习可了解到什么是造价，工程应用造价 BIM 的必要性以及造价 BIM 对造价行业的影响等。其次介绍造价 BIM 模型在各阶段的获取方式，方便造价人员在应用 BIM 技术时更好地进行工作。然后带领读者结合 Revit + 斯维尔软件以一个项目案例来讲解造价 BIM 技术整个工作流程中如何准备建立造价模型、完善造价模型、使用造价模型进行计算工程量并计价的方式和方法。本书在最后介绍了几种造价 BIM 软件在工程造价中的应用以及各自的技术特点和优势。

通过本书的学习，希望有更多造价行业的人士能够认识 BIM，了解 BIM 技术在工程造价中的价值以及学会使用 BIM 技术，推进造价 BIM 应用的发展。

本书为方便读者学习，还配套提供了书中需要用到的样板案例等，读者可使用样板案例随书进行操作。样板案例文件可登录机械工业出版社教育服务网 www. cmpedu. com 进行注册下载。

由于编者水平有限，书中疏漏和不妥之处在所难免，还望各位读者不吝赐教，以期再版时改正。

编　者

目　录

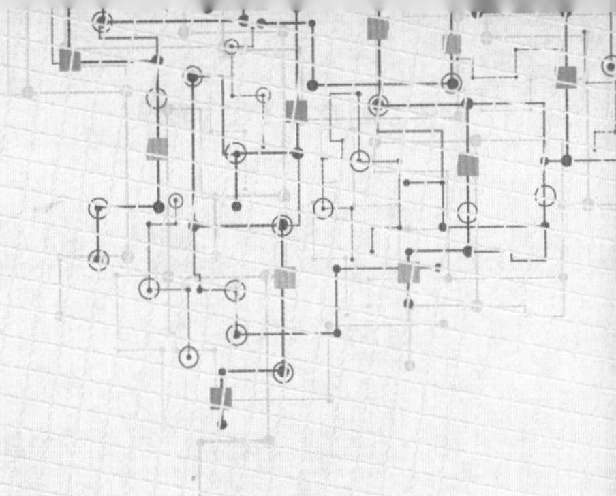

第 1 章　造价行业 BIM 应用概述

第 1 节　工程造价概述

1.1.1 工程造价定义

1. 概念

工程造价顾名思义是建设工程产品的建造价格，指工程项目在建设期预计或实际支出的建设费用，分以下两种含义。

第一种含义（广义）：工程造价是指进行某项工程建设花费的全部费用，即该工程项目有计划地进行固定资产再生产，形成相应无形资产和铺底流动资金的一次性费用总和。显然，这一含义是从投资者——业主的角度来定义的。投资者选定一个项目后，就要通过项目评估进行决策，然后进行设计招标、工程招标，直到竣工验收等一系列投资管理活动。在投资活动中所支付的全部费用形成了固定资产和无形资产。所有这些开支就构成了工程造价。从这个意义上说，工程造价就是工程投资费用，建设项目工程造价就是建设项目固定资产投资。

第二种含义（狭义）：工程造价是指工程价格，即为建成某一项工程，预计或实际在土地市场、设备市场、技术劳务市场等交易活动中所形成的建筑安装工程的价格和建设工程总价格。显然，工程造价的第二种含义是以社会主义商品经济和市场经济为前提。它以工程这种特定的商品形成作为交换对象，通过招标投标、承发包或其他交易形成，在进行多次性预估的基础上，最终由市场形成的价格。通常是把工程造价的第二种含义认定为工程承发包价格。

所谓工程造价的两种含义是以不同角度阐述同一事物的本质。对建设工程的投资者来说，工程造价就是项目投资，是“购买”项目付出的价格；同时也是投资者在作为市场供给主体时“出售”项目时定价的基础。对于承包商来说，工程造价是他们作为市场供给主体出售商品和劳务的价格的总和，或是特指一定范围的工程造价，如建筑安装工程造价。

目前，国内学术界对其进行了新的定义：工程造价是以土木工程技术（或安装工程技术）为基础，对拟建和在建工程进行计量与计价，并在实施中控制支付的一种工程管理技术。

2. 工程造价的特点

（1）大额性　任何一项建设工程，不仅实物形态庞大，且造价高昂，需投资几百万、几千万甚至上亿的资金。工程造价的大额性关系到多方面的经济利益，同时也会对社会宏观经济产生重大影响。

（2）单个性　任何一项建设工程都有特殊的用途，其功能、用途各不相同。因而，使得每一

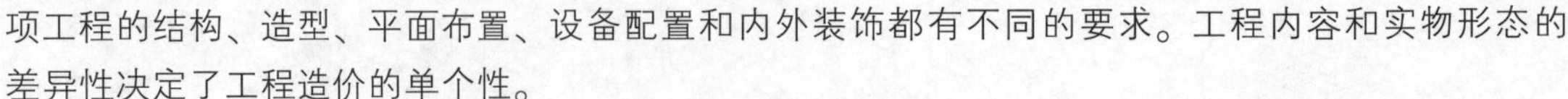

项工程的结构、造型、平面布置、设备配置和内外装饰都有不同的要求。工程内容和实物形态的差异性决定了工程造价的单个性。

（3）动态性　任何一项建设工程从决策到竣工交付使用，都有一个较长的建设期。在这一期间，如工程变更、材料价格、费率、利率、汇率等发生变化，这种变化必然会影响工程造价的变动，直至竣工决算后才能最终确定工程造价，建设周期长，资金的时间价值较突出。

（4）层次性　一个建设项目往往含有多个单项工程，一个单项工程又是由多个单位工程组成。与此相适应，工程造价也由五个层次相对应，即建设项目总造价、单项工程造价、单位工程造价、分部工程造价和分项工程造价。

（5）阶段性（多次性）　建设工程周期长、规模大、造价高，不能一次确定最终的价格，要在建设程序的各个阶段进行计价，以保证工程造价确定和控制的科学性。多次性计价是一个逐步深化、逐步细化、逐步接近最终造价的过程。

1.1.2 工程造价管理概念

工程造价管理是指综合运用管理学、经济学、工程技术和法务等方面的知识与技能，对工程造价进行预测、计划、控制、核算、分析和评价等的过程。采用科学的方法，为了实现一定的目标而进行计划、预测、组织、指挥、监控等，采用科学的方法对建设造价进行控制，确保建筑工程能顺利进行。造价管理是一项较复杂的工作，它包括项目的前期考察、设计、施工、验收等多个环节的内容，这也决定了造价管理工作在建筑工程中的重要地位。

1. 工程造价管理的目标和任务

（1）工程造价管理的目标　按照经济规律的要求，根据社会主义市场经济的发展形势，利用科学管理的方法和先进的管理手段，合理地确定造价和有效地控制造价，以提高投资效益和建筑安装企业经营效果。

（2）工程造价管理的任务　加强工程造价的全过程动态管理，强化工程造价的约束机制，维护有关各方的经济利益，规范价格行为，促进微观效益和宏观效益的统一。

2. 工程造价管理的基本内容

在工程建设全过程的不同阶段，工程造价管理有着不同的工作内容，其目的是在优化建设方案、设计方案、施工方案的基础上，有效控制建设工程项目的实际支出费用。

（1）工程项目决策阶段　按照有关规定编制和审核投资估算，经有关部门批准，即可作为拟建工程项目的控制造价；基于不同投资方案进行经济评价，作为工程项目决策的重要依据。

（2）工程项目设计阶段　在限额设计、优化方案设计的基础上编制和审核工程设计概算、施工图预算。对于政府投资工程而言，经过有关部门批准的设计概算，将作为拟建工程项目造价的最高限额。

（3）工程项目发承包阶段　进行招标策划、编制和审核工程量清单、编制招标控制价、确定投标报价及其策略，直至确定承包合同价。

（4）工程项目施工阶段　进行工程计量及工程款制度管理，实施工程费用动态监控，处理工程变更和索赔，编制和审核工程结算、竣工决算，处理工程保修费用等。

1.1.3 我国工程造价行业发展

改革开放前的很长一段时间，我国工程造价管理模式一直沿用着苏联模式——基本建设概预算制度。改革开放后，工程造价管理历经了计划经济时期的概预算管理——定额管理的“量价统

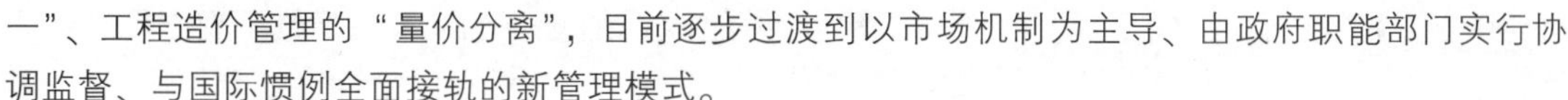

一”、工程造价管理的“量价分离”，目前逐步过渡到以市场机制为主导、由政府职能部门实行协调监督、与国际惯例全面接轨的新管理模式。

我国的工程造价管理经历了以下几个阶段：

第一阶段，从建国初期到20世纪50年代中期，是无统一预算定额与单价情况的工程造价计价模式。这一时期主要是通过设计图计算出的工程量来确定工程造价。当时计算工程量，没有统一的规则，只是由估价员根据企业的累积资料和本人的工作经验，结合市场行情进行工程报价，经过和业主协商，达成最终工程造价。

第二阶段，从20世纪50年代到20世纪90年代初期，是有政府统一预算定额与单价情况下的工程造价计价模式，基本是政府决定造价。这一阶段延续的时间最长，并且影响最为深远。当时的工程计价基本上是在统一预算定额与单价情况下进行的，因此工程造价的确定主要是按设计图及统一的工程量计算规则计算工程量，并套用统一的预算定额与单价，计算出工程直接费，再按规定计算间接费及有关费用，最终确定工程的概算造价或预算造价，并在竣工后编制决算，经审核后的决算即为工程的最终造价。

第三阶段，从20世纪90年代至21世纪初期，这段时间造价管理沿袭了以前的造价管理方法，同时随着我国社会主义市场经济的发展，国家建设部对传统的预算定额计价模式提出了“控制量，放开价，引入竞争”的基本改革思路。各地在编制新预算定额的基础上，明确规定预算定额单价中的材料、人工、机械价格作为编制期的基期价，定期发布当月市场价格信息进行动态指导，在规定的幅度内予以调整，同时在引入竞争机制方面做了新的尝试。

第四阶段，2003年3月有关部门颁布《建设工程工程量清单计价规范》，2003年7月1日起在全国实施，工程量清单计价是在建设施工招标投标时招标人依据工程施工图纸、招标文件要求，以统一的工程量计算规则和统一的施工项目划分规定，为投标人提供实物工程项目和技术性措施项目的数量清单；投标人在国家定额指导下、在企业内部定额的要求下，结合工程情况、市场竞争情况和企业实力，并充分考虑各种风险因素，自主填报清单开列项目中包括的工程直接成本、间接成本、利润和税金在内的综合单价与合计汇总价，并以所报综合单价作为竣工结算调整价的一种计价模式。

第五阶段，2016年住建部发布的《2016~2020年建筑业信息化发展纲要》，指出要推进信息技术与企业管理深度融合，加快BIM普及应用，实现勘察设计技术升级，强化企业知识管理，支撑智慧企业建设，优化工程总承包项目信息化管理，优化“互联网+”协同工作模式，实现全过程信息化，加强电子招标投标的应用，探索基于BIM技术的工程，加强建筑产业现代化以及大数据、云计算技术。

BIM在工程造价行业的变革和应用，是现代建设工程造价信息化发展的必然趋势。工程造价行业的信息化发展从手工绘图计算，到二维CAD绘图计算，再到现在的BIM应用。整个工程造价行业，都向精细化、规范化和信息化的方向迅猛发展。工程造价专业人员如何利用好以BIM技术为核心的信息技术，促进工程造价行业的可持续健康发展，对于每一位从业者来说，都是值得思考和深入研究的问题。

1.1.4 装配式建筑工程造价

1. 装配式建筑概述

2017年，从国务院办公厅发布了《关于促进建筑业持续健康发展的意见》以来，装配式建筑的热度几乎每个月都有新的涨幅。各级地方政府也积极引导，根据各地区的发展现状因地制宜地

探索装配式建筑的发展政策，并以示范城市和项目为引导，各地区的装配式建筑呈现出规模化的发展态势。

装配式建筑是一种新型的建筑体系，与传统建筑的施工方法相比较，不仅可以节省能耗，降低环境污染，而且施工速度快、效率高，节能的同时也具有良好的使用功能，较之传统的砖混和混凝土结构建筑而言可利于建筑产业的工业化发展，为建筑业的转型提供方便。目前国内装配式建筑发展还存在诸多问题，仍需不断提高机械化水平、建立完善技术标准，来提高企业建设能力。

2. 装配式建筑造价特点

装配式建筑工程相比于传统现浇建筑土建工程，除了相同的工程费以外，还添加了一个新的预制构件及其安装费用。相关的工程管理费、利润、规费等都和传统现浇建筑土建工程一样，所以预制构件及安装费用就成了影响装配式建筑工程造价的主要因素。通过对预制构件生产厂家的调查，构件生产的费用包括相关的建筑材料费、人工安装费、构件厂家利润以及运输费用、仓储费用等。

影响装配式建筑造价的因素除了人工、材料、机械、管理费、利润及税金等因素以外，预制构件运输费用也会直接影响装配式建筑工程的成本，所以应该对构件的生产场地进行合理布置，要尽量保证施工现场与构件的生产地的距离是较短的。产业化基地的建设能够有效促进相关产业的配套，并且要充分发挥出资源汇聚的作用，通过有效缩短构件的运输距离来降低建筑工程的成本。我国目前装配式建筑预制率较为低下，因而构件生产和现场施工成本均居高。欲控制装配式建筑造价，关键是要提高预制率，发挥吊车使用效率，最大限度避免水平构件的现浇，减少满堂模板和脚手架的使用，降低直接费和减少措施费双管齐下。另外，在设计环节通过改进，提高构件重复率，尽量减少模具种类、提高周转次数，从而大幅降低成本。

未来，一方面要依靠科技的进步提高生产效率，组织科研人员对装配式建筑工程的主要技术进行学习，通过研究新材料、新工艺、新技术，解决装配式建筑的核心问题和关键问题，这也是推动其发展的重要途径；另一方面，需要将 BIM 技术引入到装配式建筑中，这样才能解决其存在的问题，更好地发挥装配式建筑的优点。

1.1.5 城市轨道交通工程造价

1. 城市轨道交通工程概述

城市轨道交通工程是指具有固定线路，铺设固定轨道，配备运输车辆及服务设施的公共交通设施。城市轨道交通包括地铁、轻轨、磁悬浮、快轨、有轨电车等，简称城轨交通。其具有运量大、速度快、安全、准点、保护环境、节约能源和节约用地等特点。

2015 年 1 月国家发改委下发了《加强城市轨道交通规划建设管理的通知》，为促进城市轨道交通持续健康发展，通知中要求：要坚持“量力而行、有序发展”的方针，按照统筹兼备、经济适用、便捷高效和安全可靠的原则，科学编制规划，有序发展地铁，鼓励发展轻轨、有轨电车等高架或地面敷设的轨道交通。把握好建设节奏，确保建设规模和速度与城市交通需求、政府财力和建设管理能力相适应。

2. 城市轨道交通工程造价特点

城市轨道交通建设是一项复杂的大型系统工程，具有一次性投资大、建设周期长、投资管理复杂及造价不易控制等特点。如何合理确定项目投资、有效控制工程造价成为城市轨道交通建设研究和解决的核心问题。城市轨道交通工程建设是包括结构、交通、建筑、供电、通信信号、环境和设备监控等多专业的系统工程，整个建设过程涉及城市规划、交通、环保、电力、给排水等市政部门，工程造价构成复杂，影响因素众多。

从工程造价要素来划分，轨道交通建设工程造价由土建工程、轨道工程、机电工程、车辆工程、车辆与综合维修工程以及其他配套工程等费用组成。通过对目前大中城市的轨道交通工程造价估算分析，认为土建工程、车辆段及停车场设计、施工方法、车辆购置费及建设工程其他费用等因素对工程造价影响较大。

（1）土建工程　土建工程约占总造价的30%~40%，是控制造价的关键。城市轨道土建工程的线路敷设方式有地下线、高架线和地面线三种类型，从节省投资的角度来看，线路敷设方式应依次优选地面或高架线。敷设方式的确定，需要综合考虑交通行为、换乘条件、运营要求、地质条件等诸多因素，但是由于城市有限的土地资源以及规划的要求，地面线、高架线等方案有时难以实现。

（2）合理确定站间距与站规模　站间距对工程费用指标影响较大，车站的站间距小引起数量增多是轨道交通工程造价居高不下的重要因素之一。一般来说，中心城区客流较多，应以服务质量为前提，采用较小的站间距；而城区外则应以旅行速度为主要目标，适当加大站间距，节省投资。

车站规模通常是指车站长度、宽度、埋深和层数等。缩小车站规模，不仅可以降低土建工程费用，还可以减少环控、供电等系统的费用，降低线路造价。

（3）优化施工方法　城市轨道交通工程结构根据其敷设方式不同，分为高架结构、地面结构和地下结构。高架结构、地面结构相对较为简单，施工经验成熟，其本身的造价也较低，就施工方法上来说，其控制造价的空间不大。而地下结构构成复杂，施工难度大，工程费用高，施工方法主要根据线路埋深、地质条件来选择，对造价的影响非常大。地下结构又分为明挖法、盖挖法及暗挖法三类。同一地区，不考虑征拆及周边保护的费用，明挖法造价最低，盖挖法次之，暗挖法最高。

（4）机电设备工程　机电设备工程占工程造价的25%~30%，属于轨道交通工程中投资的重要组成部分，相对于土建工程，机电设备工程受地质、环境等因素影响较小，其造价主要由建设标准决定，投资控制应在设计源头加以控制。建设标准、资源共享、用地控制、国产化率等因素一旦确定，造价基本确定，应该重点从这些方面入手，对造价进行有效控制。对此，应选择合适的车辆编组及运营模式；从线网层面，进行资源共享规划；提高车辆和机电设备的国产化水平。

1.1.6　相关配套建筑工程法律法规体系简介

建筑工程法律体系是由很多不同层次的建筑工程法律、法规与规章组成的。根据《立法法》有关立法权限的规定以及我国实际情况，建筑工程法律是由全国人民代表大会及其常务委员会制定并颁布的有关建筑工程的各项法律。

1. 建筑法

（1）建筑许可

1）建筑工程施工许可：建筑工程开工前，建设单位应当按照国家有关规定向工程所在地县级以上人民政府建设行政主管部门申请领取施工许可证。

2）从业资格：从事建筑活动的勘察、设计、施工和监理单位，按照其拥有的注册资本、专业技术人员、技术装备、已完成的建筑工程业绩等资质条件，划分为不同的资质等级。从事建筑活动的专业技术人员，应当依法取得相应的执业资格证书，并在执业资格证书许可的范围内从事建筑活动。

（2）建筑工程发承包

1）建筑工程发包：建筑工程依法实行招标发包，对不适于招标发包的可以直接发包。提倡对

建筑工程实行总承包，禁止将建筑工程肢解发包。

2）建筑工程承包：承包建筑工程的单位应当持有依法取得的资质证书，并在其资质等级许可的业务范围内承揽工程。

3）联合承包：共同承包的各方对承包合同的履行承担连带责任。

4）工程分包：除总承包合同中已约定的分包外，必须经建设单位认可。施工总承包的，建筑工程主体结构的施工必须由总承包单位自行完成。建筑工程总承包单位按照总承包合同的约定对建设单位负责；分包单位按照分包合同的约定对总承包单位负责。总承包单位和分包单位就分包工程对建设单位承担连带责任。

5）禁止行为：法律禁止行为包括转包、肢解分包、不具备资质条件、分包商再分包。

2. 招标投标法及招标投标法实施条例

建设工程招标投标是建设单位对拟建的工程项目通过法定的程序和方式吸引承包单位进行公平竞争，并从中选择条件优越者来完成建设工程任务的行为。这是市场经济条件下常用的一种建设工程交易方式。

（1）建设工程招标范围和规模标准　在中华人民共和国境内进行下列工程建设项目包括项目的勘察、设计、施工、监理以及与工程建设有关的重要设备、材料等的采购，必须进行招标：

1）大型基础设施、公用事业等关系社会公共利益、公众安全的项目。

2）全部或者部分使用国有资金投资或者国家融资的项目。

3）使用国际组织或者外国政府贷款、援助资金的项目。

2018 年 3 月，国家发改委公布了《必须招标的工程项目规定》（16 号令），对必须招标的范围做了如下约定：勘察、设计、施工、监理以及与工程建设有关的重要设备、材料等的采购达到下列标准之一的，必须招标。①施工单项合同估算价在 400 万元人民币以上；②重要设备、材料等货物的采购，单项合同估算价在 200 万元人民币以上；③勘察、设计、监理等服务的采购，单项合同估算价在 100 万元人民币以上。同一项目中可以合并进行的勘察、设计、施工、监理以及与工程建设有关的重要设备、材料等的采购，合同估算价合计达到前款规定标准的，必须招标。

《招标投标法实施条例》第 9 条还规定，除招标投标法第 66 条规定的可以不进行招标的特殊情况外，有下列情形之一的，也可以不进行招标：①需要采用不可替代的专利或者专有技术的；②采购人依法能够自行建设、生产或者提供的；③已通过招标方式选定的特许经营项目投资人依法能够自行建设、生产或者提供的；④需要向原中标人采购工程、货物或者服务，否则将影响施工或者功能配套要求的；⑤国家规定的其他特殊情形。

（2）招标条件和方式

1）招标条件：招标项目按照国家有关规定需要履行项目审批手续的，应当先履行审批手续，取得批准。招标人应当有进行招标项目的相应资金或者资金来源已经落实。即履行项目审批手续和落实资金来源是招标项目进行招标前必须具备的两项基本条件。

2）招标方式：市场主要招标方式为公开招标和邀请招标，优先为公开招标。公开招标也称为无限竞争招标，是指招标人以招标公告的方式邀请不特定法人或者其他组织投标；邀请招标，也称为有限竞争招标，是指以投标邀请书的方式邀请特定的法人或者其他组织投标。

（3）招标文件　招标文件不得要求或者标明特定的生产供应者以及含有倾向或者排斥潜在投标人的内容。招标人不得向他人透露已获取招标文件的潜在投标人的名称、数量及可能影响公平竞争的有关招标投标的其他情况。

招标人对已发出的招标文件进行必要的澄清或者修改的，应当在招标文件要求提交投标文件截止时间至少 15 日前，以书面形式通知所有招标文件收受人。该澄清或者修改的内容为招标文件的组成部分。

（4）投标

1）投标文件：投标文件应当对招标文件提出的实质性要求和条件做出响应。补充、修改的内容为投标文件的组成部分。投标文件应在截止时间前送达指定地点。投标人少于3人的招标人应当重新招标。

2）联合投标：由同一专业的单位组成的联合体，按照资质等级较低的单位确定资质等级。签订共同投标协议，并承担连带责任。

（5）开标、评标和中标

1）开标：开标应当由招标人主持，邀请所有投标人参加。

2）评标：依法必须进行招标的项目，其评标委员会的专家成员应当从评标专家库内相关专业的专家名单中以随机抽取方式确定。评标委员会成员应当依照招标投标法和本条例的规定，按照招标文件规定的评标标准和方法，客观、公正地对投标文件提出评审意见。招标文件没有规定的评标标准和方法不得作为评标的依据。

3）中标：评标完成后，评标委员会应当向招标人提交书面评标报告和中标候选人名单。中标候选人应当不超过3个，并标明排序。

3. 合同法与工程合同管理

（1）合同的基本原则　合同的基本原则包括平等原则、自愿原则、公平原则、诚实守信原则、合法原则。

（2）建设工程项目合同管理

1）与业主有关的主要合同：工程承包合同（EPC承包合同、工程施工合同），工程勘察合同，工程设计合同等。

2）与承包商有关的主要合同：工程发包合同，设备材料采购合同，运输合同，加工合同，租赁合同，劳务分包合同，保险合同等。

3）建设工程合同：建设工程合同包括工程勘察、设计、施工合同。

4）建设工程造价咨询合同：建设工程造价咨询合同由“建设工程造价咨询合同”“建设工程造价咨询合同标准条件”和“建设工程造价咨询合同专用条件”三部分组成。

5）建设工程合同计价模式及其选择：建设工程合同计价模式按计价方式不同，可以分为总价合同、单价合同和成本加酬金合同三大类。总价合同：适用于工程招标时设计深度已达到施工图设计的深度，合同履行过程中不会出现较大的设计变更，以及承包商依据的报价工程量与实际完成的工程量不会有较大差异；工程规模较小，技术不太复杂的中小型工程或承包工作内容较为简单的工程部位；工程合同期较短（一般为1年之内）。单价合同：大多用于工期长、技术复杂、实施过程中发生各种不可预见因素较多的大型土建工程，以及国有资金采用清单计价规范招标的工程。成本加酬金合同：适用于边设计、边施工的紧急工程或灾后修复工程。

6）建设工程施工合同文件的组成：协议书、通用条款、专用条款、附件（承包人承揽工程项目一览表、发包人提供材料设备一览表、房屋建筑工程保修书）。

7）建设工程施工合同争议的解决办法：和解、调解、仲裁、诉讼。

1.1.7　工程造价执业从业资格介绍

造价工程师是通过全国造价工程师执业资格统一考试或者资格认定、资格互认，取得中华人民共和国造价工程师执业资格，并按照《注册造价工程师管理办法》注册，取得中华人民共和国造价工程师注册执业证书和执业印章，从事工程造价活动的专业人员。

根据住建部、交通运输部、水利部和人社部印发的《造价工程师职业资格制度规定》《造价工程师职业资格考试实施办法》，造价工程师分为一级造价工程师和二级造价工程师。一级造价工程师英文译为 Class 1 Cost Engineer，二级造价工程师英文译为 Class 2 Cost Engineer。在通知印发之前，取得的全国建设工程造价员资格证书、公路水运工程造价人员资格证书以及水利工程造价工程师资格证书，效用不变。专业技术人员取得一级造价工程师、二级造价工程师职业资格，可认定其具备工程师、助理工程师职称，并可作为申报高一级职称的条件。

造价工程师考试分为一级造价工程师和二级造价工程师，原造价工程师考试等同于一级造价工程师；一级造价工程师由原来的 2 个专业方向改为 4 个专业方向，分别为土建、安装、交通、水利；一级造价工程师考试周期由原来的 2 年内通过改为 4 年内通过。二级造价工程师职业资格注册的组织实施由省级住房城乡建设、交通运输、水利行政主管部门分别负责。

第 2 节　造价 BIM 应用工程师概述

1.2.1 造价 BIM 应用工程师的定义

建筑信息模型（BIM）应用工程师系列岗位是指利用以 BIM 技术为核心的信息化技术，在项目的规划、勘察、设计、施工、运营维护、改造和拆除等各阶段，完成对工程物理特征和功能特性信息的数字化承载、可视化表达和信息化管控等工作的现场作业及管理岗位的统称。

造价 BIM 应用工程师是通过造价 BIM 应用工程师资格统一考试，利用以 BIM 技术为核心的信息化技术，在项目的决策到竣工结算阶段，为建设项目提供全过程造价的确定、控制和管理，使工程技术与经济管理密切结合，达到人力、物力和建设资金最有效地利用，使既定的工程造价限额得到控制，并取得最大投资效益的专业人员。

1.2.2 造价 BIM 应用工程师的专业技能等级

本专业共设三个等级，分别为初级、中级和高级，如图 1－1 所示。

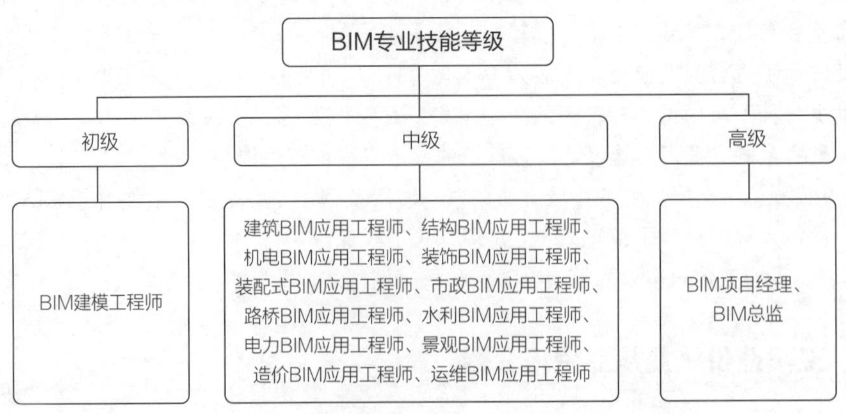

图　1－1

1.2.3 造价 BIM 应用工程师的工作要求

造价 BIM 应用工程师工作要求见表 1－1。

表 1－1 造价 BIM 应用工程师工作要求

专业功能	工作内容	技能要求	相关知识要求
一、造价 BIM 模型数据获取	(一) BIM 环境定制	1. 能按照造价 BIM 应用具体要求定制模型工作环境； 2. 能按照造价 BIM 应用具体要求定制相关建模规则	1. BIM 软件分类； 2. 项目 BIM 技术标准
	(二) BIM 模型维护	1. 能按照造价 BIM 应用具体要求维护模型数据； 2. 能按照造价专业具体要求自定义扣减规则	1. 国家 BIM 标准要点； 2. 行业 BIM 标准要点； 3. 企业 BIM 标准要点； 4. 项目 BIM 标准要点
二、BIM 造价应用实施	(一) 工程决策阶段 BIM 造价应用	1. 能依据项目需求运用 BIM 虚拟建造技术建立初步 BIM 模型模拟不同项目方案预期效果； 2. 能依据项目需求调用同区域相似工程的造价数据与初步 BIM 模型挂接，分析人、材、机投入； 3. 能依据项目需求计算输出类似工程项目的单价，支持高效完成规划项目总造价的准确估算	决策阶段 BIM 造价技术应用要点
	(二) 工程设计阶段 BIM 造价应用	1. 能运用 BIM 技术辅助设计概算，实时模拟和计算项目造价为项目参与各方开展协同提供依据； 2. 能运用造价 BIM 技术从全生命周期角度对建设项目的各个设计方案进行分析评估和比选； 3. 能依据任务需求运用 BIM 大数据评估不同区域、不同项目类型的经济指标	设计阶段 BIM 造价技术应用要点
	(三) 工程招标投标阶段 BIM 造价应用	1. 能运用 BIM 计价软件对具有详细数据信息的 BIM 模型高效准确计算工程量； 2. 能运用 BIM 技术为项目招标及沟通协调提供基础数据依据	招标投标阶段 BIM 造价技术应用要点
	(四) 工程施工阶段 BIM 造价应用	1. 能运用 BIM 技术依据项目的相关时间、实际进度和造价进行模拟以配合进度计量和工程付款； 2. 能在与项目各参与方沟通图纸审核时运用 BIM 技术进行三维碰撞检测减少变更	施工阶段 BIM 造价技术应用要点

（续）

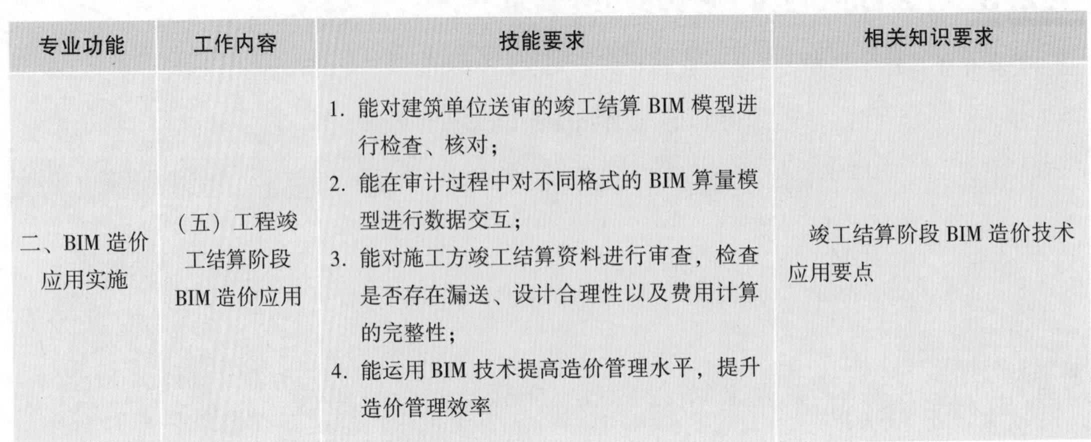

专业功能	工作内容	技能要求	相关知识要求
二、BIM 造价应用实施	（五）工程竣工结算阶段 BIM 造价应用	1. 能对建筑单位送审的竣工结算 BIM 模型进行检查、核对； 2. 能在审计过程中对不同格式的 BIM 算量模型进行数据交互； 3. 能对施工方竣工结算资料进行审查，检查是否存在漏送、设计合理性以及费用计算的完整性； 4. 能运用 BIM 技术提高造价管理水平，提升造价管理效率	竣工结算阶段 BIM 造价技术应用要点

1.2.4 造价 BIM 应用工程师的就业定位及作用

实现对预算、结算、成本的实时监控，是 BIM 的核心价值之一。对于工程造价咨询行业，BIM 技术是一次颠覆性的革命，以 BIM 模型为基础按照 BIM 建筑模型的各个构件自动挂接上对应的清单和定额，可以实时计算出造价清单；如果模型有变更修改也可以在造价中有所体现，真的达到一处修改实时计量的工作模式。这样不但提高了算量的工作效率，而且还提高了清单精确度，并且在 BIM 模型中可以通过批量修改、多工程链接、可视化操作等一系列手段来灵活地完成工作任务，BIM 以全新的协同工作方式代替传统的单机工作模式。它彻底改变了工程造价行业的行为模式，给行业带来一轮洗牌。

工程造价分为 3 个部分：算量部分、组价部分和合同部分。在应用 BIM 技术之后，施工单位提交的竣工资料将包含他们修改、深化过的 BIM 模型，这个模型经过设计院审核之后作为竣工图的一个最主要组成部分转交给咨询公司进行竣工结算。而基于这个模型，施工单位和咨询公司导出的工程量必然是一致的，这就意味着工程量核对这个关键环节将不存在。承包商在提交竣工模型的同时就相当于提交了工程量，设计院在审核模型的同时就已经审核了工程量。

从 BIM 模型里读取工程量简便快捷，造价工程师免去了算量的繁琐工作。但是这一部分工作并不是凭空消失了，而是设计师在建立模型的时候，通过定义模型中各类构件的属性，把它们提前完成了。既然设计师代替造价工程师完成了计算工程量的工作，那么这一部分工作的报酬也将相应转移给设计师。在每一个项目里，造价工程师得到的报酬将会在很大程度上减少。为了维持既有收入，他们必须接受更多的委托，这对他们或者他们所属公司的商务经理提出了更高的要求。

造价工程师可以从繁琐的算量工作中解脱出来，他们将面对更为美好的职业前景。原先造价工程师们更多地扮演了造价员的角色，计算、核对工程量占据了他们大部分的工作精力。而限额设计的造价控制、全过程造价管理这些技术含量更高的业务，他们心有余而力不足。在甩去算量这一工作内容后，他们终于可以从事这些业务，将对项目有着更深、更直观的接触，最终形成个人职业生涯的良性循环。

造价 BIM 应用工程师的咨询业务将不再是单一的造价内容，而是关注于工程项目全过程的成本管控咨询（图 1-2）。但是 BIM 业务也不会完全取代造价业。BIM 技术软件再万能，在没有标准可循的组价、合同法律法规的理解等方面也不能和人脑比拼。

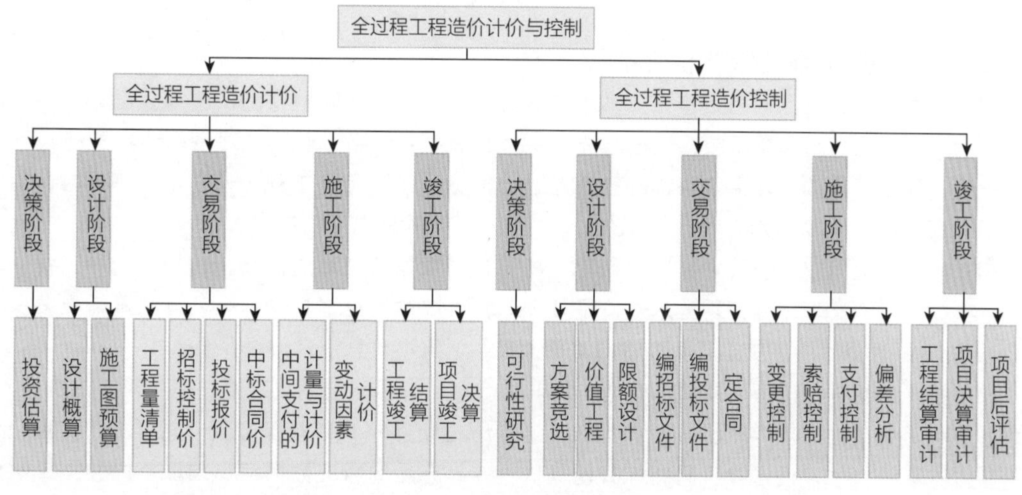

图　1－2

BIM 即便发展到人工智能的程度，也始终不如人懂得其他人的“心理活动”，对敏感性问题完全无能。建设工程是为人服务的，人有种种立场和差异化感受，用户与用户之间、企业与企业之间、社会与社会之间，甚至这三者之间，追求的目标往往不那么一致。用户体验、造价规范与工程效益的同步协调，涉及种种微妙的利害权衡。工程造价不仅是经济账，也是心理战。

更实时更适配的 BIM 算法始终依赖人的输入。BIM 计算实质是工程经验的数据化，但实际的工程实践不是 BIM 模型所能实现的。所以工程经验数据化的进度和精度取决于人对工程的理解。

造价 BIM 应用工程师利用 BIM 作为工具，降低了造价师的工作量，也纠正了一直以来造价师应该把握的方向：造价师不是算量员，他们的存在是为了更好地进行工程成本控制。BIM 本身并不能成为解决方案，也不能发挥作用，真正的解决方案是造价 BIM 应用工程师充分挖掘和利用 BIM 价值更好、更快完成工程任务，其为造价工程师的发展提供了更宽、更高的空间。

第3节　基于 BIM 技术的建筑工程全生命周期造价管理

1.3.1　基于 BIM 技术投资决策阶段的工程造价管理

投资决策阶段各项技术经济指标的确定，对该项目的工程造价有较大的影响。根据我国建设工程造价管理协会有关调研资料显示，在项目建设各阶段中，投资决策阶段对工程造价的影响最大，影响项目总造价的 80%~90%。因此，投资决策阶段项目决策的内容是决定工程造价的基础。目前投资决策阶段主流的工程造价咨询模式是通过积累基础资料和编制具体项目测算，用于投资方案的比选。

基于 BIM 技术辅助工程造价咨询可以带来项目造价分析效率的极大提升。工程造价咨询单位在投资决策阶段可以根据咨询委托方提供的不同项目方案建立初步的建筑信息模型，BIM 数据模型的建立，结合可视化技术、虚拟建造等功能，为项目建设单位的模拟决策提供协助。工程造价咨询单位根据 BIM 模型数据，可以调用与拟建项目相似工程的造价数据，如该地区的人、材、机价格等，也可以输出已完类似工程每平方米造价，高效、准确地估算出规划项目的总造价，为投

资决策提供准确依据。

1. 基于 BIM 技术的投资造价估算

项目方案性价比高低的确定首先要确定方案的价格，快速准确地得到供决策参考的价格在比选中尤为关键。在投资决策阶段，工程造价咨询的工作主要是协助业主（建设单位）进行设计方案的比选，这个阶段的工程造价咨询往往不是对分部分项工程量、工程单价进行准确掌控，更多是基于单项工程为计算单元的项目造价的比选。此时强调的是“图前成本”。

BIM 技术的应用有利于历史数据的积累，基于这些数据可抽取造价指标，快速指导工程估算价格。例如，通过类似工程每平方米造价是多少，就可以估计投资这样一个项目大概需要多少费用。根据 BIM 数据库的历史工程模型进行简单调整，估算项目总投资，提高准确性。

BIM 技术的基础是模型以及赋予模型上的丰富信息，在项目前期、建造过程中，产生的经济、技术、物料等大量信息均存在于 BIM 模型中，这些历史项目的 BIM 模型数据非常详细、完整，而且有很强的可计算性。通过神经网络等智能算法，依靠充足的历史数据信息抽取不同类型工程的造价指标，并通过数据仓库技术对海量的历史项目 BIM 模型进行存储和管理，可以随时调用、组合，为后续项目的投资估算提供有效的信息支撑。

在投资估算时，可以直接在数据仓库中提取相似的历史工程的 BIM 模型，并针对本项目方案特点进行简单修改，模型是参数化的，每一个构件都可以得到相应的工程量、造价、功能等不同的造价指标，根据修改，BIM 系统自动修正造价指标。通过这些指标，可以快速进行工程价格估算。这样比传统的编制估算指标更加方便，查询、利用数据更加便捷。

2. 基于 BIM 技术的投资方案选择

在项目投资决策阶段，确定合理的项目方案至关重要，如 3 个亿的投资方案和 3000 万的投资方案，究竟哪个好，方案优劣比较的是性价比，“价值工程”工具就是一个比较性价比的有力工具。因此，除利用 BIM 技术快速准确确定各方案估算价格并进行价格对比之外，还需要确定各方案之间其他指标的对比，例如工程量指标、成本指标等，以此综合确定最优方案。

图纸介质是在之前很多年收集工程数据的方法，并且基于这一介质进行关键指标的提取，Excel 保存的应用已经是一个进步，但是由于很多原因致使可以累积的数据量很小，历史数据具有较低的结构化程度、较低的可计算能力以及繁琐的积累工作。通过建立企业本身以及造价咨询行业的工程 BIM 数据库，造价咨询企业可对投资方案进行比较和选择，进而获取较大的价值。BIM 模型本身具有的构造建设数据、技术数据、工程量数据、成本数据、进度数据、应用数据可以在投资方案比较与选择时进行还原，并且可以以三维的模式展示出来。依据新项目的方案特征，可以对具有相似历史的项目模型进行抽离、更改与创新，并且马上产生不同方案的模型，软件依据修改的内容，对几种造价方案的造价成本、工程总量进行运算，更加清晰地分析出不同方案的优劣，如图 1－3 所示。同时，基于模型可方便地进行调整，反复对比，大大提升了方案选择的效率，确定后的模型还可以用于后续的设计。

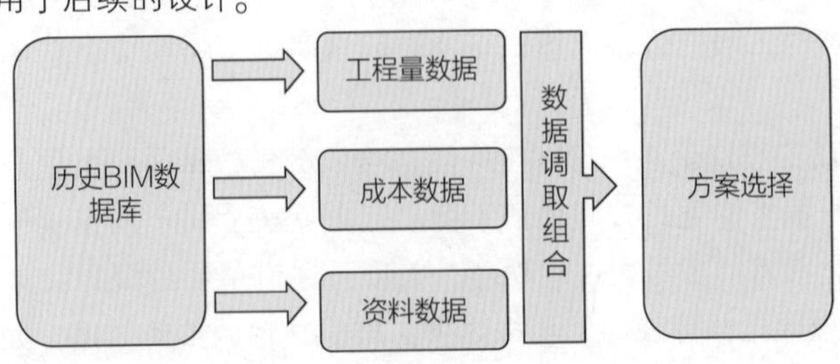

图 1－3

1.3.2　基于 BIM 技术设计阶段的工程造价管理

在项目投资决策后，设计阶段就成为项目工程造价控制的关键环节之一，根据我国建设工程造价管理协会有关调研资料显示，设计阶段影响工程造价的程度为35%~75%，工程造价咨询可以协助建设单位和设计单位提高设计质量、优化设计方案，对工程造价的控制具有关键的影响。

设计阶段包括初步设计、扩初设计和施工图设计三个阶段，相应设计的造价文件是初步设计概算、修正设计概算和施工图预算。在设计阶段，工程造价咨询可以利用 BIM 技术对设计方案提出优选或限额设计的专业咨询意见，并且利用 BIM 在设计模型的多专业碰撞检查、设计概算及施工图预算的编制管理和审核环节的应用，协助委托方实现对造价的有效控制。

1. 基于 BIM 技术的限额设计

工程建设项目的设计费虽仅占工程建安成本的1%~3%，但设计决定了建安成本的70%以上，这说明设计阶段是控制工程造价的关键。设定限额可以促进设计单位有效管理，转变长期以来重技术、轻经济的观念，有利于强化设计师的节约意识，在保证使用功能的前提下，实现设计优化。限额设计就是利用计划投资成本倒推，将计划投资额分摊到各单项工程、单位工程、分部工程等。设计人员在相应限额内，结合业主的要求及设计规范选择合适的造型与结构。所以利用限额设计可以有效地进行成本控制。

传统手工算量和计价时代，做好限额设计是很困难的。首先，由于设计单位的技术人员有限，且许多设计人员没有造价控制的概念，各设计专业之间的工作往往是割裂的，需要总图设计时反复协调。在没有完成完整设计之前，造价人员无法迅速、动态地得出各种结构的造价数据供设计人员比选，因此限额设计难以覆盖到整个设计专业。

其次，目前的设计方式使得设计图纸缺乏足够的造价信息，使得造价咨询工作无法和设计工作同步，并根据造价指标的限制进行设计方案的及时调整。全国各大中型设计单位虽然普及了三维技术，但强调的仍然是建筑物立体形状，但未形成结构化、参数化的数据，只有图视模型，没有工程造价咨询需要的可运算的构件材料量价信息，无法让设计师、造价工程师实时计算所设计单元的造价，无法及时利用造价数据对构件设计方案进行优化调整。

再次，目前设计阶段的工程造价咨询工作主要是事后的，即在整个设计方案图完成后，工程造价咨询企业的人员才能根据设计方案出具设计概算，而无法在设计过程中与设计人员协同进行，造成限额设计被动实施，难以真正落实限额设计的工程造价咨询功能。设计限额是参考以往类似项目提出的，但是多数项目完成后没有进行认真的总结，造价数据也没有根据未来限额设计的需要进行认真整理校对，可信度低。

工程造价咨询企业利用 BIM 模型来测算造价数据，一方面可以提高测算的准确度，另一方面可以提高测算的精度。通过企业 BIM 技术数据库可以累计企业完成的所有咨询项目的历史指标，包括不同部位钢筋含量指标、混凝土含量指标、不同大类及不同区域的造价指标等。通过这些指标可以在设计之前对设计单位制定限额设计目标。在设计过程中，利用统一的 BIM 模型和交换标准，使得各专业可以协同设计，同时模型中丰富的设计指标、材料型号等信息可以指导造价软件快速及时得到造价或造价指标，及时按照限额目标进行设计修订。在设计完成后可以快速建立 BIM 模型并且核对指标是否在可控范围内。在 BIM 模型里，设计师和造价工程师在设计过程中可以对所设计构件的造价进行同步、快速模拟和计算，并以计算结果对构件方案进行优化设计调整，与传统的限额设计工作相比较，BIM 技术更有利于实现限额设计的价值，如图 1-4 所示。

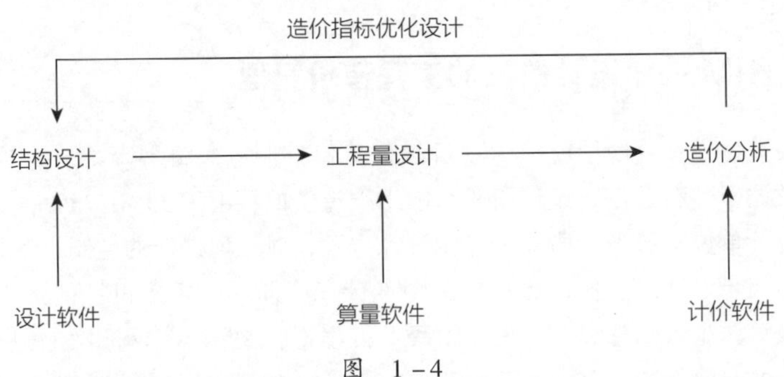

图 1-4

2. 基于 BIM 技术的设计概算

设计概算是在设计阶段，由工程造价咨询企业依据初步设计图纸，套用概算定额（设计阶段较粗口径的定额），初步估出工程建设费用。此阶段强调的是“图后成本”。

在传统的工程造价管理模式下，工程造价的控制无法在设计阶段得到体现，这是因为：首先，设计概算不能与成本预算解决方案建立起有效的连接。设计概算主要是依赖造价人员手工编制，编制的依据是国家或地方的概算定额，从时效性上讲，定额版本更新的速度很慢，难以满足市场的快速变化和发展，并且会出现信息量少、时效性差、可比性差和分类较粗等缺陷。这必然造成设计概算与工程实际造价的割裂，这样就使得设计人员在设计时并不能实现对设计阶段的造价控制。其次，设计阶段通过二维的计算机辅助设计软件所创建的设计图纸或数据，以及由此进行的概算数据无法与工程造价咨询所需的量价数据自动关联，在项目全生命周期管理中难以实现设计阶段数据与其他阶段数据的互通和共享利用。例如，在工程招标投标和施工阶段，工程造价咨询企业需要根据图纸与施工单位重新进行工程造价计算与核对工作，现行的设计概算信息经常与后续的计价、造价控制等环节脱节，数据信息难以共享利用。

BIM 模型集 3D 模型、工程量、造价、工期等各个工程信息和业务信息于一体，可以有效解决设计概算对设计以及后续阶段造价的控制作用。首先，基于 BIM 技术的设计概算能实时模拟和计算项目造价，出具的计算结果能被后续阶段的工作所利用，让项目的各参与方在设计阶段能够开展协同工作，轻松预见项目建设进度和所需资金，使项目各阶段、各专业较好地连接，防止割裂，避免设计与造价咨询脱节、设计与施工脱节等问题。其次，BIM 技术支持工程造价咨询从全生命周期角度对建设项目运用价值工程进行分析、评估各个设计方案的优劣，通过工程造价咨询服务协助业主和设计师制定更科学合理的可持续设计决策。因此，利用 BIM 技术不仅可以使造价咨询企业，也可以使其他参与方很好地解决设计阶段造价控制存在的问题。最后，基于 BIM 技术的设计概算，利用 BIM 技术的计算能力，快速分析工程量，通过关联 BIM 历史数据，分析造价指标，能帮助工程造价咨询从业人员更快速、准确地分析和计算设计概算，大幅提升设计概算精度。

3. 基于 BIM 技术的碰撞检查

在建设项目实施过程中，经常会出现因为设计各专业间的不协调、设计单位与施工单位的不协调、业主与设计单位的不协调等问题产生的设计变更，对造价控制造成不利影响。BIM 技术在设计变更管理中最大的价值，是使项目各方都可以在实际实施之前直观地发现设计问题，及时修改，从源头减少因变更带来的工期和成本的增加。

利用 BIM 技术可以把各专业整合到统一平台，进行三维碰撞检查，可以发现存在的设计错误和不合理之处，为开展项目的工程造价咨询与管理提供有效支撑。碰撞检查不应单单用于施工阶段的图纸会审，在项目的方案设计、扩初设计和施工图设计中，除建设单位与设计单位外，工程造价咨询单位也可以利用BIM技术进行多次的图纸审查。如图1-5所示，工程造价咨询人员可以通过集成建筑模型、结构模型、机电模型等，在统一的三维环境中，自动识别各构件的碰撞，并进行标示和统计，协助建设单位和设计单位提高设计质量，通过及早发现和解决冲突，最大限度减少施工过程中的变更，消除不必要的变更，减少无谓返工。

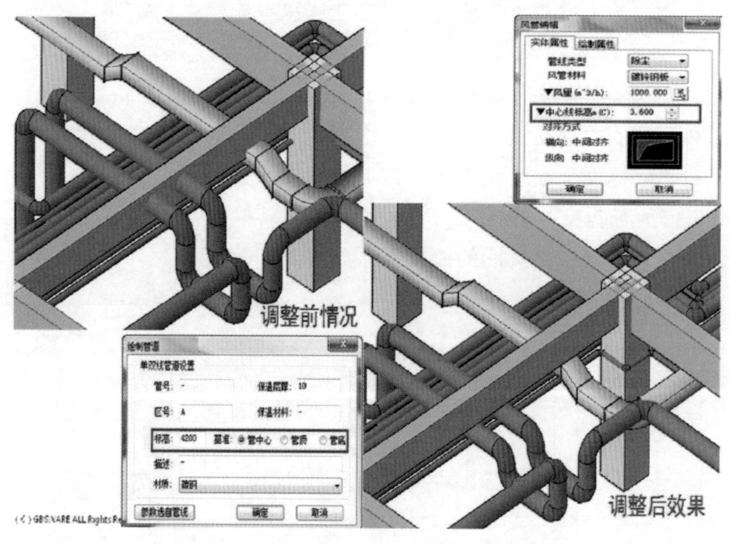

图 1-5

1.3.3 基于BIM技术招标投标阶段的工程造价管理

在工程招标投标阶段，工程造价咨询的主要工作是为建设单位编制或审核招标工程量清单和招标控制价，以及拟定或审核招标文件中关于工程量清单和投标报价的条款等。在此阶段，清单工程量计算和清单项目特征描述是造价人员耗费时间和精力最多的工作。特别是在目前尚未完善的清单招标模式下，工程造价咨询既要为建设单位计算清单工程量，出具招标工程量清单；也要根据政府主管部门颁布的工程定额，计算定额消耗工程量，套用定额编制出招标控制价。由于计算规则不完全相同，两遍工程量计算得出的是不同的计算结果。由于招标时间一般比较紧张，这就要求造价人员快捷、高效、精确地完成工程量的计算，这些单靠造价技术人员手工或算量计价软件是很难按时保质保量完成的，常常会出现清单漏项、工程量错算等问题，容易在施工阶段中由于招标工程量清单的不准确导致发承包双方出现争议。而且随着现代建筑造型趋向于复杂化、艺术化，利用传统技术手工计算工程量的难度越来越大，快速、准确地形成工程量清单成为传统造价模式的难点和瓶颈。

BIM技术的推广和应用，使得工程造价咨询可以根据设计单位提供的具有详细数据信息的BIM模型，通过数据导入和参数设置快速精确计算工程量，编制准确的招标工程量清单，有效避免清单漏项和错算等情况，在计价软件导入准确的工程量信息之后，就可以快速地编制出准确的招标控制价，还可以留有足够的时间为建设单位拟定招标文件的相关条款，减少因清单漏项、错算而出现的投标单位进行投机取巧报价的行为，帮助建设单位实现利益最大化。

1. 基于BIM技术的设计模型导入

对于工程造价咨询来说，各专业的BIM模型建立是BIM应用的重要基础工作。BIM模型建立的质量和效率直接影响后续应用的成效。模型的建立主要有以下三种途径：

1）直接按照施工图纸重新建立 BIM 模型，这也是最基础最常用的方式。

2）如果可以得到二维施工图的 DWG 格式的电子文件，利用软件提供的识图转图的功能，可将 DWG 二维图转成 BIM 模型。

3）复用和导入设计软件提供的 BIM 模型，产生 BIM 算量模型。这是从整个 BIM 流程来看最合理的方式，可以避免重新建模所带来的大量手工工作及可能发生的错误。

为确保和提高数据交换和模型复用的效果，迫切需要有统一的数据标准来作为支撑。IFC（Industry Foundation Classes）标准是 IAI（International Alliance of Interoperability）组织制定的面向建筑工程领域公开和开放的数据交换标准，可以很好地用于异质系统交换和共享数据。IFC 标准也是当前建筑业公认的国际标准，在全球得到了广泛的应用和支持。

各个软件以 IFC 作为数据交换的标准，兼容设计模型转换为算量模型的接口，可保证模型数据的有效交换。设计软件与算量软件之间的接口关系如图 1－6 所示。

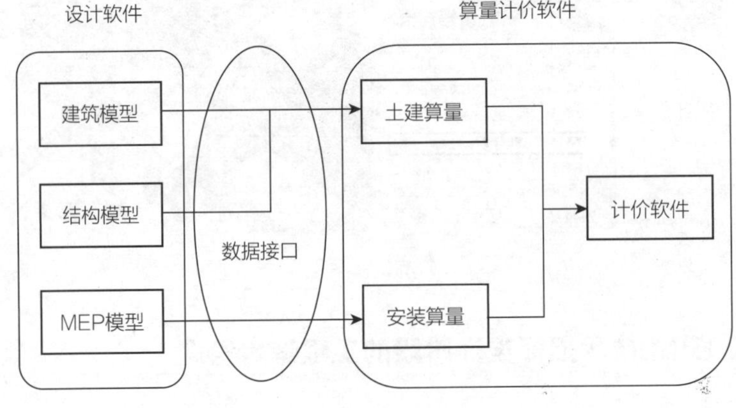

图 1－6

在模型定义的要求上，还需要满足构件几何信息标准化和构件属性信息标准化。为了满足后续算量要求，还需要对设计软件中的构件按构件分类标准进行分类，以及对构件元素的类别信息、属性信息与算量所需信息进行关联和对应，才能将设计软件模型转化为符合造价人员使用的算量模型。

目前国内已有软件公司，如斯维尔、广联达、鲁班等软件公司正在努力进行设计模型和算量模型的数据接口开发，目的是将建设项目在设计与造价以及施工管理方面的 BIM 模型应用在数据传递方面做到平顺传递。这些公司通过多年的开发和经验积累，已经取得了一定成效。其中，广联达、鲁班的软件需要将设计模型通过 IFC 转换数据后导入算量软件再进行工程量计算，而斯维尔、晨曦的软件是直接基于 Revit 平台，故此不需要进行 IFC 数据转换，可以直接在软件中对设计模型进行工程量计算。随着国家逐步建立 BIM 应用标准，设计模型与算量模型最终将做到无缝连接，该项技术将逐步走向正规使用方向。

2. 基于 BIM 技术的工程算量

工程量计算是编制工程预算招标控制价的基础，相比于传统的计算方法，基于 BIM 的算量功能可以使工程量计算工作摆脱人为因素的影响，得到更加客观的数据。工程造价咨询可以利用 BIM 模型进行工程量自动计算、统计分析，形成精准的招标工程量清单，有利于编制准确的招标控制价，提高建设单位项目招标工作的效率和准确性，并为后续的工程造价咨询和控制提供基础数据。

在经过了设计阶段的限额设计与碰撞检查等优化设计，设计方案进一步完善。造价工程师可以根据项目招标图纸进行招标工程量清单和招标控制价的编制。利用基于 BIM 技术和软件进行工程量计算，其主要步骤如下：

首先，建立算量模型，根据项目招标图建立建筑、结构和安装等不同专业算量模型，模型可以从设计软件导入模型，也可以重新建立算量模型。模型首先以参数化的结构为基础，包含构件的物理、空间、几何等信息，这些信息形成工程量计算的基础。

其次，设计参数。输入工程的一些主要参数，如混凝土构件的混凝土强度等级、室内地坪标高等。前者是作为混凝土构件自动套取做法的条件之一，后者是计算挖土方的条件之一。

再次，根据清单工程量或定额工程量的计算规定，在算量模型中针对构件类别套用工程做法，如混凝土、模板、砌体、基础都可以自动套取做法（定额）。再补充输入不能自动套取的做法，如装饰做法，门窗定额等。

自动套取可以依据构件定义、布置信息及相关设置自动找到相应的清单或者定额做法，并且软件可根据定义及布置信息自动计算出相关的附加工程量（模板草稿、弧形构件系数增加等）。

当前项目的招标控制价一般是依据地方或行业定额规定的定额工程量计算规则、定额价格信息以及相关主材的信息价来编制，每个地区的定额库中均设置了自动套定额表，自动套定额表记录着每条定额子目和它可能对应的构件属性、材料、量纲、需求等关系，其中量纲指体积、面积、长度、数量等，需求指子目适应的计算范围、增量等。软件通过判断三维建筑上的构件属性、材料、几何特征，依据自动套定额表完成构件和定额子目的衔接。按清单统计时需套取清单项以及对应消耗量子目的实体工程量。

最后，通过基于 BIM 技术的工程量软件自动计算并汇总工程量，输出项目招标工程量清单和招标控制价。由于利用 BIM 技术快速完成了工程量计算等基础性工作，工程造价咨询可以有足够的时间来根据项目的实际情况、算量计价的数据等，为建设单位研究和提供更好的招标条款和合同条款建议，协助建设单位顺利完成项目招标投标阶段的工作。

1.3.4　基于 BIM 技术施工阶段的工程造价管理

施工阶段的工程造价咨询工作，主要是以发承包双方签订的合同价作为施工阶段造价控制的目标值，通过进度款计量审核、工程变更审核管理等咨询工作，有效控制造价，协助委托方实现投资控制目标。

1. 基于 BIM 技术的施工进度计量与支付

我国现行工程进度款结算有按月结算、竣工结算、分段结算等多种方式。施工企业根据进度实际完成工程量，向业主提供已完成工程量报表和工程价款结算账单，经由业主委托的造价工程师和监理工程师确认，收取当月工程进度价款。在现行主流模式下，工程项目信息都是基于 2D－CAD 图纸建立的，工程进度、预算、变更签证等基础数据分散在工程、预算、技术等不同管理人员手中，在进度款申请时很难形成数据的统一和对接，导致审核工程进度计量与支付工作难度增加，需要花大量时间去寻找和核对资料，难以及时并准确审定进度款。这使得工程进度款的申请和支付结算工作较为繁琐，造成工作量加大而影响其他管理工作的时间投入。正因如此，当前的工程进度款估算粗糙成为常态，最终导致超付或拖延支付，发承包双方经常花费很多时间在进度款争议中，而工程造价咨询又经常难以准确为业主方提供及时、准确的咨询意见，从而增加项目管理的风险。

BIM 技术的推广与应用在进度计量和支付方面为工程造价咨询带来了很大的便利。BIM 5D 可以将时间与模型进行关联，根据所涉及的时间段，如月度、季度，结合现场的实际施工进度，软件可以自动统计该时间段内容的工程量并汇总，形成进度造价文件，为业主方的工程进度计量和支付工作提供支持。

2. 基于 BIM 技术的材料成本控制

工程造价管理过程中，工程计划部分关于材料消耗的分析是较大的难点。在当前施工管理中，各个分项的成本不容易拆分，资金的投入与招标投标时的成本比对不上，最终在项目结束后才会发现问题。以 BIM 技术为基础的 5D 施工管理软件可以把建筑的整体体现出来，通过模型与工程图纸等详细信息的集合，形成了包含有成本计算、计划进程、物力选材、机器装设等多维度的模型。目前 BIM 的细观尺度可细致到各个零部件组成单位，为工程量的计算提供更便捷的方法，以相关数据分析技术为基础，进行不同层次、不同空间的进度计划与成果总结。基于 BIM 技术的计划制定，包括工材设备的采选、施工计划的制定、成本控制的方法，将会得到极大的改善，并会对工材设备的相关管理进行严格地控制。

3. 基于 BIM 技术的分包管理

现阶段普遍存在的分包管理会使任务分配出现较大的问题，数据的紊乱也经常导致重复施工的发生。结算过程同样会出现这样或那样的问题，最终导致工程量过多，致使总包与业主在工程量方面产生矛盾。基于 BIM 技术的分包管理将很好地解决传统模式存在的问题。

基于 BIM 模式下的派工单管理：BIM 派工单管理系统能够大大减轻重复派工的错误，制定切实可行的用工过程，使整个过程在有条不紊且高速的条件下进行。派工单和 BIM 技术的结合可以减少派工过程中出现过多的人为错误，保证分区派单，提高了流程的可行性与准确性。

分包单位工程款的结算和分包工程款管理：乙方需要把工程款支付给下游的分包单位。整个模式使施工单位与供应商或分包单位的角色发生了转变。传统工程造价管理模式下，在工程施工过程中，工作人员以及材料、设备、机械的计算方式和一直以来的固定金额等其他计算方式拥有不同的运算方法。单位不同工程款的单价依据就与预结算时不一样，正常情况下，管理人员的经验或者工程施工过程中的一些非标准规范决定了整个模式的改变和价格信息的取得，这也变成了成本管理与控制的暗处。所以基于 BIM 模型的分包管理模式，按照分包合同的规定，确立合同清单与模型的联系，确定分包范围界限，一切遵循合同的规定进行计算，为最终的建设方与施工方结算提供一定的依据。

4. 基于 BIM 技术的工程变更审核与管理

随着现在工程项目规模和复杂度的不断增大，施工过程中变更的有效管理越来越迫切。施工过程中产生变更会导致项目工期和成本的增加，而变更控制不当则会引起进一步变更，容易导致项目成本和工期目标处于失控状态。利用 BIM 技术可以最大限度减少设计变更，并且在设计阶段和施工阶段，各参建方可共同参与进行多次的三维碰撞检查和图纸审核，尽可能从变更产生的源头减少变更，如图 1－7 所示。

当变更产生后，如何及时、准确计算变更所影响的工程量和造价是施工阶段开展工程造价咨询服务的重要内容，也是工作难点。

在目前主流的技术手段下，工程造价咨询实施工程变更管理工作时经常会遇到变更算量过程反复而凌乱等情况，导致工程量算不清，易漏量，底稿乱，不易追溯，变化展现不直观，无法及时有效地分析变更会引起哪些工程量变化（混凝土、钢筋、装修、土方），难以准确计算、分析、汇总变更前后的工程量及其造价变化程度。

工程造价咨询通过 BIM 技术可以将变更的内容在模型上进行直观调整，自动分析变更前后模型工程量（包括混凝土、钢筋、模板等工程量的变化），为变更计量提供准确可靠的数据，使得繁琐的手工计算变得智能便捷、底稿可追溯、结果可视化、形象化，造价技术人员在施工过程中以及结算阶段可以便捷、灵活、准确、形象地完成变更单的计量工作，化繁为简，防止出现漏算、少算、后期遗忘说不清等造成的不必要的损失。

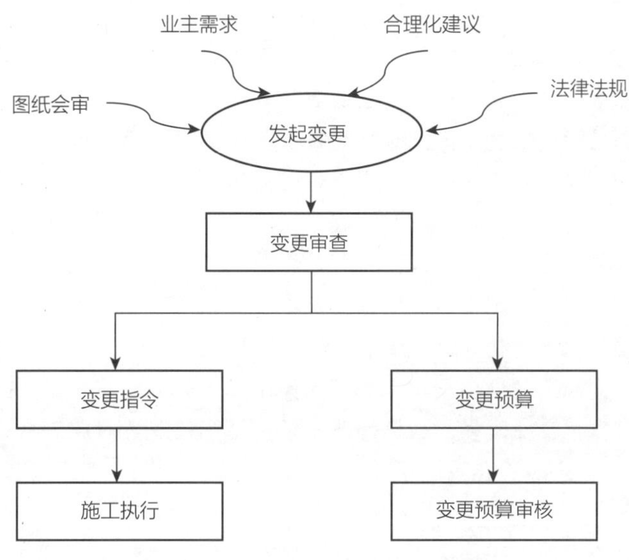

图 1-7

5. 基于 BIM 技术的签证索赔管理

传统工程造价管理模式下，作为业主和施工企业的博弈，工程签证和索赔是不可避免的内容，这是工程造价管理中一项重要工作，是造价咨询发挥其专业作用和价值的重要“舞台”。但在实际的施工过程中，签证、索赔的真实性、有效性、必要性的复核常常也是工程造价人员一项较为困难的事，人为干扰较大。只有规范和加强项目施工现场的签证管理，采取事前控制措施并提高签证质量，才能有效控制实施阶段的工程造价，保证建设资金得以高效利用。

对签证内容的审核，工程造价咨询可以利用 BIM 软件实现模型与现场实际情况的对比分析，通过虚拟三维的模型掌握实际偏差情况，从而审核确认签证内容的合理性，如图 1-8 所示。同时根据变更情况，利用基于 BIM 技术的变更算量软件对模型进行直接调整，软件可以自动、精确计算变更工程量，从而确定签证产生的工作量，根据对构件数据的拆分、组合、汇总确定工程量和所产生的费用。工程造价咨询可以利用 BIM 的可视化和强大的计算能力为建设单位进行签证咨询管理的工作，可以更快速、高效、准确地处理变更签证，减少发承包双方的争议。

图 1-8

1.3.5 基于 BIM 技术竣工结算阶段的工程造价管理

竣工阶段的竣工验收、竣工结算以及竣工决算，直接关系到建设单位与承包单位之间的利益关系，关系到建设项目工程造价的实际结果。在竣工阶段进行工程造价咨询工作的主要内容是为建设单位审核施工单位提交的竣工结算书，出具竣工结算审核报告，协助建设单位确定建设工程项目最终的实际造价，即竣工结算价格，编制竣工决算文件，办理项目的资产移交。这也是确定单项工程最终造价，考核建设单位投资效益的依据。

在现行的工程结算程序里，工程量核对是结算中最繁琐的工作，工程造价咨询企业与施工单位需要按照各自工程量计算书对构件进行逐个核对。基于 2D - CAD 的竣工图纸，结算审核所涉及的过程资料体量极大，同时又往往由于单据的不完整出现不必要的工作量。结算工作主要依靠手工或电子表格辅助，效率低、费时多、数据修改不便。发承包双方对施工合同及现场签证等理解不一致，以及一些高估冒算的现象和工程造价人员业务水平的参差不齐，经常导致竣工结算"失真"。

因此，工程造价咨询要改进工程量计算方法和结算资料的完整和规范性，对于提高结算审核质量，加快结算审核速度，减轻造价人员的工作量，增强审核、审定透明度都具有十分重要的意义。

工程造价咨询基于 BIM 技术的结算审核不但可提高工程量计算的效率和准确性，对于结算资料的完备性和规范性还具有很大的作用。在工程造价咨询服务过程中，随着项目相关的合同、设计变更、现场签证、计量支付、材料价格等信息不断录入和更新，BIM 模型数据库持续得到修改完善，到竣工结算时，BIM 信息模型已完全可以表达竣工工程实体。

BIM 模型的准确性和过程记录完备性有助于提高工程造价的结算审核效率，同时，通过 BIM 可视化的功能可以随时查看三维变更模型，直接调用变更前后的模型进行对比分析，避免在进行结算审核时因结算书描述不清楚而导致发承包双方索赔难度增加，减少双方的扯皮，加快结算办理速度。

1.3.6 基于 BIM 技术运营维护阶段的工程造价管理

工程的运营维护时期在全生命周期中所占比重是最大的，所以，要想实现工程项目成本降低到最少，运营管理阶段的工程造价管控是关键部分，但目前我国大多数业主方在工程项目建设阶段结束后，便不再对项目进行工程造价管理，直接把管理业务移交于物业管理公司，几十年之后，便出现了无人管理的现象。

BIM 技术的应用对运营维护阶段的工程造价管理能力具有提高和促进作用。利用 BIM 模型文档功能所建立的详细数据库实现从建设阶段到运营阶段的对接，根据已建项目的运行参数及维护信息进行实时监控，可以对设备的运行情况进行相关判断并做出合理的管控措施，还能够根据监控数据对设施的性能、能源耗费、环境价值等进行评估管理，做好事前成本控制，以及设施报废后的解决方案。BIM 成本数据库可以自动保留全部相关数据，为以后类似项目提供相关参数信息。

1.3.7 基于 BIM 技术拆除阶段的工程造价管理

目前，由于建设项目建造前期并没有应用 BIM 技术，或有应用 BIM 技术的项目，但在现阶段还没有达到使用年限，也并不会涉及拆除问题。在理论上，建设项目达到使用年限进入拆除阶段后，所产生的建筑垃圾及其处理过程并不符合我国可持续发展战略，而 BIM 技术在拆除阶段的应用，可以从建设期、运营期所完善的模型中，按构件信息进行可回收或不可回收分类，然后进行拆除。基于 BIM 技术的应用对减少建筑垃圾、提高构件利用率以及后期整个项目后评价提供了良好的技术支持。

第 4 节　BIM 技术在工程造价行业中的应用

1.4.1　现行工程造价管理的应用现状

现行工程造价管理的应用现状是在建筑 CAD 图纸的基础上建立算量模型，然后依据工程计量和计价相关的标准规范，计算出相应的工程量，并直接进行计价，最终出具工程造价成果文件。所出具的工程造价成果文件能得到充分的应用和认可，有较高程度的应用基础和相应法律保障。

现行工程造价管理工作之中，工程算量模型的建立花费了大量的时间，但动态的成本控制方法却不是工作的核心，因此难以提升工程造价管理的价值。而且工程造价管理只是阶段式的工作模式，主要应用阶段停留在工程项目的实施阶段，如招标投标阶段、施工阶段、竣工结算阶段等，对于项目前期的投资决策阶段却是薄弱环节。另外设计、施工、造价等各项目建设参与方处于阶段式分离状况，各参与方专注于各自行业范围内的工作，设计方着力于符合设计相关规范和要求，施工方着力于施工过程质量、进度、安全的管理控制，造价方着力于项目造价控制，各方缺乏必要的沟通衔接与协同，各参与方分离严重。

由于建设项目的独特性使得造价数据十分离散，工程造价行业的数据积累十分薄弱。在以往的工程造价管理工作中数据成果微乎其微，与国民经济建设的发展要求和建设行业的管理要求差距很大，工程造价数据成果的累积存在一定的行业技术壁垒。

1.4.2　BIM 技术在工程造价管理应用上的优势

BIM 技术作为便捷、高效的工程造价管理工具，具体优势体现在以下几方面：

1）BIM 技术将有效缩减算量工作时间，提高工程计量的准确度与效率，实现对整个工程造价的实时、动态、精确的成本分析。

BIM 技术在工程造价管理中的应用，在一定程度上提高了工程量计算的准确度与效率，也直接缩减了算量工作时间。工程造价从业人员将从繁重的算量、对量、审核工作中解放出来，可以更加深入地对价格组成、成本管理等工作进行研究，可以实现实时、动态、精确的成本分析，协助建设方提高对建设成本的管控力度，展现出工程造价价值所在。

2）BIM 技术的应用有利于推进全过程、全生命周期造价管理模式的开展。

BIM 模型将建设项目建设过程中各种相关信息，通过 BIM 三维模型的形式在各个阶段之中相互串联起来。BIM 模型为各建设参与方提供信息共享平台，实现远程信息传递和信息共享等服务，有效避免数据的重复录入，实现了项目各个方面的协同与融合。因此，BIM 技术的推广有利于全过程、全生命周期的工程造价管理模式的开展。

3）BIM 技术加强了信息化应用程度，加强了各建设工程参与方的协同合作，提升了工程造价

管理效率。

BIM 技术作为一种信息化集成应用手段，将设计、采购、施工等各方协同进行统一管理，阶段式分离的建设管理工作模式将不复存在，直接加强了各建设工程参与方的协同合作。各建设参与方将以此捆绑成一体，联合集中处理和解决工程问题，有效优化工程设计质量，减少设计变更、工程索赔等，提升工程造价管理的工作效率。

4）BIM 技术可以满足大体量、特殊异型项目的工程计量和计价要求。

在 BIM 技术条件下，大体量、特殊异型构件等不再是工程计量的难题。它在适当修改工程造价管理规则的基础上（如 BIM 计量规则），信息准确的 BIM 模型将迅速提供建设项目工程量信息，可以满足大体量、特殊异型项目的工程计量和计价要求。

5）BIM 技术有助于工程造价数据的积累和共享。

BIM 技术作为一种能追根溯源的信息技术，它带来了另外一种思维模式：采用统一标准建立的三维模型可以进行数据积累，且数据方便调用、对比和分析，可以直接协助进行工程计价，并提供相应的数据支持。同时通过统一的数据接口，BIM 模型可以支持数据存储、传输以及移动应用，支持工程造价管理的信息化要求，是工程造价精细化管理的有力保障。

1.4.3 基于 BIM 技术与现行的工程造价管理对比分析

现行工程造价管理和基于 BIM 技术的工程造价管理都有各自的优势与劣势，各有各的特色。两者的对比分析详见表 1－2。

表 1－2　基于 BIM 技术与现行的工程造价管理对比

现行工程造价管理		基于 BIM 技术的工程造价管理	
优势	劣势	优势	劣势
1. 充分的应用和认可	1. 工程算量的时间占据了大量的造价管理时间	1. BIM 技术将有效缩减算量工作时间，提高工程计量的准确度与效率，实现对整个工程造价的实时、动态、精确的成本分析	1. 与工程建设领域现行分段式管理有冲突，推行困难大
2. 有较高程度的运行基础和法律保障	2. 项目建设前期阶段造价管理薄弱	2. BIM 技术的应用有利于推进全过程、全寿命周期造价管理模式的开展	2. 综合性较大，对人员素质要求高
	3. 信息化程度低，造价数据积累困难	3. 信息化应用程度高，BIM 技术加强了各建设工程参与方的协同合作，提升了造价管理效率	3. 软硬件配置要求高，前期应用投入较大
		4. BIM 技术可以满足大体量、特殊异型的建设项目的工程计量和计价要求	
		5. BIM 技术有助于工程造价数据的积累和共享	

从现阶段来看，虽然 BIM 技术在工程造价管理应用上尚处于一种萌芽阶段，其优势尚未得到一定程度的展现，但是 BIM 技术在工程造价管理应用上的优势远超现行工程造价管理的优势。作

为一项新技术，值得更进一步地探索和学习，找到新技术条件下的应对机制，充分发挥出 BIM 技术在工程造价管理应用中的价值。

第5节　基于 BIM 技术的未来展望

建筑工程算量的传统方式是手工计算和二维图形构件算量，致使工程计量的计算工作量大、复杂、费时，并且计算结果的精确度也不高。BIM（建筑信息模型）技术的出现和应用对建筑工程算量带来了深刻的变革，有力促进了建筑工程算量信息化进程的发展。

1.5.1　建筑工程算量成长历程

1. 全手工计算工程量阶段

在计算机还没有普及的年代，建筑工程量计算只能靠手工来完成。

2. 算量软件计算工程量阶段

随着计算机的普及，各种算量软件像雨后春笋一样不断涌现，因其使得工作效率明显提高，在得到用户认可后迅速普及。为了解决工程量计算复杂而繁琐的问题，人们开发了多种工程量计算软件，比如工程量表格计算软件、二维图形构件算量软件、三维图形立体算量软件以及广泛应用的基于 CAD 技术自动识别的三维算量软件（即 BIM 技术）。

（1）工程量表格计算软件　工程量表格计算软件采用的是表格数据输入法，该方法实际是对传统手工算量进行延伸和改进，需要工程造价人员在软件界面中输入算量表达式，程序会自动进行统计汇总计算，如果发现计算式错误后也比较容易修改，只需简单地更改错误的计算式内容，软件就可以重新完成对工程量的计算并生成新的报表数据。该方法的计算思路比较符合工程造价人员的计算习惯，优点是容易操作、上手快，所以很多工程造价人员都会选择使用；缺点是工程造价人员必须边翻阅图纸边往计算机中输入数据，同时还要考虑相关联的构件之间的扣减关系，而且一般需要在草稿纸上预先罗列出每个构件的工程量计算表达式，计算上仍然比较复杂繁琐。

（2）二维图形构件算量软件　二维图形构件算量软件采用的方法是把建筑结构的基础、柱、墙、梁、板、楼梯等构件按平法图集标准绘制出来，工程造价人员根据工程图纸的构件选择相对应的构件图形输入构件的尺寸及信息，软件会自动进行工程量计算。构件计算法比表格输入法的工作效率提高了很多，极大减少了计算式的数据输入量，但由于计算数据利用率不高，内置的构件相对比较单一固定，不能完全满足实际工程出现的异型构件工程量计算需要。

（3）基于 BIM 技术的三维图形算量软件　基于 BIM 技术的三维图形算量软件计算方法有建模法和数据导入法，建模法通过在计算机上绘制基础、柱、墙、梁、板、楼梯等构件模型图，软件根据设置的清单和定额工程量计算规则，在充分利用几何数学原理的基础上自动计算工程量。计算时以楼层为单位，在计算机界面中输入相关构件数据，建立整栋楼基础、柱、墙、梁、板、楼梯、装饰的建筑模型，根据建好的模型进行工程量计算。数据导入法将工程图纸的 CAD 电子文档直接导入三维图形算量软件，智能识别工程设计图中的各种建筑结构构件，快速建立虚拟仿真建筑。由于不需要重新对各种构件进行绘图，只需定义构件属性和进行构件的转化就能准确计算工程量，极大提高了算量工作效率，降低了工程造价人员工程计算量，这是工程量计算软件的主要发展方向。

1.5.2 BIM 技术在建筑工程算量中的优势

BIM 技术在建筑工程算量方面具有无可比拟的优势，对于提升建筑工程算量水平、提高工作效率，具有很大的积极意义。

1. 提高工程量计算准确性

基于 BIM 技术的自动化工程算量方法比传统的计算方法准确率更高。工程量计算是编制招标控制价的基础，但是计算过程非常枯燥和复杂，工程造价人员容易因自身原因造成各种计算错误，影响后续计算的准确性和完整性。工程造价人员计算工程量误差在 ±3% 左右已经算很合理了。如果遇到大型工程、复杂工程、不规则工程，计算结果的准确性和完整性就更加难说了。另外，各地定额计算规则不同也是阻碍手工计算准确性和完整性的重要因素。每计算一个构件要考虑相关哪些部分要扣减，需要极大的耐心和细心。

为了让工程量计算工作脱离人为因素的影响，可使用 BIM 技术的自动计算工程量功能，这样能得到更加客观完整准确的工程量数据。利用建好的三维模型对构件实体进行扣减计算，不管是对于规则构件还是对于不规则构件，都能同样计算，且计算效果是一样的，不会受到各种因素的干扰和影响。

2. 合理安排资源计划，加快项目进度

建筑工程因为周期长，涉及人员多，条线多，管理复杂，如果没有充分合理的计划，就很容易导致工期延误，甚至发生质量和安全事故。

资金使用计划、人工消耗计划、材料消耗计划和机械消耗计划可以利用 BIM 模型提供的基础数据得到合理安排。在 BIM 模型所获得的工程量上赋予时间信息（4D），就可以知道任意时间段各项工作量已完成多少，进而可以知道任意时间段造价是多少，还可根据 4D 来制定资金使用计划。另外，通过 4D 技术可以查询任意时间段的工程量，分析出该工程量所需要消耗的人工、材料、机械数量，工作进度计划就会得到合理安排。

3. 控制设计变更

在建设项目执行过程中，经常会碰到工程设计变更，传统方法是靠手工先在施工蓝图上确认变更位置，然后再计算由于设计变更引起的工程量增减数量。同时，还要调整与设计变更相关联的构件工程量。这样的计算过程不仅速度慢，所用时间多，而且也难以控制和保证准确性。加之可能由于设计变更内容没有历史计算数据和构件位置信息，今后想要去查询也很不方便。利用 BIM 技术建立的模型，设计变更内容不但可以关联到模型中，而且对模型稍作调整，相关设计变更的工程量变化数据就会自动反映和显示出来。

4. 历史数据积累和共享

建设工程项目结束后，所有算量数据材料要么堆积在档案室，要么不知去向何处，今后碰到相关类似项目，如要参考这些算量数据就难以再找到。而且以往计算出工程的算量指标，对今后类似工程项目的投资估算和可行性研究具有比较大的参考价值，造价咨询单位会把这些数据视为企业核心竞争力。利用 BIM 模型可以对算量指标进行准确、详细地分析和提取，并且形成电子档案资料，方便保存和共享。

工程造价人员从繁重的算量劳动中得以解放出来都得归功于基于 BIM 技术的工程量自动计算方法，该方法为工程造价人员节省更多的时间和精力参与更有价值的工作，如工程造价的 BIM 咨询、项目风险评估预测分析、后期运营阶段管理等，还可利用节约的时间编制更精确的招标控

制价。

BIM 技术在建筑工程算量中的作用不仅是高效率工具，在 BIM 技术基础之上，可以将工程造价人员所建立的模型，加上时间信息（4D）和成本信息（5D），然后进行计算处理，这样可极大提高工程量计算精度，为后续的项目造价管理提供有力的支撑。

1.5.3 BIM 技术发展对造价行业产生的影响

对于工程造价行业，BIM 技术将会引起一次彻底的变革，它将改变工程造价行业的行为模式，使行业重组。美国斯坦福大学整合设施工程中心（CIFE）根据32 个项目总结了使用 BIM 技术的如下效果：

1）消除 40% 预算外变更工作。

2）造价估算耗费时间缩短 80%。

3）通过发现和解决冲突，合同价格降低 10%。

4）项目工期缩短 7%，及早实现投资回报。

对于造价咨询公司和工程师个人来说，前三项中无论达到哪一项都能在行业中立足，更何况同时达到三项。当少数咨询公司或个人掌握 BIM 技术时，他们将成为行业内的佼佼者；当大多数咨询公司或个人掌握了 BIM 技术时，那些没有掌握的公司或个人，将会很快被淘汰。

BIM 技术在建筑业的应用有着广阔的前景和强大的优势，结合 BIM 技术和工程造价管理体系，不仅可以有效地提高工程造价行业的管理效率，降低工程实际施工成本，为造价行业提供有力的工具；而且推进了工程建设领域的技术创新和技术进步，促进了造价行业的不断创新。对于工程造价行业，BIM 技术将是一次颠覆性的变革，BIM 将彻底改变工程造价行业的传统模式，给行业带来一个大转型。

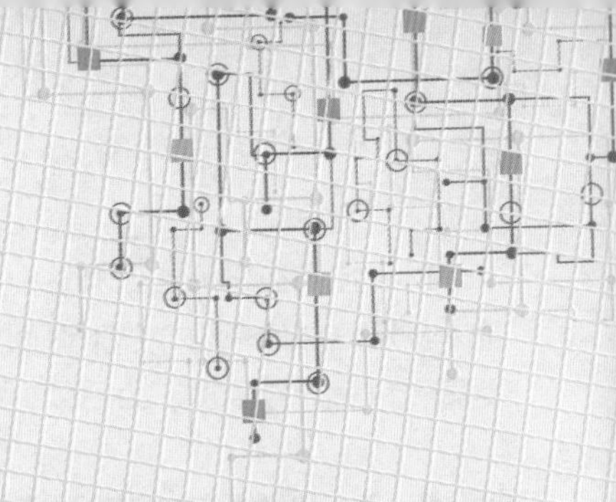

第 2 章　BIM 技术在工程造价各阶段中的应用

当今社会正处于信息技术快速发展时代，建筑行业面临变革势在必行，新模式、新技术的市场化程度不断提高，信息技术是建筑行业持续健康发展不可或缺的组成部分，BIM 技术广泛应用于建设项目的造价管理将是必然趋势。BIM 技术渗透建设项目全生命周期，涵盖决策阶段、设计阶段、工程招标阶段、施工实施阶段、竣工结算阶段、运维及拆除阶段，如图 2－1 所示。充分发挥 BIM 技术，建立各参建方实时参与的组织管理模式，并依托一体化协同管理平台，必将提升建设项目造价管理效率与管理能力，切实有效地控制建设项目投资，积极发挥社会投资效益。

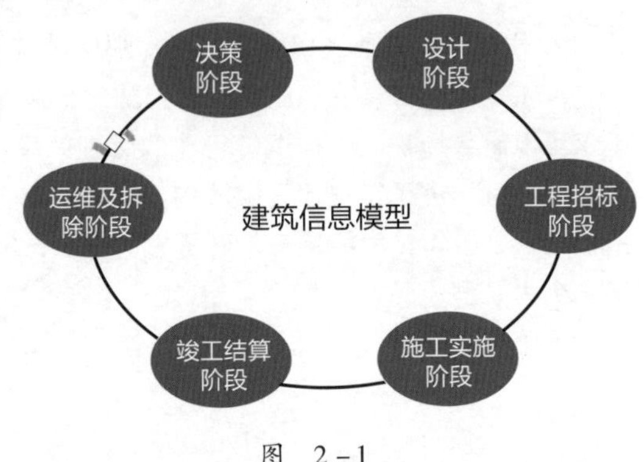

图　2－1

参建工程建设项目的市场主体一般包括发包方、承包方、项目管理方、材料设备供应方、勘察设计方、咨询方等，建筑信息模型作为一个建筑信息的集成体，各参建方必将打破传统工作逻辑，重塑全新规则，运用先进的管理理念和方法，通过同一可视化平台的信息交叉沟通、协同工作，实现投资价值最大化。建设项目各参建方信息交流示意图如图 2－2 所示。

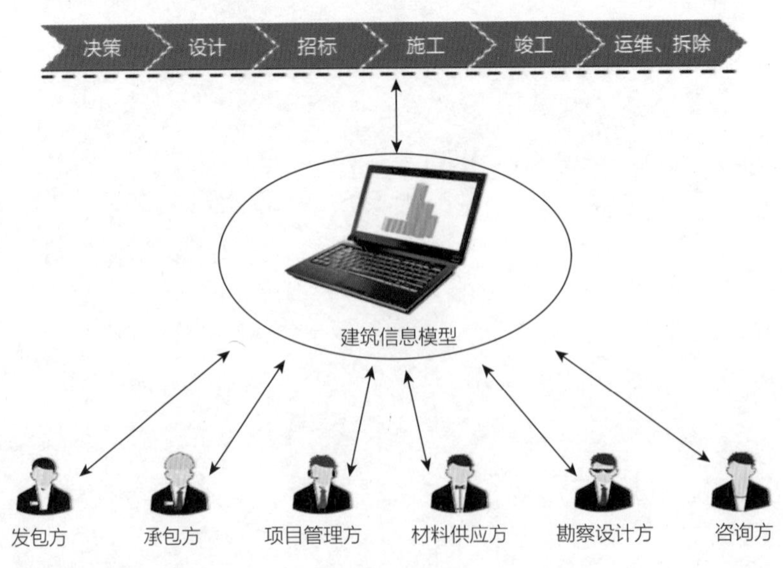

图　2－2

BIM 模型承载了建筑物全专业、全周期的各种信息。信息被称为数据来源（provenance of the data），如物理特征、功能特征、时间特性等大量的几何和非几何信息。不同阶段的模型载有不同的信息，便于实现全程信息化管理。

运用各阶段的 BIM 信息共享，有助于提高造价管理者对工程造价的分析与判断等，极大地发挥基于 BIM 技术的造价价值，如图 2-3 所示。在新形势下，工程造价管理者应以新的高度、新的视角审视行业发展前景，创新前瞻定位，更快适应环境的变化，成为行业精英和技术精英，为社会、为企业创造更大的价值。

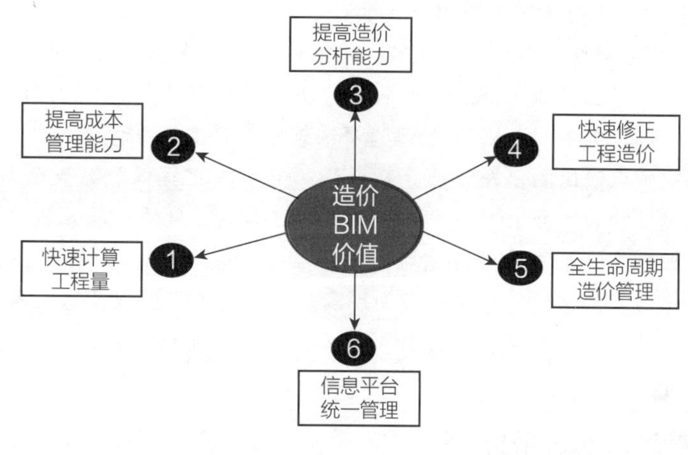

图　2-3

BIM 全生命周期造价管理主要应用点如图 2-4 所示。决策阶段按方案模型快速编制投资估算、方案比选；初步设计阶段，按初步设计模型组织限额设计、编审设计概算、碰撞检查并提出优化方案；工程招标阶段，按施工图设计模型编制工程量清单、招标控制价（或施工图预算）；施工实施阶段，按施工过程模型进行施工进度计划、材料采购计划、人机使用、变更签证及成本控制管理；竣工验收阶段，按竣工验收模型编审工程竣工结算；运维及拆除阶段，根据 BIM 可视化设施运维管理平台，经现场数据采集与集成，通过设备设施管理、消防管理、空间管理、子项改造管理，计算项目投入使用过程中发生的各种成本（如能耗成本、维护成本、管理成本、改造成本等）及拆除费用。

运维阶段利用 BIM 技术，实时掌握室内运行情况，同时，便于对室外墙面、道路、绿化、运动器材等的监管，及时排除隐患，减少维修费用。另外，还可提升物业管理水平和消费者体验。

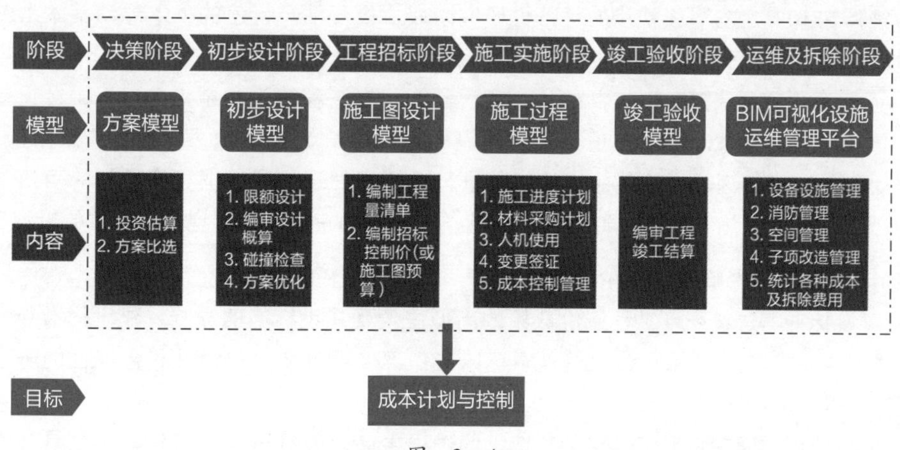

图　2-4

第 1 节　决策与设计阶段造价 BIM 应用

2.1.1　决策阶段造价 BIM 应用

1. 决策阶段引入 BIM 技术的重要性

决策阶段是项目建设各阶段中最为关键的一个阶段。该阶段是通过对不同的投资方案进行经济和技术论证，最后选择出最佳方案。统计表明，决策阶段对工程造价的影响程度高达 80%～90%。由此可见，决策阶段的投资估算在方案选择决策中占有重要的地位。

我国的造价模式一直沿用的是概预算定额管理模式，其工程信息缺乏及时性、连续性，已不适应当今经济的发展趋势。而 BIM 技术的出现，使工程造价管理过程及操作工具发生了变革。在可视的建筑信息模型中，工程基础数据可以进行实时动态调整，造价人员可以更迅速、准确地获得造价信息，全过程的造价管理也将成为现实。BIM 技术在工程信息上的及时性、连续性、一致性，将会在工程造价管理的决策、设计、招标投标、施工建造、竣工移交等阶段带来积极的影响。

2. 工程项目决策与工程造价的关系

工程造价控制通常就是指在投资决策和设计阶段以及项目实施的过程中将项目的造价控制在一个相对合理的范围之内，同时还要对在这一过程中产生的误差进行全面的分析和纠正，只有这样，才能更好地帮助企业获得更高的经济效益，为企业的发展奠定良好的基础。工程项目决策的合理性、深度和动态性直接影响工程造价及其控制。

（1）确保项目决策的合理性，才能确保工程造价的准确性　项目决策的正确性是指既要对项目进行科学、合理的判断，又要在这一过程中做出更加准确的判断，选用最好的投资方案，只有这样才能更好地对工程造价进行估算和控制。如果在工程建设的过程中出现了造价控制不合理的现象就可能会给建设企业带来十分严重的损失。项目决策的具体内容会直接影响工程造价的准确性，所以要保证项目决策的科学性、合理性。

（2）项目决策的深度不仅影响投资的准确性，也影响造价的控制工作　在投资决策中，通常要经过多个阶段，每一个阶段的控制目标都是不同的。在投资机会研究阶段，投资的误差率上下浮动基本维持在 10% 左右；在初步的可行性研究阶段，投资估算误差的上下浮动基本上就维持在了 5% 左右；而发展到可行性研究的阶段，投资误差率就必须要控制在 3% 左右。

（3）不断深化项目决策，以控制造价，实现利润　在工程建设和施工的过程中，很多环节都是相互支撑和补充的关系，所以在项目工程建设的过程中一定要不断深化项目决策阶段的研究，采取一些可行性和可靠性都比较强的方法对其进行控制和处理，以保证投资预算的可信性，这样一来也可以更好地保证施工过程中造价的合理性，进而帮助企业逐步实现预先制定的投资目标。

3. 项目决策阶段影响工程造价的主要因素

（1）建设标准　建设项目工程造价数额的高低主要受建设标准的影响。建设标准包含了很多方面的内容，它在工程建设和实践的过程中可以当作评判项目造价科学性和合理性的一个非常重要的指标。

（2）项目选址　通常情况下，在项目选址的过程中必须要经过两个流程，一个是建设地区的选择，另一个是建设地点的选择。地区选择就是指在几个区域当中对工程进行模拟修建，哪个区域综合效益最高，就在哪个地区建设。建设地点的选择通常就是指对项目建设的具体位置进行筛选。

（3）项目生产规模　项目规模选择是否合理，决定着工程造价的合理与否，关系着项目建设的成败。项目规模合理化的制约因素主要有市场因素、技术因素和环境因素。

（4）技术方案和设备方案　生产技术方案是指产品生产所采用的工艺流程和生产方法。在生产工艺流程和生产技术确定后，就要根据工厂生产规模和工艺过程的要求，选择设备的型号和数量。技术方案不仅影响项目的建设成本，也影响项目建成后的运营费用。设备的选择与技术密切相关，二者必须匹配。没有先进的技术，再好的设备也没用，反之亦然。

4. 投资决策的 BIM 技术应用

（1）BIM 技术加快投资造价估算　项目方案性价比高低的确定首先要确定方案的价格，快速准确得到供决策参考的价格在优选中尤为关键。在决策阶段，造价工程师的工作主要是协助业主进行设计方案的比选，在这个阶段的工程造价，往往不是对分部分项工程量、工程单价进行准确掌控，更多是基于单项工程为计算单元的项目造价的比选。此时强调得到的是“图前成本”。BIM 技术的应用，有利于历史数据的积累，并依据这些数据抽取造价指标，快速得到工程估算价格。

在投资估算时，可以直接在数据仓库中提取相似的历史工程的 BIM 模型，并针对本项目方案特点进行简单修改，模型是参数化的，每一个构件都可以得到相应的工程量、造价、功能等不同的造价指标，根据修改，BIM 系统自动修正造价指标。通过这些指标，可以快速进行工程价格估算。这样比传统的编制指导价或估算指标更加方便，查询、利用数据更加便捷。

（2）BIM 技术加快投资方案选择　过去积累工程数据的方法往往是图纸介质，并基于图纸抽取一些关键指标，用 Excel 保存已是一个进步，但历史数据的结构化程度不够高，可计算能力不强，积累工作麻烦，导致能积累的数据量也很小。通过建立企业级甚至行业级的 BIM 数据库可快速完成投资方案比选和确定。BIM 模型具有丰富的构件信息、技术参数、工程量信息、成本信息、进度信息、材料信息等，在投资方案比选时，这些信息完全可以复原，并通过三维的方式展现。根据新项目方案特点，对相似历史项目模型进行抽取、修改、更新，快速形成不同方案的模型，软件根据修改，自动计算不同方案的工程量、造价等指标数据，可直观方便地进行方案比选。

5. 工程项目决策阶段 BIM 技术快速提高造价管理水平应用

案例：某房地产开发项目规划总占地面积为 12800m^2，总建筑面积为 121800 万 m^2，建筑主体是一座地上 32 层的办公楼，并设有 10 层裙房以及 3 层地下人防车库。该项目办公楼 1~10 层是与裙房相连的连体结构，11~32 层为标准层，顶层为机房层。该案例主要是以地上办公楼部分为例进行建模，分析和探讨 BIM 技术在全过程造价管理中的应用。建设单位在决策时，可借助软件简单地搭建 BIM 模型，将项目方案与财务分析工具集成，一旦进行参数修改，便可迅速提取工程量，并通过算量软件和计价软件得出粗略的造价，从而实时获得各方案的投资收益指标，为建设单位最终决策提供有说服力的依据。

在建筑项目工程建设的过程中，项目的工程造价一直都是人们十分关心和关注的一个问题，而决策阶段的造价控制对整个工程最终的造价有着十分重要的影响，所以在这一过程中，必须要对其予以高度的重视，灵活高效地运用 BIM 技术，只有这样，才能保证企业的经济效益，促进企业的健康发展。

2.1.2 设计阶段造价 BIM 应用

1. 设计阶段引入 BIM 技术的重要性

目前我国设计阶段普遍采用二维 CAD 技术进行设计，这种设计方法使得项目各参与方对项目的理解程度参差不一，即使到了施工建造阶段都还不够深入，而且各专业（建筑、结构、水、暖、电等）设计工作又相对独立，导致各专业设计图纸成为信息孤岛甚至相互冲突，这为后期工作带来了诸多不利影响，特别是造成工程成本的增加和浪费。

BIM 作为一项新的技术，其不仅具有模拟性、可视性、协调性、优化性和可出图性等基本特点，还具有三维渲染、动态展示、快速算量、多算对比、虚拟施工碰撞检查等优点。BIM 技术的这些特点都是以方便用户使用为基础，为建设项目的科学化决策提供了强大的技术支持。

在设计阶段引入 BIM 技术，不仅仅是为了设计本身，同时也能使项目造价管理信息在全生命周期保持可视化，各参与方通过整个生命周期内对于信息的共享来解决传统模式中造价管理的相关问题。

2. 设计阶段工程造价管理的概念

统一目标、各负其责是工程造价管理的原则。设计阶段工程造价管理是指在确保建设工程的经济效益和有关各方面的经济权益的同时，运用科学方法和技术原理，从而对建设工程造价及建安工程价格进行的全过程、全方位的符合政策和客观规律的全部业务行为和组织活动。其基本含义有二层：建设工程投资费用管理和工程价格管理。

为了更好地服务于这两种管理，应对工程造价计价依据和工程造价专业队伍建设进行管理。对于建设工程的投资费用管理，它属于工程建设投资管理范畴，其目的是为了实现投资的预期目标，在撰写规划、设计方案的条件下实现预测、计算、确定和监控工程造价以及变动的系统活动。造价管理中包含工程价格管理。从微观上来解释，是生产企业在获取市场价格成本信息的同时，对管理目标进行控制、计价、定价和竞价的一系列的系统经济活动。从宏观上来解释，政府在社会经济的主导下，运用经济手段、法律手段、行政手段来达到宏观调控市场主体价格以及管理价格的行为的系统活动。

工程造价的监控由滞后性向超前性发展，适应了市场经济的变化和需求，相比于施工阶段的造价管理，设计阶段的造价管理更能体现出事先性和主动性。工程造价管理重心的前移也使得设计阶段更加重要。人们之所以如此重视设计阶段的工程造价管理，是由于在项目决策之后，设计阶段的造价管理是全过程造价管理的第一关，把好了这一关就可以为全过程工程造价管理打好基础。数据显示，设计费用占工程全生命周期费用的比例不到1%，但是在正确的决策下，设计对工程造价的影响程度达到75%及以上。由此可见，设计阶段的工程造价管理非常重要和必要，设计阶段的造价控制对工程项目整个生命周期的造价控制都有着重大的意义和影响。任何建设工程项目都要依据可行性研究和初步设计编制的投资计划，在保证工艺、设计和相关标准的前提下，如果投入资金比较少，建设工期比较短，那么其投资效益就越显著。不管是从投资利益、投资控制方面来看，还是从造价控制系统环节来看，设计阶段的工程造价管理尤为重要，只能加强不能削弱。

3. 工程设计阶段的划分

从与业主签订完设计合同之后，建设项目就进入了设计阶段。常规意义下的设计阶段一般包括初步设计、技术设计和施工图设计阶段，见表 2－1。然而实际情况往往不同，在项目的招标投标、施工等过程都需要设计的配合，在一些 EPC 项目中甚至存在边设计边施工的现象，因此设计阶段就完全没有了时间的界定。

表 2－1　设计阶段划分与设计程序

<table>
<tr><th>项目
内容</th><th>工业项目</th><th>民用项目</th><th>备注</th></tr>
<tr><td rowspan="3">设计阶段</td><td>一般项目：初步设计、施工图设计</td><td>一般项目：方案设计、初步设计、施工图设计</td><td rowspan="3">大型工业项目设计中的总体规划设计（总体设计）本身不代表一个单独的设计阶段</td></tr>
<tr><td>技术复杂或设计有难度的项目：初步设计、技术设计、施工图设计</td><td rowspan="2">技术要求简单的项目：方案设计、施工图设计</td></tr>
<tr><td>部分大型项目：总体规划设计（总体设计）、初步设计、技术设计、施工图设计</td></tr>
<tr><td>设计程序</td><td>设计准备、总体设计、初步设计、技术设计、施工图设计、设计交底和配合施工</td><td>设计准备、方案设计、初步设计、施工图设计、设计交底和配合施工</td><td>工业项目和民用项目的设计准备工作和设计交底与配合施工工作大体一致；其余阶段，民用项目的设计内容较为简单</td></tr>
</table>

广义上的设计阶段贯穿了项目的全过程，从场址的选址、决策、项目的可研、施工图设计、招标投标甚至施工、竣工和使用阶段都有设计参与，由于大部分的设计任务主要集中在初步设计、技术设计和施工图设计阶段，所以本文所讲的设计阶段为狭义的设计阶段，即将设计阶段限定在了设计工作相对比较集中的初步设计阶段、技术设计阶段和施工图设计阶段这三部分。

4. 设计阶段造价管理工作流程

根据建设项目的进行顺序，通常将项目划分为相应的阶段，而设计阶段是控制工程造价的关键环节。设计环节对于之后阶段的工程造价、质量及建成后可否发挥良好的经济效益，都起着决定性的作用。在设计阶段进行造价管理的工作，对工程造价和提高资金利用效率都起着积极的作用。设计阶段的工程造价管理，需要将技术与经济相结合，让设计建立在合理的经济基础上，当投资限额确定时在限额内进行相应的设计，并选择最经济和合理的方式实现目标。

设计阶段的工程造价管理非常重要，相关参与人员应尽力达到最佳效果。设计阶段的造价掌握在许多个独立流程中。设计阶段造价控制流程包含总投资目标分析论证流程，其中项目总估算、总概算、施工图的预算审核流程也属于造价控制流程；当然还有资金使用、计划编制、造价控制流程以及应用价值工程的工作流程和设计变更控制流程。在这些设计阶段控制流程中，最重要的是造价控制流程，同时设计阶段造价控制工作流程也是众多流程之一，项目投资目标能实现的关键是造价控制流程能有效执行。设计阶段造价控制的主要工作包括设计准备、方案设计、初步设计和施工图设计，由于项目造价控制工作的连续性等特殊原因，项目的招标、材料的采购、资金的流动等通常也包含在造价控制流程内。设计阶段造价控制流程如图 2－5 所示。

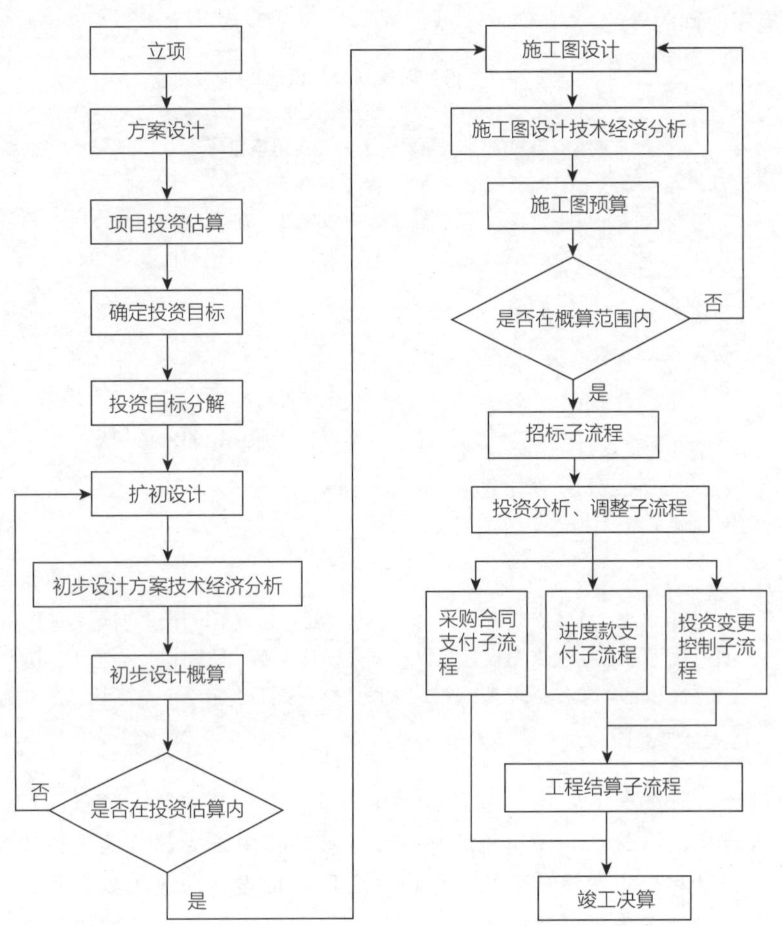

图 2-5

5. BIM 技术在设计阶段中对工程造价的控制

1）BIM 方案设计阶段，三维仿真可视化，使沟通决策更高效，可减少后期设计变更对工程造价带来的影响。BIM 设计呈现的结果为建筑信息模型（下面简称 BIM 模型），其三维仿真可视化，使得项目参与方人员对项目的理解更直观、更透彻，在项目开始实施之前就对项目建成后的效果有了整体直观（形状、空间、颜色、材质等要素）的认识，方便项目各参与方人员快速沟通决策，形成一致意见，更关键的是，这种“一致意见的结果”，表现为加载在 BIM 模型中的可向下一个阶段传递的参数信息，而以往传统的“SU + CAD”设计模式（注：SU 即 SketchUp，俗称草图大师，设计师通过它绘制方案效果图）信息是割裂的，不能完全往下一个阶段传递，过程中信息不断衰减。BIM 设计模式则可以将前期沟通阶段各方形成的一致意见作为建筑信息载入到 BIM 模型中，向下进行无损传递，始终保持信息的一致性，这就减少了后期设计变更对工程造价的影响，可以有效控制造价。

2）BIM 设计参数化，图纸自动生成，大幅度减少图纸错误，避免后期的返工浪费。BIM 技术的一个重要特征就是信息关联性，信息通过参数集成于模型中形成相互约束的运算机制，使得图纸中某一处参数修改，其余图纸（如平、立、剖面图）对应的参数全部修改，进而达到信息的一致性和准确性，这在工程项目管理中是非常重要的。通过 BIM 技术的参数化控制，图纸自动生成，减少了传统 CAD 绘图带来的数据重复输入和平、立、剖面等图纸数据不一致的低级错误，避免了

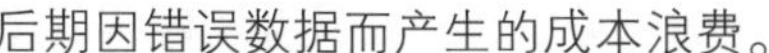

后期因错误数据而产生的成本浪费。

3）BIM 设计的多专业协同，避免了各专业设计中的错漏碰缺，为项目建造阶段各专业精确施工提供了技术支撑，是控制工程造价的有效手段。利用 BIM 的协同设计工作平台，开展多专业间的数据共享和协同工作，实现各专业之间数据信息的实时共享和构件同步可视，各专业之间的碰撞检查和管线综合碰撞检测一目了然，最大限度减少了错、漏、碰、缺等设计质量通病，同时将检查出来的问题再通过 BIM 技术进行进一步深化设计、模拟施工和方案优化，可以有效解决长期以来工程造价控制中出现的“变、改、拆”洽商签证和重复计算等问题。从更长远的角度来说，通过这些优化设计和有序施工，使得工程项目的品质大幅提高，为后期项目运营管理带来积极的影响，是全生命周期工程造价控制的有效手段。

6. BIM 技术在建筑方案设计阶段的应用方法

（1）提供了全新三维状态下可视化的设计方法　BIM 技术下的建模设计过程是以三维状态为基础，不同于 CAD 的基于二维状态下的设计。在常规 CAD 状态下的设计，绘制墙体、柱等构件没有构件属性，只有由点、线、面构成的封闭图形。而在 BIM 技术下绘制的构件本身具有各自的属性，每一个构件在空间中都通过 X、Y、Z 坐标呈现各自的独立属性。设计过程中设计师的构想能够通过计算机屏幕上虚拟的三维立体图形显示出来，达到三维可视化下的设计。同时构建的模型具有各自的属性，如柱子，点击属性可知柱子的位置、尺寸、高度、混凝土强度等，这些属性通过软件将数据保存为信息模型，也可以由其他专业导入数据，提供了协同设计的基础。

（2）提供各个专业协同设计的数据共享平台　在传统条件下各个专业间的建筑模型设计数据不能相互导出和导入，使各个专业间缺乏相互的协作，即使设计院内部通过大量的技术把关，也只能解决建筑和结构间的构件尺寸统一问题，对于水电、暖通和建筑、结构间的构件冲突都只能在施工过程中进行修改。因此各专业图纸间的矛盾众多，导致施工过程中变更加大，施工单位在施工过程中协调难度增加；设计单位不断调整设计变更增加工作量，造成工程成本增加，达不到业主要求。

然而，在 BIM 技术下的设计，各个专业通过相关的三维设计软件协同工作，能够最大限度地提高设计速度，并且建立各个专业间互享的数据平台，实现各个专业的有机合作，提高图纸质量。例如欧特克通过开发的 AutoCAD Architecture、Revit Architecture、Autodesk Robot Structural Analysis 系列软件，使建筑工程师在完成建筑选型、建筑平面、立面图形布置后，即可将数据保存为 BIM 信息，导入结构工程师、设备水电工程师专业数据，由结构工程师进行承重构件的设计和结构计算，设备及水电专业工程师同时进行各自专业设计。在建筑和结构专业都完成后，将包含建筑和结构专业数据的 BIM 信息导入水电、暖通、电梯、智能专业进行优化。同时水电、暖通、设备等专业的 BIM 信息也可以导入建筑、结构专业，达到了各个专业间数据的共享和互通，真正实现在共享平台下的协同设计，在设计过程中能够进行各个专业间的有效协调，避免各个专业间的矛盾。

（3）提供设计阶段进行方案优化的基础

1）在设计阶段方便、迅速地进行方案经济技术优化：在 BIM 技术下进行设计，专业设计完成后则建立起工程各个构件的基本数据；导入专门的工程量计算软件，则可分析出拟建建筑的工程预算和经济指标，能够立即对建筑的技术、经济性进行优化设计，达到方案选择的合理性。

2）实现了可视化条件下的设计

第一，方便了建筑概念设计和方案设计。传统条件下，建筑概念设计基本上是依靠建筑师设想出建筑平面和立面体型，但是直观表述建筑师的设想较为困难，通常借助制作幻灯片向业主表述自己的设计概念，而业主不能直接理解设计概念的内涵。

当在三维可视化条件下进行设计时，三维状态的建筑能够借助计算机呈现，并且能够从各个角度观察，虚拟阳光、灯光照射下建筑各个部位的光线视觉，为建筑概念设计和方案设计提供了方便；同时，在设计过程中，通过虚拟人员在建筑内的活动，可直观地再现人在建筑中的视觉感受，使建筑师和业主的交流变得直观和容易。

第二，为空间建筑设计提供了有力工具。在传统的二维状态下进行设计，对于高、大、新、奇的建筑，建筑师、结构师都很难理解到各个构件在空间上的位置和变化，设备工程师、电气工程师更难在空间建筑内进行设备、管线的准确定位和布置。建筑、结构与设备、管线位置关系容易出现矛盾，影响设计图纸的质量。

当在三维可视化条件下进行设计时，建筑各个构件的空间位置都能够准确定位和再现，为各个专业的协同设计提供了共享平台，通过 BIM 数据的共享，设备、电气工程师能够在建筑空间内合理布置设备和管线，并通过专门的碰撞检查，消除各种构件相互间的矛盾。通过软件的虚拟功能，设计人员可以在虚拟建筑内各位置进行细部尺寸的观察，方便进行图纸检查和修改，从而提高图纸的质量。

3）实现设计阶段项目各参与方的协同工作：在传统的二维设计条件下，图纸中图元本身没有构件属性，都是一些点、线、面。项目业主、造价咨询单位要从各自角度对设计方案进行经济上的测算和优化，需要将二维图纸重新建模，建立算量模型，会花费大量的时间和人力。同时设计方案修改后，造价单位需要重新按照二维图纸进行模型修改，导致不能及时准确地测算项目成本。

在 BIM 条件下，设计软件导出 BIM 数据，造价单位用 BIM 条件下的三维算量软件平台，按照不同专业导入需要的 BIM 数据；迅速地实现了建筑模型在算量软件中的建立，及时准确地计算出工程量，并测算出项目成本；设计方案修改后，重新导入 BIM 数据，直接得出修改后的测算成本。

7. 设计阶段限制 BIM 应用的几个因素

1）国内 BIM 没有统一的数据交互标准，导致各种软件数据间交换存在困难，数据导出和导入中出现信息丢失，制约了相关设计软件的发展，也限制了 BIM 技术的应用。

2）国内软件厂商的研发能力和国际上软件公司差距极大，导致短期内不能研发出适用的三维设计、算量、施工管理等软件。

3）目前已经有大型的建筑设计院设计建模时使用三维软件，但是出图转化为二维图纸（CAD 格式）后构件的属性丢失。建设项目各参与方如业主、造价咨询公司、施工单位等拿到二维图纸后又要重新进行三维模型建立，耽误大量时间，浪费很大的财力。因此，如果设计单位出图的同时将 BIM 数据按照统一标准保存为设计文件组成部分，其他参与单位能够导入，将很好地促进 BIM 技术在施工过程中的应用。

第 2 节　实施阶段造价 BIM 实战应用

2.2.1　工程招标投标阶段造价 BIM 应用

工程招标阶段介于设计阶段和施工实施阶段之间，其目的是通过招标投标方式来选择最优的承包单位，完成建设项目的施工任务。招标阶段的核心环节就是计算工程量，这也是影响招标质量的重要环节，在编制招标文件或投标文件过程中，为提高成果质量，减少潜在风险，无论是招标单位还是投标单位，一般需要计算两遍工程量，耗用大量的时间。招标单位需要计算国标清单工程量和属地定额量，由于计算规则不同，导致计算结果不同。而投标单位需要核对招标单位的国标清单工程量和施工方案工程量。招标人为提高投资效率，尽量缩短建设周期（包括施工准备和施工工期），建设项目招标投标时，往往在时间上压缩得非常紧，这就要求造价人员在时间紧的前提下，高效、精确地进行工程量计算和组价，而且随着现代建筑造型趋向于个性化、多样化、智能化，快速、精准计算工程量的难度越来越大，容易出现“错、漏、缺”等现象，严重影响招标质量和成本管理，如此招标结果已不适应政府职能部门“淡化企业资格、强化个人执业能力”监管模式的转变，影响建筑业市场持续健康发展。所以，造价人员改变传统工作模式已是当务之急，急需利用创新技术突破工程量计算耗时长、误差不可避免的瓶颈。

随着信息技术日益发展带来的巨大社会效益，为维护招标投标秩序，充分体现招标投标公平、公正的原则，广泛运用“大数据、BIM技术、电子化”招标将是今后工程招标的必然趋势。

工程招标阶段BIM技术的推广与应用，极大地促进了招标投标管理的精细化程度和管理水平，有利于积极发挥投资效率。在招标策划时，招标单位或其委托的招标代理机构，利用可视化的优点，通过虚拟建筑布局，更合理地进行标段划分和起草招标条件，同时充分运用模型集成的大量数据信息，可以快速、精确地计算工程量，结合项目具体特征和招标要求编制准确的招标工程量清单，且清单项目完整，有效地避免人为因素出现的漏项、错算等现象，避免施工实施阶段因工程量误差而引起的争议，甚至合同纠纷。投标单位借助招标文件提供的施工图设计模型或自建模型，一者可按不同建筑构件、不同空间位置，进行逐一快速核对招标文件的工程量清单数量；二者可通过对模型的维度拓展，按拟定施工进度进行施工方案的模拟与优化，如对关键节点的工序、工法模拟后，既方便引导后期施工作业，又可准确合理核算项目成本（包括临设、组织管理、技术措施等辅助成本费用），作为确定各个分部分项工程所对应的综合单价及组织技术措施费用的基础，再结合利润、风险等一系列因素，最终确定合理投标报价，为投标决策提供有力的技术与商务支持，充分体现了技术创新驱动变革，辅助投标企业获取更多业务，同时也为后期的造价管理创造了有利条件。

基于BIM技术在招标投标系统中的应用，是在传统的招标投标系统中进行优化升级，适用基于BIM技术工程招标全过程。编制招标和投标文件、开评标过程中应用BIM技术的基本内容及其发挥的价值作用阐述如下。

1. 编制招标文件过程中的应用

BIM是以三维数字技术为基础，以三维模型所形成的数据库为核心，它包含了项目各个专业的全部几何和非几何信息，集成了工程图形模型、工程数据模型以及和管理有关的模型，其基于参数化设计，是一个面向对象的、参数化、智能化的建筑物的数字化表示，它支持建设工程中的各种运算，而且所包含的工程信息都是相互关联的。通过软件建模，把真实的建筑信息进行参数化、数字化后形成一个模型，以此模型为平台，共享并逐步完善该数字模型。BIM技术的应用，具有显著的经济效益和社会效益。对于工程造价人员，BIM技术将彻底改变工程造价管理的行为模式，掌握BIM技术，即将成为行业内的领先者。工程算量是每位造价人员尤为重要的工作内容，也是最为枯燥的工作，如逐一计算钢筋、混凝土、砌体、电线电缆、风管、给排水管、阀门、灯具、电控箱、开关插座等的工程量，每一项都耗时长，编制一份成果文件绝大多数时间就耗在此项工作上。应用BIM算量技术，即可从BIM模型里读取工程量，造价人员省了大量算量的烦琐工作，建立模型并通过定义模型的各类构件的属性，既可准确省时地完成工作任务，又有益于工程成本管控的计划与实施工作。

招标人或其委托的招标代理机构编制含有 BIM 招标相关技术标准要求的招标文件，将包含工程量清单的 BIM（3D）模型作为招标发售资料，招标过程中造价人员应用 BIM 技术的工作一般包含以下内容。

（1）建立或运用已建成的设计施工图模型　在招标阶段，各专业的模型建立是 BIM 应用的重要基础工作，BIM 模型建立的质量，将直接影响后续招标投标应用以及下游模型创建的成效，模型的建立主要有三种途径。

1）直接按照施工图重新建立 BIM 模型，这也是最基础、最常用，但是效率较低的方式。

2）直接将设计提供的二维电子版施工图，利用软件提供的识图功能转换成 BIM 模型。

3）三维模型直接导入生成算量模型。由设计单位提供施工图设计模型，将构件几何信息以及构件元素的类别信息、属性信息、算量信息关联后导入生成 BIM 算量模型，这是最实用高效的建立模型方式，且可以避免重新建模产生的错误。

目前市场由于设计与造价机构的分工不同，其独自完成自身的专业工作，缺乏横向紧密衔接，造成设计模型软件与算量软件不兼容，信息数据不一致，且算量软件又不能承载设计结果，导入时容易导致大量数据丢失。因此，急需一种更加完善、更大容量、更高标准的数据交换器，融入相关专业信息，实现系统交换和数据共享。

（2）基于 BIM 技术的工程量计算

1）一般构件工程量计算：工程量计算是编制工程量清单（或招标控制价）的基础，是一项繁琐又容易出差错的工作。BIM 技术的应用，可摆脱一直围绕造价人员的困扰，通过建立完整的 BIM（3D）模型，精确和全面地计算工程量，将工程量清单描述与 BIM 模型的构件参数进行组合运算，可实现按工程量清单特征描述提取工程量。从 BIM 模型获得的工程量数据是按多个查询条件组合获取的，包括工程部位、构件名称、工程量名称、工程量清单子目的特征等。运用 BIM 算量模型软件导出工程量清单，基于 BIM 算量可以大大提高工程计算的效率以及准确度，为后续准确合理的计价奠定基础。

2）钢筋工程量计算：基于 BIM 技术的钢筋工程量计算，能将钢筋工程量计算过程中所需要的各种计算规则，及构件构造要求内置在软件中，工程造价人员在计算工程量时，只需要在软件中设置好相关信息，并通过在软件中“框图”（即显示图纸中构件的平面整体表示方法的集中标注和原位标注等信息），以及通过“导图”（即将 CAD 图纸或者基于 Revit 软件设计的图纸直接导入到基于 BIM 的钢筋工程量计算软件中），通过相关的操作进行整理，便可以实现构件钢筋工程量的计算功能。

BIM 技术的钢筋工程量计算软件具有极其强大的 3D 显示功能，不但能通过三维方式显示构件本身的空间立体形状，而且可以直观展现构件内各类型钢筋的空间形状，甚至所有钢筋的型号以及螺纹钢的纹理都可以直观地展示出来，同时可以实现构件钢筋任意角度的旋转，造价人员可以全方位观看构件内各种钢筋之间的空间关系，钢筋形状在空间上的角度以及钢筋的绑扎搭接、焊接点个数等都表现得十分详细完整。

在 BIM 技术平台里，由于所有的计算规则已经内置在软件的算法中，当发生变更时，只需要按照变更之后图纸的情况对构件模型进行重新设置定义，计算机即可通过软件自动完成构件内钢筋工程量的计算调整，而且这种调整是针对整个建筑项目同时进行的，对于变更所影响的其他部位，以及构件钢筋的锚固形式的变化调整可以一步到位，大幅度减少了造价人员的工作量。

在基于 BIM 技术的钢筋工程量计算软件中，内置了多种钢筋工程量计算报表，在汇总计算钢筋工程量之后，可以十分便利地按照各种方式随时查看钢筋工程量，满足建设方或承包方的钢筋供应计划。同时，BIM 模型承载的各类构件钢筋信息，在完成钢筋工程量计算之后可以 Excel 表格等方式随时导出，这样导出数据之后，即便在没有 BIM 技术专业软件的支持下，工程造价人员也可以随时查看并利用钢筋工程量的计算数据，利用数据的连续性方便结算。

（3）基于 BIM 技术计算工程量的优势

1）算量高效便捷：根据需要以不同部位的构件、细度提取工程量，再结合扣减规则，自动计算所需的工程量。

2）结果更精准，可减少人为因素造成的计算误差。

3）方便设计变更工程量计算：施工过程中发生设计变更，只需在模型中做出变更标记，操作软件即可自动计算变更工程量。

4）便于核对工程量：基于同一平台（BIM 模型），实现数据共享，便于工程量核对与及时沟通。

5）积累工作经验：通过大量信息数据的分析和运用，有助于提高成本预判能力。

（4）基于 BIM 的算量软件进行工程量计算的主要步骤

1）算量模型建立：首先建立不同专业模型，如建筑、结构、机电等专业的算量模型，设计模型到算量模型的映射如图 2－6 所示。可以运用上述所说的三种方法之一建立模型，模型是以参数化的构件为基础，应包含建筑构件的空间位置、几何形状、物理属性等信息，是形成工程量计算的基础。

图　2－6

2）查验提取参数：在算量模型内点击不同部位，以此查验模型的参数设置是否符合施工图设计总说明，如混凝土的等级、钢筋种类以及檐高和室外地坪高差等内容，应达到工程量计算的精确度，查验设置信息如图 2－7 所示。

3）套用工程做法：在完全建立好的算量模型中，根据国标清单的设置原则和计算规则，以及不同地区的定额计算规则，针对构件不同类别套用工程做法，如混凝土、砌体、模板、管线等都可以自动套取做法。

4）输出工程量清单：基于 BIM 算量模型，通过软件操作自动计算并汇总工程量，计算工程量的依据是按模型中各构件的空间信息、截面信息、工艺工法、计算规则以及输入的做法等，再结合扣减规则进行运算，输出国标工程量清单，如图 2－8 所示。

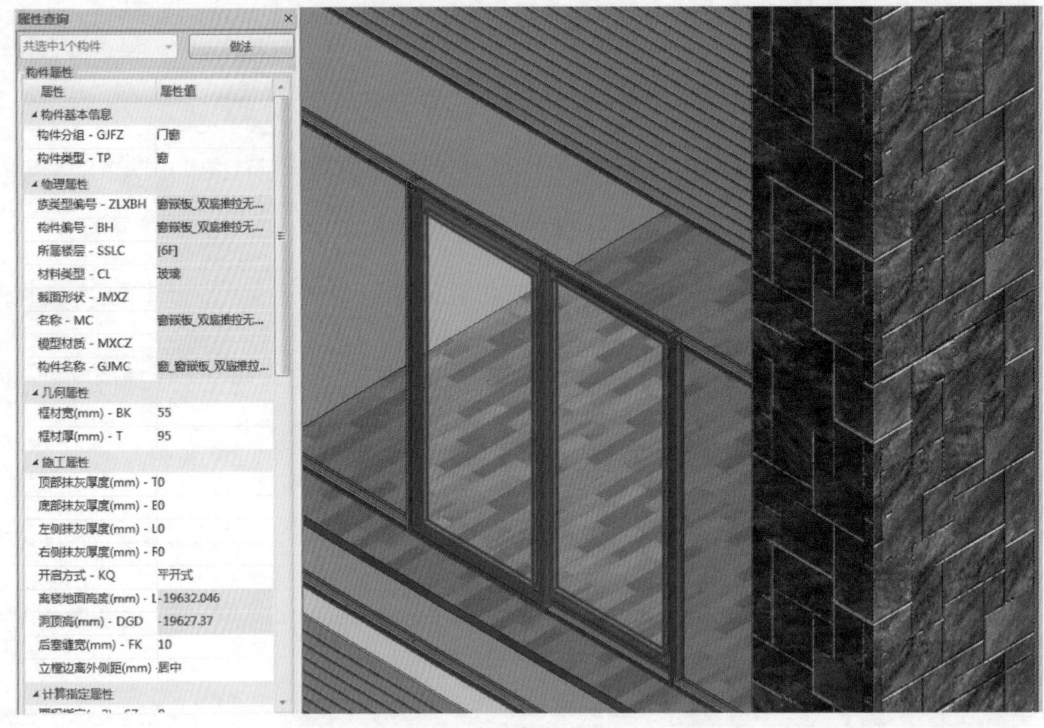

图 2-7

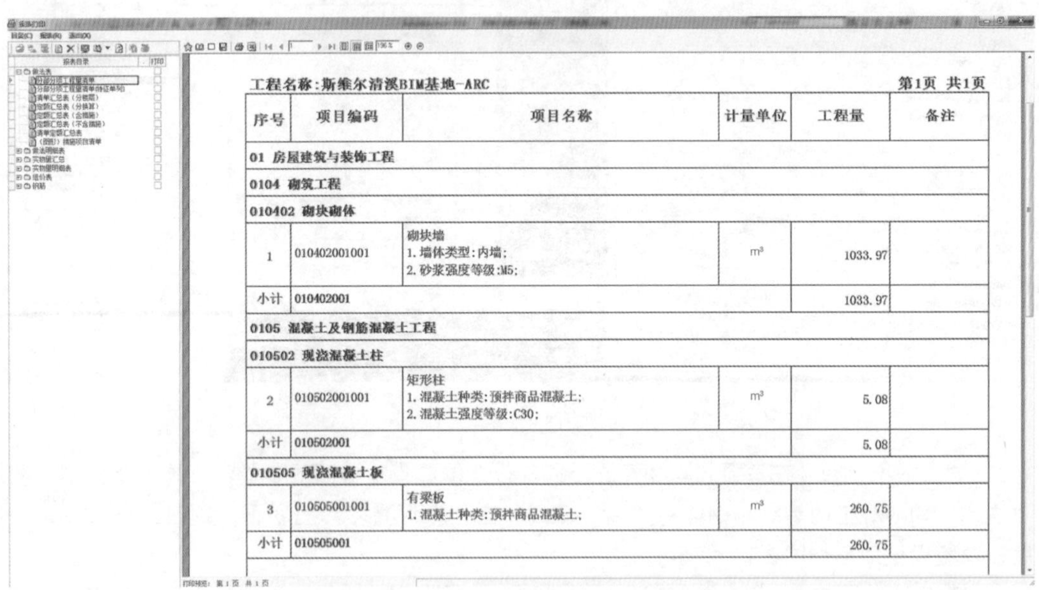

工程名称：斯维尔清溪BIM基地-ARC 第1页 共1页

序号	项目编码	项目名称	计量单位	工程量	备注
01 房屋建筑与装饰工程					
0104 砌筑工程					
010402 砌块砌体					
1	010402001001	砌块墙 1. 墙体类型：内墙； 2. 砂浆强度等级：M5；	m³	1033.97	
小计	010402001			1033.97	
0105 混凝土及钢筋混凝土工程					
010502 现浇混凝土柱					
2	010502001001	矩形柱 1. 混凝土种类：预拌商品混凝土； 2. 混凝土强度等级：C30；	m³	5.08	
小计	010502001			5.08	
010505 现浇混凝土板					
3	010505001001	有梁板 1. 混凝土种类：预拌商品混凝土；	m³	260.75	
小计	010505001			260.75	

图 2-8

5）招标控制价的计算：基于 BIM 模型的算量软件设置了自动套取定额表，自动套取是依据构件定义、布置信息及相关设置自动找到相应的定额，如图 2-9 所示。目前很多房地产企业应用市场组价的形式形成招标限价，造价人员只需根据导出的工程量清单，导入计价软件，然后根据市场材料价格进行组价。基于 BIM 的自动化算量，造价人员摆脱了繁琐的工程量计算工作，节省了大量的时间和精力，可以使造价人员从事更加有价值的管理性造价工作，例如合同管理、索赔管理、市场询价、评估项目周期风险等，可以利用节约的时间编制更加精准的招标控制价或招标限价。

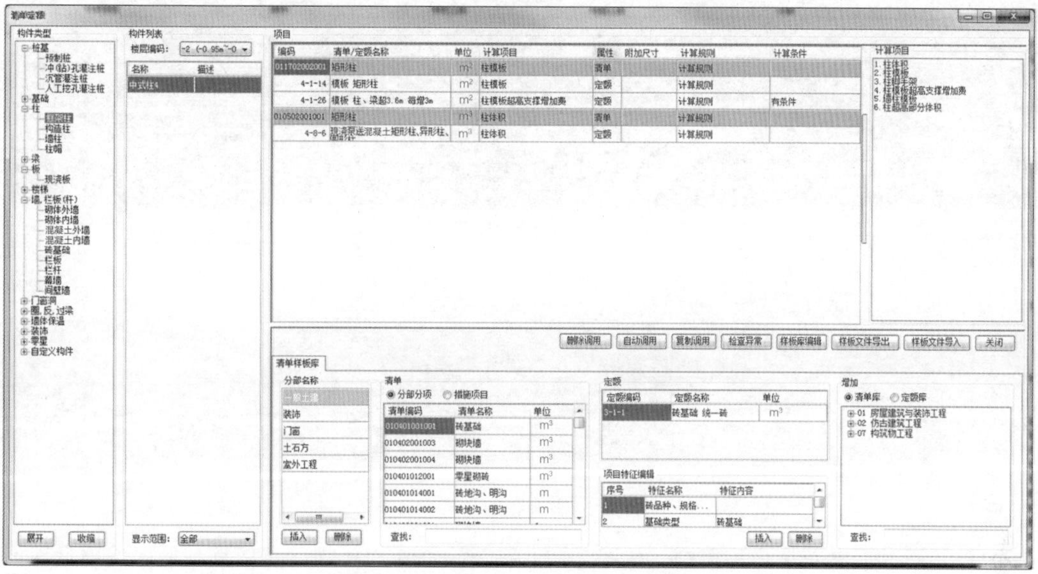

图　2－9

（5）基于 BIM 技术的工期校验　建设项目通过 BIM 技术的 4D 模型，模拟建设工程施工的全过程，通过 BIM 技术论证项目工期可行性，分析建设项目的施工方案，进而提升科学合理性，最终预测合理的建设成本及招标控制限价（或标底价）。

（6）投标文件 BIM 技术应用要求　招标人在招标文件中载明投标文件 BIM 技术的应用要求，以便投标单位有针对性地编制投标文件。投标单位可以进行以下几方面的 BIM 模型应用：

1）基于 BIM 的进度模拟。

2）基于 BIM 的施工方案模拟。

3）基于 BIM 的投标报价优化。

4）基于 BIM 的不同专业之间的碰撞检查。

5）基于 BIM 的目标管理。

2. 编制投标文件过程中的应用

投标文件中增加 BIM 应用章节，投标人采用市场化的工具，按照招标文件中 BIM 相关标准和要求递交包含 BIM 技术的投标文件。招标人将拟建项目 BIM 模型以招标文件的形式发放给各投标单位，方便投标单位利用模型快速准确地获取工程量信息，与招标文件的工程量清单做比较，制定更好的投标策略。

（1）基于 BIM 的进度模拟　如图 2－10 所示，对于 BIM 的应用也是投标阶段的一个重要环节，现阶段工程项目施工管理进度以网络图为主，由于专业性较强、复杂程度高，对建设工程施工全过程描述不清晰，无法直接描述关系复杂的施工流程，难以形象地表达工程施工的动态变化过程。通过 BIM 技术，将现场施工进度计划与模型联系起来，将时间和空间信息整合形成 4D 模型进行进度模拟，以此更加直观、精确地反映整个建设项目的施工过程和各节点的形象进度。

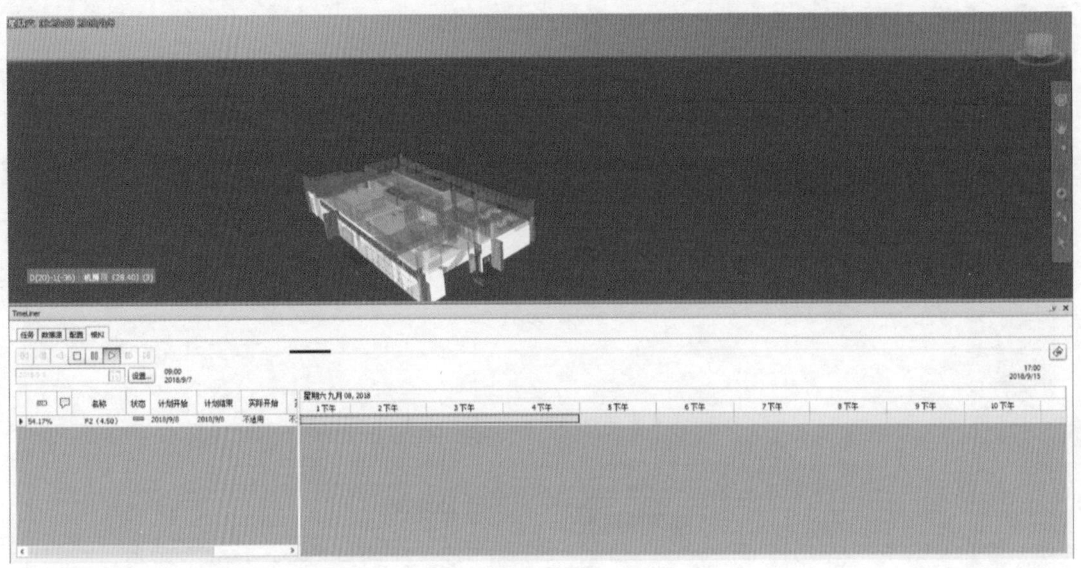

图 2－10

（2）基于 BIM 的施工方案模拟　如图 2－11 所示，通过 BIM 技术可以直观地展现项目现场及建成后的虚拟漫游场景，在虚拟场景中进行施工方案论证，对施工过程中的重点难点以及采用新工艺新技术的关键部位进行可视化模拟和分析，以提高计划的可行性。基于 BIM 模型，按时间进度将施工组织设计方案进行模拟和优化，以提高报价的准确性。从而在投标过程中，可以将施工方案的模拟直观地展现给招标人。

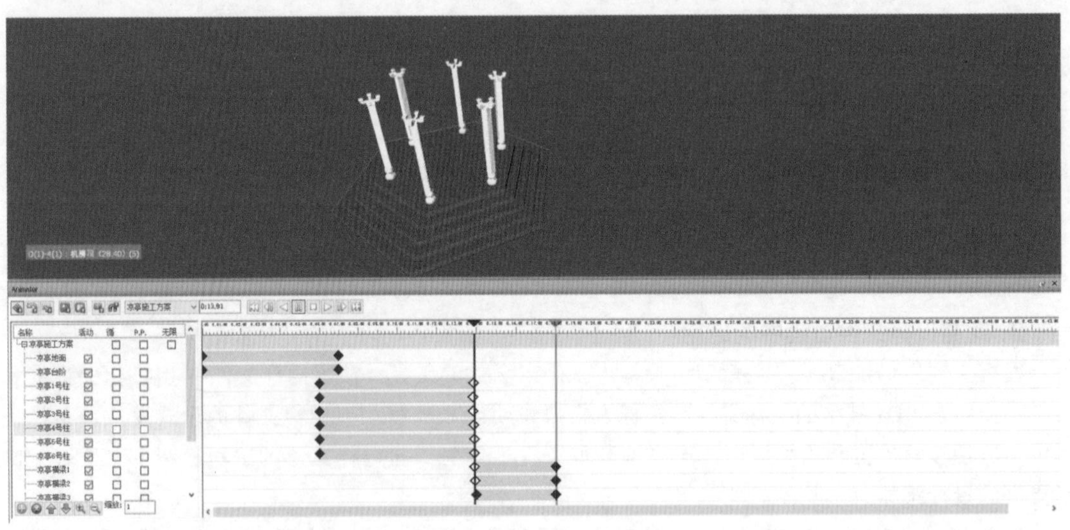

图 2－11

（3）基于 BIM 的投标报价优化　通过 BIM 模型，可以方便、快捷地进行施工进度模拟及资源优化，可以根据施工进度展现出当前的施工状态，并快速计算人工、材料、机械等的使用量，进而实现资金的合理化计划与使用。通过模型，将成本与进度进行关联，实现不同维度的成本分析与管理，从而有助于投标单位在投标阶段制定出合理的施工组织方案措施，以及制定合理的报价方案。

（4）基于 BIM 的不同专业的碰撞检查　不同专业的碰撞包括暖通、给水排水、电气设备管道之间以及与结构、建筑之间的碰撞，为实现准确快速的分析应注意以下两点：一方面一栋建筑物内部的管道数量庞大，排布错综复杂，如果一次全部进行碰撞检测，计算机运行速度和显示都非常慢，为达到较高的速度和清晰度，在完成功能的前提下，应尽量减少显示实体的数量，一般以楼层为单位；另一方面考虑到专业画图习惯，还要能同时检查相邻楼层之间的管道设备，例如空调设备管道通常在本层表示，而给水排水专业在本层表示的许多排水管道其物理位置在下一层。通过对不同专业的碰撞检查可以进一步优化设计和优化成本计划。

（5）基于 BIM 的目标管理　BIM 目标可以分为两种类型，第一类与项目的整体表现有关，包括缩短项目工期、降低工程造价、提升项目质量等。例如，关于提升质量的目标包括通过能量模型快速模拟得到一个能源效率更高的设计，通过系统的 4D 协调得到一个安装质量更高的设计等。第二类与具体任务的效率有关，包括利用 BIM 模型更高效地绘制施工图，通过自动工程量统计更快地编制工程预算，以及减少在物业运营系统中输入信息的时间等。

3. 开标评标过程中的应用

BIM 技术作为评标辅助工具，评标委员会通过对投标人提交的模型，利用 BIM 可视化的特点，直观地评审技术标中施工方案的合理性，并对商务标中工程量清单按不同构件做详细审查，辨别技术标和商务标的匹配情况及是否存在不平衡报价情形，提前排除因施工过程中潜在变更而导致的费用增加。可在施工阶段前杜绝部分投标人采取低价中标、高价结算的不良动机，有利于择优选择中标人，积极推动建设项目施工的顺利实施。

4. BIM 技术应用在招标阶段的主要作用

根据分析与总结，BIM 技术在招标阶段主要作用归纳如下：

1）数据全面：可视化使投标人全面直观地掌握招标人所提出的各项招标条件，充分理解招标人意图和项目特征，便于协调管理。

2）提高成果质量：运用数字化智能管控技术，分析各项费用指标并使之更加合理，提高招标投标文件成果质量，减少后期争议。

3）经济指标合理准确：利用 BIM 技术模拟优化施工方案，自动精准计量，做专做精，使技术经济指标更合理准确。

4）利于成本管控：根据招标阶段模型，实现数据的连续与共享，便于下游模型的优化或创建，有效降低工程成本。

5）利于评标管理：利用 BIM 技术生成相应数据库，可对评标过程进行实时监督，防止舞弊行为的发生，进一步实现招标投标工作的公正性。

6）利于现场管理：利用 BIM 技术进行虚拟施工、仿真漫游，尤其针对重点难点施工区域，及早发现并遏制可能存在的隐患，确保安全文明施工，确保工期、质量符合合同要求。

7）提升管理水平：数据将是企业竞争核心之一，通过 BIM 技术的应用，不断提高信息化管理水平，有助于企业提升综合实力，适应建筑业的发展。

8）和谐发展：合同价格是双方重点关注的内容，也是双方产生分歧的焦点，应用智能管控技术，可以科学合理定价、大大减少争议，促进和谐发展。

5. BIM 技术交易平台服务功能的优化

根据住建部 2015 年发布的《推进建筑信息模型应用指导意见》，到 2020 年末，建筑行业甲级勘察、设计单位以及特级、一级房屋建筑工程施工企业应掌握并实现 BIM 与企业管理系统和其他信息技术的一体化集成应用。建设工程招标投标过程中 BIM 技术将会得到更加广泛的应用。

当前，多数招标投标交易系统尚不具备将 BIM 技术作为投标的组成部分融入其中。为顺应市场发展，提高招标投标透明度，广泛运用大数据、电子化招标，公共交易平台服务功能需进行优化升级，增加 BIM 技术文件的招标投标信息模块，创建基于 BIM 技术的交易数据库及制定招标阶段造价信息数据交换标准，深度融合互联网。相关部门应当尽快研制措施，进一步推动招标投标数字化、标准化、法制化健康发展。

2.2.2 施工实施阶段造价 BIM 应用

施工实施阶段（自开工至竣工止）的工程造价动态控制，是目前常见的一种成本控制措施，应用技术与管理相结合的方式，完成合同约定的全部工作内容。在实际施工过程中，定期或按形象进度节点进行造价实际发生值与合同目标值的比较，查找偏差并分析偏差产生的原因，采取合理措施加以控制，确保成本目标值的实现。基于 BIM 技术施工现场管理应用，既可在可视化状态下实时查询建筑物构件信息、形象进度、资源计划等与工程成本关联的各类动态数据；又能在参建多方共同参与的施工图技术交底时，通过三维碰撞检查，提前发现并解决可能存在的问题或隐患，及时有效地进行控制，进一步优化资源配置，减少不确定性和变更的发生，确保工程质量与施工进度，降低施工成本，提高合同抗风险能力，最终将成本控制在设定目标值以内。

随着 BIM 技术的快速发展与推广应用，由此产生 BIM 5D 概念，BIM 5D 是指三维几何模型加载工程进度（时间）与成本控制（费用）的应用模式，即 3D 模型 + 1D 时间 + 1D 费用，如图 2-12所示。BIM 5D 将是今后广泛应用于成本管理的重要工具，施工实施阶段造价管理主要应用点包括（但不局限于）进度计量与支付、成本计划管理、变更管理、签证索赔管理、材料成本控制、分包造价管理及三算对比。

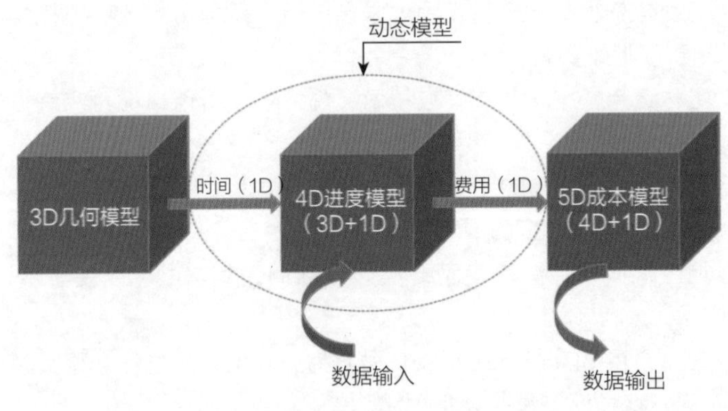

图 2-12

利用 BIM 技术，不仅可在项目实施阶段造价管理主要控制节点上快速、正确地获取造价数据，还可以对项目的主要参数实施共享，使得项目各参与方能够在同一模型上进行造价管理和成本管理，缩短各参与方计算或核对工程量的时间，快速提高造价管理工作效率。

1. 进度计量与支付过程中的应用

工程进度款是指承包人向发包人书面申请的中期结算价款，进度付款申请单一般分为单价合同进度付款申请单和总价合同进度付款申请单两种模式，承包人根据实际完成工程量，向发包人提供已完成工程量报表和工程价款结算账单，经监理工程师和发包人确认后收取工程进度价款，计量周期及实收价款额度按合同约定执行。

进度计量与支付过程中造价人员的主要工作是“量”和“价”，即工程量计算和套用已标价的综合单价，传统模式下的工程计量工作工作量大、审核周期长，且由于基础数据（如图纸、造价、进度等）分散在参建各方的技术人员中，难以形成数据集成共享，致使计量结果与实际进度不符的情况时常出现，由此可能出现超额支付现象，加大投资控制风险。

BIM技术的应用，使得工程进度计量与支付既快速又准确。根据上游模型创建施工过程模型，施工过程模型应包括施工仿真模拟、工程进度管理、工程成本管理等子模型，支持工程进度管理与成本管理，在施工过程中融入模型及模型元素附加或关联信息，由此可随时进行必要的工作量拆分或合并。基于BIM 5D按照所涉及的时间段或施工区域，选择相对应的BIM模型数据库，提取所需数据，软件可以自动快速地统计该时间段或施工区域实际完成工程量和费用，汇总后即形成中期价款结算造价文件。

2. 成本计划管理过程中的应用

工程成本计划管理是一项系统性工作，贯穿整个施工过程，是决定项目承包盈亏的基础。加强工程成本管理的目的是降低成本，强化成本计划管理，但由于技术原因，目前施工过程中存在大量的返工问题，其原因有施工技术落后、施工图纸有遗漏未被发现、不同专业缺少沟通等，返工不仅造成材料、人工、机械消耗量的损失，还可能留下安全隐患，增加质量成本，无形中产生了大量的成本流失。

基于BIM技术，BIM 5D成本计划管理，管理流程如图2－13所示，有助于企业提高管理水平，实现精准统筹安排。BIM 5D成本计划管理包括了优化后建筑物所有的几何信息，还包括成本计划制定、进度信息、合同造价、三算对比、成本核算、成本分析等要素。

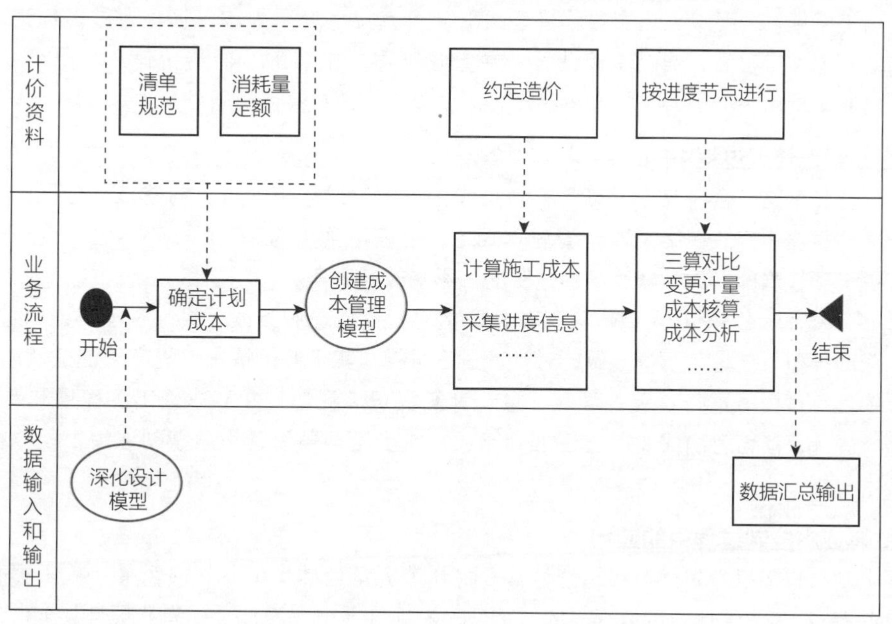

图　2－13

成本计划管理应用中，根据深化设计模型、国标清单规范和消耗量定额创建成本管理模型，通过计算合同成本和加载进度信息，定期进行三算对比及成本核算与分析，准确掌握成本动态信息。

BIM 5D成本计划管理与传统管理模式相比较，其优点主要体现在以下几点：

1）实现三算对比实时有效管控。

2）精确统筹减少浪费。

3）实现数据共享，支持决策。

4）快速算量，提升效率。

5）辅助优化施工方案。

6）预制构件数字化加工，避免设计偏差带来的工期延误及材料浪费。

BIM 5D 集成工程所有的几何、性能、成本等信息，建设项目参建各方技术人员可以通过建筑信息模型时间节点或工程节点的设置，如按年度、月度、周（或日）以及施工区域，直观地游览到或自动打印出不同节点段详细的人工、材料、机械和费用需用量，便于编制材料采购计划、资金安排计划和合理组织施工等，使各项工序紧密衔接，确保施工进度与质量的同时，还可实现限额领料施工和成本控制效果。

3. 变更管理过程中的应用

变更是施工过程中发包人向承包人发出的施工指令，变更内容大致归纳为增减合同约定工作内容、更改构件几何尺寸、更改材料性能、更改施工顺序、更改合同进度等，施工过程中的反复变更，必将增加成本管理的难度，严重影响成本管控能力。因此，变更的有效管理尤为重要，传统管理模式已无法满足成本精细化管理，影响中期价款结算和工程竣工结算。BIM 技术的推广应用，在施工图设计阶段、深化设计阶段、施工实施阶段通过创建模型，最大限度地避免了设计变更，而且参建各方共同参与的三维碰撞检查和施工图技术交底，有利于事先控制变更源头。因此，各类源头错误产生的变更将大幅度减少。

传统管理模式下的变更算量，过程繁琐，且结果准确性低，容易导致双方产生争议。应用 BIM 技术，使施工图纸、变更单与施工过程模型关联，可直接将变更内容在模型上做出标记，自动分析变更前后的模型工程量，准确快速计算变更数量，再按加载的合同造价信息，便可直接计算、汇总并输出变更费用，减少人工操作容易产生的误差，有效提高变更管理能力。

4. 签证索赔管理过程中的应用

工程签证和索赔是合同双方不可避免的工作，是施工过程中的难点与重点，也是施工阶段造价控制把关的重要内容。在传统造价管理模式下，签证与索赔的真实性、有效性、合法性，参建各方取证是一项较难的工作，缺少事件透明度，影响签证质量。

基于 BIM 技术，BIM 5D 可以优化现场管理水平，提高现场签证质量，对于签证内容的审核，软件可以帮助模型与现场实际情况做比对，通过三维模拟实际偏差情况，提高签证确认能力。BIM 变更算量软件可对模型进行直观的调整，自动计算变更工程量，并汇总输出工程量和费用。BIM 精准和强大的计算能力可确保变更签证准确无误，减少无谓争议，为后续创建竣工验收模型提供有利的技术支撑。

5. 材料成本控制过程中的应用

工程中的材料包括主要材料和辅助材料，材料消耗量包括净用量与损耗量（施工损耗 + 运输损耗），材料费在工程造价中占有很大的比重，一般项目占 65% 及以上，有些项目甚至占 80% 及以上，材料成本控制的工作质量影响整个项目的工程成本。所以，材料成本控制视为项目成本控制的核心工作。在传统施工管理模式下，正确分析施工管理过程中材料消耗量难度很大，一般按施工图凭经验估算，容易造成偏差产生浪费，甚至因估算不足，导致材料供应不及时而滞后工期。基于 BIM 5D 技术，通过软件将施工过程模型与工程施工图纸等工程技术性信息资料集成，创建集合施工进度、材料（设备）及其成本等要素的多维度信息模型。目前市场应用软件可以快速精确分析工程量数据，再融入相应的定额或消耗量，分析系统就可以确定不同构件、不同材质、不同作业段、不同时间节点的材料用量。充分利用 BIM 技术独有的优势，承包单位可以更有效地编排材料采购及到场计划，适时适量采购材料，既可保障施工工期按计划如期进行，也可降低企业物资采购资金成本及库存所需发生的费用。基于 BIM 5D 模型，造价人员只需调取所需的模拟施工数据，软件可自动拆分、快速正确计量，并输出任何部位详细的材料消耗量清单。

BIM 5D 成本管理与传统成本管理模式相比较，体现的主要优势有以下几点：

1）实时查询材料用量及其性能参数。

2）智能计算材料用量，结果精准。

3）真正实现限额领料。

4）减少主观判断造成的损失。

5）完善材料采购、入库、领料管控程序。

目前市场竞争日趋激烈，承包单位为追求合理利润，提高施工综合能力外，不断加强材料成本管理尤为重要，尤其是对规模大、材料品种繁多、施工周期长的工程材料进行成本管理，更需依托 BIM 5D 管理。这也是提高企业核心竞争力的利器之一。

6. 分包造价管理过程中的应用

工程分包是指总承包人将非主体结构部分分包给具有相应施工资质的企业，总承包对分包进行全面管理。总承包对分包工程的进度、成本、施工界面等管理是一项既困难但又重要的工作。传统现场管理模式，容易出现分配任务不快速、不精确，导致界面不清、数据混乱、超量施工或重复用工等现象，甚至引起工程返工。

基于 BIM 的分包管理，可以优化以下工作内容，减少损失：

1）基于 BIM 的派工管理系统可以快速精确分析出按进度计划或设置的施工区间进行所需的工程量清单，提供精确的用工计划，控制派工，实现精确数据的派工管理。派工与 BIM 模型关联后，在可视化的 BIM 图形中，按区域开工派单，系统自动区分和控制是否已派单，减少差错。

2）对于分包结算与分包成本控制、总承包单位与分包单位的结算，实际现场施工过程中人工、材料、机械的组织形式与传统造价理论中的定额或清单模式的组织形式存在差异；分包计算工程量方式与定额或者清单中的工程量计算规则不同；双方结算的单价或总价依据不同，即按实际发生费用结算与按定额规则结算的差异，双方容易产生结算分歧，不利于成本控制。基于 BIM 的分包管理，按分包合同的相关约定，建立分包合同清单与 BIM 模型关系，明确分包内容、范围及分包工程量清单，按照合同约定提取量、价数据，为分包结算提供便利，减少争议。

7. 三算对比过程中的应用

施工过程中的三算对比，是指将合同价（预算价）、目标成本（计划成本）、实际支出成本进行比较，对比内容一般包括材料、人工、机械的消耗费用，分包工程费用，组织管理措施费用和质量进度控制措施费用等。目标成本与实际支出成本对比是三算对比的核心，尤其要详尽分析施工过程的重大变更，预防实际成本超过目标成本。通过三算对比，可以实时掌握项目动态进展情况，及时发现并解决问题，降低工程费用。

传统管理模式对于施工过程的管理普遍是一种常态化粗糙式管理，多以合同或预算作为成本管控的主要对象，缺乏各部位的细化数据，容易造成工程施工阶段尾端的成本失控。

基于 BIM 技术，施工过程模型集成了构件、时间、造价、实际成本等管理数据，可以根据进度、区域等不同施工维度对数据进行分析计算及汇总形成报表，与实际支出进行逐一分析对比，快速发现问题并采取针对性纠偏措施，防止后续施工再出类似差错，为有效地进行成本控制夯实基础，也为今后项目成本管理提供管理经验。

2.2.3 竣工结算阶段造价 BIM 应用

建筑工程竣工结算是工程施工阶段的最后一个环节，工程项目最终造价的体现，是工程造价控制的最后一步，该造价金额的多少直接关系到建设单位和施工企业的切身利益，各参与方都高度重视，因此竣工结算的审核工作尤为重要。竣工结算作为一种事后控制，是对已有的竣工结算资料、已竣工验收工程实体等事实结果在价格上的客观体现。竣工结算中结合 BIM 技术，建立基于 BIM 技术的竣工结算方式，可以提高竣工结算的审核效率和审核结果的准确性，如图 2－14 所示。

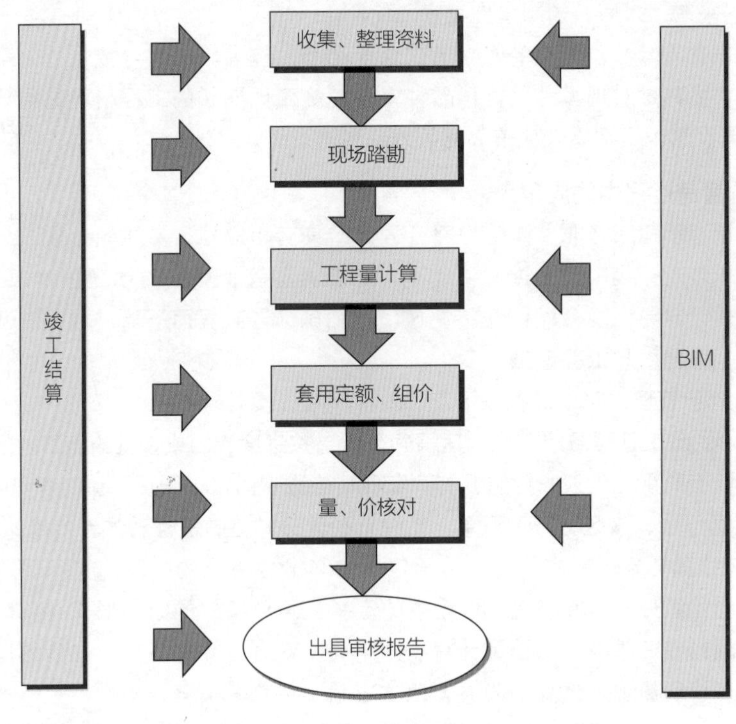

图 2－14

1. 竣工结算资料全面审查过程中的应用

竣工结算资料是否完整及准确将直接影响工程竣工结算的审核结果。对于工程竣工结算资料的完整性审查，首先应自查已存档的工程资料，分工期节点或进度款节点收集整理出齐全的工程结算资料。其次对施工方提交的竣工结算资料进行全面审查，及时发现并处理结算依据缺送、漏送的情况。对竣工结算的符合性审查主要针对送审资料是否真实有效，如设计变更文件是否有设计、监理单位有效的签字盖章，现场签证资料文字表达是否清楚，相关工程量、费用计算是否完整，是否存在针对同一事件重复签证的问题。签证资料需由建设、施工、监理三方的签字及盖章。工程竣工图纸应详尽地反映现场实际情况并加盖竣工章，针对隐蔽工程及工程完工后很难查验的部位，需提供隐蔽验收记录。建设工程往往存在项目规模大、建设周期长等问题，而期间不可避免发生设计变更、现场签证及相关法律法规政策发生变化等问题，结算工作中涉及的造价管理过程的资料体量极大，结算工作中往往由于单据的不完整而造成不必要的工作量。传统的结算工作主要依靠手工或电子表格辅助，效率低、费时多、数据修改不便。甲乙双方对施工合同及现场签证等理解不一致，工程造价人员业务水平参差不齐，以致一些高估冒算的现象出现导致结算审核结果“失真”。因此，改进工程量计算方法和结算资料的完整和规范性，对于提高结算质量、加快结算速度、减轻结算人员的工作量、增强审核透明度都具有十分重要的意义。

从竣工结算资料全面审查来看，BIM 在竣工结算中的应用对于工程资料的储存、分享方式以及对竣工结算的质量有着极大影响。传统的工程资料信息交流方式，人为重复工作量大，效率低下，信息流失严重。而 BIM 技术提供了一个合理的技术平台，基于 BIM 三维模型，并将工期、价格、合同、变更签证信息储存于 BIM 中央数据库中，将每一份变更联系单“电子化”，将资料与 BIM 模型有机关联，BIM 中的数据可供工程参与方在项目生命周期内及时调用共享。

从业人员对工程资料的管理工作融合于项目过程管理中，实时更新 BIM 中央数据库中工程资料，参与各方可准确、可靠地获得相关工程资料信息。项目实施过程中的大量资料信息存储于 BIM 中央数据库中，可按工期或分构件任意调取。在竣工结算资料的整理环节，审查人员可直接访问 BIM 中央数据库，调取全部相关工程资料。基于 BIM 技术的工程结算资料的审查将获益于工程实施过程中的有效数据积累，极大缩短结算审查前期准备工作时间，提高结算工程的效率及质量。

在传统模式下隐蔽工程核查困难，在 BIM 中对隐蔽部位可快速查看三维模型，一目了然，减少核对双方的分歧。如确需对隐蔽工程或已提供合格报告的构件进行破坏性检验时，涉及的费用按以下原则处理：

1）隐蔽部位的施工符合设计、规范要求，所用材料经质检部门复检合格时，其发生的修复及复检费用由建设单位承担。

2）隐蔽部位的施工不符合设计、规范要求或质检部门对材料复检不合格时，除材料按质检部门的意见处理外，发生的复检及修复的费用由施工单位承担。

2. 竣工结算量、价、费的精细审查过程中的应用

（1）量的精细审查　量的精细审查一般在工程量清单计价模式下，按照现行的计量规范规定的工程量计算规则计算。竣工结算中工程量的审查应基于招标工程量清单中的工程量，重点对缺项漏项、工程量偏差或工程变更引起的工程量增减开展审查工作。工程量的计算在传统模式下依靠施工蓝图及行业内的算量软件，需耗费大量的时间，且准确性不高，主观因素较大，在平面图纸上进行立体空间想象，部分复杂节点难以准确还原，计算精度受限。

基于 BIM 的三维布尔计算功能，在竣工结算对工程量审核过程中，可直接利用招标投标过程中的工程三维模型，直接对原设计图变更部分进行修改，如柱的尺寸由 500×500 变为 600×600，只需将构件属性重置为 600×600，BIM 软件通过布尔计算，同步关联计算因改尺寸变更引起的其他结构构件的工程量。此外，还可利用通用格式文件储存下的竣工图信息，直接导入该格式竣工图，软件即可自动生成竣工工程三维模型及相应工程量信息。在工程量核对过程中，双方可将各自的 BIM 三维模型置于 BIM 技术下的对量软件中，软件自动按楼层、分构件标记出工程量差异部位，更快捷准确地找出双方结算工程量差异，提高工程量核对效率。同样，利用 BIM 技术的云端技术，直接从云端服务器获取由政府部门发布的最新与取费相关的政策法规，如人工费调整系数、建安税税率等，BIM 模型根据模型所具有的工程属性，自行提取符合相应政策法规的费用标准，保证竣工结算费用审核的准确无误。

（2）价的精细审查　价的精细审查重点在是否严格按照合同单价计入竣工结算，合同单价不得随意更改、替换，合同中要求材料进行调差的，材料单价应以调整后的单价计入竣工结算。对于无价材料的定价需按照合同相关条款约定执行。对投标书中的暂列金额项目，不计入竣工结算。

（3）费的精细审查　费的审查重点在于确定取费依据是否符合国家现行法律法规、政策规定以及合同约定，审查计费程序及各项费用费率是否按照合同约定进行调整。

3. 基于 BIM 技术对施工单位的应用

施工单位在竣工结算阶段应用 BIM 模型进行建设工程项目整体材料消耗量的分析，尤其是计划投入材料量、实际消耗材料量、竣工结算审定材料量三者的对比分析。目前材料、设备、机械租赁、人工与单项分包等过程中的成本拆分困难，无法和招标投标阶段进行对比。基于 BIM 的技术模型与工程图纸等详细的工程信息资料集成，是建筑的虚拟体现，形成一个包含成本、进度、材料、设备等多维信息的模型。

目前，BIM 的精度可以达到构件级，可快速准确分析工程量数据，再结合相应的定额或消耗量分析系统可以确定不同构件、不同流水段、不同时间节点的材料计算用量并和实际用量对比。结合了 BIM 技术，施工单位可以提取那些高于定额规范标准损耗的材料，优化施工方法，为其他工程项目的材料采购、消耗控制提供有效的数据支撑。并对材料的计划、采购、出入库等进行有效管控。

作为施工单位，常常需要与下游分包单位进行结算。在这个过程中施工单位的角色成为甲方，供应商或分包方成为乙方。由于施工过程中人工、材料、机械的组织形式与传统造价理论中的定额或清单模式的组织形式存在差异，在工程量的计算方面，分包计算方式与定额或清单中的工程量计算规则不同。双方结算单价的依据与一般预结算不同。对这些规则的调整，以及准确价格数据的获取，传统模式主要依据造价管理人员的经验与市场的不成文规则，因而此部分也常成为成本管控的盲区或灰色地带。基于 BIM 模型，根据分包合同的要求，建立分包合同清单与 BIM 模型的关系，明确分包范围和分包工程量清单，按照合同要求进行过程算量，可为分包结算提供支撑。

基于 BIM 技术的竣工结算审核模式将充分运用 BIM 的智能化技术，将结算工作前置于项目实施过程中的成本管理环节，大幅度减少竣工结算阶段的人力、物力成本，提高工程造价管理的事前控制效力，从而充分保证竣工结算的高效进行，维护发承包双方的合理利益，最终体现更为全面、准确、客观的建设项目工程造价。

第 3 节　运营维护阶段造价 BIM 管理应用

建筑工程运营维护阶段作为建筑全生命周期（建筑工程项目规划设计阶段、施工阶段、运营维护阶段、拆除阶段）四个阶段之一，其持续时间最长，费用也最高。但是由于传统的工程管理仅停留在工程设计、施工阶段，工程竣工后，其相关的设计、施工建造阶段的数据资料很难完整地保留到运维阶段，即便相关的设计、施工建造阶段的数据资料保留到运维阶段，由于这些数据资料多为二维图形或文本、图表资料，设计、施工、造价数据资料各自独立互不关联，无法展现设备之间的空间关系，检索运用耗时长、效率低，造成数据资料运用的局限性，再加上参与运维阶段管理、实施人员（物业人员）专业知识和技能匮乏，运用设计、施工建造阶段的数据资料进行主动、高效、科学的运营维护管理成了不可及的设想。

BIM 技术出现，让建筑工程运维阶段有了新的技术支持，通过“BIM + 运维管理平台”这样一个更加直观、形象的交互环境，可以使得运维管理更加容易与高效。运维费用（造价）得到合理确定与有效控制。

传统的运维管理被统称为物业管理，主要靠物业人员通过人力对建筑物设施设备进行维护，对车辆交通、消防、园林绿化、安保、清洁进行被动、点式管理，管理效力低下，缺乏全局调控，如图 2-15 所示。

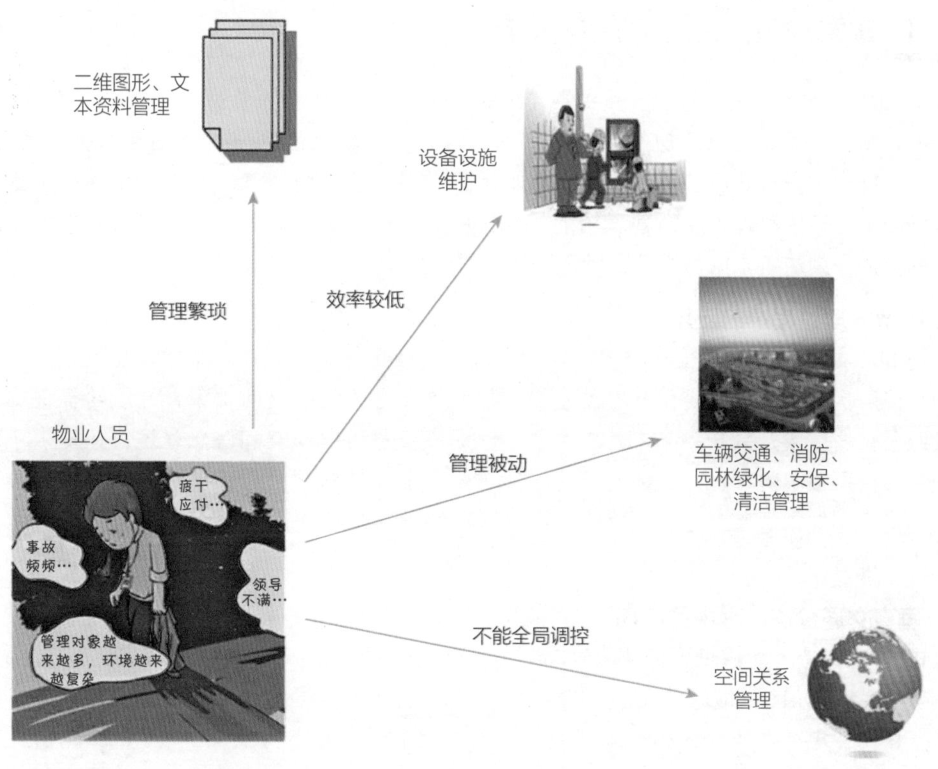

图　2-15

近几年来，BIM 作为一种更利于建筑工程信息化全生命周期管理的技术引入到国内建筑工程领域，我国公共建筑自设计、施工阶段逐步应用 BIM 技术对项目进行管理，并取得了较好的效果，这为后续运维阶段提供了较好的 BIM 实施基础。“BIM + 运维管理平台” 运用至建筑工程运维管理阶段，实现了三维可视、高效管理、全局可控、智能集成、数据仓库等功能，如图 2-16 所示。

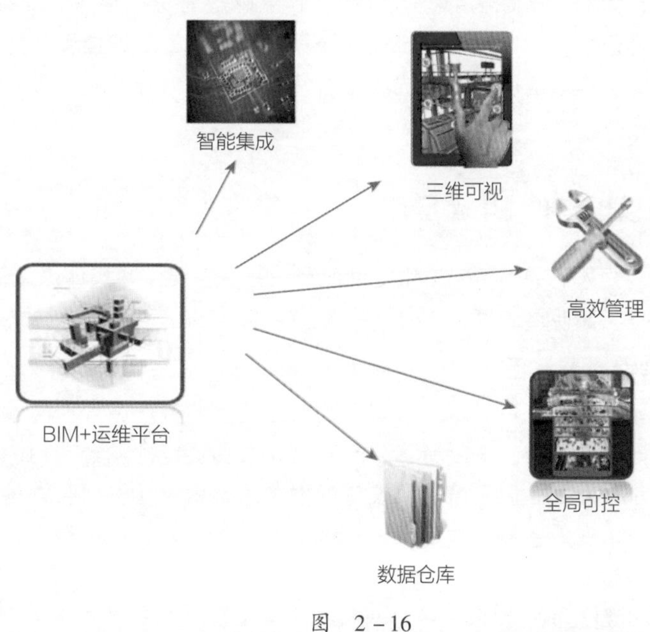

图　2-16

2.3.1 建筑空间管理造价 BIM 应用

基于 BIM 技术可为运维管理人员提供详细的空间信息，包括实际空间占用情况、建筑对标等。同时，BIM 能够通过可视化的功能帮助跟踪部门位置，将建筑信息与具体的空间相关信息勾连，可在网页中打开并进行监控，从而提高空间利用率。根据建筑使用者的实际需求，提供基于运维空间模型的工作空间可视化规划管理功能，并提供工作空间化可能带来的建筑设备、设施功率负荷方面的数据作为决策依据，以及在管理过程中快速更新三维空间模型。

1. 租赁管理过程中的应用

应用 BIM 技术对空间进行可视化管理，分析空间使用状态、收益、成本及租赁情况，判断影响不动产使用状况的周期性变化及发展趋势，帮助提高空间的投资回报率，并能够抓住出现的机会及规避潜在的风险。另外，BIM 运维平台不仅提供了对租户的空间信息管理，还提供了对租户能源使用及费用情况的管理，这种功能同样适用于商业信息管理，与移动终端相结合，可以将商户的活动情况、促销信息、位置、评价直接推送给终端客户，提高租户使用程度的同时也为其创造了更高的价值。

2. 垂直交通管理过程中的应用

BIM 3D 电梯模型能够正确反映所对应的实际电梯空间位置以及相关属性等信息。电梯的空间相对位置信息包括门口电梯、中心区域电梯、电梯所能到达楼层信息等。电梯的相关属性信息包括直梯、扶梯、电梯型号、大小、承载量等。BIM 运维平台对电梯的实际使用情况进行了渲染，物业管理人员可以清楚直观地看到电梯的能耗使用状况，通过对人的行动线、流量分析，可以帮助管理者更好地对电梯系统的管理策略进行调整。

3. 应急管理过程中的应用

基于 BIM 技术的优势在于管理没有任何盲区。作为人流聚集区域，突发事件的响应能力非常重要。传统的突发事件处理模式仅关注响应和救援，而智慧运维对突发事件的管理包括：预防、警报和处理。以消防事件为例，该管理系统可以通过喷淋感应器感应信息，如果发生着火事故，在公共建筑的信息模型界面中，就会自动进行火警警报，对着火的三维位置和房间立即进行定位显示，控制中心可以及时查询相应的周围情况和设备情况，为及时疏散和处理提供信息，减少火灾带来的损失。

2.3.2 设备设施管理造价 BIM 应用

设备设施是建筑物内为人们的生活、工作提供便利、舒适、安全等条件的设备，是给水排水、通风、空调、供热、供电、照明、燃气、电梯、音响、通信、电视等设备系统的总称。

1. 控制设备设施管理成本

设备设施管理的成本在运维管理成本中占有很大的比重，设备设施管理的过程包括设备设施的购买、使用、维修、改造、更新、报废等。设备管理成本主要包括购置费用、维修费用、改造费用以及设备管理的人工成本等。由于当前的设备管理技术落后，往往需要大量的人员来进行设备的巡视和操作，而且只能在设备发生故障后进行设备维修，不能提前进行设备的预警工作，这就大大增加了设备管理的费用。

通过将 BIM 技术运用到设备管理系统中，使系统包含设备所有的基本信息，可以实现三维动

态地观察设备运行的实时状态，积累设备运行数据并与设备安装时录入的能耗、维保数据进行比较，预设数据报警红线，从而使设备管理人员了解设备的使用状况。当数据发出报警信息，对报警设备进行检测维护，将故障处理前置，避免因故障发生导致设备停止运行，降低设备停运造成的损失。

2. 降低设备设施维修费用

大多数设备的使用寿命远远低于建筑物寿命，如电梯在正常维护的前提下，其寿命也就15年左右，还有一些如阀门、开关等设备其寿命更短，只有3~5年，当这些设备达到寿命期或因其他原因需要更换时，运用BIM技术可以做到以下内容：

（1）快速精确计算所需维修工程量　在维修更换设备（设施）时，不仅要计算设备本身的工程量，大多时候还要计算更换设备附属的管、线工程量以及设备周围的吊顶、墙体等关联构件工程量。运用建造过程中建立的BIM模型，这是一个强大的工程信息数据库，包含了二维图纸中所有位置、长度等信息和二维图纸中不包含的材料等信息。因此，计算机通过识别模型中的不同构件及模型的几何物理信息（时间维度、空间维度等），对维修设备（设施）的工程量进行梳理、汇总、统计，这种基于BIM的算量方法，将算量工作大幅度简化，减少了因为人为原因造成的计算错误，大量节约了人力的工作量和花费时间。有研究表明，工程量计算的时间在整个造价计算过程中占50%~80%，而运用BIM算量方法会节约将近90%的时间。

（2）数字模拟施工，预判维修工程可实施性和经济性　可通过BIM技术指导编制维修施工方案，直观地分析复杂工序，将复杂部位简单透明化，提前模拟方案编制后的现场施工状态，对现场可能存在的危险源、安全消防隐患等提前排查，对专项方案的施工工序进行合理排布，有利于方案中各专业工程有序实施。

对设计单位设计维修改造文件，二维图纸不能用于空间表达，使得图纸中存在许多意想不到的碰撞盲区。并且，目前的设计方式多为“隔断式”设计，各专业分工作业，依靠人工协调项目内容和分段，这也导致设计往往存在专业碰撞。同时，在机电设备和管道线路的安装方面还存在软碰撞的问题（即实际设备、管线间不存在实际的碰撞，但在安装方面会造成安装人员、机具不能到达安装位置的问题）。

一般情况下，由于不同专业是分别设计、分别建模的，所以任何两个专业之间都可能产生冲突，因此，冲突检查的工作将覆盖各专业之间的冲突关系，如：

1）空间位置与门窗开启冲突；

2）结构与设备专业，设备管道与梁柱冲突；

3）设备内部各专业，各专业与管线冲突；

4）设备与室内装修，管线末端与室内吊顶冲突。

通过冲突检查可以大量减少施工过程中的设计变更，节约维修工程费用。

（3）各阶段记录的信息助力工程造价计算　维修改造工程涉及众多专业工程和拆除工程，项目造价不大，计算繁琐，BIM模型不仅具有几何物理信息（时间维度、空间维度等），还有一些非几何属性信息，如设备运行参数、供应商、造价等信息，在全生命周期管理中BIM信息随着各阶段管理要求不断更新，因而其信息所包含的造价内容可快捷地运用至维修改造工程计价计算中，可准确地确定造价。

2.3.3 能耗用量监测和优化造价BIM应用

基于BIM的运营能耗管理可以大大减少能耗。BIM可以全面了解建筑能耗水平，积累建筑物

内所有设备用能的相关数据，将能耗按照树状能耗模型进行分解，从时间、分项等不同维度分解能耗及费用；还可以对不同分项进行对比分析，并进行能耗分析和节能优化，从而使建筑在平稳运行时达到能耗最小。BIM 还通过与互联网云计算等相关技术相结合，将传感器与控制器连接起来，对建筑物能耗进行诊断和分析，当形成数据统计报告后可自动管控室内空调系统、照明系统、消防系统等所有用能系统。它所提供的实时能耗查询、能耗排名、能耗结构分析和远程控制服务，使业主对建筑物达到最智能化的节能管理，摆脱传统运维管理下由建筑能耗大引起的成本增加。

1. 电量监测过程中的应用

用电量监测主要包括各分项总用电量和建筑物总用电量。分项总用电量为照明插座用电量、空调用电量、动力用电量和特殊用电量4 个分项能耗在某段时间分别消耗的总电量。其中，特殊用电量在具体项目应用中将进行具体划分。建筑总用电则是指建筑物的4 个用电量分项之和，建筑物各种用电必须完全包含在 4 个用电量分项之中。

基于 BIM 技术，通过安装具有传感功能的电表后，在管理系统中可以及时通过电量监测收集所有能源信息，并且通过开发的能源管理功能模块，对能源消耗情况进行自动统计分析，例如各区域、各租户的每日用电量、每周用电量等，并对异常能源使用情况进行警告或者标识。根据建筑物功能区域不同，人为调整设备开启时间和功率。

2. 水量监测过程中的应用

用水量监测主要包括生活给水排水用水量、设备用水量和消防用水量。其中设备用水包括采暖系统用水、空调系统用水及特殊用途用水，如游泳池等。用水量监测不仅要进行给水排水分别计量，而且要各个系统分别计算，并与空调负荷、室内温度等参数相结合进行节能分析和节能措施的制定。设备信息的实时查询是 BIM 能耗监测与分析系统的一大特色。

BIM 运维平台可以清楚显示建筑内水网位置信息，并且可以查询到设备的精确空间定位、厂家信息、维护记录、相应的阀门与开关位置，甚至可以直接查询并调阅到相关设计图纸的电子文档，更能对水平衡进行有效判断。通过对整体管网数据的分析，可以迅速找到渗漏点，及时维修，减少浪费。而且当物业管理人员需要对水管进行改造时，无须为隐蔽工程而担忧，每条管线的位置都清楚明了。

3. 温度监测过程中的应用

通过 BIM 运维平台可以获取建筑中每个温度测点的相关信息数据，同时还可以在建筑中接入湿度、二氧化碳浓度、光照度、空气洁净度等信息。温度分布页面将公共区域的温度测点用不同颜色的小球直观展示，通过调整观测的温度范围，可将温度偏高或偏低的测点筛选出来，进一步查看该测点的历史变化曲线，室内环境温度分布尽收眼底。物业管理者还可以调整观察温度范围，把温度偏高或偏低的测点找出来，再结合空调系统和通风系统进行调整。基于 BIM 模型可对空调送出水温、送风量、风温及末端设备的送风温湿度、房间温度、湿度均匀性等参数进行相应调整，方便运行策略研究、节约能源。

4. 机械通风管理过程中的应用

机械通风系统通过与 BIM 技术相结合，可以在 3D 基础上更为清晰直观地反映每台设备、每条管路、每个阀门的情况。根据应用系统的特点分级、分层次，可以使用其整体空间信息，或是聚焦在某个楼层或平面局部，也可以利用某些设备信息进行有针对性的分析。

管理人员通过 BIM 运维界面的渲染即可以清楚地了解系统风量和水量的平衡情况，各个出风口的开启状况。特别当与环境温度相结合时，可以根据现场情况直接进行风量、水量调节，从而达到调整效果实时可见。在进行管路维修时，物业人员也无须为复杂的管路发愁，BIM 系统可以清楚地标明各条管路的情况，为维修提供了极大的便利。

能耗管理是一个系统工程，能耗管理的基础是设备运行数据的长期准确监测和分析，由于能耗管理涉及所有耗能设备的控制及运行管理，而随着建筑功能的多样化、控制系统的复杂化以及楼宇自动化程度的提高等，对能耗监测、分析的兼容性和可扩限程度的要求日趋提高。基于BIM技术能耗监测与分析系统有效地满足了这一要求，并且储存了设计、施工和系统调试过程中的设定数据，为进一步的系统分析和设计改良提供了坚实的依据。通过BIM技术可实现动态数据的统计分析、维修路径计算和节能分析，降低建筑能耗费用支出。

运维平台流程示意图如图2-17所示。

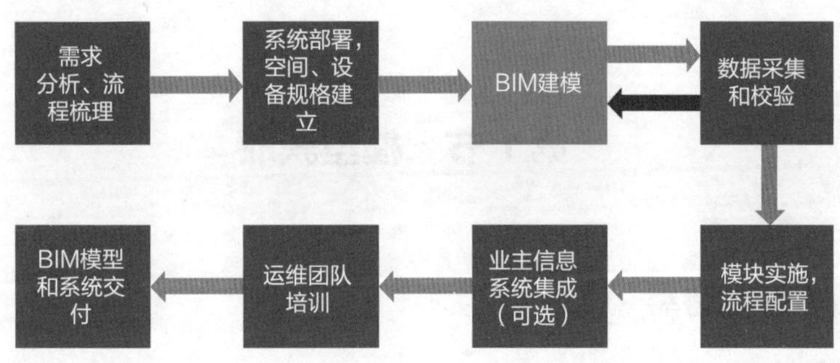

图 2-17

运维平台示意图如图2-18所示。

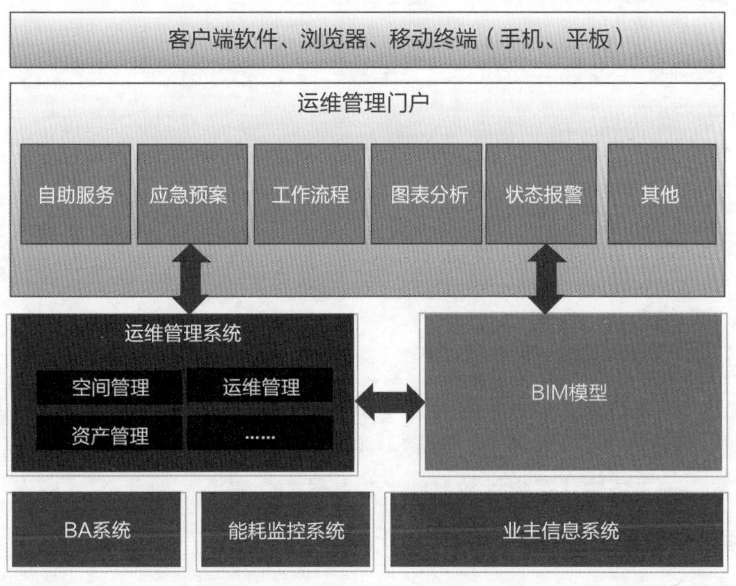

图 2-18

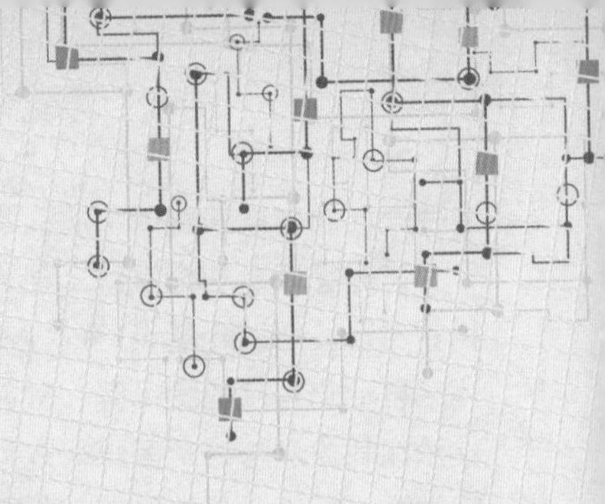

第 3 章　BIM 算量模型的获取

第 1 节　模型获取

3.1.1　模型获取的特点

1. 工程量一致性

从理论上来讲，施工图所示构件的工程量是唯一的数据，在传统计量方式下，项目的参与方无论是设计人员、施工人员、咨询公司或者是业主，均需要分别搭建算量模型，每一个造价人员出于对图纸的理解和自身职业水平高低不一而计算出不同的数值。因此承发包双方在商务谈判时，一个最为重要，也最为枯燥的工作内容，就是核对工程量。工程项目中的钢筋、混凝土、装饰、电缆、风管、水管、阀门等大量采用的材料，均是工程量核对的焦点。工程量的核对成为导致工程结算耗时长的重要因素。

在应用 BIM 技术之后，将统一的计量规范置入到 BIM 模型中，形成了唯一的工程量计算标准。经过修改、深化后的 BIM 模型作为竣工资料的主要部分，作为竣工结算和审核的基础。基于这个模型，无论施工单位还是咨询公司获取的工程量必然是一致的，工程量核对这个关键环节将大大简化。理想状态下，承包商在提交竣工模型的同时就相当于提交了工程量，设计院在审核模型的同时就已经审核了工程量。

2. 工程量计算利用设计模型

设计师在建立模型的时候，通过定义模型各类构件的基本属性，即完成了计算工程量的初级工作。造价人员通过结合工程计量规范，利用并完善模型信息，统计获得工程量。由于减少了重复建立模型的过程，大大缩短了工程计量时间，提高了工作效率。

3. 提升工程造价管理工作效率

传统计量方式下，工程量的计算、核对工作占据了造价管理工作人员的大量时间，从而降低了造价控制、全过程造价管理的效率。BIM 技术的实施，使算量工作得到简化，造价人员有更多的时间和精力对项目进行更深入、更直观的接触，从而提高工程造价管理工作的深度和广度。

在传统的手工加软件计算工程量模式下，要在项目实施的每一个阶段分别获取工程量以确定各阶段的造价是非常繁琐耗时的。通过 BIM 技术，BIM 模型的调整和变化，都会自动更新工程量数据，因此能充分且准确获得各个阶段的工程量数据，为后续阶段提供数据基础，实现多算对比。

4. 避免工程计量纠纷

以往施工单位在编制竣工结算时，常常在工程量中夸大数据，作为他们的一部分利润来源。

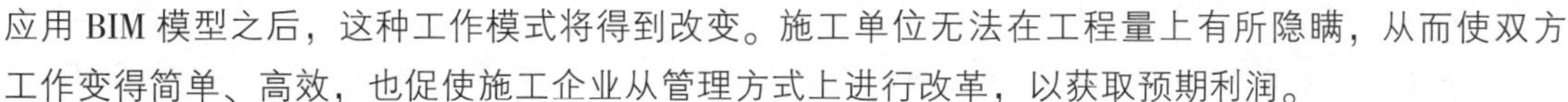

应用 BIM 模型之后，这种工作模式将得到改变。施工单位无法在工程量上有所隐瞒，从而使双方工作变得简单、高效，也促使施工企业从管理方式上进行改革，以获取预期利润。

5. 计量方式多样

目前，在项目实施过程的设计阶段，绘图和 BIM 建模工具都相对统一，特别是 Autodesk 公司的 AutoCAD 和 Revit 软件现在已经成为行业主流绘图和建模工具，为项目进行 BIM 技术应用提供了坚实基础。由于我国的造价机制原因，有很多地方和行业规则，虽然大部分软件公司的算量软件都可在 AutoCAD 和 Revit 软件中进行模型创建，但操作方式有所不同，有的要通过 IFC 模型数据转换，再进行算量工作；有的则可直接利用 Revit 软件将设计模型进行算量模型转换来进行工程量统计。但终归还是不统一，如果一个建设项目中多方参与者使用软件不同，就会造成工作协同上的障碍，因此这也是当前 BIM 技术应用亟待解决的问题。

3.1.2 模型获取的频率及计量应用

BIM 模型在项目实施各阶段的获取频率及计量应用见表 3－1。

表 3－1　BIM 模型在项目实施各阶段的获取频率及计量应用

项目阶段	模型获取的频率	输出的工程量	工程量应用
估算阶段	多次	获得各种类似项目模型参数和工程量	根据类似项目模型工程量参数与指标数据结合计算获得比较准确的估算价
概算阶段	1 次	根据初步设计模型获取粗略的工程量数据	多方案比较，开展价值工程和限额设计，确定概算
施工图预算阶段	1 次	根据施工图 BIM 模型提取准确的预算工程量	形成准确的项目预算
招标投标阶段	1 次	根据施工图 BIM 模型提取准确的招标工程量	编制工程量清单；投标人根据施工图 BIM 模型，结合施工组织设计完善工程措施模型信息，制定更好的投标策略
签订合同阶段	1 次	根据合约 BIM 模型提取准确的合同工程量	BIM 模型与合同对应，作为计算变更工程量和结算工程量的基础数据
施工阶段	多次	根据施工图 BIM 模型调整并及时形成准确的变更或签证工程量	为审批变更和计算变更工程量提供基础数据
结算阶段	1 次	最终竣工 BIM 模型形成准确的结算工程量	快速进行结算办理

3.1.3 模型获取的审核

1. 图模审核

依据业主提供的建设项目设计图纸，对比 BIM 模型，核对 CAD 图纸与 BIM 模型是否存在差异，或者通过模型检查设计的错漏。若出现差异或错漏，整理成为书面文件，提交给业主以安排

修改。

输出成果：BIM 模型与 CAD 图纸核对报告。

2. 模型审核

接收 BIM 整体模型，并完成图模对比后，对设计院提供的 BIM 模型进行审核。

1）核查构件包含的几何信息与非几何信息是否完善。

2）核查构件分类是否合理，辨识主要依据是该构件是否会影响对工程量的统计及筛选。

3）核查模型绘制方式是否准确，模型的绘制及创建应能满足工程量计算过程中对于体积、面积、长度、数量的正确统计，不应出现部分数据无法统计的模型构件。

4）若模型用于过程控制，检查构件独立性，模型中各构件都应独立存在。若模型中部分构件为非独立构件，则该部分模型将不能单独计算工程量，影响过程控制中对工程量的计算。

输出成果：BIM 模型审核报告。

3.1.4 模型获取的标准

为了使模型中的数据信息能在项目整个生命周期的每个阶段被各个关系主体获取，并有效地进行沟通、协调，提高工作质量，那么在生命周期的各个阶段必然需要数据传递的有效通道或路径。这个路径就是各阶段所涉及的软件的通用数据格式，它是工程软件交换和信息共享的基础。目前国际上广泛认可的数据标准包括 IFC 标准、CIS/2 标准和 gbXML 标准。在 BIM 的应用和推广过程中，除了 IFC 一类的数据标准外，BIM 应用标准也是当前需待解决的问题。当前我国已采用 IFC 标准的平台部分作为数据模型的标准，同时也在加紧 BIM 应用标准研究工作。在我国“十五”计划的时候，关于 BIM 标准的研究中，就较早地引入了 IFC 标准，对 IFC 标准的定义、描述进行了细致的研究。标准按照美国 BIM 国家标准的一些基本框架，然后结合我国的国情，对我国 BIM 的标准总体框架进行了勾画。

我国 BIM 标准制订分为两类，一类是工程建设的国家标准，由住建部的标准定额司组织编写；一类是行业协会的标准，由中国工程建设标准化协会，专门成立 BIM 专业委员会组织相关单位编写。BIM 标准的编制从统一标准、存储标准、交付标准来进行系统研究。2012 年到 2013 年国家提出了 6 部工程建设国家标准制订的计划，包括《建筑信息模型应用统一标准》《建筑工程信息模型的存储标准》《建筑工程设计信息模型的交付标准》《建筑信息模型分类和编码标准》《建筑工程施工信息模型应用标准》和《制造工业信息模型标准》。

2016 年 12 月，住建部发布了《建筑信息模型应用统一标准》，于 2017 年 7 月 1 日正式实施。这是我国第一部建筑信息模型应用的工程建设标准，在这部 BIM 应用领域的宪法级标准中，规定了模型结构与拓展、数据互用、模型应用等诸多方面内容，提出了建筑信息模型应用的基本要求，是建筑信息模型应用的基础标准，也是 BIM 应用中的最高标准，可作为我国建筑信息模型应用及相关标准研究和编制的依据。

2017 年 4 月，住建部发布了《建筑工程施工信息模型应用标准》，于 2018 年 1 月 1 日起正式实施。该标准从深化设计、施工模拟、预制加工、进度管理、预算与成本管理、质量与安全管理、施工监理、竣工验收等方面提出了建筑信息模型的创建、使用和管理要求。这是我国第一部建筑工程施工领域的 BIM 应用标准，填补了我国 BIM 技术应用标准的空白。

除此之外，各地也相继推出适应各自情况的地方标准。

另外，企业在实施中制定一套适合自己的 BIM 标准，可以大幅提高工作效率，减少沟通障碍，降低额外成本支出，有效衡量工作质量。

第2节　合规性要求

3.2.1　模型的准确性要求

1. BIM模型的准确性要求

BIM的各项技术应用大多基于BIM模型开展，而现阶段大多设计单位的设计成果仍是二维的图纸，为保证BIM模型能够准确体现设计意图或施工实际情况，模型信息是否完整、图模内容是否一致就成了模型质量的两个基本指标。

BIM模型的准确性要求见表3－2。

表3－2　BIM模型的准确性要求

序号	控制项	检查要求
1	BIM模型必须包含所有应定义的轴网，且应在各平面视图中正确显示	1. 主要平面视图，依据设计要求核查轴网是否有缺漏 2. 各层平面视图，轴网是否正确显示
2	BIM模型必须包含所有定义的楼层	1. 标高是否包含施工图设计所有楼层 2. 主要立面、剖面视图中，标高是否正常显示
3	BIM模型必须包含完整的空间定义	1. 相应楼层平面视图，空间是否均有定义功能，是否均有房间名称 2. 生成各层房间平面彩图，是否有缺漏的空间未定义功能 3. 要求生成房间明细表，核查是否标注了房间面积 4. 模型中是否包含防火分区平面图，是否定义了防火分区
4	BIM模型必须包含施工图的表达内容，模型专业分工后应包含全部构件元素	1. 项目浏览器中，应包含各专业设计内容的构件元素 2. 模型生成的图纸与各专业二维样板图对照，是否存在缺漏 3. 查看模型线、详图线、详图项目、填充区域是否满足第三方BIM造价软件识别范围
5	BIM模型必须包含项目设计的材质做法	1. BIM模型必须包含材质做法表中所有的材质，有完善的材质库，材质库命名应符合BIM造价要求 2. 非系统族是否设置材质做法
6	BIM模型必须包含族库使用原则	1. 新建或修改的族构件信息是否满足BIM造价输出成果要求 2. 族库各项参数是否统一参数类别
7	模型反映的三维形体与二维图纸标准一致	1. 模型生成平立剖视图与图纸对应，视图应保持位置一致性 2. 尺寸应与二维图纸保持一致性 3. 模型形体逻辑必须按照设计逻辑搭建，并满足实际构造要求 4. 严格控制模型与图纸比例的一致性

（续）

序号	控制项	检查要求
8	模型反映节点构造，应与二维详图表达一致或者应设定相应二维详图标准，与模型存在关联	1. 模型生成节点构造图，与二维详图应一一对应 2. 详图中，涉及造价统计的构件应在模型中表达

2. BIM 模型准确性的审查方法

BIM 模型准确性的审查方法大致可分为以下几种：

（1）观察法 观察法一般用于 BIM 模型的初步审查，由审查人员根据建筑物的构造去查找模型的明显缺陷，如梁柱错位，导致梁端未能搭设于支座上、门窗嵌入结构柱等，如图 3－1 和图 3－2 所示；也可根据规范查找模型存在的缺陷，如规范规定吊顶次龙骨悬挑长度≤300mm、吊杆长度＞1200mm 时需加设反力支撑等。

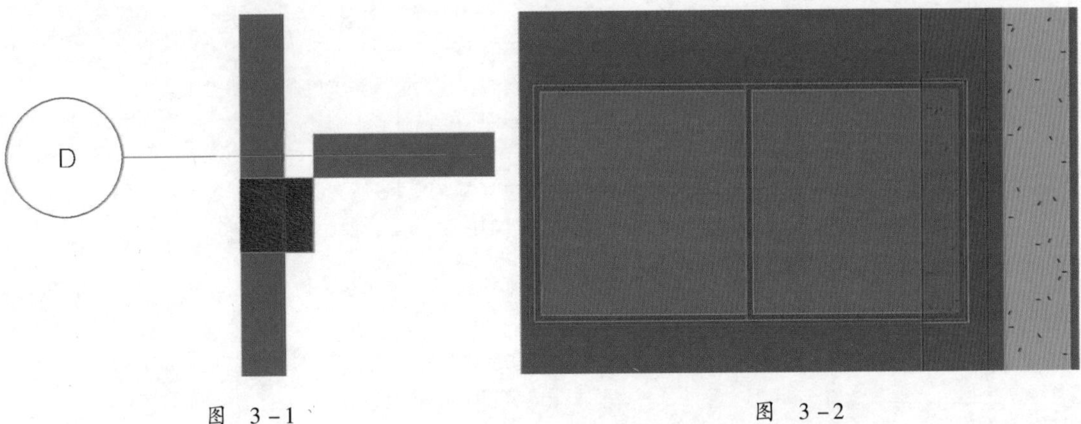

图 3－1　　　　图 3－2

（2）模型与图纸对比法　将二维图纸导入软件中，并使二维图纸轴网与模型定位轴网完全重合，查看三维模型中的构件位置、截面尺寸等信息是否符合设计意图，找出位置、尺寸与二维图纸不吻合的构件（图 3－3），并进行修改。

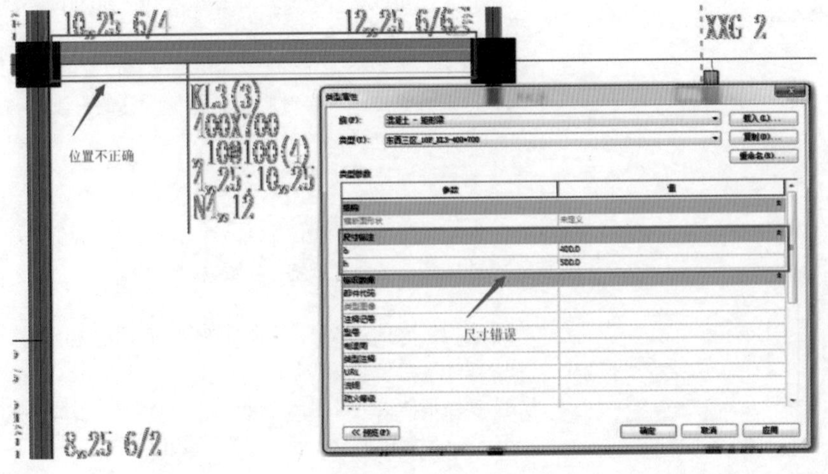

图 3－3

（3）碰撞检测法　碰撞检测法是在模型建立完成后，将模型导入碰撞检测软件中，设置检测条件，如硬碰撞、重合碰撞、间隙碰撞等，并选择要进行碰撞检测的构件类型，运行碰撞检测，如图 3－4 所示。若构件之间发生碰撞，会生成碰撞检测报告，可将碰撞报告导出，根据碰撞报告对模型进行调整。

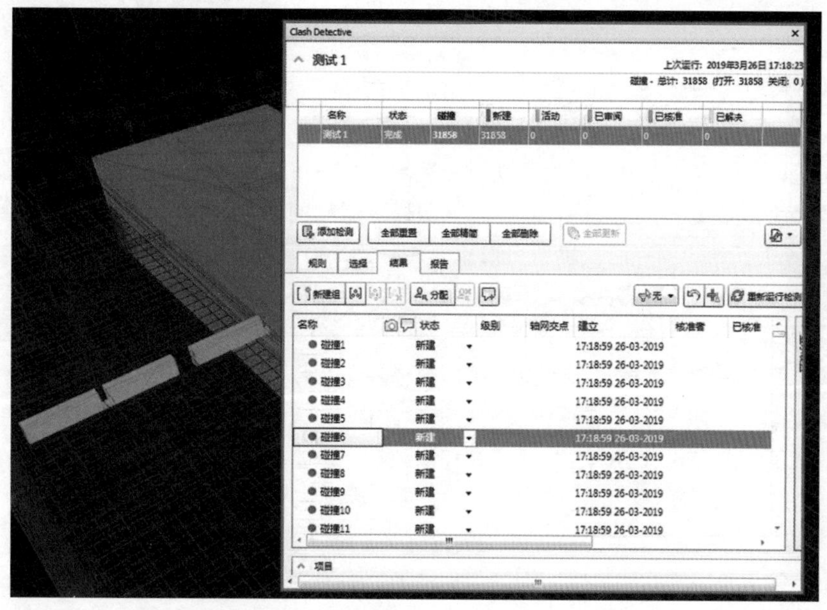

图　3－4

（4）数据对比法　以 Revit 软件为例，利用 Revit 软件中的明细表功能，按照需要的数据信息去设置字段、排序、过滤等规则，统计出构件数据信息（图 3－5），将统计出的数据信息与对应的数据信息（如清单）进行对比，找出模型错误之处并进行修改。

<结构柱明细表>

A	B	C	D	E
柱类型	长度/mm	体积/m³	结构材质	柱根数
混凝土-矩形-柱：西二区_屋顶_KZ-1_C30_100x100mm		1.07	混凝土-现场浇注混凝土	92
西二区_矩形柱：西二区-1F_KZ1_C30_600x600mm	5850	162.16	混凝土-现场浇注混凝土	77
西二区_矩形柱：西二区-1F_KZ1a_C30_600x600mm	5850	6.32	混凝土-现场浇注混凝土	3
西二区_矩形柱：西二区-1F_KZ1b_C30_600x600mm	5850	4.21	混凝土-现场浇注混凝土	2
西二区_矩形柱：西二区-1F_KZ2_C30_600x600mm	5850	10.53	混凝土-现场浇注混凝土	5
西二区_矩形柱：西二区-1F_KZ3_C30_1000x1000mm	5850	152.10	混凝土-现场浇注混凝土	26
西二区_矩形柱：西二区-1F_KZ4_C30_600x600mm	5850	6.32	混凝土-现场浇注混凝土	3
西二区_矩形柱：西二区-1F_KZ6_C30_400x400mm	5850	7.49	混凝土-现场浇注混凝土	8
西二区_矩形柱：西二区一层_GZ1_C30_300x300mm	1700	1.22	混凝土-现场浇注混凝土	8
西二区_矩形柱：西二区一层_KZ1_C30_600x600mm	5100	139.54	混凝土-现场浇注混凝土	76
西二区_矩形柱：西二区一层_KZ1a_C30_600x600mm	5100	7.34	混凝土-现场浇注混凝土	4
西二区_矩形柱：西二区一层_KZ1b_C30_600x600mm	5100	3.67	混凝土-现场浇注混凝土	2
西二区_矩形柱：西二区一层_KZ2_C30_600x600mm	5100	9.18	混凝土-现场浇注混凝土	5
西二区_矩形柱：西二区一层_KZ3_C30_1000x1000mm	5100	122.40	混凝土-现场浇注混凝土	24
西二区_矩形柱：西二区一层_KZ4_C30_600x600mm	5100	5.51	混凝土-现场浇注混凝土	3
西二区_矩形柱：西二区一层_KZ5_C30_1000x1400mm	5100	14.28	混凝土-现场浇注混凝土	2
西二区_矩形柱：西二区一层_KZ6_C30_400x400mm	6600	8.45	混凝土-现场浇注混凝土	8
西二区_矩形柱：西二区二层_DZ1_C30_400x400mm	5400	2.59	混凝土-现场浇注混凝土	3
西二区_矩形柱：西二区二层_KZ1_C30_600x600mm	4700	123.52	混凝土-现场浇注混凝土	73
西二区_矩形柱：西二区二层_KZ1a_C30_600x600mm	4700	6.77	混凝土-现场浇注混凝土	4
西二区_矩形柱：西二区二层_KZ1b_C30_600x600mm	4700	3.38	混凝土-现场浇注混凝土	2
西二区_矩形柱：西二区二层_KZ2_C30_600x600mm	4700	8.46	混凝土-现场浇注混凝土	5
西二区_矩形柱：西二区二层_KZ3_C30_1000x1000mm	4700	122.03	混凝土-现场浇注混凝土	26
西二区_矩形柱：西二区二层_KZ4_C30_600x600mm	4700	5.08	混凝土-现场浇注混凝土	3
西二区_矩形柱：西二区二层_KZ5_C30_1000x1400mm	4700	13.16	混凝土-现场浇注混凝土	2
	合计：	946.77		

图　3－5

3.2.2 造价模型信息的合规性标准

1. 基本规定

1）工程造价模型的建立、应用与管理应符合《建筑信息模型应用统一标准》（GB/T 51212—2016）以及《建设工程工程量清单计价规范》（GB 50500—2013）等工程造价管理类专业标准的规定。

2）模型应根据实际情况，如工程条件、BIM 实施目的、协作方 BIM 应用能力等，选择适合的方式。

3）模型信息、数据的输入、应用和交付宜采用三维、可视化的方式。

4）模型应包含完成任务所需的信息，并按照模型结构的要求进行信息的组织与管理；输入数据和交换数据应进行专门的存储、更新和维护，并宜支持不同区域、不同时期的多版本管理。

5）模型信息的输入和数据的交付，应记录信息所有权的状态、信息的创建者与编辑者、创建和编辑的时间以及所使用的软件工具及版本等。

6）根据专业或任务的需要，模型可以扩展，增加新的模型元素属性信息，保证模型能满足专业或任务应用的需求；并要保持模型扩展前后模型结构的一致性。

7）模型、子模型应具有正确性、协调性和一致性，这样才能保证数据交付、交换后能被数据接收方正确、高效地使用。模型数据交换的格式应以简单、快捷、实用为原则。为了方便多个软件进行数据交换与交付，可采用 IFC 等开放的数据交换格式。

8）理论上任何不同形式和格式之间的数据转换都有可能导致数据错漏，因此在有条件的情况下应尽可能选择使用相同数据格式的软件。当必须进行不同格式之间的数据交换时，要采取措施（如实际案例测试等）保证交换以后数据的正确性和完整性。

9）模型应满足任务交付要求。一般而言，数据使用方（接收方）必须对自己需要使用的数据是否正确和完整负责。因此，在互用数据使用前，为保证互用数据的正确、高效使用，接收方应对互用数据的正确性、协调性和一致性以及其内容和格式进行核对和确认。

10）交付的模型应由项目相关方在项目全生命期的局部或全部阶段创建、应用和存储，并与项目管理的其他专业领域实现工作协同与信息数据共享。

11）工程量计算

①造价模型的工程量计算应支持参数化的建模方式。

②工程量计算规则应符合项目招标文件、施工合同约定方式的规定；宜提供不同计算规则下工程量计算结果相互转化的功能。

③工程量计算规则应符合《建设工程工程量清单计价规范》（GB 50500—2013）、地方清单计价、定额实施细则以及有关的造价配套文件中相关的工程量计算规则。

④工程量计算应根据模型元素的几何和非几何信息、工程基本信息，满足建设项目全生命周期的各阶段造价编制过程中的算量需求。任务信息模型中图形元素的几何和非几何属性信息、工程量和成本信息、工料机消耗量等信息的提取、使用应灵活方便。

⑤模型中应支持提取模型元素的各种几何信息，以及按施工进度计划、部位、楼层、标高范围、材料类型分别提取工程量和成本信息、工料机的消耗量信息。

⑥模型及工程量数据成果应支持与外部交互。应支持增量导入外部软件所提供的 BIM 模型信息，支持录入与工程造价有关的扩展属性，同时数据可以导出并支持外部软件相关模型的应用。

12）工程计价

①工程计价应依据国家相关计价规范，国家或省级、行业建设主管部门颁发的计价定额、计

价办法和企业定额以及与建设项目相关的标准、规范等技术资料进行计价。

②工程计价还应依据招标文件、招标工程量清单及其补充通知、建设工程设计文件及相关资料、施工现场情况、工程特点及投标时拟定的施工组织设计或施工方案、市场价格信息或工程造价管理机构发布的工程造价信息以及其他的相关资料等进行计价。

③工程计价任务信息模型可用于项目全生命周期的投资估算、设计概算、施工图预算、工程量清单、合同价款确定、工程计量与支付及竣工结（决）算、工程造价信息资料的处理与应用等。

④计价的内容应根据项目所在地工程造价管理部门公布的相关规定输入当地的造价指标，人工、材料、机械市场价格信息以及规费、税金取费基数和费率等信息。并且能依据工程所在地地方标准调整软件计价程序，计算项目工程费用。

⑤工程造价软件应可利用其他 BIM 模型积累的工程量清单，引用工程量清单综合单价计算模板库，读入工程计价定额信息；引用工程造价信息数据库，读入项目工料机价格信息；交付项目工程量清单综合单价计算信息。

⑥人工、材料、机械的价格信息可采用网络比价、实时更新的形式。

13）工程量、造价数据的使用

①工程造价软件对工程量、价的使用宜包括招标工程量清单、招标控制价、投标报价的编制与管理；合同价款约定、工程计量、合同价款调整、合同价款中期支付、竣工结算与支付、合同解除的价款结算与支付、合同价款争议的解决；工程计价资料与档案等。

②规划设计阶段工程量、造价数据的使用宜包括多方案比选优化中的工程技术经济指标的确定。工程技术经济指标应通过对历史工程量、价的积累而逐步整理形成。

③施工阶段工程量、造价数据的使用应包括资金使用计划的编制、施工成本管理、工程变更与索赔、工程费用的动态监控、工程价款结算及其审查。

2. 造价模型信息的添加

（1）模型拆分原则　按照子项范围、楼号、楼层、专业、系统、子系统拆分模型。

其中楼层定义：按照实际项目的楼层，分别定义楼层，分别定义所在标高或层高。其中，楼层标高应按照一套标高体系定义。

（2）模型中信息的分类和编码标准应一致　基本原则是参照《建筑信息模型分类和编码标准》（GB/T 51269—2017）的相关规定进行模型的分类和编码。

由于 BIM 不是局限在某一阶段的应用，而是建筑全生命周期的应用，所以必须建立构件分类标准。建筑信息模型应用的一个重要保证是信息的流畅传递、交互，为保证信息的有效传递，建筑工程中建设资源、建设进程与建设成果等对象的分类与编码的统一是关键，该分类和编码应该在建筑工程全生命周期的信息应用汇总中保持一致和统一。《建筑信息模型分类和编码标准》（GB/T 51269—2017）针对建筑工程设计中几乎所有的构件、产品、材料等元素及所涉及的各种行为，都做了数字化编码，这就像每个人都有身份证编码一样，分类、检索、管理会非常有序，且能形成统一的语言，让建筑上下游产业间的数据语言能够准确沟通，确保信息能够准确地从一方传递到另一方。

（3）构件命名标准一致　为实现 BIM 设计模型和造价算量模型的交互承接，并可延续应用到施工及运维阶段，制定统一的构件命名可以有效地减少模型数据交互时因命名不规范造成的构件信息错误和缺失。

（4）构件材质标准一致　Revit 构件材质定义：在构件“结构”中编辑“材质”；若某构件没有该属性项，则需要自行添加“材质”属性项（即增加一个字段，字段名称为“材质”），并填写上相应的属性值。

（5）精度要求　根据《建筑工程设计信息模型交付标准》中的建模精度要求建模，标准中5.7.6点有关建筑经济对设计信息模型信息粒度的交付要求见表3－3。

表3－3　建筑工程设计信息模型信息粒度等级表

等级	英文名	简称	备注
100级信息粒度	Level of Development 100	LOD100	等同于概念设计，此阶段的模型通常为表现建筑整体类型分析的建筑体量，分析包括体积、建筑朝向、每平方米造价等
200级信息粒度	Level of Development 200	LOD200	等同于方案设计或扩初设计，此阶段的模型包含普遍性系统，包括大致的数量、大小、形状、位置以及方向。通常用于系统分析及一般性表现
300级信息粒度	Level of Development 300	LOD300	模型单元等同于传统施工图和深化施工图层次。此模型已经能很好地用于成本估算以及施工协调，包括碰撞检查、施工进度计划以及可视化
400级信息粒度	Level of Development 400	LOD400	此阶段的模型被认为可以用于模型单元的加工和安装。此模型更多地被专门的承包商和制造商用于加工和制造项目的构件，包括水电暖系统
500级信息粒度	Level of Development 500	LOD500	最终阶段的模型，表现项目竣工的情形。模型将作为中心数据库整合到建筑运营和维护系统中去。包含业主 BIM 提交说明里制定的完整的构件属性

（6）建筑模型需添加的造价信息　原则：信息参数的添加取决于对信息的使用目的，并且需要考虑如何通过 BIM 工具的明细表功能提取、查询、检索，可以根据使用需求，逐步添加、完善信息，但要注意实现系统化的分类管理信息类型，见表3－4～表3－8。

表3－4　造价信息添加参考表

构件名称	模型细度要求	
	工程量信息	造价清单信息
场地	需要特殊说明的信息	—
墙	类别、材质、规格、单位、数量、材料供应商信息	编码、项目特征、单位、工程量、单价、合价、综合单价
散水	类别、材质、规格、单位、数量	编码、项目特征、单位、工程量、单价、合价、综合单价
幕墙	类别、材质、规格、单位、数量、材料供应商信息	编码、项目特征、单位、工程量、单价、合价、综合单价
建筑柱	类别、材质、规格、单位、数量、材料供应商信息	编码、项目特征、单位、工程量、单价、合价、综合单价
门、窗	类别、材质、规格、单位、数量、材料供应商信息	编码、项目特征、单位、工程量、单价、合价、综合单价

（续）

构件名称	模型细度要求	
	工程量信息	造价清单信息
屋顶	类别、材质、规格、单位、数量、材料供应商信息	编码、项目特征、单位、工程量、单价、合价、综合单价
楼板	类别、材质、规格、单位、数量、材料供应商信息	编码、项目特征、单位、工程量、单价、合价、综合单价
天花板	类别、材质、规格、单位、数量、材料供应商信息	编码、项目特征、单位、工程量、单价、合价、综合单价
楼梯（含坡道、台阶）	类别、材质、规格、单位、数量、材料供应商信息	编码、项目特征、单位、工程量、单价、合价、综合单价
电梯（直梯）	单位、数量、材料供应商信息	单位、工程量、单价、合价、综合单价
家具	单位、数量、材料供应商信息	单位、工程量、单价、合价、综合单价

表 3－5　地基基础需添加的造价信息

构件名称	模型细度要求	
	工程量信息	造价清单信息
基础	（混凝土、钢筋、模板）类别、材质、类型、单位、数量、材料供应商信息	编码、项目特征、单位、工程量、单价、合价、综合单价
基坑工程	（材料）类别、材质、规格、单位、数量、材料供应商信息	编码、项目特征、单位、工程量、单价、合价、综合单价

表 3－6　混凝土结构需添加的造价信息

构件名称	模型细度要求	
	工程量信息	造价清单信息
板	（混凝土、钢筋、模板）类别、材质、类型、单位、数量、材料供应商信息	编码、项目特征、单位、工程量、单价、合价、综合单价
梁	（混凝土、钢筋、模板）类别、材质、类型、单位、数量、材料供应商信息	编码、项目特征、单位、工程量、单价、合价、综合单价
柱	（混凝土、钢筋、模板）类别、材质、类型、单位、数量、材料供应商信息	编码、项目特征、单位、工程量、单价、合价、综合单价
梁柱节点	（混凝土、钢筋、模板）类别、材质、类型、单位、数量、材料供应商信息	编码、项目特征、单位、工程量、单价、合价、综合单价
墙	（混凝土、钢筋、模板）类别、材质、类型、单位、数量、材料供应商信息	编码、项目特征、单位、工程量、单价、合价、综合单价
预制件吊环	类别、材质、类型、单位、数量、材料供应商信息	编码、项目特征、单位、工程量、单价、合价、综合单价

表 3-7　钢结构需添加的造价信息

构件名称	模型细度要求	
	工程量信息	造价清单信息
柱	（钢材）类别、材质、类型、单位、数量、材料供应商信息	编码、项目特征、单位、工程量、单价、合价、综合单价
桁架	（钢材）类别、材质、类型、单位、数量、材料供应商信息	编码、项目特征、单位、工程量、单价、合价、综合单价
梁	（钢材）类别、材质、类型、单位、数量、材料供应商信息	编码、项目特征、单位、工程量、单价、合价、综合单价
柱脚	（钢材）类别、材质、类型、单位、数量、材料供应商信息	编码、项目特征、单位、工程量、单价、合价、综合单价

表 3-8　机电需添加的造价信息

构件名称	模型内容	模型细度要求	
		工程量信息	造价清单信息
给水排水	管道 管件 阀门 设备	管道：类别、材质、规格、型号、长度、表面积、单位、数量、材料供应商信息 管件：类别、材质、规格、型号、单位、数量、材料供应商信息 阀门：类别、材质、规格、型号、单位、数量、材料供应商信息 设备：类别、材质、规格、型号、单位、数量、材料供应商信息	管道：编码、项目特征、单位、工程量、单价、合价、综合单价 管件：编码、项目特征、单位、工程量、单价、合价、综合单价 阀门：编码、项目特征、单位、工程量、单价、合价、综合单价 设备：编码、项目特征、单位、工程量、单价、合价、综合单价
通风与空调	风管、水管 管件 阀门 风口 机械设备	风管、水管：类别、材质、规格、型号、长度、表面积、单位、数量、材料供应商信息 管件：类别、材质、规格、型号、单位、数量、材料供应商信息 阀门：类别、材质、规格、型号、单位、数量、材料供应商信息 风口：类别、材质、规格、型号、单位、数量、材料供应商信息 机械设备：类别、材质、规格、型号、单位、数量、材料供应商信息	风管、水管：编码、项目特征、单位、工程量、单价、合价、综合单价 管件：编码、项目特征、单位、工程量、单价、合价、综合单价 阀门：编码、项目特征、单位、工程、单价、合价、综合单价 风口：编码、项目特征、单位、工程量、单价、合价、综合单价 机械设备：编码、工程量、项目特征、单价、合价、综合单价

（续）

构件名称	模型内容	模型细度要求	
		工程量信息	造价清单信息
电气工程	配电箱 母线桥架 线槽 电管 电缆	配电箱：类别、材质、规格、型号、长度、表面积、单位、数量、材料供应商信息 母线桥架、线槽：类别、材质、规格、型号、单位、数量、材料供应商信息 电管：类别、材质、规格、型号、单位、数量、材料供应商信息 电缆：类别、材质、规格、型号、单位、数量、材料供应商信息	配电箱：编码、项目特征、单位、工程量、单价、合价、综合单价 母线桥架、线槽：编码、项目特征、单位、工程量、单价、合价、综合单价 电管：编码、项目特征、单位、工程量、单价、合价、综合单价 电缆：编码、项目特征、单位、工程量、单价、合价、综合单价

3. 模型构件扣减原则

为防止软件中各构件默认的几何扣减处理方式和构件绘制方式不符合《建设工程工程量清单计价规范》（GB 50500—2013）中计算规则的要求，所以必须明确规定构件之间交汇的原则，才能准确计算出造价所需的工程量结果。

（1）土建专业图元绘制规范

1）墙与墙不应平行相交。

2）梁与梁不应平行相交。

3）板与板不应相交。

4）板画在梁内侧。

5）有梁板框架柱顶部画到板顶，无梁板的柱顶部画到板底。

6）梁不可以直接绘制通梁，必须按照图纸说明绘制。

7）柱不可以一根直接通到顶，必须按楼层分开绘制。

（2）土建模型扣减基本原则

1）建筑模型和结构模型宜分开绘制。

2）建筑墙墙体宜绘制在建筑模型中。

3）同一种类构件不允许重叠。

4）相同强度按照柱扣梁、梁扣板的原则。

5）不同强度不允许重叠（混凝土强度大的构件扣减强度小的构件，相同强度不区分先后）。

6）结构构件剪切建筑构件。

7）通用规则：同类别构件必须扣减，不能重叠。

例如，结构柱与结构板交汇时，Revit默认处理成结构柱被结构板剪切，如图3－6所示。《建设工程工程量清单计价规范》（GB 50500—2013）的计算标准是：同种强度框架柱算到板顶，如图3－7所示；如遇到无梁板或板的混凝土强度比柱大，柱算到板底，如图3－8所示。

建模时应避免同类构件重叠情况的发生，如墙重叠建模的不合法和合法绘制示例如图3－9所示。

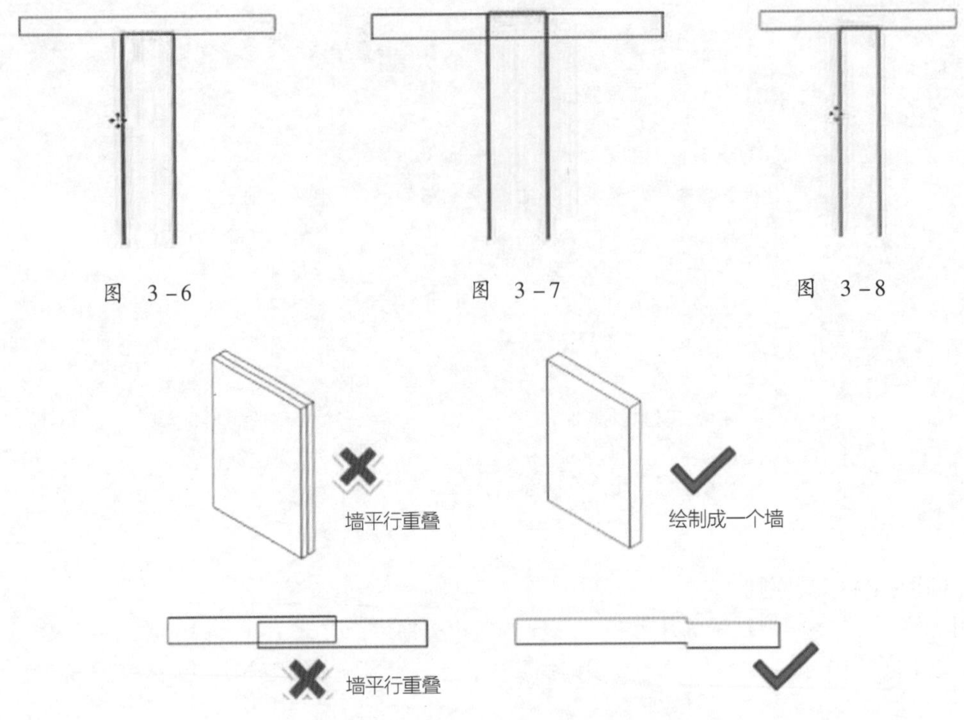

图 3-6

图 3-7

图 3-8

图 3-9

重叠建模不合法情况示例

①板部分重叠情况：两块或两块以上板部分重叠，如图 3-10 所示。

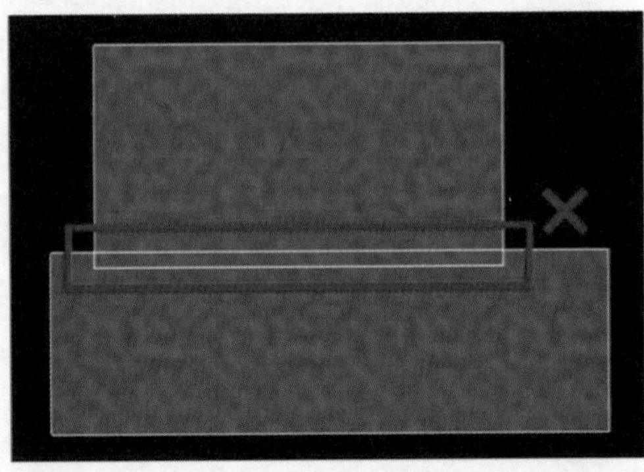

图 3-10

②板完全重叠：板与板完全重叠相交，如图 3-11 所示。

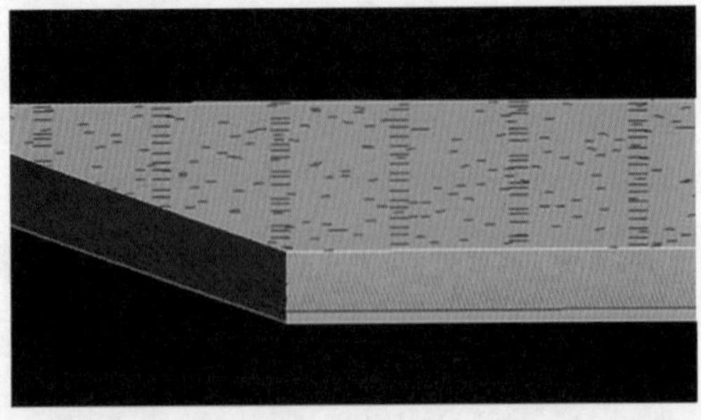

图 3-11

③柱重叠建模不合法情况示例：柱与柱完全重叠，如图3-12所示。

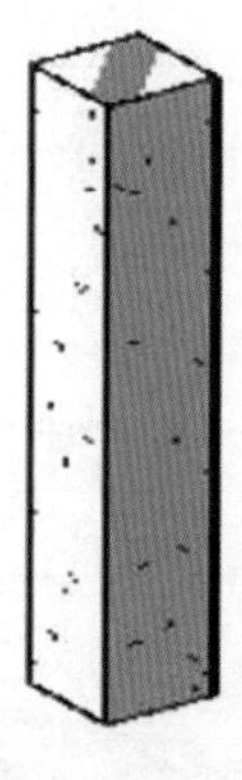

图 3-12

第3节 模型动态维护

建设项目BIM模型在设计、施工、运维过程中是一个不断变化更新的动态过程，在项目全生命周期中，BIM模型不是静止的，而是动态变化的，同时造价管理也是动态的管理过程，每个阶段的造价管理侧重点都有所不同。因为BIM模型是动态变化的，造价管理也是动态管理，所以基于BIM模型的造价更是一个动态的过程信息管理。BIM为项目的造价提供了连续的、实时的信息，并且高度可靠、集成、一致。

3.3.1 合约模型

合约模型又分广义和狭义两种。广义的合约模型指的是每个阶段开始之初根据合约要求建立的BIM模型，因为每个阶段的信息类型和含量不同，同时对BIM模型的需求也不同，因此针对每个阶段的BIM模型需在合约中进行相关约定。建设项目中，根据合约要求建立的BIM模型为合约模型，这就与建设项目在哪个阶段采用BIM技术有关。建设项目在决策与设计阶段采用BIM技术，则决策与设计阶段的BIM模型为建设项目的合约模型；建设项目在实施阶段采用BIM技术，则实施阶段的BIM模型即为建设项目的合约模型，以此类推。狭义的合约模型一般特指某个阶段的合约模型，例如，施工阶段合约模型，指的是根据施工合同内针对BIM模型的要求建立的BIM施工模型，或针对设计BIM模型的修改完善至符合施工合同要求的BIM施工模型。

建设项目决策阶段的合约模型精度最低，信息含量最少，但对工程造价的影响最大，特别是建设地点的选择、工艺的选择、设备的选用等直接关系到工程造价的高低。设计阶段的合约模型对造价控制起着决定性作用，已具备建筑、结构、设备各专业的具体信息，能够实现对成本费用的实时模拟及核算。

实施阶段的合约模型是整个建设项目全生命周期中除了运维阶段外信息最全、精细度最高的模型，集成建设项目所有的几何、性能、成本、进度等信息，同时还集合了实施过程中所采用的工艺和措施信息。实施阶段是最容易出现造价纠纷的阶段，使用 BIM 技术进行造价管理较好地起到了过程管控的作用，可更好地进行风险管理控制，实现工程造价精细化管理的目的。

运维处在整个建筑行业的最后环节，并且持续时间最长，但是相对实施阶段，运维阶段对合约模型的信息需求与前面两个阶段区别很大，很多实施过程中需要详尽管理的信息，运维阶段则完全不需要，即可以予以删除，使 BIM 模型尽量轻量化，但同时还有很多信息是实施阶段 BIM 模型所不具备的，但运维阶段又很需要，则需额外添加，如资产信息。

各阶段合约模型见表 3-9。

表 3-9　各阶段合约模型

决策与设计阶段合约模型：

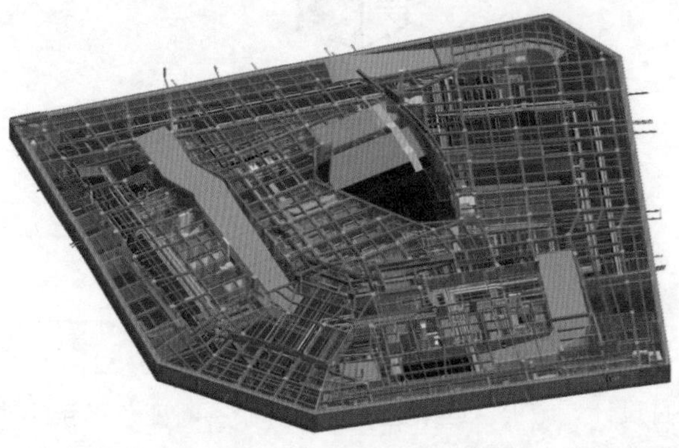

实施阶段合约模型：

运维阶段合约模型：

3.3.2 施工模型

1. 变更

工程变更是指施工合同履行过程中出现与签订合同时条件不一致的情况，而需要改变原定施工承包范围内的某些工作内容。合同当事人一方因对方未履行或不能正确履行合同所规定的义务而遭受损失时，可向对方提出索赔。工程变更和索赔是影响工程价款结算的重要因素，因此，也是施工阶段造价管理的重要内容。

工程变更包括工程量变更、工程项目变更（如建设单位提出增加或删减工程项目内容）、进度计划变更、施工条件变更等。根据《标准施工招标文件》中的通用合同条款，工程变更包括以下五个方面：

1）取消合同中的任何一项工作，但被取消的工作不能转由建设单位或其他单位实施。

2）改变合同中任何一项工作的质量或其他特性。

3）改变合同工程的基线、标高、位置和尺寸。

4）改变合同中任何一项工作的施工时间或改变已批准的施工工艺或顺序。

5）为完成工程需要追加的额外工作。

工程施工过程中出现的工程变更可分为监理人指示的工程变更和施工承包单位申请的工程变更两类。

监理人指示的工程变更：监理人根据工程施工的实际需要或建设单位要求实施的工程变更，可以进一步划分为直接指示的工程变更和通过与施工承包单位协商后确定的工程变更两种情况。监理人直接指示的工程变更属于必要的变更，如按照建设单位的要求提高质量标准、设计错误需要进行的设计修改、协调施工中的交叉干扰等情况。此时不需征求施工承包单位的意见，监理人经过建设单位同意后发出变更指示，要求施工承包单位完成工程变更工作。与施工承包单位协商后确定的工程变更属于可能发生的变更，应与施工承包单位协商后再确定是否实施变更，如增加承包范围外的某项新工作等。

施工承包单位提出的工程变更可能涉及建议变更和要求变更两类。施工承包单位对建设单位提供的图纸、技术要求等，提出可能降低合同价格、缩短工期或提高工程效益的合理化建议，即为建议变更，均应以书面形式提交监理人。合理化建议的内容应包括建议工作的详细说明、进度计划和效益以及其他工作的协调等，并附必要的设计文件。施工承包单位提出的合理化建议使建设单位获得工程造价降低、工期缩短、工程运行效益提高等实际利益，均应按照专用合同条款中的约定给予奖励。施工承包单位收到监理人按照合同约定发出的图纸和文件，经检查认为其中存在属于变更范围的情形，如提高工程质量标准、增加工作内容、改变工程的位置或尺寸等，可向监理人提出书面变更建议，此即为要求的变更。变更建议应阐明要求变更的依据，并附必要的图纸和说明。

2. 维护

施工合同履行过程中 BIM 模型的维护又分为两类，分别是根据合同要求对模型进行的维护和根据工程变更进行的维护。根据合同要求对模型进行精细度的维护：施工承包单位从设计单位处承接设计 BIM 模型，根据施工承包合同对 BIM 模型的要求，以及根据施工自身的应用需求对接收的设计 BIM 模型进行模型适应性和精细度的维护，使之符合施工承包单位的合同履约和自身应用的要求。根据工程变更进行的维护：施工合同履行过程中会不断地出现工程变更，BIM 模型必须同步根据变更进行修改维护，否则 BIM 模型将与现场出现不一致的情况，最终导致 BIM 模型和应

用与现场出现“两张皮”的情况。

施工前根据设计 BIM 模型，建立包括建筑构件、施工现场、施工机械、临时设施等在内的施工模型。基于施工 BIM 运用，势必需要对设计 BIM 模型进行必要的拆分、调整、新建等一系列的模型维护工作，使之满足施工阶段的 BIM 应用需求。

施工合同履行过程中会不断地出现工程变更，而一旦出现工程变更，就意味着 BIM 模型的建模依据和基础发生改变，BIM 人员必须根据工程变更进行 BIM 模型的变更和维护。

出现变更取消合同中某项工作时，施工总承包单位 BIM 人员需对应删除相应的模型或信息，但在后续 BIM 工作中仍需考虑这部分模型和信息对整体模型可能产生的影响，如果有新的分包单位进入，承担了取消部分的工作，总承包单位 BIM 人员需要整合分包单位此部分的模型，进行碰撞协调等分析。例如，施工总承包单位接收的设计 BIM 模型具备幕墙模型，但在施工过程中业主进行变更，将幕墙深化施工在施工总承包单位的合同中取消，单独进行招标施工，施工总承包单位的 BIM 模型中则需将幕墙模型删除，待幕墙施工单位的深化施工 BIM 模型提交后与整体模型进行整合，完成检查与其他专业的碰撞等一系列专业间的协调工作。

改变合同中任何一项工作的质量或其他特性时，BIM 人员需根据改变的特性进行 BIM 模型相关属性修改，例如，原设计中一层混凝土柱采用 C30 混凝土浇筑，后设计考虑安全性将混凝土等级提高为 C40，则 BIM 造价人员则需根据变更将一层混凝土柱的材质变更为 C40 现浇混凝土，对应的工程量明细表也会对应重新统计输出。

出现改变合同工程的基线、标高、位置和尺寸等变更时，BIM 模型的修改往往比二维图纸的修改要便捷很多，一处修改处处修改。例如，二层标高由原来的 6.0m 改为 5.5m，BIM 模型中只需进入立面视图中对标高进行修改，则整个项目的二层标高都会进行修改，而不需到每个平立剖面上进行二层标高的修改。但像基线、位置等基准类信息的修改，BIM 模型则不像二维图纸那样只需进行说明修改，而是需要将 BIM 模型整体进行修改移动，这就需要维护人员细心、认真，防止出现漏改现象。

改变合同中某项工作的施工时间或改变已批准的施工工艺、顺序等变更所需要的模型维护，相对来说就比较麻烦，不光涉及 BIM 模型，还涉及 BIM 应用。如果某项工作的施工时间出现了变更，则需要 BIM 进度管理人员进行进度计划的调整。变更时间的工作是否在关键线路上，是否影响后续工作安排也是影响 BIM 维护工作量大小的重要因素。改变已批准的施工工艺、顺序则牵涉 BIM 模拟施工的应用，施工工艺、顺序的改变同时还涉及施工模型的拆分、工程量的计算和进度款的审批。

为完成工程需要追加的额外工作，则需要 BIM 人员在现有模型的基础上进行追加部分的模型建立和应用，是一个重新开始、从无到有的建立过程，同时追加部分的工作是否对现有模型和应用工作产生影响，也是管理人员需要重点关注和分析的地方。

3. 措施

措施项目指为完成工程项目施工，发生于该工程施工准备和施工过程中的技术、生活、安全、环境保护等方面的项目，也就是为实施实体而采取的措施消耗项目，包括环境保护费、文明施工费、安全施工费、临时设施费、夜间施工费、二次搬运费、大型机械设备进出场及安拆费、混凝土及钢筋混凝土模板及支架费、脚手架费、已完工程及设备保护费、施工排水和降水费等。一个工程中有哪些措施项目需考虑多种因素，除工程本身的因素外，还涉及水文、气象、环境、安全等因素。

措施费是指为完成工程项目施工，发生于该工程施工前和施工过程中非工程实体项目的费用。对于实体性项目而言，每月能很直观地计量出完成多少任务，进度款按实际施工的工程来计量支付；但是措施项目的计量并不那么直观，是一个比较复杂的活动，其发生有的与实体工程中的具体活动相关，有的与实际工程的具体活动无直接关联，却与工期存在直接相关性，其进度款支付需根据其费用发生特点来进行分别计量支付。

按照有关专业工程量计算规范规定，措施项目分为应予计量的措施项目和不宜计量的措施项目两类。一些可以精确计算工程量的措施项目可采用与分部分项工程项目清单编制相同的方法，编制分部分项工程和单价措施项目清单与计价表，而有些措施项目费用的发生与使用时间、施工方法或者工序相关，与实际完成的实体工程量的大小关系不大，如安全文明施工、冬雨季施工、已完工程设备保护等，应编制总价措施项目清单与计价表。

措施项目应按照招标文件中提供的措施项目清单确定，措施项目分为以“量”计算和以“项”计算两种。对于可计算的措施项目，以“量”计算，即按其工程量用与分部分项工程项目清单单价相同的方式确定综合单价；对于不可计量的措施项目，则以“项”为单位，采用费率法按有关规定综合取定，采用费率法时需确定某项费用的计算基数及其费率，结果应包括除规费、税金以外的全部费用。

可计算的措施项目见表 3－10。

表 3－10　可计算的措施项目

模板工程：

脚手架工程：
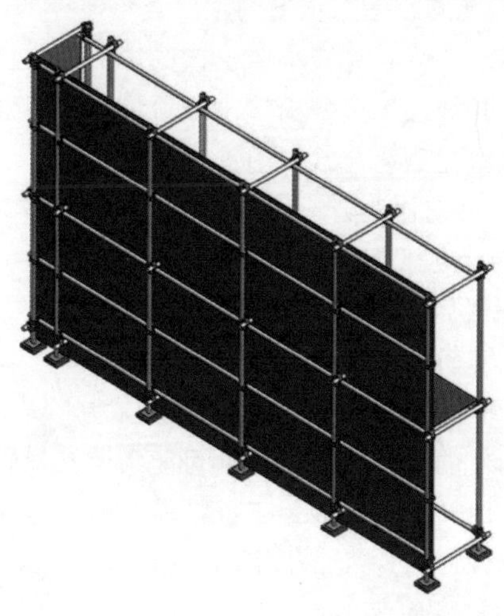

3.3.3 竣工模型

竣工图纸是反映真实的建筑工程施工结果的图纸样板，其真实记录各种建筑空间和使用信息，是工程施工阶段的最终反映记录，是建筑工程投入使用的主要指示，是运维和管理的重要依据。传统的 CAD 图纸用点、线、符号和文字来表示项目信息，而 BIM 采用面向对象的数据表达的形式来描述项目的每一个组成部分，这样三维 BIM 模型的承载信息比平面二维图纸要丰富很多。对比传统的竣工图纸，竣工模型更直观、更准确，能快速找寻和统计构件的相关信息，理解现场环境，能省去找寻资料、查阅图形和学习认识的时间。所以相对传统的二维竣工图与文档模式，竣工模型在实现共享信息、协调管理、提高运营效率上更有优势。

对于一开始就使用 BIM 技术并且贯穿于整个实施阶段，根据变更，跟随现场，实时更新维护的项目，最后工程竣工时的 BIM 模型，就是竣工模型。此模型已包含所有实施过程中的信息，包含所有工程变更，完全跟现场实际情况一致，所有平立剖面全部已经完成更新修改，省去了大量的查验比对的工作，并且可以很便捷地输出竣工图纸，实现纸质和电子化同步归档。

竣工模型信息量大、涉及信息面广，如一个数据库。所以如何建立、用于何种用途、细节程度等都需要在实施阶段就要确定清楚，这些也将确定整个竣工模型的最终形态和整体工作量。

1. 无运维要求

无运维要求的项目中的竣工模型即竣工时满足竣工验收要求的 BIM 模型，竣工模型需要集成建筑过程中的所有信息，其中不乏根据现场改动、根据验收要求改动所产生的更新。建模过程中，对整个施工过程中所有信息需要全部掌握，对未掌握的信息也需要通过现场测量和检测来收集信息。

施工实施阶段，BIM 模型会根据现场施工进度不断更新与维护，这个工作是施工阶段 BIM 应用的需要，同时也是在一步步完善竣工模型，但施工阶段冗长，最终竣工阶段仍然需要对竣工模型进行自查与维护，在此阶段的模型维护可以从以下几个方面入手。

1）竣工模型材质颜色尽量与现场相同，可加快 BIM 竣工模型在现场检核与验收的速度与正确性，减少检核人员点选手持装置中模型构件的参数与现场进行确认的动作。

2）BIM 竣工模型现场检核时建议以两层为一个单位，若发现两层中同一地点有相同错误者可在备注中说明，这样可在最短时间内修改整栋楼层的相同错误。

3）若遇建筑构件有遮蔽情况者可视遮蔽情况判定是否查核该处，例如，遇明架天花或者其他可移动的构件可查核，若非可移动构件或者较难以查核的地点请勿强行查核，如电梯井，以免发生危险。无法检核或危险区域的 BIM 竣工模型检核，可利用竣工图套迭的方式，与 BIM 竣工模型进行套迭检核，确认 BIM 竣工模型是否符合竣工图。

4）BIM 竣工模型的新建、检核与修改皆需耗费工时，一般来说 BIM 竣工模型为完整模型，但可以预先检核 BIM 竣工模型中已完成部分，或者可先检核现场已经完成施工部分，不需等待工程全部完成或 BIM 竣工模型全部建成后一次检核所有 BIM 竣工模型与现场的差异，可分摊检核模型范围到不同工作日，降低一天的模型检核时间并减少 BIM 竣工模型修改范围。

5）BIM 竣工模型可检核时间长短受到现场装修工程所限制，若装修工程开始执行时，BIM 竣工模型可检核区域将受到装修构件的限制，装修构件可能会遮蔽其他构件，造成有些无法检核的情形。因此可以在检核作业可利用天数与 BIM 竣工模型差异处数量来决定检核人员与 BIM 竣工模型修改人员的人数，并依据人数分工规划每个小组的检核范围与 BIM 竣工模型修改处，以利于有限的时间内完成 BIM 竣工模型的检核作业。

2. 有运维要求

在建筑的整个生命周期中，运维阶段占到整个全生命周期的绝大部分，从成本的角度来看，运维阶段的成本占总体的 82.5%。由此可见，项目在运维阶段的成本是整个项目全生命周期成本管理的重中之重。运维阶段是项目全生命周期持续时间最长、费用最高的一个阶段，需要大量项目设计阶段和施工阶段的信息，运维本身也会产生很多信息。因此，在项目的运维管理过程中信息量巨大、信息格式多样，而传统的运维管理模式只能通过一些重复冗杂的程序来处理这些信息，工作效率低，管理效果差。BIM 技术的核心是信息的集成和共享，BIM 模型实现了运维管理 3D 可视化，包含大量的安装、装修和设备的扩展数据，可帮助进行日常维护，BIM 提供的数据有利于评估建筑物现状，并进行性能优化的分析，如图 3－13 所示为 BIM 运维管理数据流。

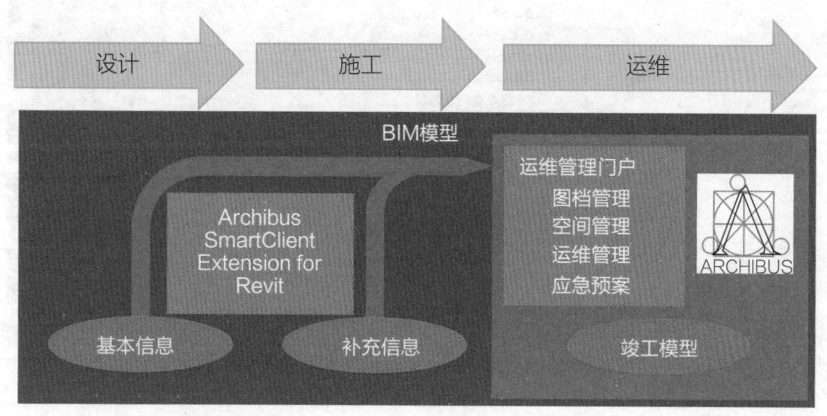

图　3－13

竣工阶段和运维阶段对模型具备的信息要求不尽相同，需要在竣工模型的基础上将运维阶段不需要的信息进行删除处理，同时轻量化模型，使运维系统平台能更加高效地运转，并且需要根据运维需求添加特属于运维阶段的相关信息，满足运维管理需要。

BIM 技术的核心是在项目的不同参与方和不同阶段进行相关信息的整合、共享和传递。在项目运维阶段运用 BIM 技术，依靠的就是 BIM 模型足够的信息支持，这就是 BIM 运营的核心技术所在。要实现竣工阶段 BIM 模型的交付，就要从项目的前期阶段引入 BIM 技术，通过将项目在规划设计、建造、结算、竣工交付阶段以及项目不同参与方之间形成的信息进行整合、共享，形成一个信息集合体，从而实现项目的经济价值。要实现建筑信息模型在运维阶段的应用，最重要的就是信息管理，因此 BIM 模型在应用于项目运维阶段之前要满足两个条件：BIM 模型拥有满足项目运维阶段的信息；运维信息能够方便地被管理、修改、查询和调用。

对于运维阶段模型信息的收集主要体现在以下几个方面：在项目设计阶段，把建筑物的不同构件、设备的具体信息添加到模型上，把结构、安装、幕墙、钢结构和场地规划等信息进行集成，完成设计阶段 BIM 模型；在项目施工阶段，依据设计阶段的模型逐步完善和优化施工过程中进一步的信息，将两个阶段的信息进行整合，才能做到竣工模型在运维阶段的应用。

BIM 模型包含空间类型的划分，根据设计功能布局划分在 Revit 模型中放置房间，通过设置房间属性将运维中所需的空间信息附加到模型中，待工程竣工后 BIM 竣工模型移交运维单位，与运维管理系统进行数据交互，则可提取空间信息进行建筑空间管理。

BIM 辅助空间管理见表 3－11。

表 3－11　BIM 辅助空间管理

在 BIM 模型中添加空间信息：
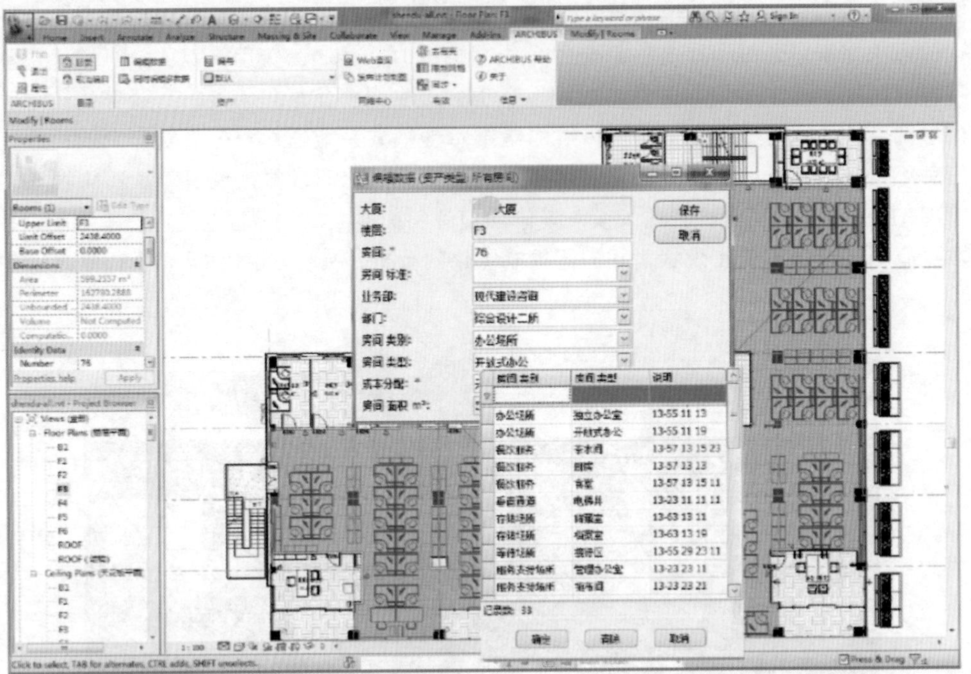
按类别和类型高亮显示房间：
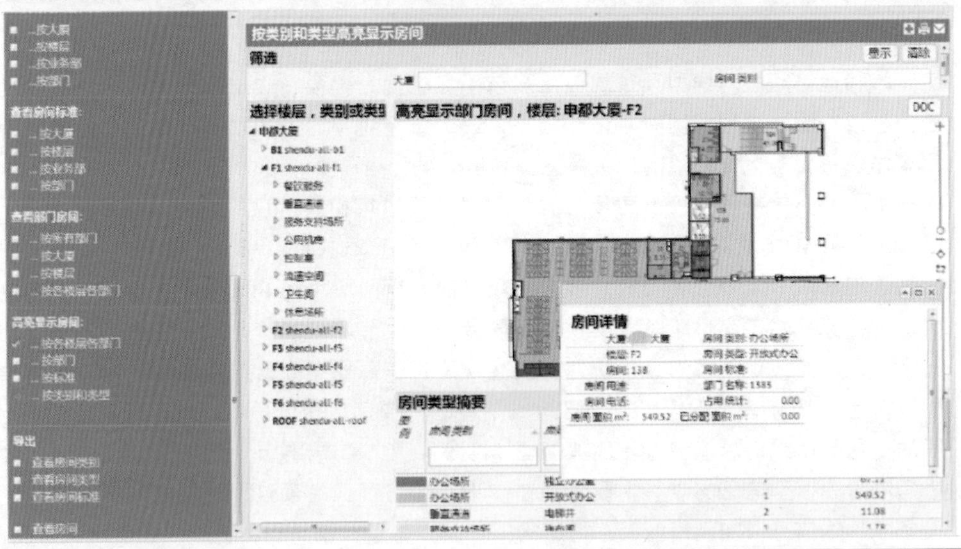

设备和家具资产管理也是运维阶段工作中的一个重要组成部分，机电设备等资产在施工实施阶段随着现场的进度已逐步更新到 BIM 模型中，故竣工模型中已具备机电设备等模型和相关的信息，运维阶段只需进行将后期维护阶段所需的备品备件信息添加到 BIM 模型中、将设备资产分配责任部门等相应的模型维护工作，供运维管理需要。竣工阶段的各方面因素决定了竣工模型中不具备家具家电等资产模型，此类模型需要运维单位在后期确定了使用部门后一一添加到各个房间内，并进行资产编码及管理。

BIM 辅助设备和家具资产管理见表 3－12。

表 3－12　BIM 辅助设备和家具资产管理

查看设备规格：
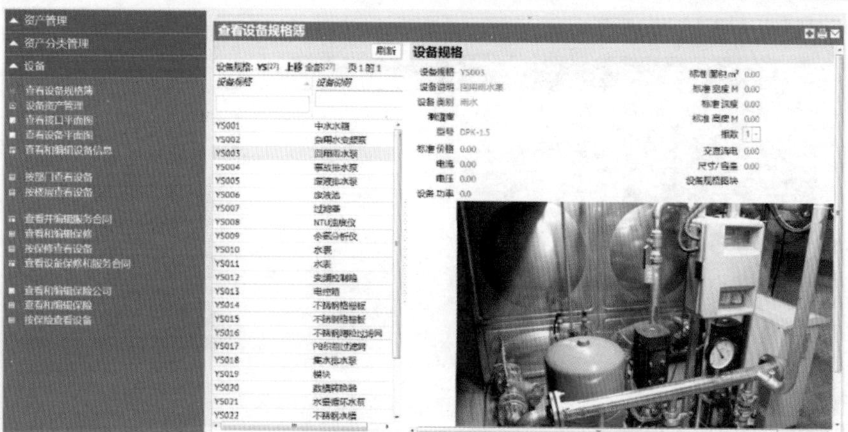
查看家具规格：
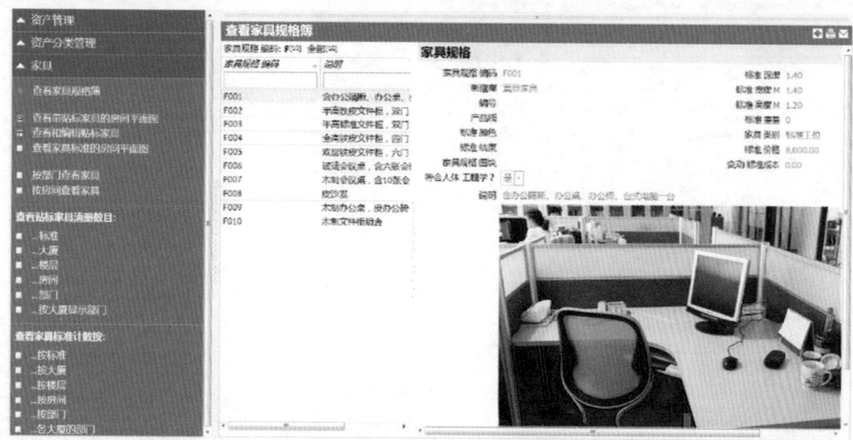
查看家具、设备位置和分配：
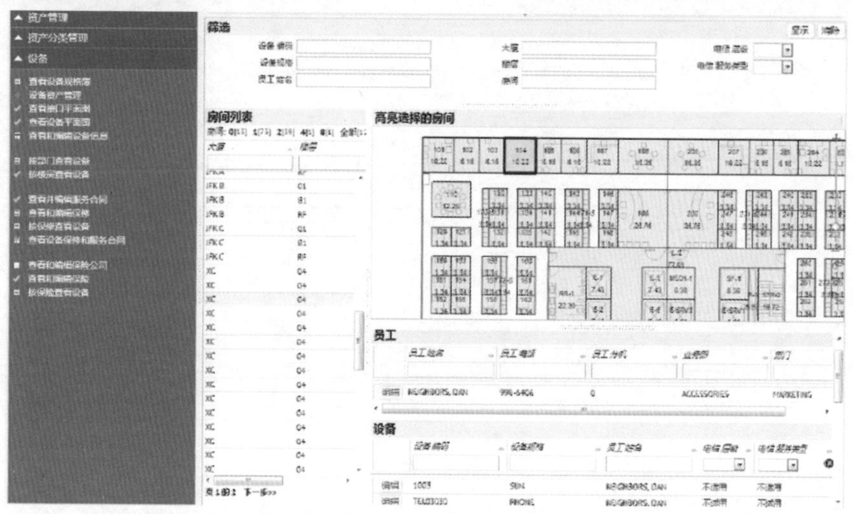

（续）

设备维修管理：

文件(F) 当前用户：维护人员(weihu)
维护记录编辑
维护记录
维护人员：
郑某
本次维护日期：
2012/10/24
设备运转正常
维护内容：
下次维护日期：
2012/10/28
保存(s)
取消(c)
上游控制设备列表
设备编号
设备名称
区域列表
名称
地铁连通道
走道1
站厅
走道2
查找
清除
拖动列标题至此,根据该列分组
0%

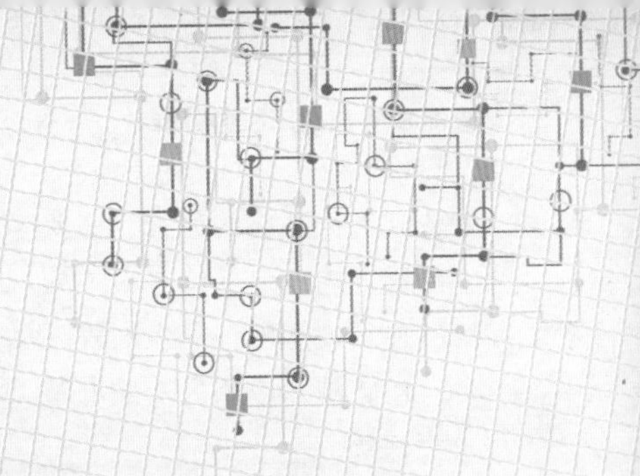

第4章　BIM 建筑与安装工程工程量计算

第1节　模型的准确性及合规性要求

建筑工程 BIM 技术应用的首要工作是创建信息模型。所谓信息模型，是以模型为载体，在其上加载和传递具有建筑技术特征的设计、造价、施工等相关信息，使之能够为建设项目全生命周期中的各个阶段所应用。信息模型是多专业三维协同工作的必要条件，也是实现建设项目全生命周期信息有效传递的重要手段。

建筑工程 BIM 技术应用的模型及其承载的相关信息必须是全面的、正确的，并且是规范和标准的。信息的准确性、全面性体现在模型的深度要求、细致程度等方面。

模型深度要求是对模型所承载的信息量以及适用于当前应用的分类描述。建筑项目各专业阶段所包含的信息内容，应起到承上启下的作用，这就需要创建的模型应在应用框架内形成统一标准，以便于建设项目在全生命周期各阶段内协同。因此创建的模型必须规范和准确，使各应用参与方能够在统一框架下顺畅和正确使用。

4.1.1　建模原理

模型有很多分类，有物理模型、生态模型、数学模型、思维模型等。模型根据用途和学术范围，都有自己的归属。模型分为有形和无形，能用图形和三维形状表述的为有形模型，反之则为无形模型。有形模型有体量、形状、色彩等肉眼可视的属性；无形模型则没有，但它是一种执行方法。总之，模型承载的是某一归属的理论方法及它的作用和用途。建筑信息模型介于两者之间。

建筑信息模型，是将建筑的二维图通过主观意识借助计算机将建筑进行虚拟实体表现，从而形成客观阐述形态。建筑信息模型不同于普通的实体模型，建筑信息模型会随着赋予的参数信息而变化，后者则不能。

BIM 的基础是多维数据信息模型，通过预先对 BIM 模型的合理规划以及输入相应的构件属性信息，借助计算机的分析，就可方便、高效、精确地获取各种应用数据。工程造价的确定是 BIM 应用过程中的一个专项，同样，如果我们在模型中加载相关的材料和工艺措施信息，就可以实时获得工程量统计数据，通过工料机分析从而对成本做出准确、及时的计算。

4.1.2　建模前的准备工作

建设项目的 BIM 技术应用是建设工程活动中各专业协同作业的过程，它不同于传统工作中各专业间进行严格的分工，主要体现在模型与信息的共享，也就是“打破信息孤岛”，在建设项目全生命周期内各专业的平台上实现模型共用、信息透明、资源共享，以加强各专业对项目的准确理解，使得掌握的信息全面等，从而避免因对项目的错误理解所造成的损失。

BIM 技术应用的前期准备工作主要有网络组织架构、设计协同架构、人员配置架构和创建项目样板等。

1. 网络组织架构

要对工程项目做 BIM 技术应用，第一步是搭建 BIM 应用网络平台环境，使模型和信息自动从项目部到公司本部实现同步。网络组织架构如图 4-1 所示。

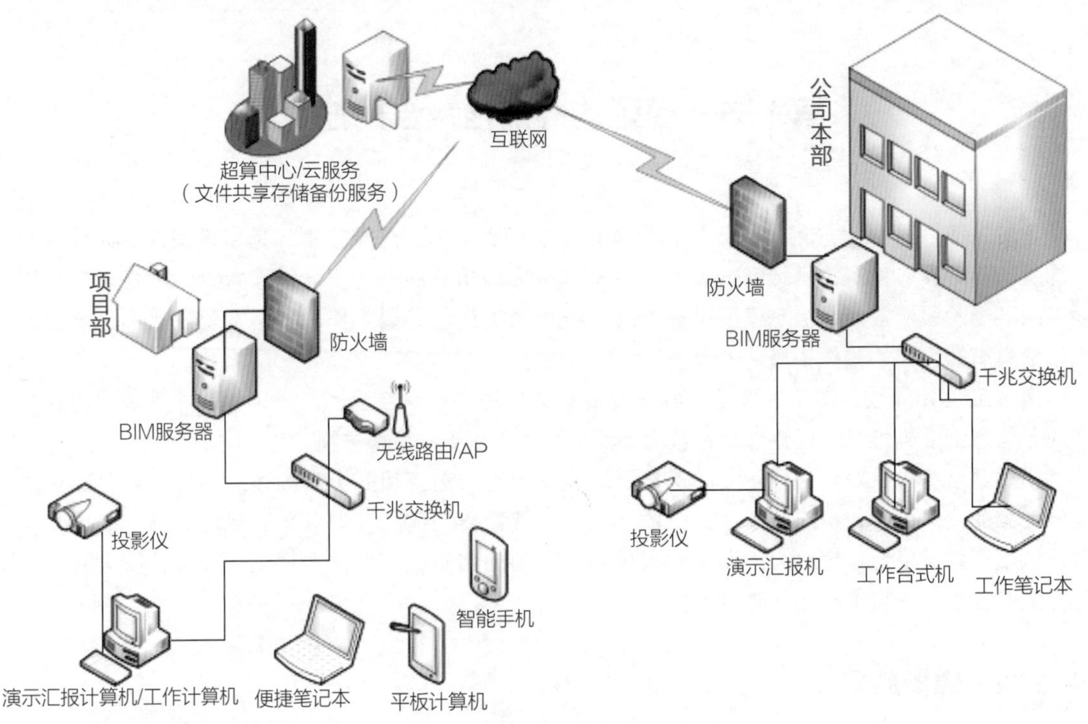

图 4-1

2. 设计协同架构

有了硬件设备搭设的组织网络，对于软件和工作平台也要考虑，这样才能使 BIM 技术真正地运行起来。

通过设计协同架构这种方式，可以大量减少异地现场的 BIM 技术人员配置，大幅降低企业的人员成本。设计协同架构如图 4-2 所示。

3. 人员配置架构

BIM 技术应用的任务可以是建设项目的全生命周期，也可以是全生命周期中的某几个阶段，因此，BIM 技术应用人员配备应视业主委托的任务而定。

人力资源合理配置是确保 BIM 技术应用到各专业内协调性和可执行性的关键之一。根据 BIM 应用相应的工作标准和流程，为有效保证按时、专业、高效地开展工作，应严格参照以下建设项目全过程 BIM 技术应用参与角色列表，如图 4-3 所示。

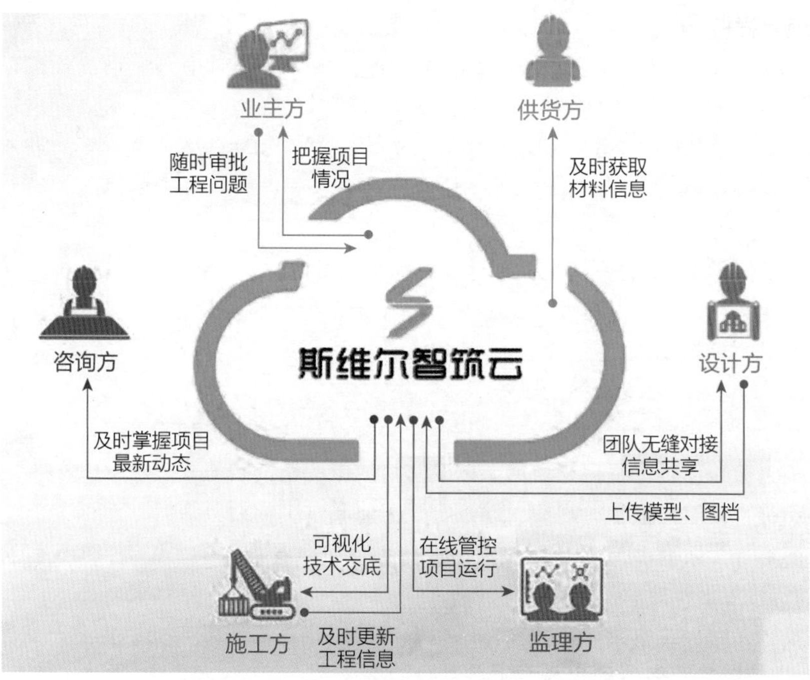

图　4－2

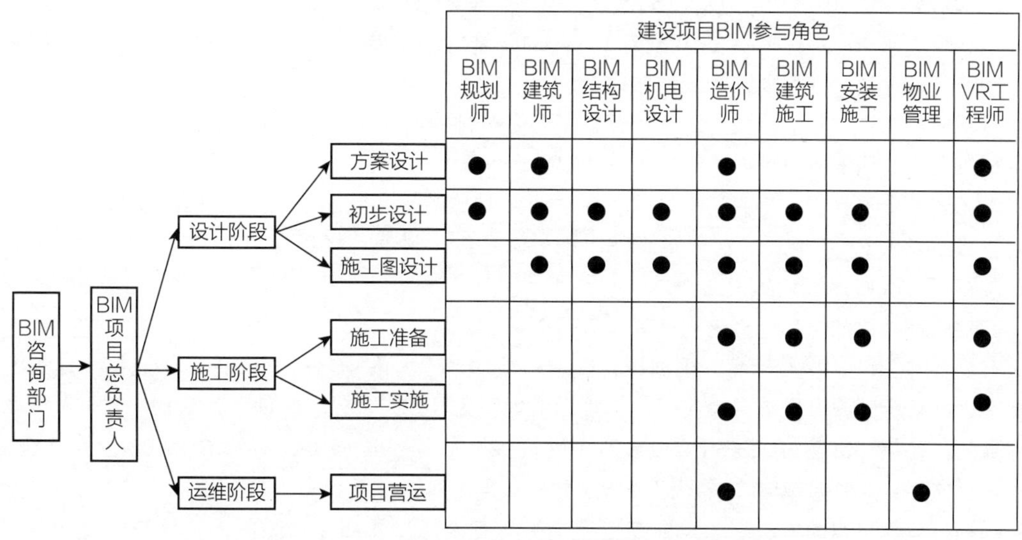

	建设项目BIM参与角色								
	BIM规划师	BIM建筑师	BIM结构设计	BIM机电设计	BIM造价师	BIM建筑施工	BIM安装施工	BIM物业管理	BIM VR工程师
方案设计	●	●			●				●
初步设计	●	●	●	●	●	●	●		●
施工图设计		●	●	●	●	●	●		●
施工准备					●	●	●		●
施工实施					●	●	●		●
项目营运					●			●	

图　4－3

根据业主委托的实际业务需要，由上图中各角色人员建模并根据模型得到相关数据信息，为业主提供可采用的技术方案。参与角色的数量可根据项目的大小和难易程度合理配置。

以上各角色人员还可以帮助委托企业编制企业 BIM 应用标准化工作计划和长远规划，制定 BIM 应用标准与规范，并根据实际应用情况组织 BIM 应用标准与规范的修订。

最后应在各角色人员中配置一名 BIM 协调员，他的工作内容包含规定项目的三维模型需细化到何种程度。此角色也可由 BIM 项目经理担任。

4. 创建项目样板

将网络设备、软件及平台搭建好，人员配置好后，接下来要对项目模型的创建以及模型信息收集建立一个标准样板，我们称之为“项目样板”。

（1）制定 BIM 方案及创建统一的项目样板　对相应项目 BIM 技术应用制定一份补充性的指导说明，用来确保在不同专业应用阶段中的一致性。对于工程量大且复杂的项目，可能需要进行更多说明，这时可对参照方案进行相应扩展。

建设项目 BIM 技术应用方案实施文档至少应包含以下内容。

1）标准：项目中采用的 BIM 标准以及是否有未遵循标准的变通之处。

2）软件平台：明确 BIM 应用使用的各类软件，确保软件之间模型和信息数据共享性和互用性。

3）项目相关方：确定项目的领导方和其他相关方以及各方角色和职责。

4）项目交付成果：确定项目交付成果以及交付成果的格式和方式。

5）项目特征：建筑的数量、规模、地点等，工作和进度的划分。

6）共享坐标：为所有 BIM 数据定义通用坐标系，包括要导入的 DWG、DGN 等文件的坐标一致性要求和如何设置坐标。

7）数据拆分：解决工作集、链接文件的组织等问题，以实现多专业、多用户的数据访问；对项目进行阶段划分以及明确项目 BIM 数据各部分的责任人。

8）审核、确认：确定图纸和 BIM 数据的审核、确认流程。

9）数据交换：确定交流方式以及数据交换的频率和形式。

在项目之初，应考虑需要在 BIM 技术应用中设置何种程度的细节。细节度过低会导致信息不足，细节度过高又会导致模型的操作效率低。

尽量多使用详图和增强技术，在不牺牲模型完整性的前提下，尽可能降低模型的复杂度。

三维建模的精度应保持在大约 1:50 的程度。

考虑到每个项目的唯一性和特殊性，由项目经理或专业负责人创建该工程的项目样板，在该项目样板中导入 DWG 格式的轴网图纸，用于基本定位。该项目样板命名为“XXX 工程—工程样板”，保存到建模目录下。

其他所有新建文件都选择该项目样板进行创建。

（2）创建统一的楼层标高　根据设计图的楼层表信息，在项目样板文件中创建整个建筑的楼层标高，并对标高按楼层进行命名，命名规则，地下为“B1、B2…”，地上为“F1、F2…”。

通过工作集和链接方式进行合成；对不同楼层、不同专业的 Revit 文件使用 Revit 的“链接”功能进行文件合成。合成时，统一按“原点到原点自动对齐”。

模型拆分时采用的方法应考虑到参与建模的所有内部和外部专业团队，并获得一致认可。一个模型文件应仅包含来自一个专业的数据，为了避免重复或协调错误，应在项目期内明确规定并记录每部分数据的责任人。随着项目的进行，图元的责任人是有可能改变的，这一点应在“项目 BIM 策略”文档中明确记录。

（3）项目浏览器组织　Revit 软件（这里指 Autodesk 公司一套系列软件的名称）的项目浏览器可以把 BIM 中的视图和对象组织到一起。使用 Revit 软件的“浏览器组织”命令，在模板中制定以下规则，用以从出版视图中自动筛选出 WIP 视图。

1）按“族与类型”对视图文件夹进行分组，并按“相关标高”升序排列。

2）按照“图纸名称”等于“＜无＞”的条件对视图进行过滤。当前视图部分将仅显示未放置于图纸上的视图。

3）不应对图纸使用过滤器。

5. Revit协同工作模式

（1）链接 在一个Revit项目文件中通过“链接”文件方式，引用其他Revit文件的相关数据，这与AutoCAD的外部引用功能相同。

（2）工作集 通过使用工作共享，多个设计者可以操作自己的本地文件，并通过中心文件与其他工作者共享工作成果，形成完整的项目成果。

文件采用工作集方式实施各专业间的协同建模。借助“工作集”机制，多个用户可以通过一个“中心”文件和多个同步的“本地”副本，同时处理一个模型文件。若合理使用，工作集机制可大幅提高大型和多用户项目的效率。建立工作集，并把每个图元指定到工作集，可以逐个指定，也可以按照类别、位置、任务分配等属性进行批量指定。分配工作集，使得设计团队中的成员能够很容易地配合并进行模型深化，而无须借助复杂的说明文档。BIM技术负责人应管理借用权限和工作集所有权。在本地副本创建后，不可直接打开或编辑“中心”文件。所有要进行的操作都可以通过、也必须通过本地文件来执行。

1）不同专业之间应尽量避免使用工作集，因为这样做会使中心文件非常大，使得工作过程中模型反应很慢。

2）养成经常和中心文件同步的习惯，避免多人同时基于中心文件工作时，产生本地文件和中心文件不能同步的风险。

3）开放特殊构件的使用权限，便于协同工作。

（3）工作模式对比 协同建模通常有两种工作模式：“工作共享”和“模型链接”，也可以将两种方式混合使用。这两种方式各有优缺点，最根本的区别是：“工作共享”允许多人同时编辑相同模型；而“模型链接”是独享模型，当某个模型被打开进行编辑时，其他人只能“读”而不能“改”，如图4－4所示。

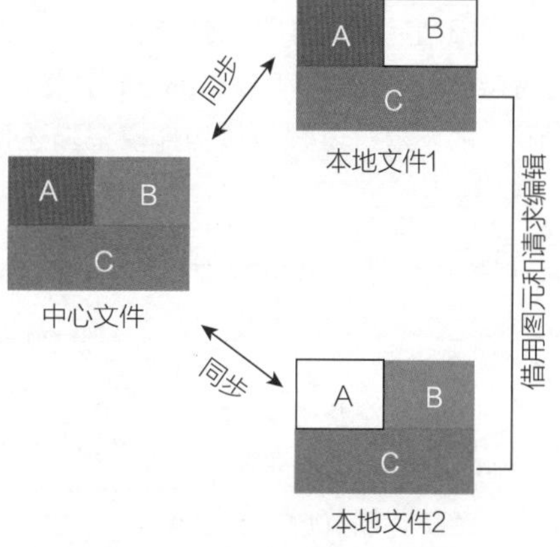

图 4－4

理论上“工作共享”是最理想的工作方式，既解决了项目多人同时分区域建模的问题，又解决了同一模型可以被多人同时编辑的问题。而“模型链接”只能解决同时分区域建模的问题，无法实现多人同时编辑同一个模型。虽然“工作共享”是理想的工作方式，但由于“工作共享”方式在软件实现上比较复杂，目前使用的Revit软件在性能稳定和速度上都存在一些问题，而“模型链接”方式技术成熟、性能稳定，尤其是对于大项目在协同工作时，性能表现优异，特别是在软件的操作响应上，值得我们用这种方式工作。

由于“模型链接”方式对于链接模型只是作为可视化和空间定位参考，不考虑对其进行编辑，所以在软件实现上就比较简单，占有硬件和软件的资源都少，性能自然就提高了。

采用“模型链接”工作方式，从使用的情况来看是比较成功的，主要表现在以下几个方面。

1）性能稳定，不会出现任何由于模型链接产生的问题。

2）响应速度快，哪怕计算机硬件配置较低，工作时也能比较流畅。

3）数据迁移方便，当项目工作地点多次变化，在新地点进行现场建模时，只需将共享文件夹复制粘贴就能够实现数据转移。

4）项目成员方便进出，只需设置成员访问服务器的权限即可，没有“工作共享”方式经常发生的权限问题。

4.1.3 BIM 模型专业建模要求

1. 建筑工程模型

这里建筑工程模型指的是在计算机中虚拟的待建或建好的房子。虽然是一栋虚拟的房屋模型，但这栋房屋中的基础、柱、梁、墙、板以及门窗、楼梯、阳台、雨篷等构件一件也不缺少。

计算机内的房屋模型，其组成构件只有条形、板块、个体和轮廓（区域型）这四类形状的图元，归类如下。

1）条形构件：条基、各种梁。

2）板块构件：墙体。

3）个体构件：柱、独立基础、柱帽、楼梯段等。

4）轮廓（区域型）构件：板、筏板、楼地面、顶棚、墙面装饰等。例如，楼板是由墙体或梁、柱围成的封闭形区域形成的，当墙体或梁精确定位以后，楼板的位置和形状也就确定了。同样，楼地面、顶棚、屋面、墙面装饰也是通过墙体、门窗、柱围成的封闭区域生成的轮廓构件，从而获得楼地面、顶棚、屋面、墙面装饰模型。对于“轮廓（区域型）”构件，软件可以自动找到这些构件的边界，从而自动形成这些构件。

归纳完房屋各类构件形状，就可以利用计算机进行建筑工程模型创建，包括对 CAD 软件绘制的二维图进行翻模和对 Revit 软件绘制的房屋三维图进行信息编辑。

房屋建筑工程相关构件模型描述见表 4－1。

表 4－1　房屋建筑工程相关构件模型描述

构件名称	用途	模型形状描述	计算尺寸	相关换算信息
独立基础	承载基础上部传来的荷载，并将荷载传给地基	基础的扩大截面有坡形、阶梯形等；形状类型有独立柱基、杯口基础等；属个体构件，形状为个体独立形状	基础底部的宽、长尺寸，坡高和阶高尺寸，阶数，基础顶部的宽、长尺寸	所用材料、结构类型、施工方法、措施方法等
条形基础	承载基础上部传来的荷载，并将荷载传给地基，同时有连接基础的作用	截面形状有坡形、阶梯形等，有带梁、不带梁之分；属条形构件	基础底部的宽、坡高和阶高尺寸，阶数，基础顶部或凸出梁的截面高、截面宽尺寸	所用材料、结构类型、施工方法、措施方法等
墙体	在房屋中起间隔、围护、承重作用	截面形状为竖向板形，有三角形、斜梯形等之分；属板块构件	墙体高度，斜墙的起点高、终点高等，墙体厚度	所用材料、结构类型、墙体的平面位置、楼层位置、墙体高度、施工方法、措施方法等；根据墙体的材料不同，选用附属材料，如砌筑砂浆强度等级等

（续）

构件名称	用途	模型形状描述	计算尺寸	相关换算信息
柱	在房屋中起承重、稳固、装饰作用	截面形状以矩形为多，根据位置和材料的不同，也有圆形、T形、L形、十字形等形状；高度方向有锥形、楔形等；属个体构件	柱体高度，柱子的截面尺寸；斜形柱有倾角度，楔形柱有上下截面尺寸之分	所用材料、结构类型、柱体的平面位置、楼层位置、柱体高度、施工方法、措施方法等；根据柱体的材料不同，选用附属材料，如砌筑砂浆强度等级等
梁（含基础梁）	在房屋中起承重、稳固、装饰作用	截面形状以矩形为多，根据位置和材料的不同，也有T形、L形、十字形等形状；高度和水平方向有折形、拱形等；属条形构件	梁的截面尺寸；折形、圆拱形梁有拱高、折顶距离尺寸等	所用材料、结构类型、梁体的平面位置、楼层位置、梁顶和梁底的高度、施工方法、措施方法等
板（含基础筏板）	在房屋中起承重、稳固作用	截面形状以矩形为多，也有楔形；高度方向有折形、拱形等；属区域形构件	板的截面尺寸、厚度；楔形板分根部厚度和端部厚度等	所用材料、结构类型、板体的平面位置、楼层位置、板顶和板底的高度、施工方法、措施方法等
楼梯梯段	在房屋中起垂直交通作用	纵向截面为锯齿形状，梯段有上部带平板、下部带平板、中部带平板以及上下中带平板的组合形式；分有梁式和无梁式；属个体构件	主要是梯段板宽和厚度；踏步高和踏步宽，踏步数量，平台板的长度等	所用材料、梯段类型、楼层位置、梯段板顶和板底的高度、施工方法、措施方法等
门窗	在房屋中起采光、通风、交通作用	正投影为矩形是正常形状，根据使用要求也有其他形状或不规则形状以及不同组合形式；属个体构件	正投影中各项几何尺寸	框架所用材料、玻璃和填充材料、门窗类型、离地面安装高度、防腐、保温、涂料等；施工方法、措施方法等；有附带的五金件等信息
顶棚、地面、屋面	在房屋中起构件保护、防腐、保温、隔热、美观等作用	正常水平投影为矩形，根据房间布局，也有各种形状和不规则形状；屋面有坡度组合形式；属区域构件	此类构件基本都是随着基层构件的形状和尺寸成形，在BIM模型中必须布置后才能计算数量；计量单位是立方米的要有厚度尺寸	分基层、中层、面层所用材料、防腐、保温、涂料等；施工高度、施工方法、措施方法等

（续）

构件名称	用途	模型形状描述	计算尺寸	相关换算信息
墙面	在房屋中起构件保护、防腐、保温、隔热、美观等作用	根据房间布局，向房间四周垂直投影；与房间的垂直构件重叠，取垂直构件接触面为计算模型；属区域构件	同顶棚、地面、屋面	同顶棚、地面、屋面
其他构件，包括腰线、栏杆扶手、挡水檐、挑檐天沟等	在房屋中起构件美观、排水、安全、防水等作用	根据房屋使用要求，这些构件截面形状不同；属条形构件	各类构件的截面尺寸；折形、圆拱的有拱高、折顶距离尺寸等	所用材料、平面位置、楼层位置、梁顶和梁底的高度；施工方法、措施方法等

根据上表中“模型形状描述”，图 4－5 是在计算机中创建的一个建筑工程的建筑信息模型。

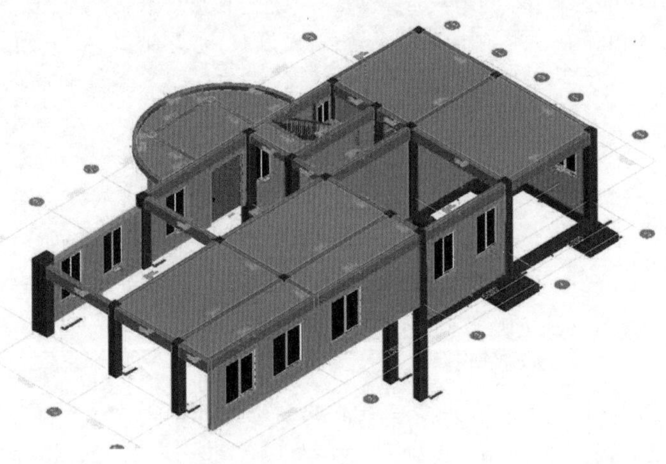

图 4－5

从图 4－5 中可以看到梁、基础梁是条形的，墙是板块状的，独立基础和柱是独立的构件。了解了这些，对后面的模型创建会有极大的帮助。

2. 建筑工程专业建模要求

（1）建筑专业命名规则　如果房屋在设计阶段就用 Autodesk 公司的 Revit 软件创建设计模型，这里的设计模型，一般是指设计单位使用 Revit 软件绘制的施工图，因为这个施工图可以将二维的施工图直接转换为三维状态的房屋模型，则在造价阶段就可直接进行应用，可极大减少造价人员的建模时间。由于设计阶段的模型不具备造价阶段要求的模型深度，会对工程量的列项和准确度等方面有影响，因此为提高工程量的精细程度，对模型的质量也有一定的要求。表 4－2 是 BIM 应用造价阶段的建筑专业命名规则要求。

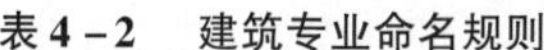

表 4－2　建筑专业命名规则

构件类型	命名规则	命名样例	Revit 构件原有属性	Revit 构件需添加属性
砌体墙	构件类型名称 & 构件编号	加气混凝土砌块 & QT	1. 厚度； 2. 砌筑砂浆等级； 3. 砌块强度等级； 4. 结构材质	1. 构件编号； 2. 所属楼层（在标识数据下填写）
建筑柱	构件类型名称 & 构件编号	混凝土矩形柱 & Z	1. 截面宽度； 2. 截面高度； 3. 结构和材质	1. 构件编号； 2. 混凝土强度等级； 3. 所属楼层
构造柱	构件类型名称 & 构件编号	构造柱 & GZ	1. 结构材质； 2. 截面宽度； 3. 截面高度	1. 构件编号； 2. 所属楼层； 3. 混凝土强度等级
圈梁	构件类型名称 & 构件编号	圈梁 & QL	1. 结构材质； 2. 截面宽度； 3. 截面高度	1. 构件编号； 2. 所属楼层； 3. 混凝土强度等级
过梁	构件类型名称 & 构件编号	过梁 & GL	1. 结构材质； 2. 截面宽度； 3. 截面高度	1. 构件编号； 2. 所属楼层； 3. 混凝土强度等级
门	构件类型名称 & 构件编号	双开玻璃门/单开木门 & M	1. 材质信息； 2. 厚度、高度、宽度； 3. 顶高度	1. 构件编号； 2. 所属楼层
窗	构件类型名称 & 构件编号	平开窗 & C	1. 材质信息； 2. 厚度、高度、宽度； 3. 窗台底高度； 4. 顶高度	1. 构件编号； 2. 所属楼层
梯段	构件类型名称 & 构件编号	梯段 & TD	1. 结构深度； 2. A 型梯段用 Revit 软件中自带梯段族建模，梯梁、梯板分开建模；其他 BT、CT、DT、ET 型按照“单个”梯段和平台板组合的方式用“草图楼梯”工具画	除了 Revit 自带的梯段参数信息，还需添加： 1. 低端平板长（在尺寸标注下添加）； 2. 高端平板长； 3. 梯段类型，根据楼梯图纸样式填写属于哪种梯段型，在标识数据下添加； 4. 构件编号； 5. 所属楼层

（续）

构件类型	命名规则	命名样例	Revit 构件原有属性	Revit 构件需添加属性
墙洞	构件类型名称&构件编号	圆形洞口/矩形洞口&QD	1. 洞口底高度； 2. 高度、宽度	—
天沟	构件类型名称&构件编号	天沟&TG（根据图纸名称）	1. 截面宽度； 2. 截面高度； 3. 结构材质	1. 构件编号； 2. 混凝土强度等级； 3. 所属楼层
压顶	构件类型名称&构件编号	压顶&YD（根据图纸名称）	1. 截面宽度； 2. 截面高度； 3. 结构材质	1. 构件编号； 2. 混凝土强度等级； 3. 所属楼层
栏杆	构件类型名称&构件编号	楼梯栏杆&LG	1. 截面宽度； 2. 截面高度	所属楼层
扶手	构件类型名称&截面形状&构件编号	楼梯扶手&FS	1. 截面宽度； 2. 截面高度	所属楼层
坡道	构件类型名称&构件编号	坡道&PD（根据图纸名称）	1. 厚度； 2. 坡道材质	1. 构件编号； 2. 混凝土强度等级； 3. 所属楼层
台阶	构件类型名称&构件编号	室内台阶&TJ（根据图纸名称）	结构材质	1. 构件编号； 2. 混凝土强度等级； 3. 所属楼层
板洞	构件类型名称&构件编号	圆形板洞口/矩形板洞口&BD	洞宽、洞高	—
悬挑板	构件类型名称&构件编号	悬挑板&XTB	—	1. 构件编号； 2. 混凝土强度等级； 3. 所属楼层
竖悬板	构件类型名称&构件编号	竖悬板&SXB	—	1. 构件编号； 2. 混凝土强度等级； 3. 所属楼层
腰线	构件类型名称&构件编号	L形腰线&YX	—	1. 构件编号； 2. 混凝土强度等级； 3. 所属楼层
防水反砍	构件类型名称&构件编号	防水反砍&FSFK	—	1. 构件编号； 2. 混凝土强度等级； 3. 所属楼层
栏板	构件类型名称&构件编号	栏板&TLB	—	1. 构件编号； 2. 混凝土强度等级； 3. 所属楼层

（续）

构件类型	命名规则	命名样例	Revit 构件原有属性	Revit 构件需添加属性
散水	构件类型名称&构件编号	坡形散水&SS	—	1. 所属楼层； 2. 混凝土强度等级
场地	构件类型名称	场地	—	—
挖土方	构件类型名称	挖土方	—	1. 体积（在尺寸标注下填写）； 2. 所属楼层
土方回填	构件类型名称	土方回填	—	1. 体积（在尺寸标注下填写）； 2. 所属楼层
桩基	构件类型名称	预制圆桩	结构材质	1. 构件编号； 2. 混凝土强度等级； 3. 所属楼层
砖基础	构件类型名称	条形基础	1. 砂浆等级； 2. 砌体材料	1. 构件编号； 2. 所属楼层
带形基础	构件类型名称	条形基础	—	1. 构件编号； 2. 混凝土强度等级； 3. 所属楼层
独立基础	构件类型名称	独立基础	1. 宽度； 2. 长度； 3. 高度； 4. 结构材质	1. 构件编号； 2. 混凝土强度等级； 3. 所属楼层
筏板基础	构件类型名称	筏板	高度	1. 构件编号：与筏板配筋图中名称一致，没有编号需自己命名，筏板配筋以钢筋线条为主，在标识数据下添加； 2. 混凝土强度等级
设备基础	构件类型名称	设备基础	1. 宽度； 2. 长度； 3. 高度； 4. 结构材质	1. 构件编号； 2. 混凝土强度等级； 3. 所属楼层
坑基	构件类型名称	集水坑	1. 坑深； 2. 宽度； 3. 长度	1. 构件编号； 2. 混凝土强度等级； 3. 所属楼层

（续）

构件类型	命名规则	命名样例	Revit 构件原有属性	Revit 构件需添加属性
坑槽、垫层、砖胎模	构件类型名称	坑槽	1. 挖土深度； 2. 回填深度	—
	构件类型名称	垫层	—	—
	构件类型名称	砖胎膜	—	—
结构柱	构件类型名称	混凝土矩形柱	结构材质	1. 构件编号； 2. 混凝土强度等级； 3. 所属楼层
柱帽	构件类型名称&构件编号	柱帽 & ZM	—	1. 构件编号； 2. 混凝土强度等级； 3. 所属楼层
结构梁	构件类型名称&构件编号	混凝土矩形梁/混凝土变截面梁 & KL1(3)	结构材质	1. 构件编号； 2. 混凝土强度等级； 3. 所属楼层
剪力墙	构件类型名称&构件编号	混凝土墙 & TQ	1. 厚度； 2. 结构材质； 3. 注释	1. 构件编号：DWQ1、WQ1、Q（要反应墙平面位置及作用。DWQ1：地下室外墙；WQ1：挡土墙；Q：普通墙）； 2. 混凝土强度等级； 3. 所属楼层
板（平板、空心板等）	系统构件类型名称	混凝土板	1. 厚度； 2. 结构材质	1. 构件编号：LB1、WB1、PTB1（和板配筋图中名称一致，没有编号需自己命名，板配筋以钢筋线条为主，在标识数据下添加； 2. 混凝土强度等级； 3. 所属楼层
后浇带	构件类型名称	后浇带	—	1. 混凝土强度等级； 2. 所属楼层

（2）建筑专业建模规范　在对建设工程进行 BIM 技术应用过程中，如果从建设工程设计的源头就开始使用 Revit 软件进行设计制图，在后期进行 BIM 技术应用就会比较容易。本节，我们假设工程项目是用 Revit 软件进行的工程设计。

Revit 的建模原理是在二维的平面图形上赋予第三维的几何信息，使这个平面的图形成为立体的三维图形，这就是我们需要的构件；将构件与构件之间再赋予前后、上下、左右的距离尺寸，搭建起来的图形就是我们需要的建筑模型；同时，将 BIM 应用各阶段需要的信息赋予到模型中的构件上，这个模型就称为建筑信息模型。用 Revit 软件自带的构件进行模型创建很费时，也达不到 BIM 应用要求的精度，于是 Autodesk 公司将 Revit 软件做成了开放式，让用户在创建建筑模型时，自己创建组合构件，来提高工作效率和满足模型在使用过程中的精度。这个组合构件就称为“族”，类似于 CAD 软件中的“块”，Revit 的族分为以下三类。

一是 Revit 软件自带的族，称为系统族，是 Revit 软件预定义的，不能将其从外部文件中载入到项目，也不能将其保存到项目之外的位置。

二是外建族，是 Revit 中最常创建和修改的族，是在外部 RFA 文件中创建的，可导入或载入到项目中。

三是内建族，是根据当前项目的实际要求来创建的独特图元。

常规的建筑专业建模方式是应用系统族（类型）、外建（载入）族进行模型搭建，但往往系统族或外建族库的族不够用，这时部分构件就需要采用内建族的方式进行替代建模。采用替代建模方式时，应依据构件类型进行参数设置，同时考虑工程量计算的特征，遵循以下基本规则。

1）尽量采用同类型的构件进行替代，如墙面面层用墙建模，楼板的面层和顶棚可以用楼板建模，楼梯面层用楼梯建模。

2）对无同类型构件的，按如下原则处理：

①水平面状构件，根据构件专业属性、是否需要剪切开洞等因素，优先选择用系统族楼板（建筑板、结构板、基础底板）替代建模，如装饰工程中的地面铺装、景观地面铺装等。

②垂直面状构件，根据专业属性，优先选择用系统族墙族搭建，如墙面抹灰、贴墙砖等装饰面层等。

③线状构件，优先选择用结构框架族搭建，如顶棚装饰中的 LED 灯带。

在建模之初命名族类型名称时应该尽量包含构件类型名称、材质、尺寸等信息，一方面便于辨识，另一方面也会提高模型转化的准确性。本书推荐的命名方式为“构件类型名称－材质－强度等级－尺寸”。例如“页岩实心砖墙－混合砂浆－M5－240厚”即是按照“墙类型－砂浆材质－强度等级－尺寸（厚度）”的格式来命名的，再例如“有梁板－商品混凝土－C30－150厚”是按照“板类型－混凝土类别－混凝土强度－厚度”的格式来命名的。族类型命名无固定格式标准，但按照一定的规范来命名可以大大提高工作效率。

建模精细度与建模规范有很大关系，建模精细度要求越高，建模要求越严谨。通常情况下，构件中应添加与工程量计算相关的属性，如构件编号、混凝土强度等级、抗震等级、钢筋属性信息等，便于满足工程量的输出要求，以便后期进行工料机换算和计价分析。

3. 安装工程模型

工程造价的确定，首先是计算项目构件的工程量，其次是对项目构件归纳出相关换算信息，通过计算分析调整，得到工程的成本价格。考虑到安装专业的构件基本都是设备（配件）、管线等，工程量计算单位也基本是台、套、组、米，扩展的有平方米、立方米和质量等；现实建筑物中的安装构件，这些管线和器件设备也是条状和固定的形状，因此安装工程的模型要比建筑装饰工程的简单。表4－3是对安装工程的相关器件和管线模型的简单描述。

表4－3　房屋安装工程相关器件和管线模型描述

构件名称	用途	模型形状描述	计算规格	相关换算信息
矩形管道	供、排风，排水沟道等	截面不规则形；长条形	截面宽、高尺寸	所用材料、安装位置、安装高度、安装方法、固定方式、连接方式、防腐、保温做法等

（续）

构件名称	用途	模型形状描述	计算规格	相关换算信息
圆形管道	给水排水、消防、供气、电源、网络穿线等	长条形	直径	同上
矩形桥架	电源、网络布线等	长条形	截面宽、高尺寸，分有盖、无盖	所用材料、安装位置、安装高度、安装方法、固定方式、连接方式等
线槽	电源、网络穿线等	矩形、不规则形截面；长条形	截面宽、高尺寸，有时按穿线数量	同上
线缆	电力输送、信息输送	圆形截面；长条形	截面积	所用材料、安装位置、安装高度、安装方法、固定方式、连接方式等
吊架	固定临空安装的管道、设备、器具	独立吊杆、各类型钢材制作的门式或各种式样的吊架，单独形状	每个质量	所用材料、安装位置、安装高度、安装方法、固定方式、连接方式、防腐、保温做法等
支架	承载设备，器具安装的支架、平台	用各类型钢材制作，以独立方式建模	按质量计算	同上
设备	各种供电、控制、动力等设备	独立的设备形状	按规格、型号	安装位置、安装高度、安装方法、固定方式、承载方式、防腐、保温做法等
器具	各种电器、灯具、开关、信号模块、闸阀、水龙头等	独立的器具形状	按规格、型号	所用材料、安装位置、安装高度、安装方法、固定方式、连接方式、防腐、保温做法等
附件	接线盒、管道连接件、线路连接件等	独立的器具形状	按规格、型号	所用材料、安装位置、安装高度、安装方法、固定方式、连接方式、防腐、保温做法等
箱柜、屏	各种控制箱柜、显示屏等设备	独立的箱柜、屏形状	按规格、型号	安装位置、安装高度、安装方法、固定方式、承载方式、防腐、保温做法等

对于建筑安装工程的模型，从上表中可以看到，管道、线缆、桥架、线槽为条形外，其设备、器具、附件等都有具体的形状，如图 4 - 6 所示。

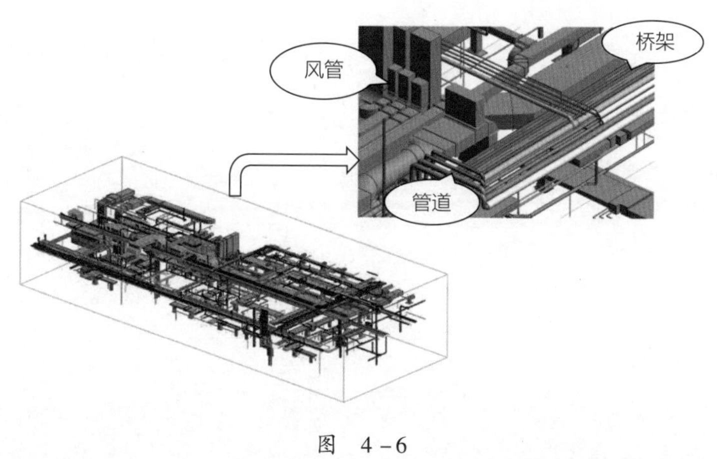

图　4-6

4. 安装工程专业建模要求

(1) 安装专业命名规则　按照上文建筑工程专业建模要求所述，安装工程专业建模也有相关要求，表4-4是BIM应用造价阶段的安装专业命名规则。

表4-4　安装专业命名规则

构件类型	命名规则	命名样例	Revit 构件原有属性	Revit 构件需添加属性
管道	构件类型名称 & 构件编号	内外热镀锌钢管 & PC	1. 材质； 2. 规格、型号	1. 专业类型； 2. 系统类型； 3. 回路编号； 4. 所属楼层
水泵	设备名称-设备型号	变频供水泵（商业）-AAB200/0.75/4（立式）	1. 功率； 2. 流量； 3. 重量； 4. 扬程	1. 专业类型； 2. 系统类型； 3. 回路编号； 4. 所属楼层
气压罐	设备名称	消防气压罐	1. 容量； 2. 重量	1. 专业类型； 2. 系统类型； 3. 回路编号； 4. 所属楼层
水箱	设备名称	生活给水箱	1. 容量； 2. 重量； 3. 长、宽、高	1. 专业类型； 2. 系统类型； 3. 所属楼层
管道阀门、水表、过滤器、防止倒流器	设备名称-公称直径	截止阀-25mm	—	1. 专业类型； 2. 系统类型； 3. 回路编号； 4. 所属楼层
隔油池	设备名称	隔油池	长、宽、高	所属楼层

（续）

构件类型	命名规则	命名样例	Revit 构件原有属性	Revit 构件需添加属性
地漏	设备名称	地漏	—	所属楼层
大便器、小便器、洗脸盆	设备名称	大便器、小便器、洗脸盆	1. 规格型号； 2. 组装方式	所属楼层
消火栓	设备名称	消火栓	1. 规格型号； 2. 安装方式；	1. 专业类型； 2. 系统类型； 3. 回路编号； 4. 所属楼层
水泵结合器	设备名称	水泵结合器	1. 规格型号； 2. 安装位置； 3. 重量	1. 专业类型； 2. 系统类型； 3. 回路编号； 4. 所属楼层
喷淋头	设备名称	喷淋头	1. 规格型号； 2. 有无吊顶	1. 专业类型； 2. 系统类型； 3. 回路编号； 4. 所属楼层
湿式报警阀	设备名称－公称直径	湿式报警阀－25mm	规格型号	1. 专业类型； 2. 系统类型； 3. 回路编号； 4. 所属楼层
水流指示器	设备名称	水流指示器	规格型号	1. 专业类型； 2. 系统类型； 3. 回路编号； 4. 所属楼层
风管	构件名称－材质－系统类型	矩形风管－镀锌钢板－SF 送风系统	1. 材质； 2. 材料规格、型号	1. 专业类型； 2. 回路编号； 3. 所属楼层
风管大小头、风管三通、四通	构件名称－材质－系统类型－壁厚	风管大小头、风管三通、四通－镀锌钢板－SF 送风系统－0.7	1. 材质； 2. 材料规格、型号	1. 专业类型； 2. 回路编号； 3. 所属楼层
风机	设备名称－规格型号	混流风机－BF201CS	1. 风量； 2. 重量； 3. 功率	1. 专业类型； 2. 系统类型； 3. 回路编号； 4. 所属楼层

（续）

构件类型	命名规则	命名样例	Revit 构件原有属性	Revit 构件需添加属性
风口	设备名称 - 规格型号	单层活动百叶风口 - 200×200	1. 材质； 2. 材料规格、型号； 3. 风量	1. 专业类型； 2. 系统类型； 3. 回路编号； 4. 所属楼层
风机盘管	设备名称 - 规格型号	卧室暗装静音型风机盘管 - FP/6.3	1. 电压； 2. 功率； 3. 风量； 4. 规格、型号	1. 系统类型； 2. 系统名称
空调设备	设备名称 - 规格型号	组合空调器 - K201CS	1. 电压； 2. 功率； 3. 规格、型号	—
消声器	设备名称 - 规格型号	阻抗复合式消声器 - 320×250	规格、型号	—
散流器	设备名称 - 规格型号	方形散流器 - 320×320	1. 最小流量； 2. 最大流量； 3. 规格、型号	—
风管阀门	阀门类型 - 规格型号	280℃矩形防火阀 - 500×320	1. 类型注释（在标识数据下填写）； 2. 耐火等级； 3. 温感器动作温度	1. 专业类型； 2. 系统类型； 3. 回路编号
配管与线缆	管线名称 - 材质	带配件的线管 - SC20	—	1. 线缆规格； 2. 专业类型； 3. 系统类型； 4. 回路编号
电气设备	设备名称 - 设备型号	单管防水防爆荧光灯（模型中电气设备的命名一定要按实际命名，命名错误将导致挂清单错误）	规格、型号	1. 专业类型； 2. 系统类型； 3. 回路编号
变压器	设备名称 - 设备型号	三相变压器 - SG/200kVA	1. 规格、型号； 2. 功率	1. 专业类型； 2. 系统类型； 3. 回路编号
配电箱	设备名称 - 设备型号	照明配电箱 - PZ30/04	规格、型号	1. 专业类型； 2. 系统类型； 3. 回路编号

（续）

构件类型	命名规则	命名样例	Revit 构件原有属性	Revit 构件需添加属性
电动机	设备名称 - 设备型号	弯曲机 - WGJ/250	1. 规格、型号； 2. 功率、重量	1. 专业类型； 2. 系统类型； 3. 回路编号
吸顶灯	设备名称 - 设备型号	吸顶灯 - 8081	规格、型号	1. 专业类型； 2. 系统类型； 3. 回路编号
格栅灯	设备名称 - 设备型号	格栅灯 - TBS068	规格、型号	1. 专业类型； 2. 系统类型； 3. 回路编号
支架灯	设备名称 - 设备型号	支架灯 - T8LED	规格、型号	1. 专业类型； 2. 系统类型； 3. 回路编号
航空指示灯	设备名称 - 设备型号	航空指示灯 - CXH	规格、型号	1. 专业类型； 2. 系统类型； 3. 回路编号
疏散指示灯	设备名称 - 设备型号	疏散指示灯 - MY/B1	规格、型号	1. 专业类型； 2. 系统类型； 3. 回路编号
应急灯、壁灯、节能灯、防水防尘灯、座头灯、感应灯等其他灯具	设备名称 - 设备型号	应急灯 - YYJD/22/66	规格、型号	1. 专业类型； 2. 系统类型； 3. 回路编号
普通开关	设备名称 - 设备型号	单联单控开关 - 120	规格、型号	1. 专业类型； 2. 系统类型； 3. 回路编号
开关电源	设备名称 - 设备型号	开关电源 - 24V	规格、型号	1. 专业类型； 2. 系统类型； 3. 回路编号
插座	设备名称 - 设备型号	单相插座 - 25A	规格、型号	1. 专业类型； 2. 系统类型； 3. 回路编号
荧光灯	设备名称 - 设备型号	单管荧光灯 - TLD30W/54	规格、型号	1. 专业类型； 2. 系统类型； 3. 回路编号
桥架	构件名称 - 材质 - 截面信息	托盘式 - 镀锌桥架 - 250 × 100	1. 材质； 2. 截面尺寸	1. 专业类型； 2. 系统类型； 3. 回路编号

（2）安装专业建模规范 使用Revit软件创建模型的概念在建筑专业建模规范中已经提到，下面对安装专业建模方法及规范进行列表说明，见表4－5。

表4－5 安装专业建模规范

<table>
<tr><th colspan="2">建模内容</th><th rowspan="2">建模方法</th></tr>
<tr><th>一级分类</th><th>二级分类</th></tr>
<tr><td rowspan="4">设备</td><td>消防</td><td rowspan="4">1. 采用常规族构件搭建；
2. 注意消火栓箱内的灭火器和手提灭火器是同一个族（根据具体情况决定）</td></tr>
<tr><td>排水</td></tr>
<tr><td>给水</td></tr>
<tr><td>热水</td></tr>
<tr><td rowspan="4">管道</td><td>给水</td><td rowspan="4">1. 采用系统族管道搭建，设置正确的管道系统及配色；
2. 不同的系统类型、管道直径使用的管段不同，注意使用正确的管段</td></tr>
<tr><td>热水</td></tr>
<tr><td>污废水</td></tr>
<tr><td>雨水</td></tr>
<tr><td rowspan="7">管件</td><td>三通</td><td rowspan="7">1. 采用常规族构件搭建；
2. 不同的系统类型、管道直径使用的管件不同，注意使用正确的管件，设置正确的管件材质</td></tr>
<tr><td>四通</td></tr>
<tr><td>弯头</td></tr>
<tr><td>活接头</td></tr>
<tr><td>过渡件</td></tr>
<tr><td>法兰</td></tr>
<tr><td>管帽</td></tr>
<tr><td rowspan="8">管路附件</td><td>阀门</td><td rowspan="8">1. 采用常规族构件搭建；
2. 不同的系统类型使用的管路附件不同，注意使用正确的附件，设置正确的材质；
3. 注意防水套管与结构专业不同，带有系统类型属性</td></tr>
<tr><td>地漏</td></tr>
<tr><td>仪表</td></tr>
<tr><td>报警阀</td></tr>
<tr><td>水力警铃</td></tr>
<tr><td>水流指示器</td></tr>
<tr><td>雨水斗</td></tr>
<tr><td>其他管件</td></tr>
<tr><td>喷头</td><td>喷头</td><td>采用常规族构件搭建</td></tr>
<tr><th colspan="3">小市政</th></tr>
<tr><th colspan="2">建模内容</th><th>建模方法</th></tr>
<tr><td colspan="2">小市政水管</td><td>采用系统族管道创建，设置正确的管道系统及配色</td></tr>
<tr><td colspan="2">设备阀门、
电气检查井</td><td>采用常规族搭建</td></tr>
<tr><td colspan="2">化粪池、
雨水收集池、
隔油池</td><td>采用楼板、墙拼装建模</td></tr>
<tr><td colspan="2">电气配管</td><td>采用系统族线管建模</td></tr>
<tr><td colspan="2">管沟</td><td>需内建模型，族类别采用框架结构</td></tr>
<tr><td colspan="2">指示牌</td><td>在与大市政对接处，使用墙和模型文字创建指示牌</td></tr>
</table>

（续）

暖　通		
建模内容		建模方法
一级分类	二级分类	
机械设备	冷热源设备	采用常规族建模
	采暖设备	
	空调设备	
	通风与防排烟设备	
管道系统	风管管道	采用系统族风管创建，设置正确的通风系统及配色
	水管管道	采用系统族水管创建，设置正确的管道系统及配色
管道管件	风管管件	采用常规族搭建
	水管管件	采用常规族搭建
管道附件	水管附件	采用常规族搭建
	风口	采用常规族搭建
	风管附件	采用常规族搭建
保温工程	风管保温	有保温要求的管道按图纸信息搭建保温层模型
	水管保温	有保温要求的管道按图纸信息搭建保温层模型
电　气		
建模内容		建模方法
一级分类	二级分类	
电气附属构筑物	井	采用墙族搭建
变配电装置	成套配电柜	采用常规族搭建
	成套配电箱	
	直流屏	
	变压器	
	柴油发电机	
	智能消防应急疏散装置	
照明系统设备	开关	采用常规族搭建
	插座	
	灯具	
火灾自动报警系统设备	模块	采用常规族搭建
	消防广播设备	
	火灾自动报警设备	
	气体灭火设备	
	监控系统主机	
带配件的电缆桥架	高压系统	1. 采用系统族桥架创建，桥架颜色按建模规范配置； 2. 注意桥架需要录入设备类型信息，不同的设备类型桥架的材质、样式不同
	普通动力系统	
	封闭式母线桥架	
	照明系统	
	消防强电系统	
	消防弱电系统	
	电力控制系统	

（续）

电气		
建模内容		建模方法
一级分类	二级分类	
电缆桥架配件	槽式/梯形桥架	1. 采用常规族搭建； 2. 桥架配件的材质、设备类型随桥架设置，但是应注意除上引、下引的桥架外，不能用垂直翻弯
封闭母线槽	母线槽	1. 母线槽采用系统族桥架代替建模，母线颜色按建模指南配置； 2. 连接件使用对应的桥架配件代替，但需要在名称上进行区分； 3. 母线槽放置在桥架模型内
	耐火母线槽	
	防水耐火式母线槽	
	支架	采用常规族建模

4.1.4 建模流程

1. 建筑

建模流程：标高轴网→建筑主体→洞口预留→建筑粗装饰→信息录入。

建筑专业是 BIM 应用最早开始也是最后结束建模的专业。建筑专业应提前做好轴网、标高文件以供其他专业使用，宜根据结构模型搭建建筑主体，方便建筑构件与结构构件的贴合；待管综结束后开始创建管线洞口，然后创建建筑粗装饰面层，并使粗装饰面层与主体墙连接，保证粗装饰面层的洞口正确，最后录入构件库、质检计划等信息。

2. 结构

建模流程：标高轴网→结构主体→洞口预留→信息录入。

结构专业同建筑专业一样，也是 BIM 应用最早开始建模的专业，宜先做好几何模型作为其他专业建模的参照。建议先做与其他专业交界面较多的主体结构，再做基础、楼梯、垫层等交界面较少的部分。

3. 给水排水

建模流程：标高轴网→管道设备→管线综合→洞口预留→保温层→信息录入。

建模时链接标高、轴网文件建立本专业的标高、轴网。给水排水专业模型分为三个模型，可以分开同时创建，最后合并到一起进行管线综合，管综后再添加保温层和相关信息的录入。

4. 暖通

建模流程：标高轴网→管道设备→管线综合→洞口预留→保温层→信息录入。

建模时绑定标高、轴网文件，创建本专业管线、设备、管件、附件模型，然后合并到建筑、结构专业模型内进行管线综合，管综后再添加保温层和相关信息录入。

5. 电气

建模流程：标高轴网→管道设备→管线综合→洞口预留→信息录入。

建模时绑定标高、轴网文件创建本专业桥架、设备和点位模型。电气桥架模型和设备、末端点位模型，工作安排上可并行作业，使用桥架模型进行管线综合，这是因为桥架布线不同于管道穿线，管道穿线一般都是埋在结构或建筑构件内，极少会有管线错综情况。管综完成后进行土建专业的洞口建模，并进行相关信息录入。

4.1.5 建筑和安装工程模型检查

由于建设和安装工程 BIM 应用都是以设计模型为基准，模型创建得好，数据就准确，所以必须对设计模型的质量进行严格控制。设计模型的质量控制分为内部控制和外部控制两部分。内部控制是通过企业内部管理与控制来实现，外部控制是通过对 BIM 项目的多个参与方进行协调和对 BIM 成果进行质量检查来实现。

设计模型内部控制更倾向于设计阶段，本章节不过多介绍，主要介绍在造价阶段建筑和安装两个不同专业对设计模型成果的检查。

建筑和安装工程信息模型检查包括以下几个方面。

1. 合规性检查

对信息模型进行检查首先需要进行建模方法的合规性检查，具体包括以下几个方面：

1）模型命名规则性检查。

2）系统类型应用规范性检查。

3）专业类型应用和规范性检查。

4）楼层属性应用规范性检查。

5）模型配色规范性检查。

6）常规建模操作规范性检查。

7）技术措施建模规范性检查。

2. 完整性检查

信息模型应按照上文中 4.1.3 的建模要求搭建完成各专业模型，对模型完整性的检查包括：

1）检查专业涵盖是否全面。

2）检查专业内模型装配后各系统是否完整，各楼层、各构件之间空间位置关系是否正确，有无错位、错层、缺失、重叠的现象发生。

3）全部专业模型装配后，检查各专业之间空间定位关系是否正确，有无错位、错层、缺失、重叠的情况发生。

4）检查模型成果的存储结构是否与模型底图一致。

3. 图模一致性检查

依据图模一致性审查要点，使用斯维尔算量软件（三维算量 For Revit 和安装算量 For Revit）对模型与图纸的对应性进行内审，提高模型成果质量与准确性。

4. 分专业及交接面检查

检查各专业模型交接界面是否正确区分，是否出现重复、重叠建模的情况，是否有模型缺失的情况，例如，建筑构件与内装饰专业的完成面是否出现重叠，或个别交界空间缺少内装饰或建筑面层。

5. 建筑专业模型检查

（1）检查建筑与结构模型的主体构件是否有明细表　主体构件明细表可方便造价人员快速核对构件类型、构件属性（包含族名称、混凝土强度等级、材质、编号等）是否完善、是否满足工程量输出要求。根据明细表可统计钢筋工程量（详见钢筋章节）。

（2）检查混凝土构件

1）按照“强墙柱、弱梁板”的结构理念，检查在建模过程中是否也是按照“柱 > 墙 > 梁 > 板”（“ > ”表示优先于）的顺序，这样可将柱梁、梁板等构件交接处工程量部分，优先计算到相应的支座构件中，如最先是柱工程量，其次是梁工程量，最后是板工程量。检查模型的搭接顺序是否符合规范，优先保证支座构件的完整性。

2）由于钢筋是布置在构件中的，故要计算钢筋工程量（详见钢筋章节），应先将钢筋的相关信息添加到构件中，因此需要检查相关构件中是否有符合计算钢筋工程量的属性项，并检查属性值是否正确。

3）对于以下构件模型应检查：

①板洞、墙洞。板洞、墙洞建模方式应直接使用 Revit 中洞口族建模，检查是否符合要求。

②墙体构件。检查墙体构件是否以核心层中心线为定位，墙体与粗装饰做法是否分开建模，建议墙体构件不做装饰做法，以便墙体构件不受装饰做法的影响。

（3）其他信息的检查　检查模型文件的完整性、模型的精细程度是否达到要求等。

6. 安装专业模型检查

（1）检查安装构件是否有明细表　安装构件明细表可方便造价人员快速核对构件类型、构件属性（包含族名称、设备管线、规格型号、材质、编号等）是否完善、是否满足工程量计算要求。

（2）检查设备、附件、各类器件及模型搭接顺序　设备是能源、水源的提供和消耗者，建模应根据设计要求布置好对应规格型号的设备；附件是依附在构件主体上的连接、控制、支撑等零件，检查是否布置，检查软件自动生成是否完整齐全；器件如灯具、开关插座、水表、闸阀、监控等，检查是否按设计要求的规格型号进行布置；检查模型的搭接顺序是否符合规范，优先保证主要构件的完整性。

（3）检查管线　管线是安装工程的血脉通道，首先查看各类系统图及施工说明，因为安装工程有大部分的内容并非在图中体现，而是在说明和系统图中。检查方法是从供给设备开始到结束设备止，不能有截断和多余线路。对于做了管线综合的模型的调整，要遵循小管绕大管、无压力管绕有压力管、造价低的管绕造价高的管的原则。检查管道上是否有防腐、保温等的相关依附信息，因为这部分内容是不需要建模而直接出结果的；反之一条管线上可能某段有防腐、保温等做法，而另一段没有，也应检查确认清楚。

（4）检查管线绕梁、柱、墙时的调整　建筑工程中有些结构构件是不容许破坏的，当有管线在此部位时要检查它是否对结构进行了破坏，或者是否采取了加强措施，如增加套管等，都要有建模和注明。

不论是建筑构件还是安装工程构件，除检查构件的主体模型外，应特别注意依附模型的附项构件是否已生成和创建。

4.1.6　建筑和安装工程模型应用

在本章 4.1.1 小节建模原理中已经介绍过建筑信息模型是有形的且带有建设工程全生命周期各阶段所需应用的信息，这些信息是动态的，可以随着工程的进展，按照应用要求赋予和获取相关信息为我们所用，这就是“模型应用”。下面将建设工程全生命周期分为几个阶段，介绍建筑和安装工程模型在建设工程全生命周期各阶段是怎样应用的。

1. 决策立项阶段

决策立项阶段第一步是选址，要考虑拟建项目与周边环境的关系，如河流、山体等，考虑这

些环境对项目后期的使用是否有不利影响；要考虑现场的供水、供电、供气是否足够、畅通；要考虑和选择利于排污和不被污染的环境，同时也要考虑项目建成后对人们在里面生活、工作的环境影响。第二步使用评估，考虑项目建成后室内外的人流交通是否合理方便，考虑是否满足防灾减灾要求，考虑拟建项目建成后是否满足使用要求。第三步评估项目的后期收益、效益。第四步取得估算指标，进行资金筹集等。

以上四步是连贯的，在调整的过程中会穿插进行。模型在此阶段可以用来评估拟建项目或房屋的规模、布局以及体量、造型；校核模拟环境中的日照、采光、通风、防噪声等的利用效果；模拟交通、灾害的疏散，考量项目建成后的使用结果等。此阶段的模型主要是用来模拟和调整，在调整每一个方案后，提供相应的概算报告，以供决策者比对和选择。解决工程盲目上马，杜绝后期因没有详细决策而造成的资金浪费。

项目立项决策阶段模型中的信息量不多，主要是几何信息以及少量的材料信息。

2. 工程设计阶段

决策阶段的任务完成后，进入工程设计环节。工程设计分初步设计和深化设计。依据业主委托，设计方开始按照委托内容对项目进行初步设计，本阶段任务主要是对项目进行使用要求、造型、结构构造方面的设计。经过对模型进行多次和多方面的调整，在模型达到委托方满意后，进入深化设计。深化设计是建设项目利用 BIM 应用最多的环节，包括房屋的结构方式、构件的几何尺寸、构件之间的空间位置、构件选用和配置材料、各专业的配合安排、施工方法等。

设计阶段的模型是在决策阶段初始模型上做进一步调整得到的。这是由于初始模型不考虑拟建房屋的具体构造、用材以及各专业的配合等，因此进入设计阶段就会出现一些具体的问题，解决这些问题的过程中就充分体现了 BIM 应用的优势。首先在设计阶段房屋构件有了具体的尺寸、有了位置定位、有了材料的选用，并且所有构件式样在三维状态下都是可视的，便于对构件进行精确调整。其次设计阶段的构件已经有了 BIM 应用更深的信息，满足对构件的调整。设计阶段进行 BIM 应用可以实时对方案进行成本比对，利用比对的最终结果给委托方提供精确的实施方案。

3. 工程施工阶段

项目在施工阶段的管理工作有：工期安排，材料进场计划，设备、人员配置，施工工艺，质量要求，安全管理，施工现场布置，成本管控等，这些工作繁杂重复，利用 BIM 技术，可以方便地对这些工作进行处理。

1）建筑信息模型是在计算机中虚拟出来的，这为我们给各种构件赋予显示和隐藏的时间信息提供了方便，可以利用构件在时间节点显示和隐藏构件动态的方式，在计算机中模拟出工程的施工进度。

2）在计算机中可以对虚拟建筑进行任意的分解和组装，这样在对工人进行技术交底时，可将模型中复杂构件分解和组合起来进行技术交底解说。

3）将模型进行动画操作，可以将复杂节点的构造及施工顺序清楚地对工人进行展示。

4）根据进度展示的构件，计算其工程量后，分析出消耗的工、料、机数量，从而得到进度成本和计划成本。

5）利用 BIM 技术的可视化和参数化，对施工中较难的节点进行施工措施优化，找出可行的、最好的、在成本控制范围内的最佳施工方案。

6）可在模型上记录施工日志、施工作业人员、隐蔽和中间质量检查记录、安全管理交底和检查记录等，定位定点，便于复查和校对。

7）在软件内用模型模拟 3D 施工，可以方便地定位吊车、道路、各种材料堆场，计算出设备

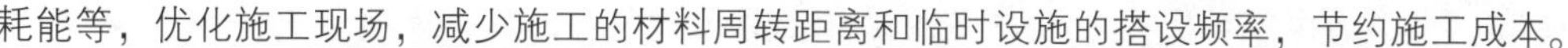

耗能等，优化施工现场，减少施工的材料周转距离和临时设施的搭设频率，节约施工成本。

由于有了详细的进度计划，项目主管人员会将资金用在施工紧急、优先的项目中，减少资金积压和使用不当造成的资金短缺，使成本得到真正的管控。

4. 营运维护阶段

房屋建成后，有大量的设施设备安装布置在其中，以供人们生活、工作、学习等活动。对设备的使用、维护、维修，就需要对这些资产进行管理。可以利用已经完工的 BIM 模型对房屋进行后期的营运维护管理。常用的有利用物联网集成对设备进行使用、维护、维修，利用已有 BIM 模型对房屋进行更改、扩建，也可以利用已有 BIM 模型对房屋使用进行最佳使用效果规划。同时也可以在已有 BIM 模型的基础上对改、扩建后的工程进行方案成本比对，找出最佳方案。

第2节　工程量计算原理

4.2.1　工程量计算思路

为避免设计源头的设计模型和相关数据在工程量计算阶段因文件转换问题导致数据丢失，且充分体现 BIM “一模到底” 的原则，以 Revit 软件为平台，结合国标清单规范以及地方定额工程量计算规则，利用三维算量 For Revit（以下简称 3DAr）和安装算量 For Revit（以下简称 3DMr）软件，用户可以直接在设计源头用 Revit 设计绘制的房屋建筑和安装工程模型，在 3DAr 和 3DMr 软件中打开，简单地赋予工程量计算所需的换算信息后，即可进行工程量的计算汇总，实现 BIM 应用真正意义上的数据信息传递。

4.2.2　工程量计算流程

斯维尔 BIM 工程量计算软件遵从步骤简化、方便易学的原则，只需以下几个步骤，即可完成工程量计算过程，如图 4-7 所示。

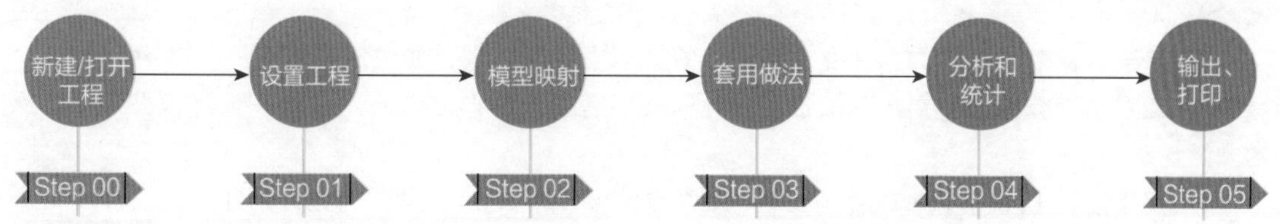

图　4-7

工程量计算流程说明：

1）新建/打开工程：打开 Revit 设计模型。

2）设置工程：选择计算模式和依据，根据 Revit 标高设置楼层信息。

3）调整规则：根据个性化需要调整构件计算规则、输出规则以及其他选项。

4）模型转换：调整转换规则，将设计模型转换为工程量计算分析模型。

5）智能布置：布置二次结构、装饰等构件。

6）检查模型：检测构件不同检查项，找出模型中出现的问题，辅助调整模型。

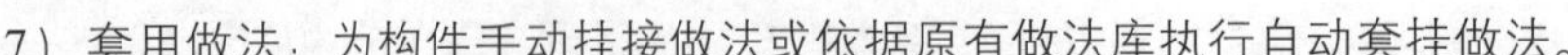

7）套用做法：为构件手动挂接做法或依据原有做法库执行自动套挂做法。

8）分析和统计：计算汇总工程量，查看计算式。

9）输出、打印：输出、打印各类报表。

10）导出结果数据文件到清单计价软件中。

第 3 节　建筑和安装工程模型创建与编辑

4.3.1　模型创建

建设工程项目的 BIM 技术应用，离不开模型，模型的生成有下列几种方式。

1）已经有上游设计部门提供的设计模型时，用户可以直接对这个设计模型增加造价专业需要的相关信息，再经过分析计算，得到需要的工程量。

2）只有二维施工图纸，且同时具有委托方提供的用 CAD 软件绘制的电子图文件时，用户可以在工程量计算软件中使用“构件识别”功能，轻松快捷地将施工图中的构件转换为工程量计算模型。

3）当只有纸质的二维施工图纸时，用户就只能根据图纸的内容手工建模。这种方式也并不是没有好处，因为所有构件都是亲手布置的，所有数据清晰明了，计算出来的数据准确，用户放心。

以上三个模型生成方式不是一成不变的，三种方式在一个项目中是交叉使用的，用户应该细心体会。模型生成的具体操作方法见后面案例中的建模操作和相关软件操作手册。

工程项目的 BIM 应用强调信息互用，它是协调、合作的前提和基础。BIM 信息互用是指在项目建设过程中各参与方之间、各应用系统之间对模型信息实行交换和共享。建筑和安装工程的三维模型是进行工程量计算的基础，从 BIM 应用和实施的基本要求来讲，工程量计算所需要的模型应该是直接利用设计阶段各专业模型。然而在实际过程中，专业设计时对模型的深度要求极少包含造价部分的信息，至少是不全面的，所以，设计阶段模型与用于工程造价管理所需模型是存在差异的，其主要包括以下内容：

1）工程量计算所需要的信息在设计模型中有缺失，例如，设计模型没有内外脚手架搭设设计。

2）某些设计简化表示的构件在工程量计算模型中没有体现，如做法索引表等。

3）工程量计算模型需要区分做法而设计模型不需要，例如，内外墙设计在设计模型中不区分具体做法。

4）用于设计 BIM 模型的软件与工程量计算软件计算方式有差异，例如，内外墙在设计 BIM 模型构件之间的交汇处，默认的几何扣减处理方式与工程量计算规则所要求的扣减规则不一样。

5）钢筋计算所需的信息，不会直接体现在构件中，如构件的抗震等级。

6）设计模型中缺少所有施工措施信息，然而在造价成本中是必须要计算此部分内容的，例如，挖土方的放边坡、支挡土板，构件模板的材质、支撑方法等。

利用设计模型进行造价工程量计算的不利因素还有很多，这里不一一举例，因此，造价人员在利用设计模型进行造价工程量计算时，有必要通过相关软件将设计模型深化为工程量计算模型。从目前实际应用来看，由于设计包括建筑、结构、机电等多个专业，会产生不同的设计模型，这导致工程量计算工作也会产生不同专业的工程量计算模型，包括建筑模型、钢筋模型、机电模型等。不同的模型在具体工程量计算时是可以分开进行的，最终可以基于统一的 SFC 文件和 BIM 图形平台进行合成，形成完整的工程量计算模型，支持后续的造价管理工作。此处的 SFC 表示基于 Revit 的一个插件 uniBIM for Revit 生成的文件格式。

4.3.2 模型编辑

不论是承接上游设计单位的设计模型，还是用户自己依据施工图创建的算量模型（算量模型，是指使用 3DAr 进行模型映射后，可以直接进行汇总计算的房屋模型），由于建设工程 BIM 技术应用要经常对模型进行调整和变化，所以编辑模型也是操作的重要环节。调整和改变模型涉及对构件的增加、删除，以至改变构件的几何尺寸，甚至房屋的轴网尺寸、楼层高度、构件的使用材料、施工措施、结构方式等。由于编辑模型是在已有模型的基础上操作，为避免操作失误，故此在对模型进行编辑时应该注意以下内容，否则输出结果将出现错误。

1）增加、删除构件时，要将所有需要编辑的构件在计算机屏幕的界面中显示齐全，避免因构件显示不全而导致删除构件时留有残余构件，或增加构件时由于构件显示不全而造成与相关构件的连接不紧密或位置不对。

2）修改构件尺寸，特别是跨层构件修改时，应将计算机屏幕界面切分出一个三维界面，便于实时掌握构件与上下楼层构件的接触关系。

3）软件的“同编号原则”有利也有弊，利是在一个构件上布置钢筋，其余同编号的构件上同时也会布置上钢筋；弊是同编号的构件有时位置不同，其钢筋构造会有变化，这时要注意将不同位置的构件编号区分开，否则钢筋计算将会出错。

4）构件的信息要设置完整。构件的信息有些是隐藏的，或者需要的信息不能在软件进行分析计算时得到，则必须人为地手动增加信息。如构件的材料信息，特别是同类构件之中有个别构件的材料不同时；又如构件的平面位置信息，特别是柱子，要分中柱、边柱、角柱，如果不指定清楚，则钢筋计算时就会出现错误。

第 4 节　建筑和安装工程信息

4.4.1 模型深度及参数信息

模型的细致程度，除了模型本身外，还有信息的完整性和准确性。模型深度即一个 BIM 应用模型从最低级近似概念化的程度发展到最高级的演示级精度。在工程实施过程中，根据 BIM 应用的进展情况，设计单位或 BIM 咨询单位需向业主方和项目管理方分别进行若干次的模型提交。依据不同阶段的模型深度要求，国内应用较为普遍的建筑信息模型详细等级标准主要划分为五个级别，分别是 LOD100、LOD200、LOD300、LOD400、LOD500；对于具体项目，用户也可进行自定义模型深度等级。目前 BIM 应用模型要达到工程量计算级别深度，其等级需达到 LOD300 及以上，此阶段的模型应包含详细的几何尺寸、准确的形状、位置、材质、构件类型和数量、施工措施等相关信息。

4.4.2 模型信息维护标准

模型信息贯穿建筑项目全生命周期，为保证信息的延续性和完整性，在设计和创建 BIM 模型之初，就应该制定一套完整的且可执行的模型信息维护标准。这套标准应遵循在初始模型的基础上，根据项目的各进展阶段，不断对模型和信息进行完善和更新的原则，进行二次深化、变更等，让模型和信息始终在 BIM 应用的正确范围内，模型和信息不要缺少也不应冗余，相关标准内容请参见第 1 节的 4. 1. 3。

1. 信息原理

信息包含两种：一种为信息、数据；另一种为情报、资料、消息信息。BIM 的信息主要属于数据信息，同时又属于文字类信息。建筑信息模型中的信息来源于设计图及说明书、施工组织设计、工程地质勘察报告、原始数据记录、各类报表及来往信件等。

现实中将建筑信息模型中的信息分为两种，一种是内部信息，另一种是外部信息。内部信息是工程模型项目自带的信息，包括构件名称、构件的几何尺寸、构件的材质、构件的形状、体量、在模型中所处位置、结构类型等。外部信息是能对工程项目带来施工难易程度、工期进度、成本变化等的信息，如时间进度、施工措施、市场材料价格等。

根据工程项目的进展和应用要求的不同，内部信息可以转换为外部信息，反之外部信息也可以转换为内部信息。一般情况下，内部信息是必需的，外部信息可以视应用要求不同而有所取舍，如初步设计应用时并不非常关注工期进度。

2. 信息获取

工程项目 BIM 造价专项的应用，信息主要来源于构件的属性。工程量计算软件中，构件信息的获取分为以下几种。

1）编号确定：是指在软件中进行工程设置时随编号定义同时就需要将相关信息定义好的信息。

2）布置确定：是指将构件布置到界面中得到的信息，如梁和墙体的长度，定义构件时只给出了梁和墙体的截面宽度和高度，其长度是布置到界面中而得到的。

3）分析确定：是指模型中的构件通过软件运行分析后得到的数据，如墙体中需要扣减的门窗洞口，在模型未进行分析计算之前，布置的墙体中是没有扣减的门窗信息的（虽然在墙体中已布置有门窗洞口），只有通过分析计算后门窗洞口的面积才会加入到墙体之中，所以软件中构件的扣减或增加内容属于分析得到的内容。

4）手工录入：是指直接在相关栏目中输入的属性值，此类属性值一般是工程名称、楼层信息、项目特征和指定扣减或备注说明等，其他内容以此类推。族名称以及族属性等信息，工程量计算软件可通过映射等方式进行自动获取，以确保工程量计算信息的正确性，完成最终的工程量计算。

第 5 节 BIM 建筑与装饰计算原理

4. 5. 1 “虚拟施工”建模

利用计算机进行建筑与装饰工程量计算，是在计算机中采用“虚拟施工”的方式，建立精确的工程量计算模型，来进行工程量的计算。这个模型可以是承接上游设计部门的设计模型，也可以是造价人员根据施工图创建的模型。模型中不仅包含工程量计算所需的所有几何信息，也包含构件的材料及施工做法信息，同时也包含《混凝土结构施工图平面整体表示方法制图规则和构造详图》标准图集（以下简称“平法图集”）要求的构件结构以及计算钢筋的所有信息。

在“工程量计算模型”中的柱、梁、板、墙、门窗、楼梯等构件，其名称同样与建筑专业一致。通过在计算机中对这些构件进行准确布置和定位，使模型中所有的构件都具有精确的形体和尺寸。

生成各类构件的方式同样也遵循工程的特点和习惯。例如，楼板是由墙体或梁、柱围成的封闭形区域形成的，当墙体或梁等支撑构件精确定位后，楼板的位置和形状也就确定了。同样，楼地面、顶棚、屋面、墙面装饰也是通过墙体、门窗、柱围成的封闭区域生成的轮廓构件，从而获得楼地面、顶棚、屋面、墙面装饰工程量。对于“轮廓、区域型”构件，软件可以自动找到这些构件的边界，自动生成这些构件。

4.5.2　使用Revit或CAD平台

为使BIM技术在工程项目中得到很好的应用，软件公司将工程量计算软件与Revit或CAD软件紧密连接，一是让数据信息得到顺畅和准确的传递，二是工程量计算软件以Revit或CAD为平台操作起来简单方便且通用，同时数据计算准确，满足异形构件模型的建立。另外，要完成BIM技术应用，工程量计算软件从源头上就应与专业设计软件Revit或CAD实行信息共享。

4.5.3　内置的工程量计算规则

工程量计算软件在研发时就已经按照全国各地区定额内置好工程量计算规则。在软件“计算依据”中选择一套定额，就表示选择好了一套工程量计算的输出规则。如果软件内已定义的计算规则不适用或个别构件需要特殊输出，只需对计算规则进行重新定义或对构件工程量进行指定就可以按新的定义输出工程量。

在工程量计算模型中，已将一栋建筑物细分为无数个不同类型的构件，并赋予了每个构件所有工程量计算方面的属性，将每个构件在工程量计算中所能用到的信息都通过相关属性记录下来，然后通过计算机的工程量输出指定机制，将工程量按照用户的需要模式输出，完成工程量的计算。

正常情况下，每个构件在工程量计算中所能用到的信息，软件会根据构件的相关属性和特点，通过多种方式自动生成。例如，在计算梁、柱相接的柱模板面积时，软件会自动分析出梁、柱相接触部位的面积值，并自动保存到相关的数据表中，当用户需要得到该柱的模板面积值时，程序只需将该柱的“侧面积值”按照工程量计算规则加减梁、柱之间的“接触面积值”，从而得出柱子的模板工程量。

软件提供了灵活的清单和定额挂接以及工程量输出机制，保障了工程量统计的方便、快捷。在工程量计算模型中，是以每个构件作为组织对象，分别赋予相关的属性，为后面的模型分析计算、统计以及报表提供充足的信息来源。

构件属性是指构件在工程量计算模型中被赋予的与工程量计算相关的信息，主要分为6类。

1）物理属性：是指构件的标识信息，如构件编号、类型、特征等。

2）几何属性：是指与构件本身几何尺寸有关的数据信息，如长度、高度、厚度等。

3）施工属性：是指构件在施工过程中产生的数据信息，如混凝土的搅拌制作及浇捣、所用材料等。

4）计算属性：是指构件在工程量计算模型中，经过程序的处理产生的数据结果，如构件的左

右侧面积，钢筋锚固长度、加密区长度等。

5）其他属性：所有不属于上面 4 类属性之列的属性均属于其他属性，可以用来扩展输出换算条件，如用户自定义的属性、轴网信息、构件中的备注等。

6）钢筋属性：是指在进行钢筋布置和计算时所用的信息，如环境类别、钢筋的保护层厚度等。

以上构件的这 6 类属性，有些是系统自动生成的，而有些需要用户手工指定。在工程量计算模型中可以使用“构件查询”功能，对选中的构件进行属性值查询和修改。

在同一工程、同一楼层的工程量计算模型中，名称相同的构件应该具有相同的属性值，不同楼层也可以有相同的构件编号。如柱随层高而变截面，则截面不同编号不同；但门窗、洞口的编号所有楼层通用，不按楼层区别编号。有关各构件的具体属性以及关系，请阅读三维工程量计算用户手册。

4. 5. 4　工程量计算模型创建步骤

1）各类构件模型创建：首先是确定柱、墙、梁、基础等结构骨架构件在工程量计算模型中的位置，然后根据这些骨架构件所处位置和封闭区域，确定门窗洞口、过梁、板、房间装饰等其他区域类构件和寄生类构件。

2）定义每种构件的清单和定额属性：在工程量计算模型中创建的各类构件，其实就是将构件的工程量属性值录入到工程量计算模型中，而给每个构件指定施工做法（即清单和定额）就是定义一种工程量的输出规则。将构件按照要求给定归并条件，通过计算分析之后，有序地将构件工程量进行统计汇总，最终得到所需的工程量清单。

上述两方面的工作可独立进行，也可交叉进行。可以完全不考虑构件的做法信息，先进行构件工程量计算模型建模，之后再定义构件的做法（挂接清单或定额）；在定义构件属性值过程的同时，定义构件的做法，在布置构件时同时将做法信息一同布置。

3）为钢筋混凝土构件布置钢筋：钢筋在软件中的计算原理是通过在构件中关联钢筋描述和钢筋名称，然后结合钢筋描述中的钢筋直径、等级和分布情况，再利用钢筋名称中指定的长度和数量计算式变量，直接关联到构件的几何尺寸、抗震等级、材料等信息来计算构件钢筋工程量。构件几何尺寸和属性一旦发生改变，钢筋工程量自动跟着改变。在工程量计算模型中钢筋表现为两种形式：图形钢筋和描述钢筋。板和筏板钢筋是图形钢筋，以图形分布的形式在工程量计算模型中表现；梁、柱、墙等构件的钢筋称为描述钢筋，表现在工程量计算模型中的是设计图上的钢筋描述。

在没有上游设计单位提供的设计模型时，造价人员需要自己创建工程量计算模型。进行工程量计算模型创建时，应遵循以下 3 个原则。

1）电子图文档识别构件或构件定义与布置：应充分利用软件中的电子图文档智能识别功能，快速完成建模工作。如果没有电子图文档，则要按施工图模拟布置构件。在布置构件时，需要先定义构件的一些相关属性值，如构件的编号、所用材料、构件的截面尺寸等，然后再到计算机屏幕上布置相应的构件。

2）用图形法计算工程量的构件，必须将构件绘制到工程量计算模型中：在计算工程量时，工程量计算模型中找不到的构件是不会计算工程量的，尽管可能已经定义了它的有关属性值。

3）工程量分析统计前，应进行合法性检查：为保证构件模型的正确性、合理性，软件提供有强大的检查功能，可以检查出模型中可能存在的错误。具体参看本章第 1. 5 节相关内容。

4.5.5　建筑与装饰工程量计算软件信息获取

以下是采用“三维算量 For Revit”软件（以下简称“3DAr”）作案例介绍，均假设有设计模型（主要是指用 Revit 软件创建的“施工图模型”），直接利用设计模型转换为工程量计算模型并进行工程量计算。

工程量计算依据相应的设计模型以及属性，通过工程设置进行信息获取。信息获取方式分为自动获取和手动获取两种形式，此处主要讲解自动获取。

（1）工程名称自动获取　启动软件并打开工程，单击“工程设置”即可看到工程名称已获取，如图 4－8 所示。

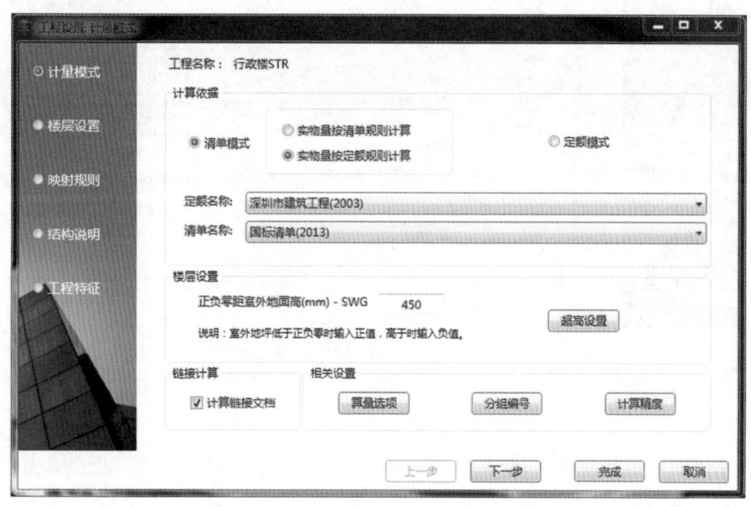

图　4－8

（2）楼层信息自动获取　BIM 工程量计算软件将自动读取设计模型中已创建的标高，作为划分楼层的依据。两个相邻标高差即为楼层的层高，如图 4－9 所示。

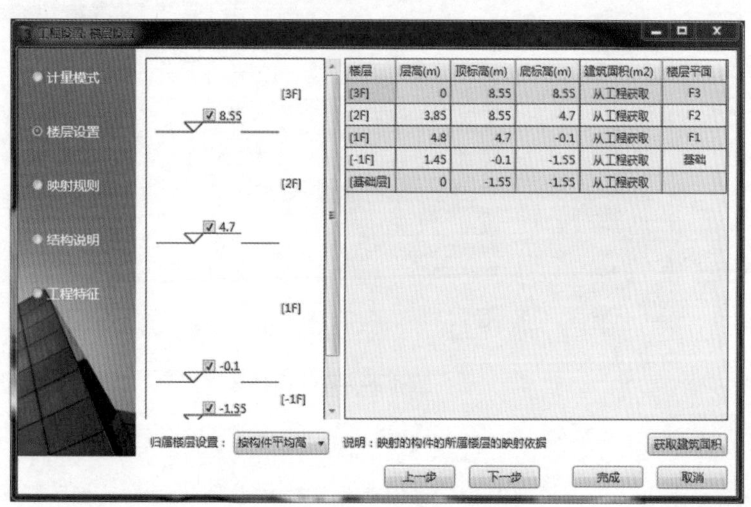

楼层	层高(m)	顶标高(m)	底标高(m)	建筑面积(m2)	楼层平面
[3F]	0	8.55	8.55	从工程获取	F3
[2F]	3.85	8.55	4.7	从工程获取	F2
[1F]	4.8	4.7	-0.1	从工程获取	F1
[-1F]	1.45	-0.1	-1.55	从工程获取	基础
[基础层]	0	-1.55	-1.55	从工程获取	

图　4－9

同时，如果设计模型中已有建筑面积，工程量计算软件将自动获取建筑面积；如果是后期操作中标注的建筑面积，需要计算完成之后才能在此处获取建筑面积。

（3）映射信息获取　映射信息获取，是指根据设计模型中族名称和关键字段的对应关系，将设计模型构件匹配到工程量计算软件中，以使 BIM 工程量计算软件可以识别设计模型构件，方便进行工程量的计算。

1）BIM 工程量计算软件内置有映射方案库，软件将根据设计模型中的构件与方案库自动匹配构件工程量计算信息。例如，设计模型中柱构件名称中有框架柱或 KZ 编号，工程量计算软件将根据这些信息进行自动匹配成工程量计算需要的框架柱构件，如图 4－10 所示。

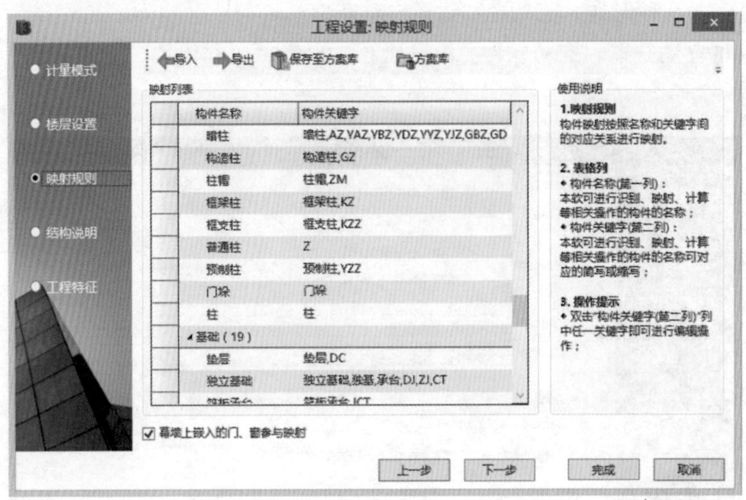

图　4－10

2）对于工程特征，当方案库中内容不满足要求时，可手动调整、复制、导出及导入方案库内容。执行方式：在工程设置中“映射规则”页面，单击“方案库”进入方案管理对话框，在对话框中手动调整映射规则。软件支持导出、保存至方案库，方便以后使用；也可以导入做好的方案库，如图 4－11 所示。

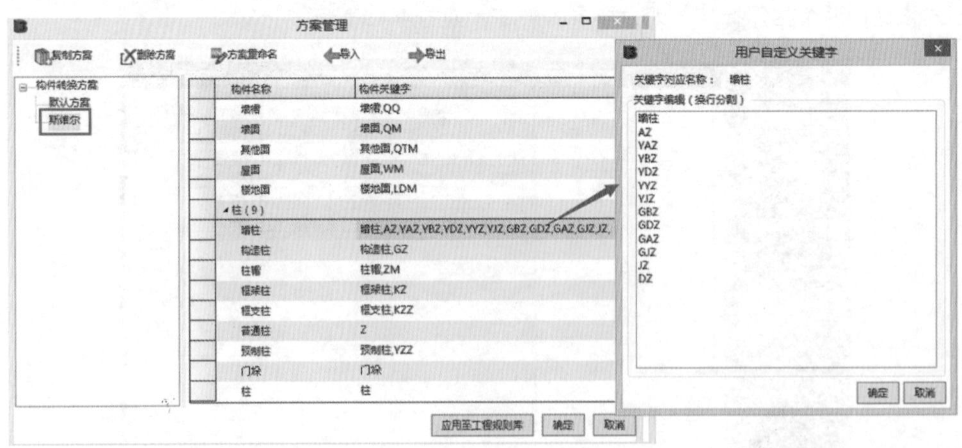

图　4－11

（4）属性信息获取　将设计模型中族属性、类型属性中获取工程量计算所需的材质信息逐一匹配到工程量计算软件相应的属性中，以便根据此类属性进行计算区分工程量。例如，将设计模型中墙体属性中的“注释”属性，映射（映射类型）成工程量计算软件属性中的平面位置，后期计算工程量时可根据平面位置区分相应的工程量，如图 4－12 所示。

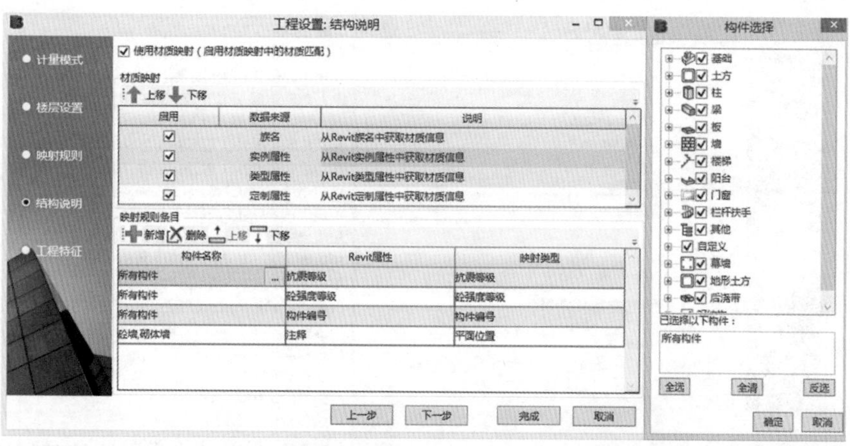

图　4－12

工程量计算软件已将部分常见的属性进行映射，后期使用时可根据需要进行手动添加属性。

（5）工程概况获取　根据工程说明，手动填写工程概况，包括结构特征、楼层数量等信息。后期工程量计算报表中将体现相应的信息，此处的设置也将影响指标计算，如图 4－13 所示。

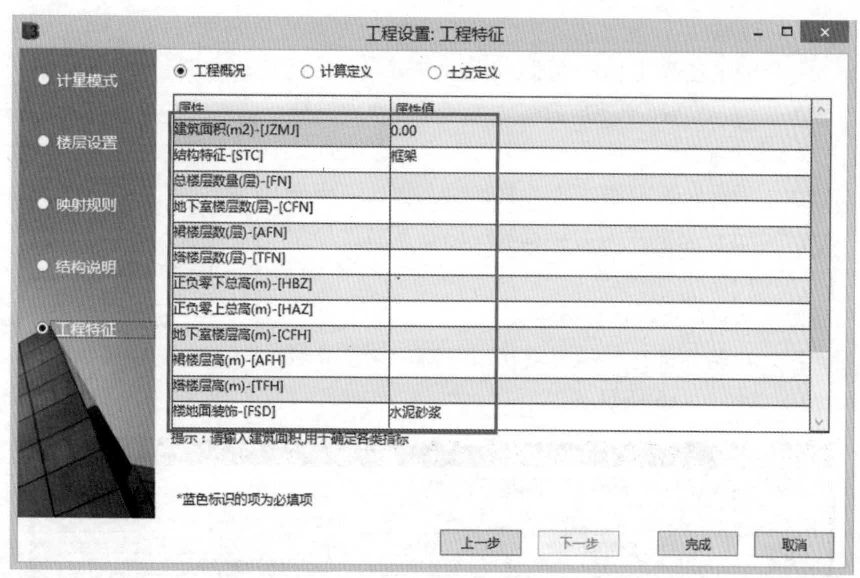

图　4－13

4.5.6　软件自带信息和指定信息

为便于工程量计算，辅助工程量计算模型创建，软件自带有与工程量计算有关的信息，可通过设置匹配实现高效率模型创建和准确计算工程量。

1. 软件自带国标清单和地方定额

我国现有的工程量计算方式，主要以国标清单和地方定额的工程量计算规则作为依据，软件内置了全国各地清单以及定额的计算规则。

在工程设置对话框的计量模式页面中，选择相应的地方定额以及清单，对应的计算规则即可设置好，如图 4－14 所示。

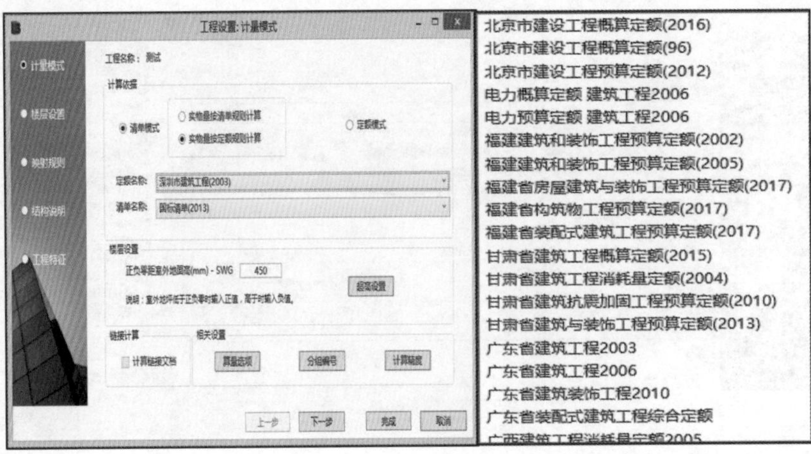

图 4-14

对应软件参数说明

1）计算依据：选择“定额模式”，则软件按照定额计算规则进行工程量计算。选择“清单模式”，则软件按照清单计算规则进行工程量计算。在清单模式下构件不挂做法时，实物量可分别选择按清单规则或按定额规则计算方式。

2）在单元格后的下拉选项中选择对应省份的清单库、定额库。

3）楼层设置：“正负零距室外地面高”值用于计算挖基础土方工程量。

4）超高设置：用于设置定额规定的柱、梁、板、墙标准高度，模型中构件超过了此处定义的标准高度时，其超出部分就是超高高度，如图 4-15 所示。

5）链接计算：勾选后可以计算链接文件。

6）算量选项：对构件进行工程量输出、扣减规则、参数规则等设置，界面如图 4-16 所示。

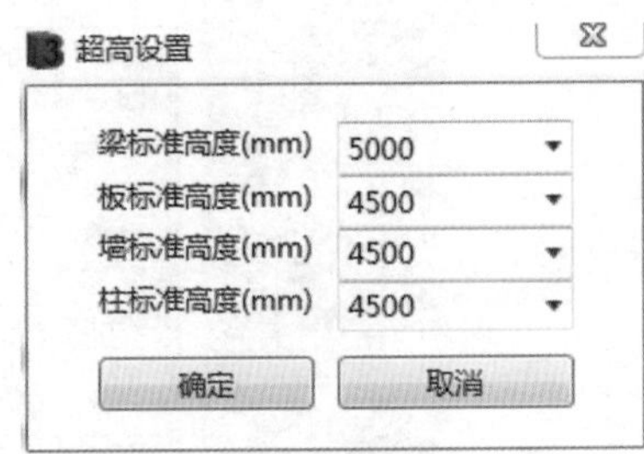

图 4-15

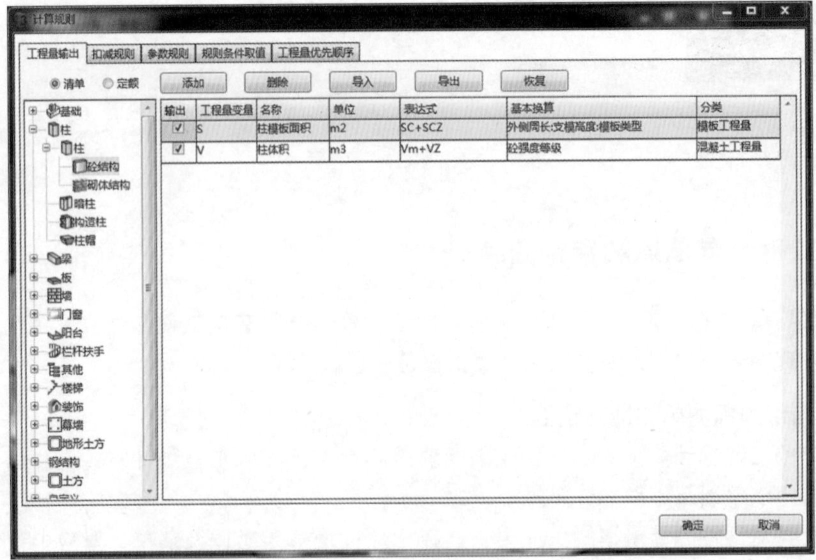

图 4-16

①工程量输出：当选择了清单或定额的输出时，可对构件指定输出内容，对相关内容进行添加、删除、导入、导出和恢复操作。

②扣减规则：显示工程的扣减规则，如图 4 – 17 所示。

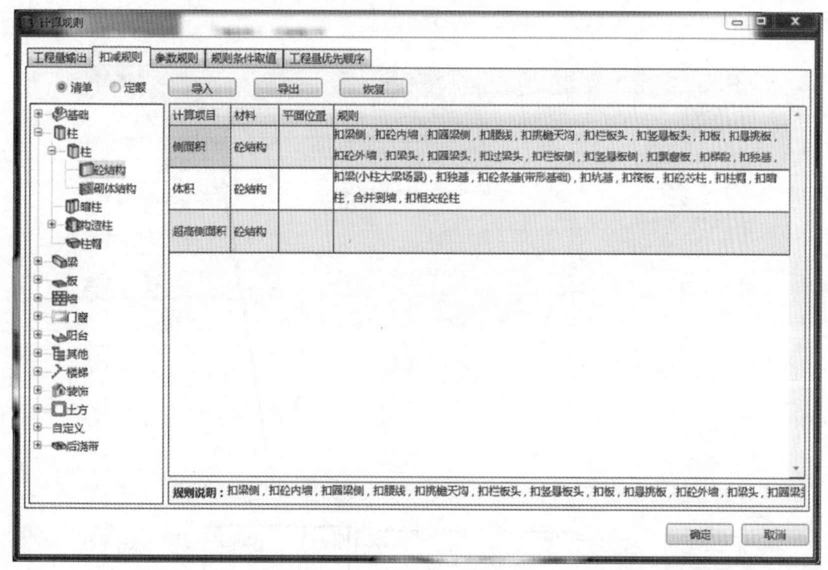

图　4 – 17

2. 钢丝网设置等信息

在砌体与混凝土相交的位置，需要布置钢丝网。软件内置有相应的计算选项，选择或填写计算方法，软件将自动计算出相应的钢丝网工程量，如图 4 – 18 所示。

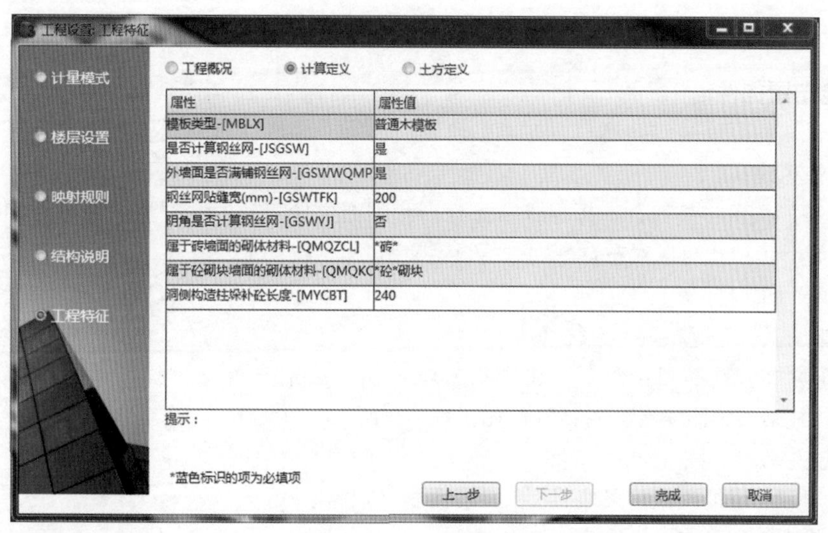

图　4 – 18

3. 模板信息

建设工程中的模板是依附在混凝土构件上的，不需在算量模型中创建模板模型。虽然不需要创建模板模型，但是实际工程中模板会有模板材料、模板超高等一系列影响造价的因素，因此在软件中应

将模板的这些信息设置好。设置模板材料参看图 4 – 17 “计算定义” 相关内容，模板超高等可在计算分析时得到相关信息。软件将根据混凝土构件中模板的计算规则自动计算出模板工程量。

4. 批量修改族名称

批量修改族名称，用于根据设计需要批量处理软件中构件命名不规范、无法准确匹配的情况。例如，将墙体族名称前加上楼层信息前缀，即可使用此功能进行操作，如图 4 – 19 所示。

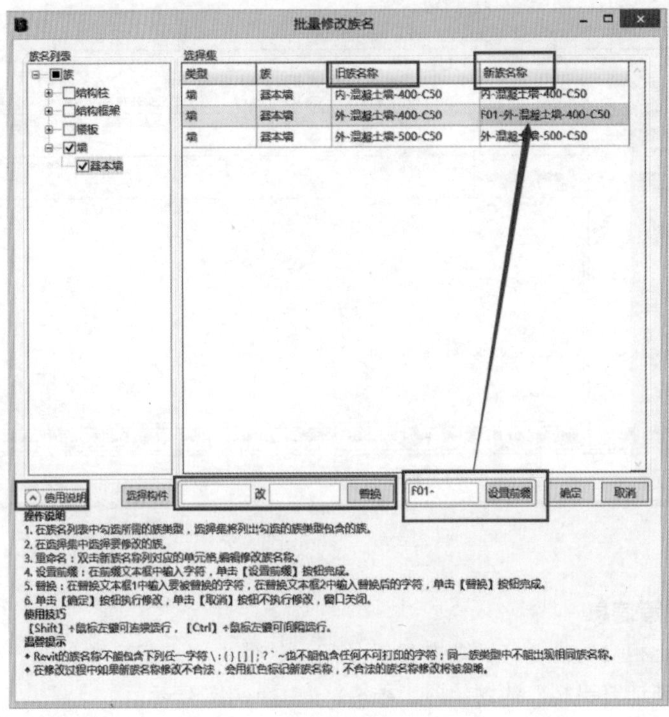

图 4 – 19

5. 智能布置构件

智能布置构件可辅助对构造柱、过梁、压顶、圈梁、垫层、坑槽、砖模、建筑范围、大基坑等构件进行快速建模。

单击 “智能布置” 按钮，选择相应布置规则和判断条件，软件会根据选择内容和条件对构件进行自动布置。用户也可以对布置规则进行自定义。

（1） 构造柱智能布置

1） 功能说明：智能布置构造柱。

2） 执行方式：选择 “斯维尔 – 土建” 选项卡→ “智能布置” 下拉菜单→ “构造柱智能布置”，进入 “构造柱智能布置” 对话框，如图 4 – 20 所示。

3） 参数说明

①新建规则：增加构造柱条件截面尺寸、用材等规则。

②删除规则：删除定义好的构造柱规则。

③构造柱生成规则：根据工程说明，选择构造柱生成条件。

④楼层：可选择需要智能布置构造柱的楼层。

根据结构说明，对构造柱生成规则进行设置后，如图 4 – 21 所示。设置完成后，单击 “自动布置” 即可完成构造柱智能布置。

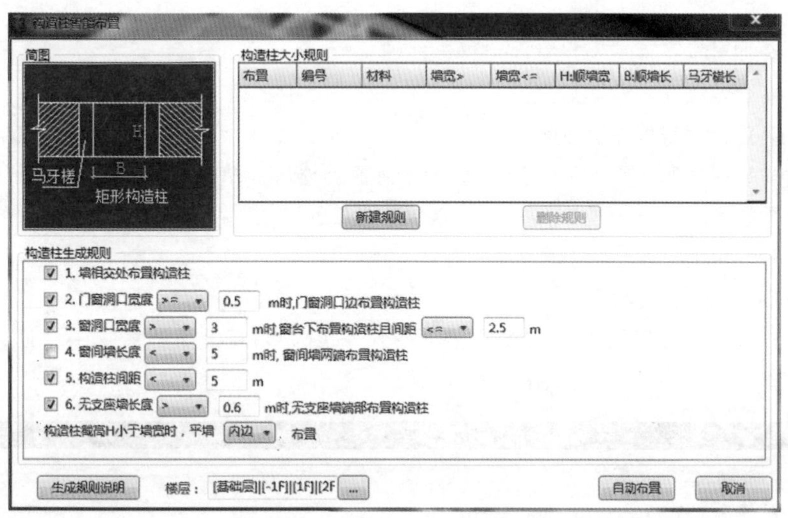

图　4－20

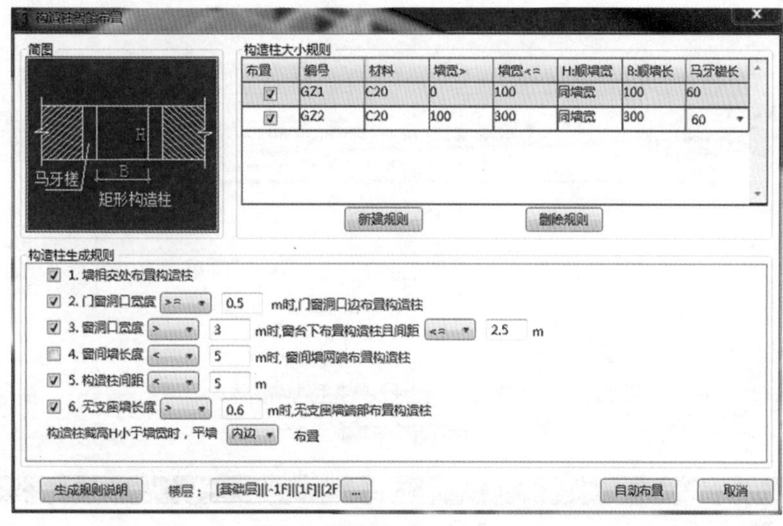

图　4－21

（2）过梁智能布置

1）功能说明：智能布置过梁。

2）执行方式：选择“斯维尔－土建”选项卡→“智能布置”下拉菜单→“过梁智能布置”，进入“过梁智能布置”对话框，如图 4－22 所示。

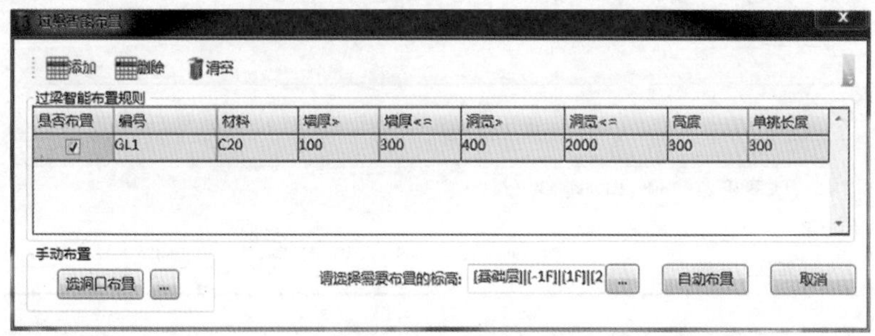

图　4－22

3）参数说明

①添加：增加过梁条件截面尺寸、用材等规则。

②删除：删除定义好的过梁规则。

③清空：清空过梁智能布置规则。

设置完过梁智能布置规则之后，选择所需要布置的楼层，单击“自动布置”即可自动布置过梁，也可选择需要布置过梁的洞口，手动布置所选洞口的过梁。

（3）压顶智能布置

1）功能说明：智能布置压顶。

2）执行方式：选择“斯维尔－土建”选项卡→“智能布置”下拉菜单→“压顶智能布置”，进入“压顶智能布置”对话框，如图 4－23 所示。

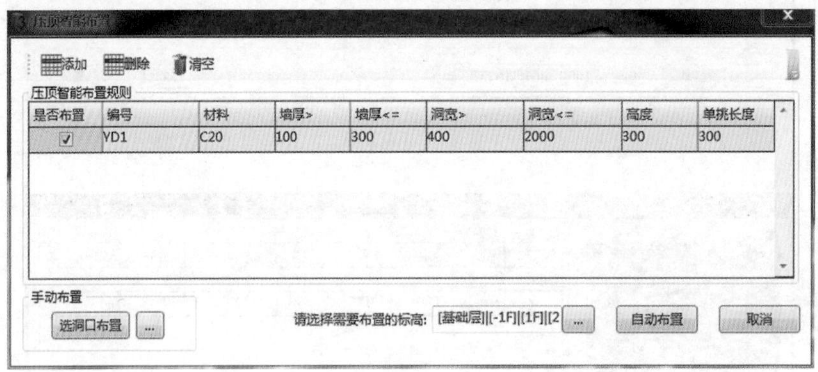

图 4－23

压顶智能布置参数说明及布置方式同过梁智能布置，此处不做赘述。

（4）圈梁智能布置

1）功能说明：智能布置圈梁。

2）执行方式：选择“斯维尔－土建”选项卡→“智能布置”下拉菜单→“圈梁智能布置”，进入“圈梁智能布置”对话框，如图 4－24 所示。

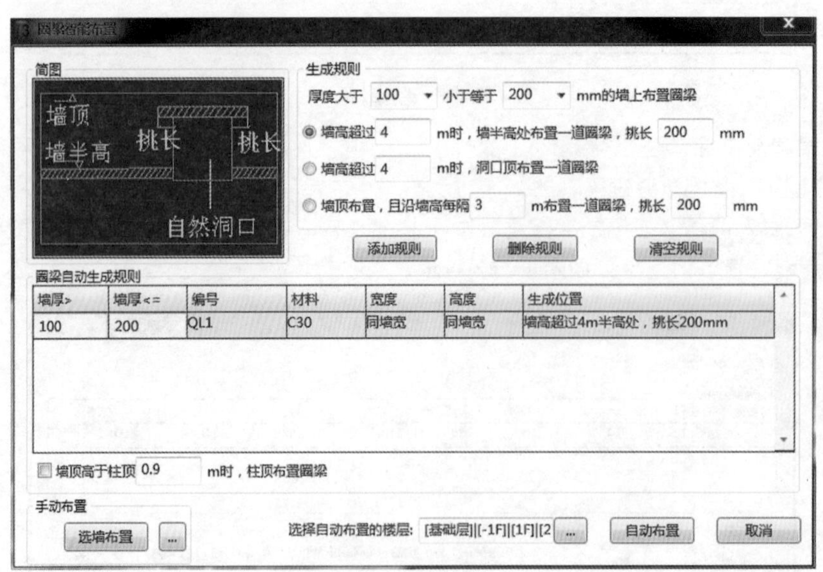

图 4－24

3）参数说明

①生成规则：圈梁生成方式和位置等条件设置。

②添加规则：添加圈梁自动生成条件。

③删除规则：删除圈梁自动生成规则。

④清空规则：清空圈梁自动生成规则。

根据结构说明，添加圈梁自动生成规则，设置生成规则，如图4－25所示。设置完成之后，选择需要布置圈梁的楼层，单击“自动布置”即可完成圈梁自动布置。

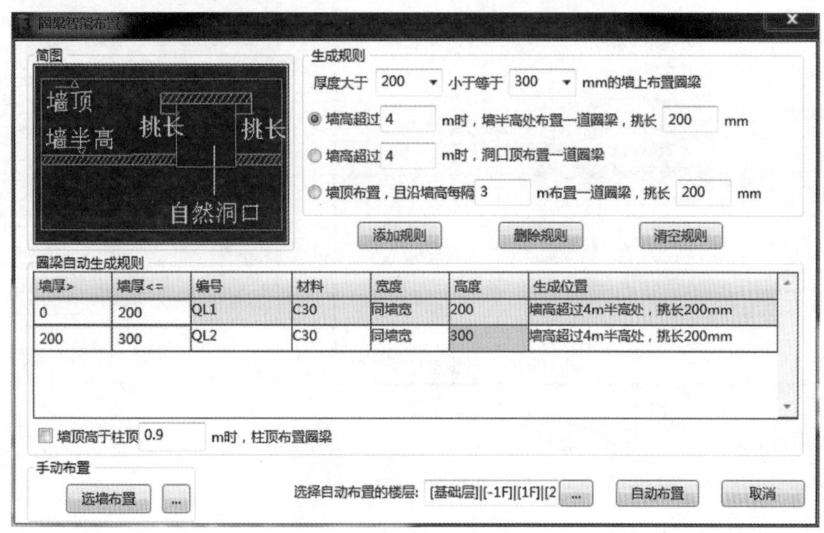

图　4－25

手动布置：单击“选墙布置”右侧“...”按钮，在弹出的对话框中设置圈梁大小规则，单击“确定”回到对话框中，单击“选墙布置”，在界面中选择需布置的墙，即可对选中的墙布置上圈梁。

（5）垫层智能布置

1）功能说明：智能布置垫层。

2）执行方式：选择“斯维尔－土建”选项卡→“智能布置”下拉菜单→“垫层智能布置”，进入“垫层智能布置”对话框，如图4－26所示。

3）参数说明

①生成方式：垫层生成方式选择“自动方式”。

②依附构件：垫层依附构件选择独基、承台、筏板。

设置完成之后，单击“确定”即可对选中的构件布置上垫层。

（6）砖模智能布置

1）功能说明：智能布置砖模。

2）执行方式：选择“斯维尔－土建”选项卡→“智能布置”下拉菜单→“砖模智能布置”，进入“砖模智能布置”对话框，如图4－27所示。

根据图示设置完相关内容，单击“确定”即可自动布置砖模。

（7）坑槽智能布置

1）功能说明：智能布置坑槽。

2）执行方式：选择“斯维尔－土建”选项卡→“智能布置”下拉菜单→“坑槽智能布置”，

进入“坑槽智能布置”对话框，如图 4－28 所示。

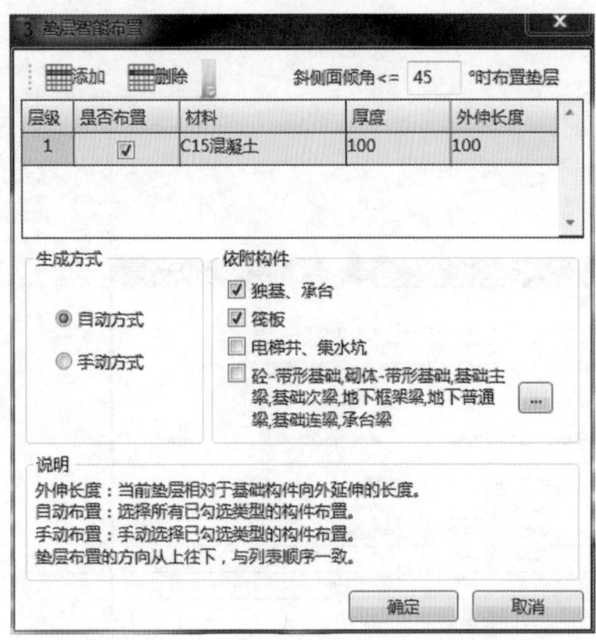

图 4－26

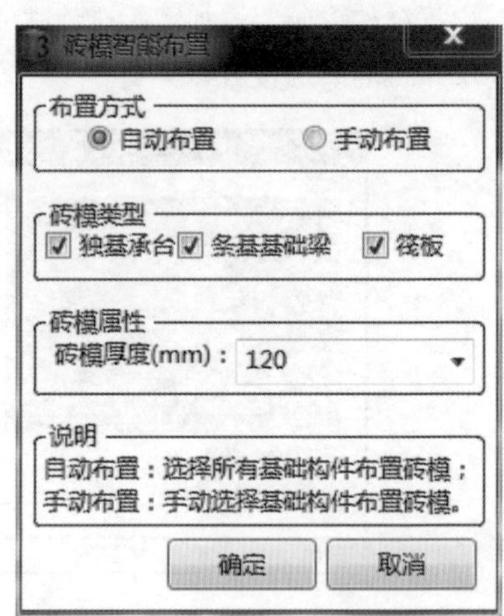

图 4－27

根据图示完成设置，单击“确定”即可自动布置坑槽。

（8）大基坑布置

1）功能说明：布置大基坑。

2）执行方式：选择“斯维尔－土建”选项卡→“智能布置”下拉菜单→“大基坑布置”。

3）操作步骤：执行上述操作，此功能需在平面视图中操作。进入“大基坑布置”对话框，如图 4－29 示；单击右侧“...”按钮，进入构件列表对话框，如图 4－30 所示；新建大基坑，如图 4－31所示；单击“布置”，进入图线绘制，绘制完成之后即可完成大基坑布置。

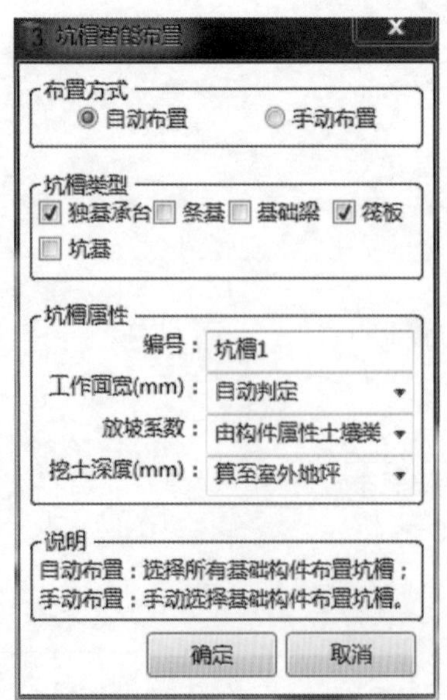

图 4－28

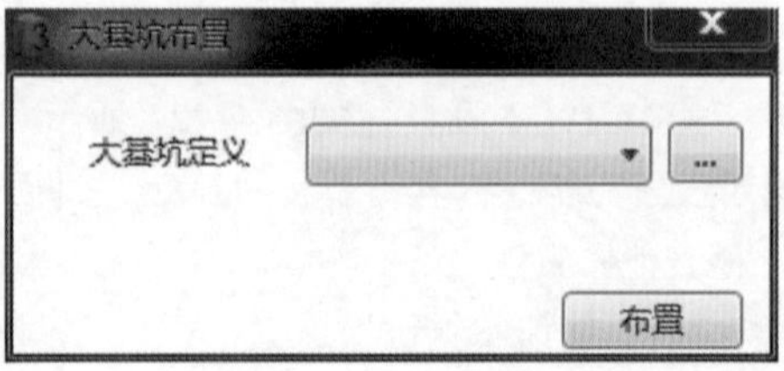

大基坑布置

大基坑定义 ...

布置

图 4－29

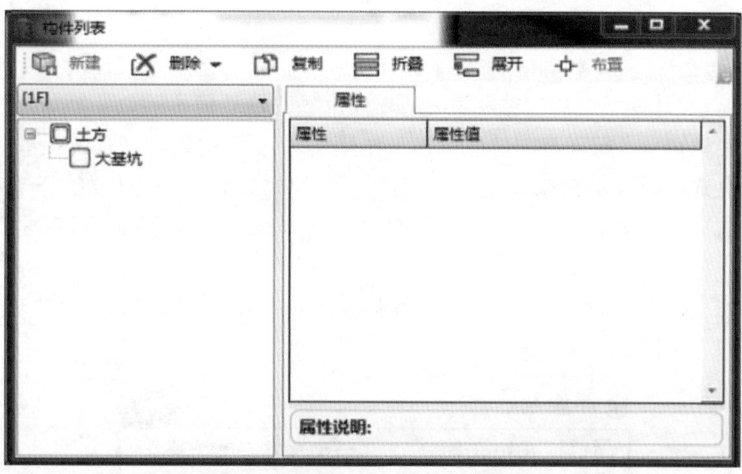

图 4-30

图 4-31

(9) 房间批量布置

1) 功能说明：批量布置房间。

2) 执行方式：选择“斯维尔－土建”选项卡→“智能布置”下拉菜单→“房间批量布置”。

3) 操作步骤：执行上述操作，此功能需在平面视图中操作。进入“房间批量布置”对话框，如图4-32所示。单击“确定”即可快速批量布置房间。

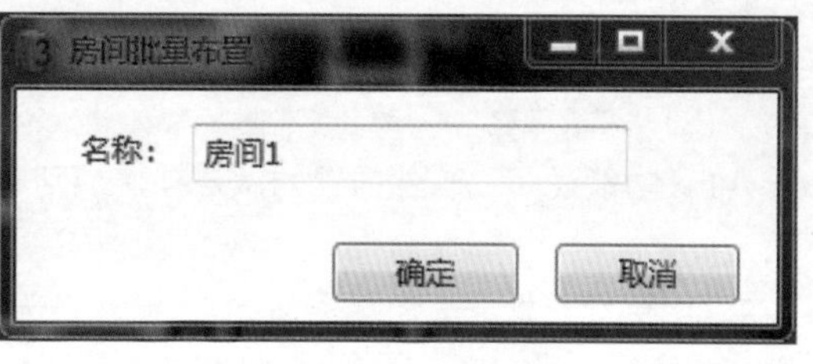

图 4-32

6. 构件做法挂接

(1) 自动套

1) 功能说明：设计模型中的构件是没有清单或定额的做法信息的，要将做法快捷、准确挂接到构件上，用人工对构件进行判定的信息量和工作量巨大，不切实际。3DAr 提供了自动对构件挂接清单或定额的方式，原理是在软件内预先设置好一套做法规则库，只要执行“自动套”功能，软件会自动将做法挂接到符合条件的构件上。自动套做法能极大地帮助使用者提高构件挂接做法的效率和准确度。

2) 执行方式：选择“斯维尔－土建”选项卡→“自动套”下拉菜单→“自动套”，进入“自动套做法”对话框，如图 4－33 所示。

图 4－33

3) 参数说明

①覆盖以前所有的做法：勾选此项是将所选构件的做法都覆盖更新为选择的做法。

②只覆盖以前自动套的做法：根据构件是否存在以前自动套的做法，如果存在，软件将对自动套的做法覆盖更新（对于构件上手动挂的做法不做改变）。

注：“覆盖以前所有做法”和“只覆盖以前自动套的做法”在操作上可以两者都不选，但不能同时都选择。

选择需要挂接做法的楼层、构件，单击“确定”按钮即可自动挂接做法。

(2) 做法维护

1) 功能说明：软件内置的做法挂接规则库，可在此处查看或调整软件自带的挂接条件和对应做法。

2) 执行方式：选择“斯维尔－土建”选项卡→“自动套”下拉菜单→“做法维护”，进入“做法维护”对话框，如图 4－34 所示。

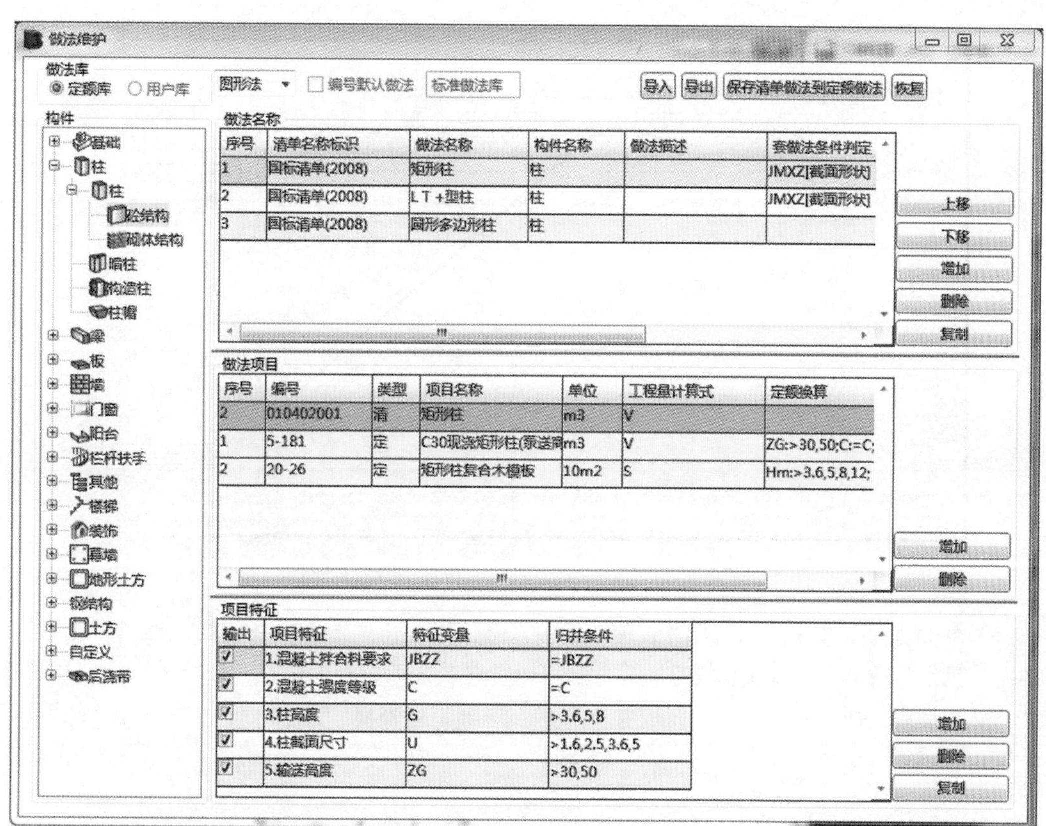

图 4－34

3）参数说明

①定额库：软件自带的各地清单、定额与构件的关系库，用户可对内容进行维护操作。

②用户库：用户当前工程做法操作页面，当用户不愿利用定额库的自动套内容时，用户可在此页面内自行编辑套挂清单、定额的条件。

③导入：将其他工程的做法库导入。

④导出：将当前工程的做法库导出到另外的工程内。

⑤增加：增加相应的做法名称、做法条目、项目特征。

⑥删除：删除选中的做法项。

⑦复制：复制选中的做法项。

（3）失败报告、清空做法

1）失败报告：执行自动套之后，如果工程中存在未挂接上做法的构件，相关失败信息将在此报告内显示。

2）清空做法：应用此功能可清空构件上已经挂接的做法。

执行方式：选择“斯维尔－土建”选项卡→“自动套”下拉菜单→“失败报告”“清空做法”，即可进入“失败报告”“清空做法”对话框。

（4）族类型表挂接做法　用户可根据每个楼层构件的族类型进行手动做法挂接。软件遵循同族名称原理，同一族名称的构件，按照项目特征分开列名后，方便用户手动挂接做法，手动挂接后每个相同的族上都会有此做法，如图4－35所示。

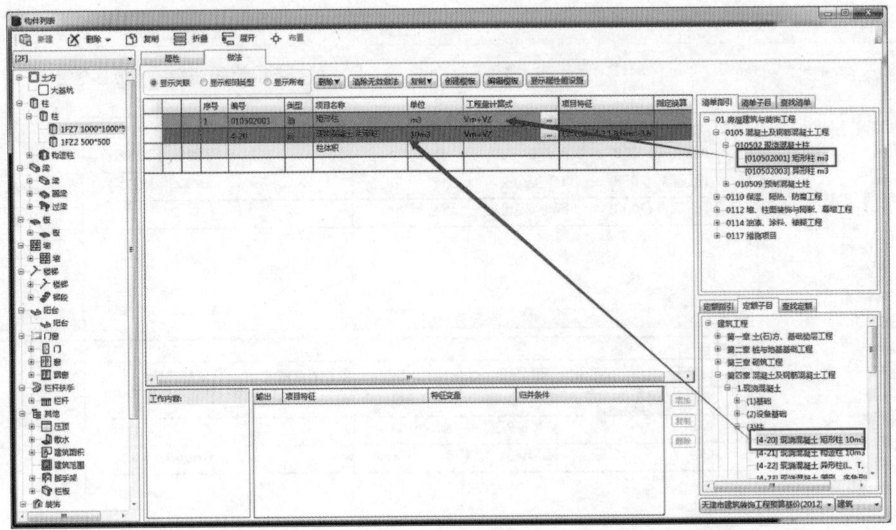

图 4-35

（5）构件手动挂接做法　在属性查询功能中，不仅可以快速查看构件的相关信息，也可以对选中构件进行相关信息的转化和调整，除此也可以针对单独或特殊的构件，进行做法调整和挂接。操作方法：选中界面中构件模型，在“属性查询”中单击“做法”按钮，对选中构件单独进行做法挂接，如图 4-36 所示。

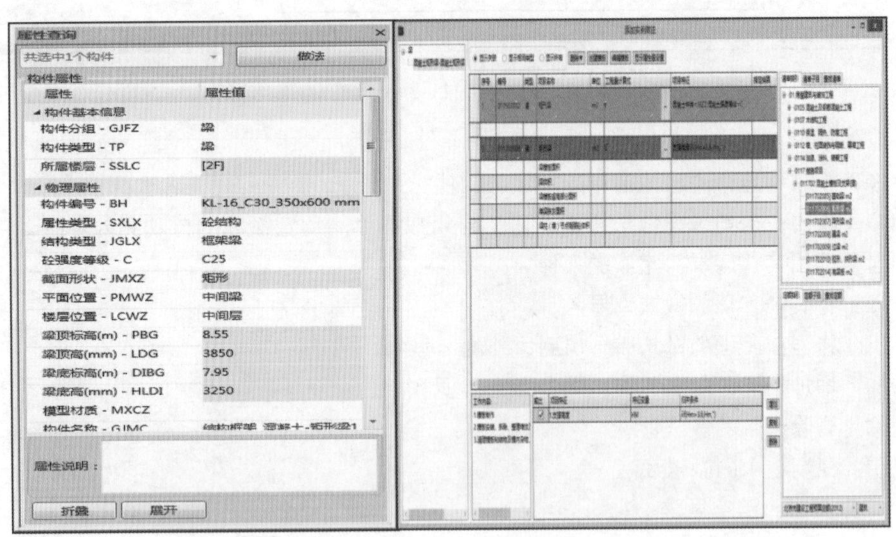

图 4-36

注：做法与族类型列表中的做法默认保持一致。在“族类型列表”定义中挂接的做法是挂接到整个构件编号上；在“属性查询→做法”中挂接的做法是挂接到选中的构件模型上。

4.5.7 BIM 钢筋工程量计算简介

斯维尔公司研发出可在 3DAr 中通过设计模型直接计算钢筋工程量的功能（以下简称“斯维尔钢筋”），原理流程如图 4-37 所示。

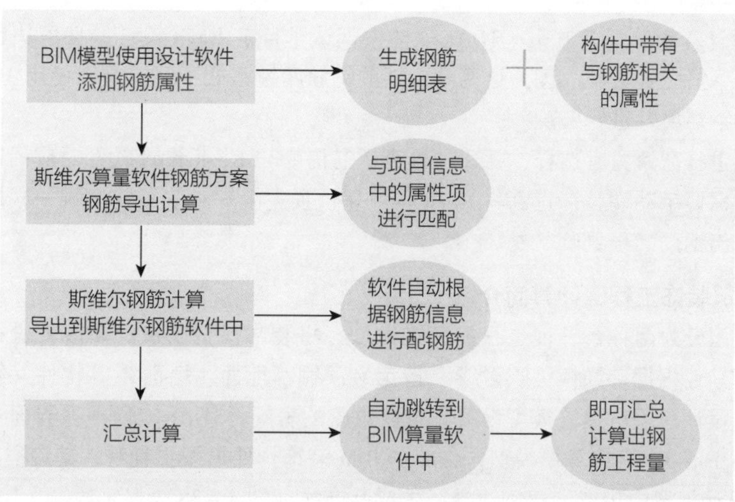

图　4 - 37

1. 钢筋工程量计算对模型的要求

（1）构件影响钢筋计算判定的信息　影响钢筋计算判定的信息（属性）和作用大致如下。

1）构件名称：有些构件在计算机中形状是相同的，如梁和基础梁，它们在计算机中的形状都是长条形，但钢筋在这两种构件内的构造方式不一样，所以要指定好构件名称。

2）结构类型：虽然是同类构件，但应区分结构类型，如框架梁和普通梁，其钢筋构造是不一样的，所以应在需要计算钢筋的构件模型上关联结构类型信息。

位置（含平面位置、楼层位置）：构件模型在房屋中有“平面”“楼层”位置之分。平面位置指“角、中、边”位置，楼层位置指“底、中、顶和独一层”楼层。同样构件在房屋中的位置不同，其钢筋的构造也不同。

3）钢筋名称：构件中钢筋的用途不同，则钢筋的构造方式不同，如箍筋与纵向钢筋、梁底筋和梁面筋。

4）钢筋规格型号：钢筋有直径大小、外形形状、强度等级的区分，这些内容对钢筋的构造也是有影响的。

5）构件的材料：指构件的混凝土强度等级。

6）构件的抗震等级：指结构的抗震等级。

以上钢筋计算的信息，有些可通过软件分析自动得到，有些内容需要人为指定，具体参照第 4 章 4.4.2 节“信息获取”相关内容。

注意： 抗震等级：有些设计说明不会指明某类柱、墙、梁等的抗震等级，而是指“框架”“剪力墙”的抗震等级，此时要区分清楚。

跨号：跨号很重要，如果只计算构件工程量，跨号没有作用，如计算钢筋则必须要有跨号信息。跨号能确定支座所处位置，多跨梁、墙在支座处有时会布置“负弯矩筋（支座筋）”，如果跨号不对，一是钢筋布置会紊乱，二是梁的同编号钢筋原则就执行不了。

（2）Revit 钢筋明细表　进行钢筋计算，如果直接利用 Revit 软件的设计模型，3DAr 软件会直接读取设计模型内的钢筋明细表，通过判定和分析关联在构件编号上的相关钢筋计算信息，依据设置的钢筋计算规则进行钢筋工程量计算。

Revit 钢筋明细表中必须包含：构件编号、构件标高范围、构件截面尺寸、钢筋信息名称（角筋、纵筋、箍筋、箍筋类型等信息）。

（3）工程量计算软件配置方案　3DAr 软件中默认了目前 Revit 设计软件解决钢筋的格式，即盈建科和探索者钢筋配置方案。因为这两款软件的钢筋属性格式不同，所以使用 3DAr 软件进行钢筋计算时，应将钢筋属性进行匹配。

使用时，可进行配置方案选择，并逐一检查钢筋信息与 Revit 设计软件对应的钢筋属性是否一致，若不一致，需要手动调整，直到与 Revit 构件属性项完全一致。钢筋属性一致后软件即可进行自动转换，计算出钢筋工程量。

2. BIM 建筑装饰工程量计算简介

BIM 装饰模型分为两种，一种是根据装饰做法，将装饰模型在设计阶段就进行模型创建，之后由工程量计算软件根据装饰模型映射成“自定义顶棚、地面、墙面”等构件，统计出装饰工程量。另一种是在设计阶段对建筑模型设置和布置对应的房间，3DAr 软件根据界面中房间名称并依据计算规则自动生成 3D 装饰算量模型，生成的 BIM 装饰构件模型更直观，其流程及效果图如下。

（1）根据设计模型中生成的房间边界线生成装饰线（图 4－38）

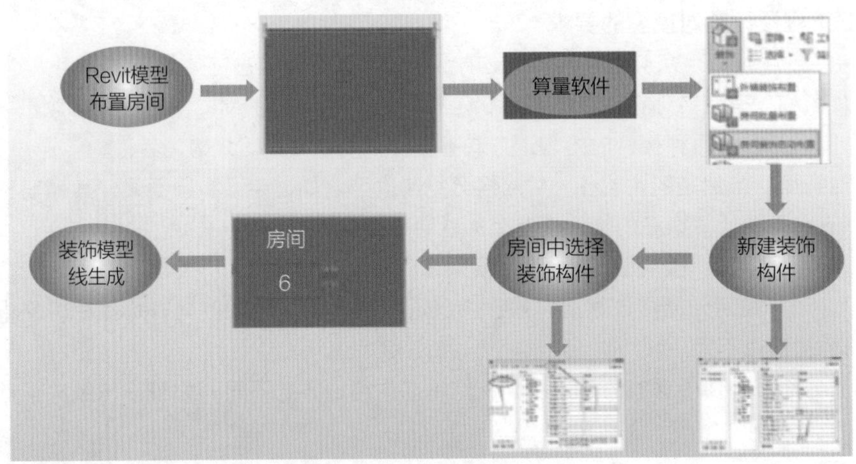

图　4－38

生成的装饰模型在平面投影下是边界线，在 3D 状态下是面形状，可以进行工程量计算，如图 4－39所示。

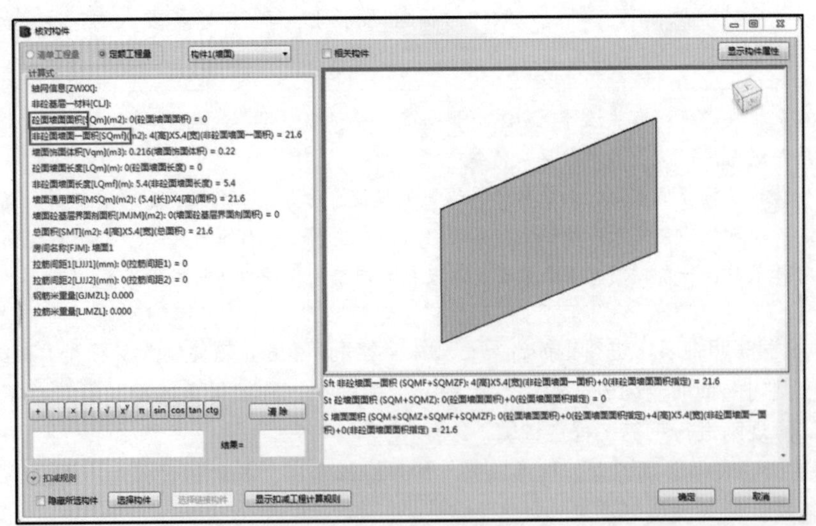

图　4－39

通过分析，软件将自动区分混凝土墙面装饰和非混凝土面装饰，方便造价分析。

（2）将装饰边界线生成装饰3D模型　因为BIM模型生成的边界线并不能解决BIM可视化问题，因此3DAr软件提供了生成装饰三维模型功能。

基于上一步操作生成的装饰模型线，单击“斯维尔－土建”选项卡→“装饰”菜单项的“房间精装”按钮，即可生成三维装饰模型，如图4－40所示。

效果图如图4－41所示。

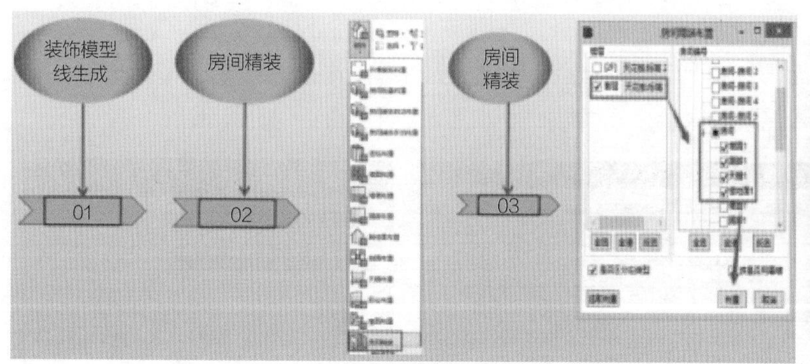

图　4－40

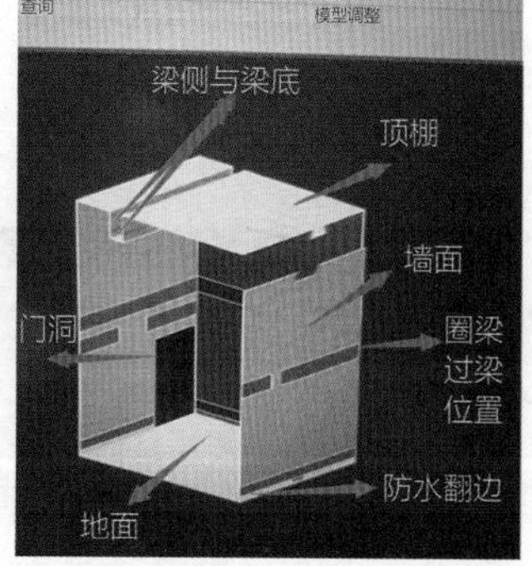

图　4－41

4.5.8　BIM安装计算原理

以下以“安装算量For Revit”软件（以下简称“3DMr”）作介绍，均假设有设计模型（主要是指用Revit软件创建的“施工图模型”），直接利用设计模型转换为工程量计算模型并进行工程量计算。

1. 新建/打开设计模型

新建一个工程项目，或打开已有的工程项目。单击界面中的“打开”，打开已有的工程项目，并通过Revit自身功能，插入→链接Revit（若无链接文件，此步骤可免），如图4－42所示。

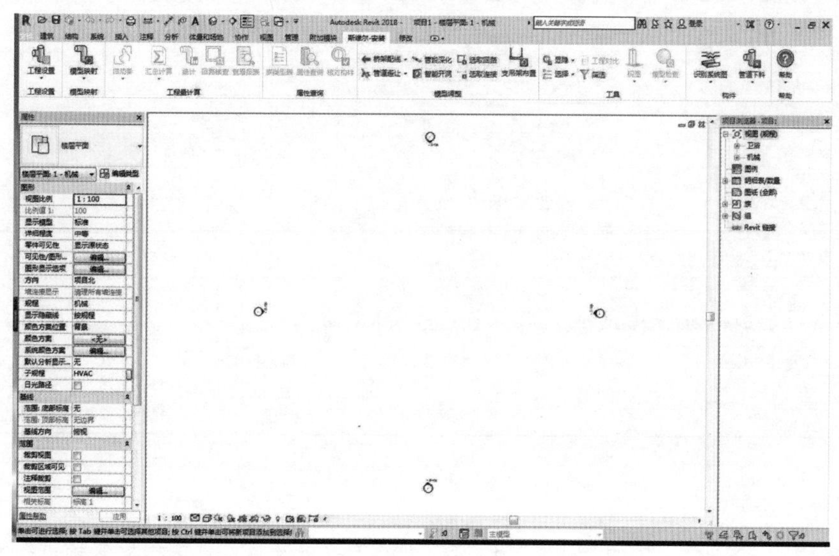

图　4－42

注意：当对工程进行工程设置、模型映射之后，“斯维尔－安装”下拉菜单中的所有功能才会亮显，反之为灰显不可操作。

2. 工程设置

(1) 计量模式　参见“4.5.5 建筑与装饰工程量计算软件信息获取”有关内容。

(2) 楼层设置　参见“4.5.5 建筑与装饰工程量计算软件信息获取”有关内容。

“楼层设置”对话框，如图 4－43 所示。

参数说明：选择“按所属楼层属性”必须针对构件添加“所属楼层”参数。操作步骤：在 Revit 选项卡单击“管理”→“项目参数”→“添加”，如图 4－44、图 4－45 所示。

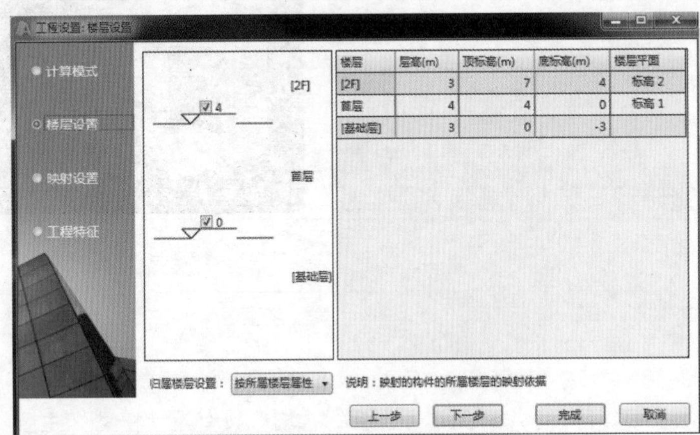

图　4－43

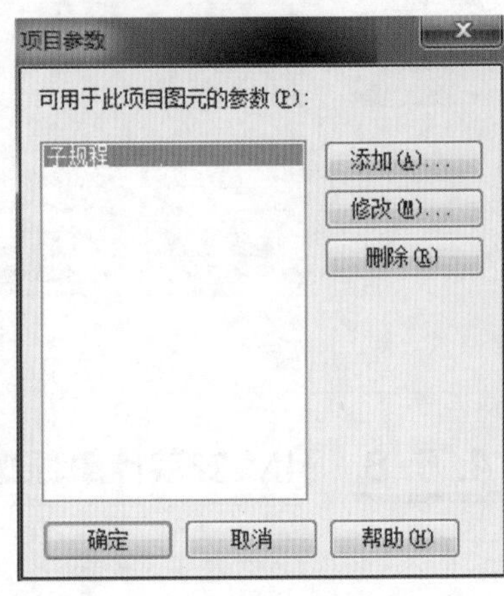

图　4－44

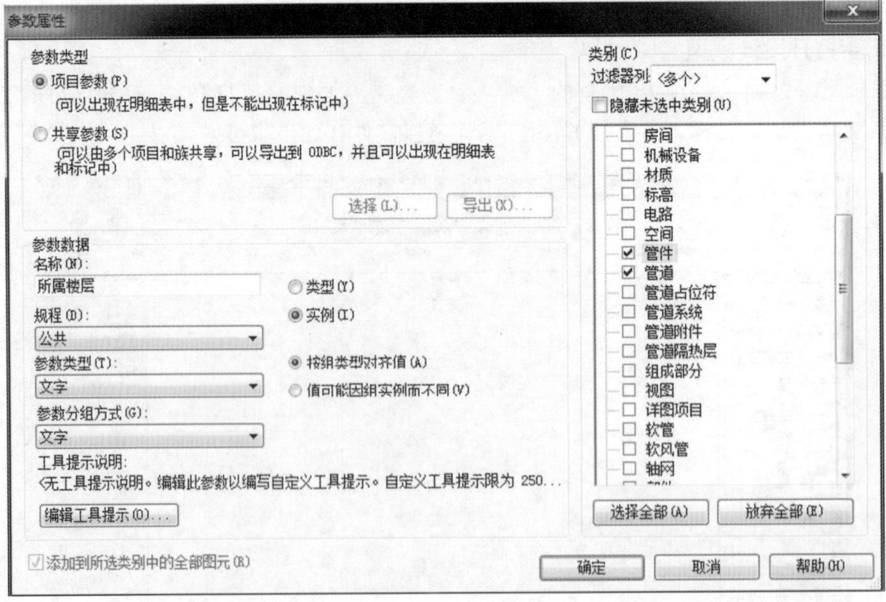

图　4－45

(3) 映射设置

1) 功能说明：将 Revit 构件转化成软件可识别的工程量计算构件。根据名称进行材料和结构类型的匹配，若根据族名称未匹配成功，可执行族名修改或调整转化规则设置，提高匹配成功率。

2）执行方式：在工程设置界面单击“映射设置”按钮，进入“映射设置”对话框，如图4－46所示。

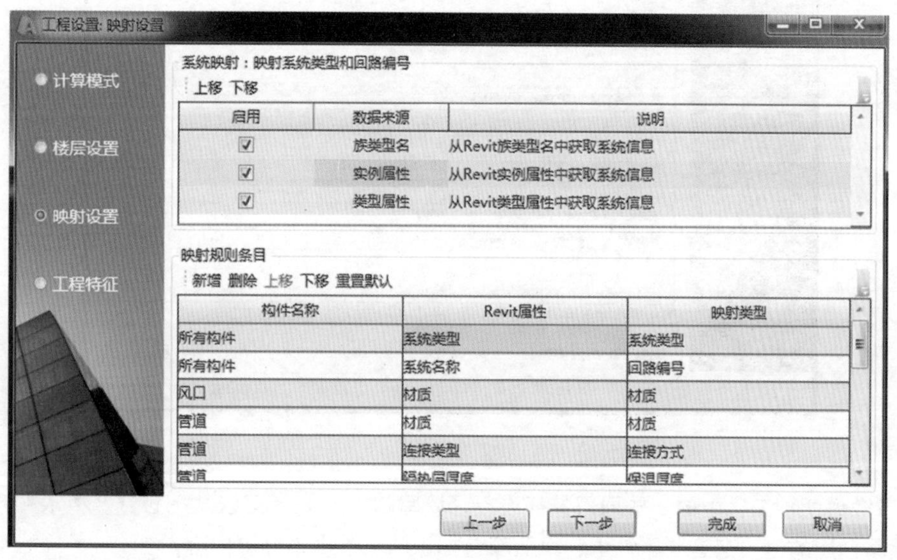

图 4－46

3）参数说明。

①系统映射：材质信息来源包含Revit族类型名、Revit实例属性、Revit类型属性。

②映射规则条目：“映射规则条目”与“材质映射”中数据来源条目一一对应，可以根据工程需要新增或删除其中的规则条目；“构件名称”指需要进行规则映射的构件类型；“Revit属性”指所选构件的实例属性；“映射类型”指与Revit属性对应的工程量计算软件中的属性，如图4－47所示。

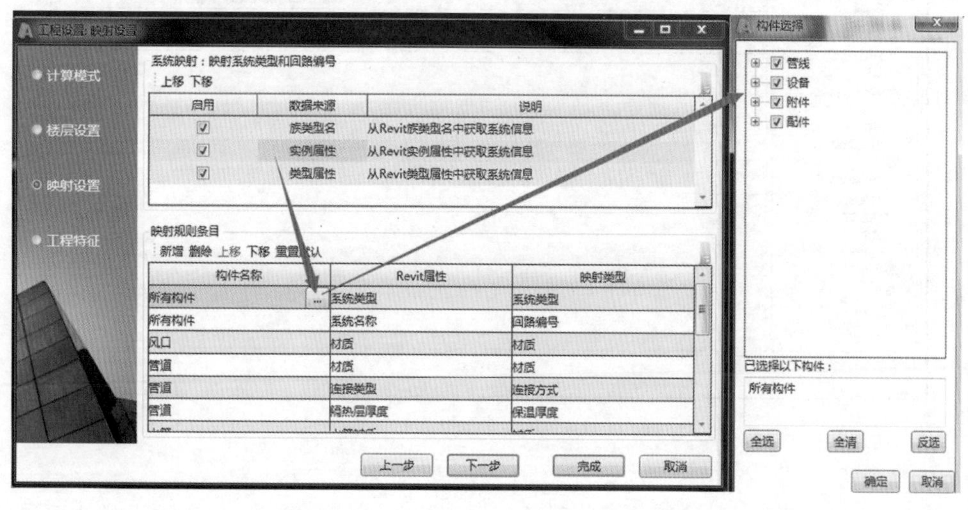

图 4－47

（4）工程特征

1）功能说明：对工程的一些局部特征进行设置。

2）执行方式：在工程设置界面中单击“工程特征”按钮，进入“工程特征”对话框，如图4－48所示。

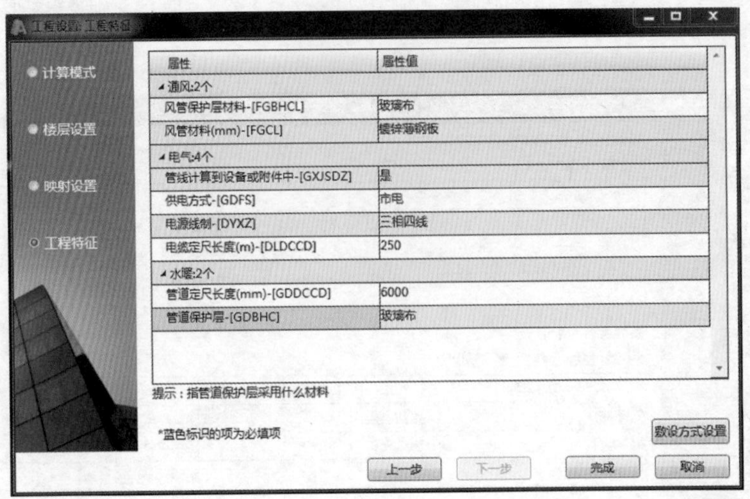

图 4-48

3）参数说明：工程中的一些局部特征设置，填写栏中的内容可以从下拉选择列表中选择，也可直接填写合适的值。在这些属性中，用蓝颜色标识的属性项为必填内容。

（5）工程量计算选项

1）功能说明：设置和查看所做工程中构件的输出计算式和换算信息等。

2）执行方式：单击“工程设置”下拉选项“工程量计算选项”，如图 4-49 所示。

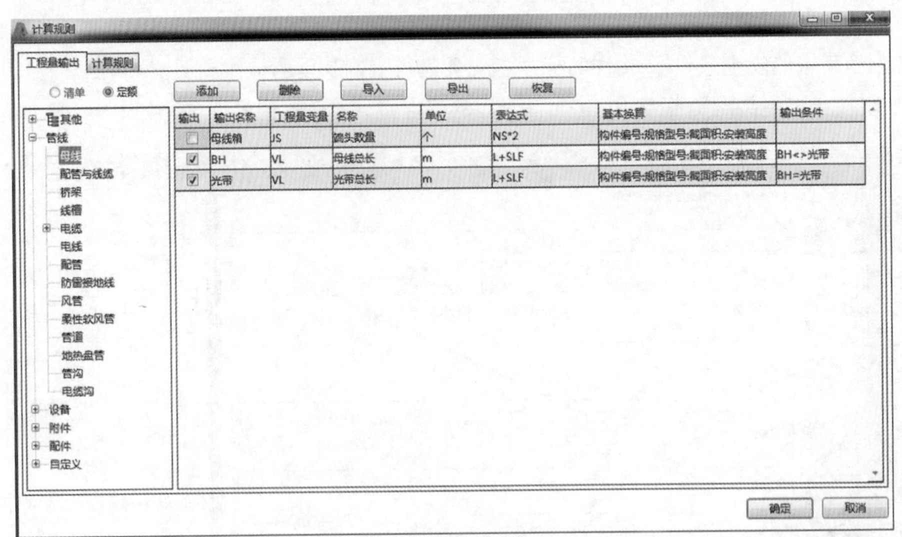

图 4-49

3）参数说明

①工程量输出：用于挂接定额或清单时软件自动关联的计算表达式，也用于当“工程设置”中输出模式为构件实物量时，最后统计按本页打勾的计算式和换算条件输出报表。软件缺少按当地的定额或清单规则设置输出条件时，用户可以自行增加记录定义输出的计算式和换算条件。

②计算规则：查看调整机电构件、配件及附件在清单、定额模式下的计算规则，如图 4-50 所示。

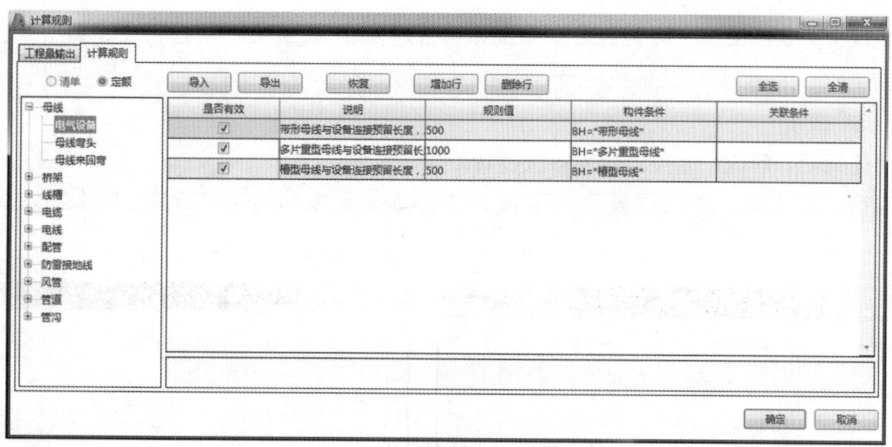

图 4-50

(6) 系统定义

1) 功能说明：查看本工程中各系统的回路信息，以及各个系统中的详细设置信息，包括专业类型、系统类型、系统代号、颜色、线型及线宽等。

2) 执行方式：单击“工程设置”下拉选项“系统定义”，进入“系统定义”对话框，如图4-51所示。

图 4-51

3) 参数说明

①在系统定义中蓝色字体表示工程中已应用的回路编号，不能删除，否则会影响工程量计算。

②“清除无效系统”指清除当前工程中不存在的系统类型和回路编号。

(7) 链接计算

1) 功能说明：勾选后则可以计算链接文件。

2）执行方式：单击“工程设置”下拉选项“链接计算”，进入“链接计算管理”对话框，如图4－52所示。

（8）绑定链接

1）功能说明：勾选后则可以将链接文件转为本地文件。

2）执行方式：单击“工程设置”下拉选项“绑定链接”，进入“绑定链接”对话框，如图4－53所示。

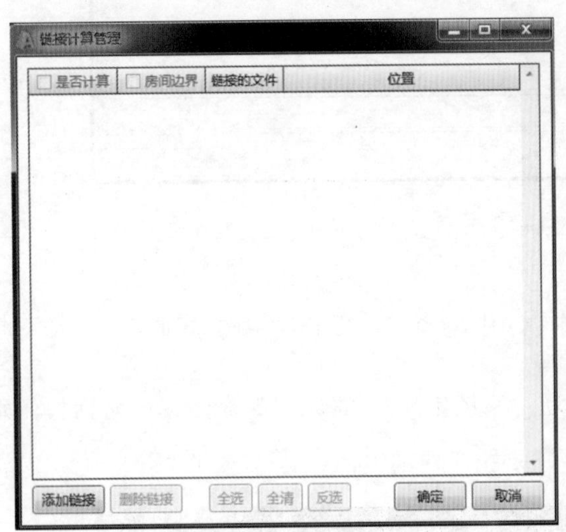

图 4－52

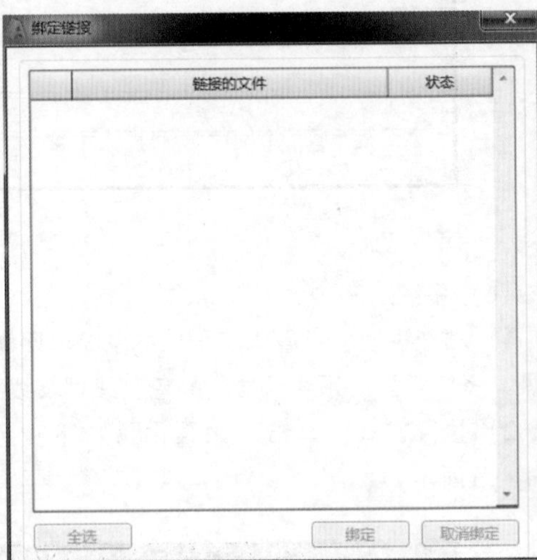

图 4－53

3. 模型映射

（1）模型映射说明

1）功能说明：将设计模型转化为算量模型。根据 Revit 族名称进行材料和结构类型的匹配，若根据族名称未匹配成功，可以执行族名称修改或调整转化规则设置，提高匹配成功率。

2）执行方式：选择“斯维尔－安装”选项卡→“模型映射”下拉菜单→“模型映射”，进入“模型映射”对话框，如图4－54所示。

3）参数说明

①全部构件：即显示当前项目中的所有。

②未映射构件：模型映射完成之后，再次进入此对话框，单击“未映射构件”按钮，可查看未映射构件。

③新添构件：模型映射完成之后，若在工程中新添了构件，可再次进入此对话框，单击“新添构件”进行查看，并再次对新添构件进行映射。若不进行此操作，新添构件未映射成工程量计算模型，将对计算结果造成影响。

④模型预览：单击某一构件，单击“模型预览”即可查看此构件的三维模型。

⑤模型映射完成之后，单击“确定”即可完成此操作。

（2）族名修改

1）功能说明：用于批量处理软件中由于命名不规范而导致的无法准确匹配。

2）执行方式：选择“斯维尔－安装”选项卡→“模型映射”下拉菜单→“族名修改”，进入“批量修改族类型名”对话框，如图4－55所示。

图 4-54

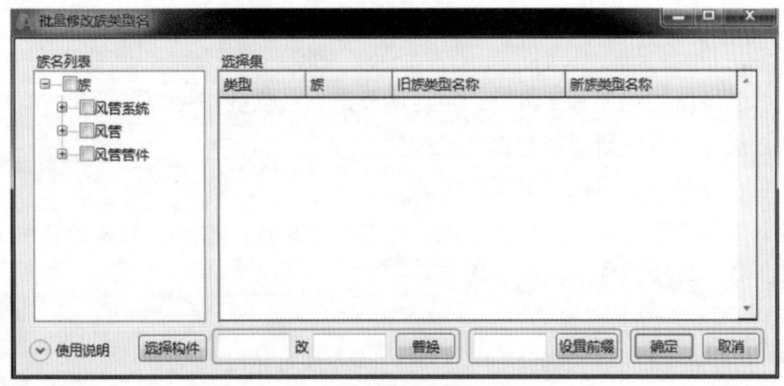

图 4-55

3）参数说明

①族名修改：选择所需要的族类型，选择集列出构件的族类型包含的族。

②选择集：列出族名列表中选择的族类型中包含的族。

③替换：在选择集中选择需要修改的族，在替换文本框 1 中输入被替换的字符，在替换文本框 2 中输入替换后的字符，单击“替换”按钮完成，可用“shift”按钮选择多个族。

④设置前缀：在选择集中选择需要修改的族，在前缀文本框中输入字符，单击“设置前缀”按钮完成。

可在新族名称中双击对应的单元格，对族名称进行修改。族名修改完成之后，单击“确定”按钮。

注：用“shift”+鼠标左键可连续选行，用“ctrl”+鼠标左键可间隔选行。

(3) 方案管理

1) 功能说明：本功能是转化规则的拓展，由于部分企业有自己的命名规范，为解决此问题，软件支持自定义规则库，提供导入导出步骤，可一次定义多次使用。

2) 执行方式：选择“斯维尔－安装”选项卡→“模型映射”下拉菜单→“方案管理”，进入“方案管理”对话框，如图4－56所示。

图 4－56

3) 参数说明

①复制方案：创建新的构件转换方案，可将所要进行转换的构件放入新建方案中。

②删除方案：删除原有或新建的构件转换方案。

③方案重命名：重新命名导入或创建的方案。

④导入：导入工程方案，用户可使用导入方案对项目构件、材质、族参数转换进行管理。

⑤导出：导出构件转换完成的工程方案。

(4) 材质设置

1) 功能说明：为 Revit 构件批量添加实例属性项和属性值。

2) 执行方式：选择“斯维尔－安装”选项卡→“模型映射”下拉菜单→“材质设置”，进入“Revit 属性设置”对话框，如图4－57所示。

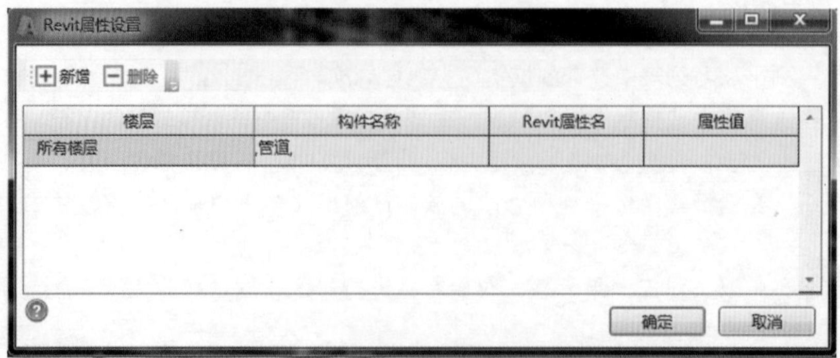

图 4－57

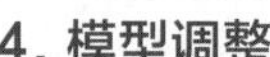

4. 模型调整

（1）桥架配线

1）功能说明：对桥架进行线路配置。

2）执行方式：选择“斯维尔－安装”选项卡→“桥架配线”。

①单击“选择构件”按钮，选取绘图界面上的引入端构件后，单击“确定”按钮进行下一步，如图 4－58 所示。

②单击“选择构件”按钮，选择绘图界面上的引出端构件后，单击“确定”按钮进行下一步，如图 4－59 所示。

图　4－58

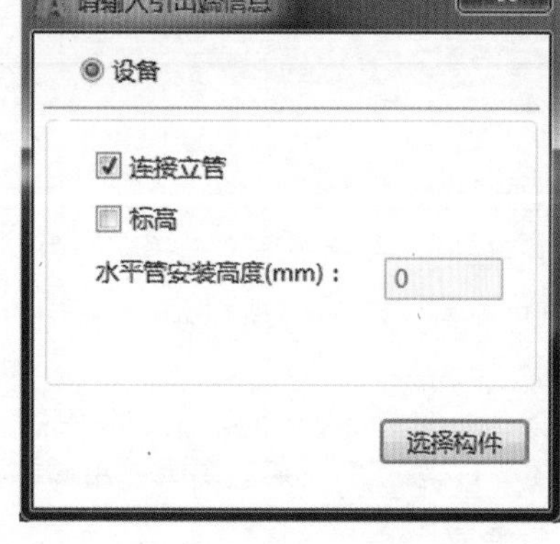

图　4－59

③在此界面中选取桥架配线的最佳路径，如图 4－60 所示。

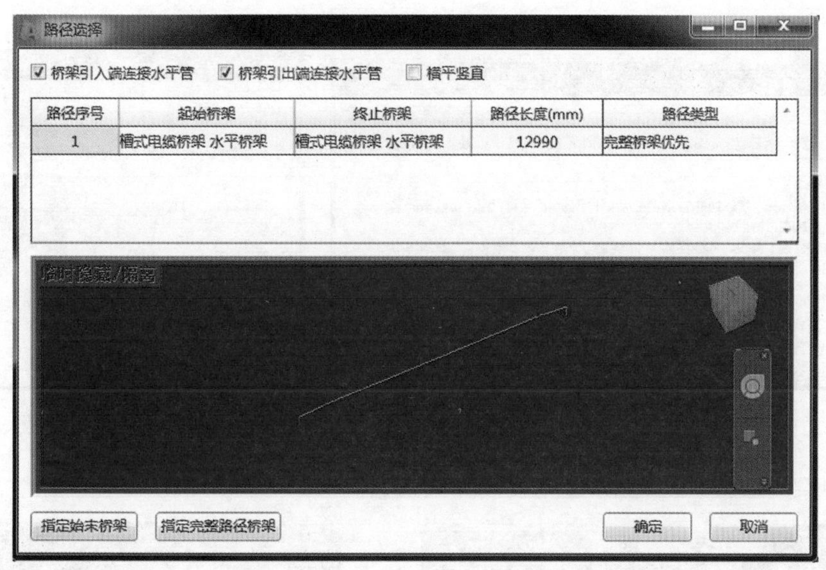

图　4－60

④单击“确定”后，选取线缆编号，即完成桥架配线功能，如图 4－61 所示。

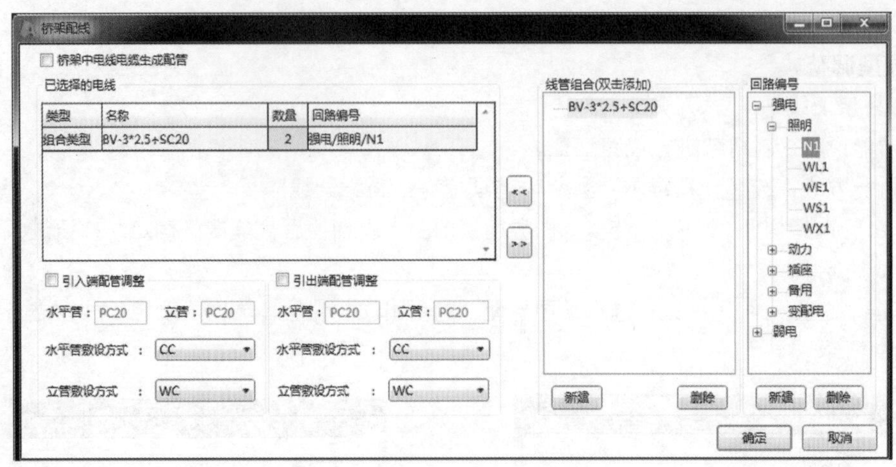

图 4-61

(2) 自动走线

1) 功能说明：管线的指定主箱和配电箱柜编号相同，管线和配电箱柜能通过桥架走线。

2) 执行方式：选择“斯维尔-安装”选项卡→“桥架配线”下拉菜单“自动走线”，如图4-62所示。

软件会自动搜索模型中的主箱与配电箱柜编号是否相同并做出判定，若相同则会自动在桥架中生成管线连接（“是”：桥架内管线生成配管；“否”：桥架内管线不生成配管）。

(3) 管道避让

1) 功能说明：调整构件碰撞避让。

2) 执行方式：选择“斯维尔-安装”选项卡→“管道避让”，进入“管道避让”对话框，如图4-63所示。

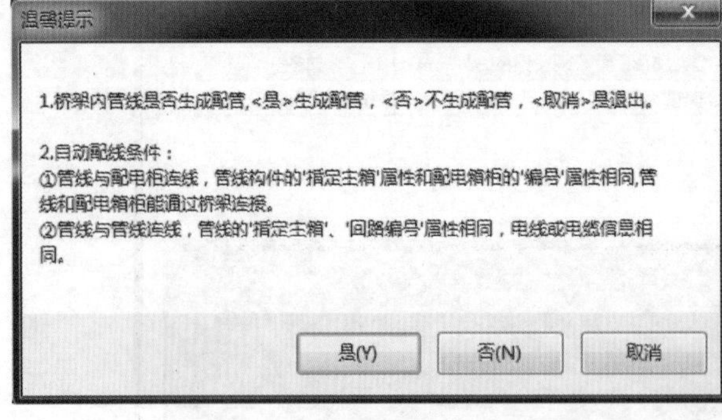

图 4-62

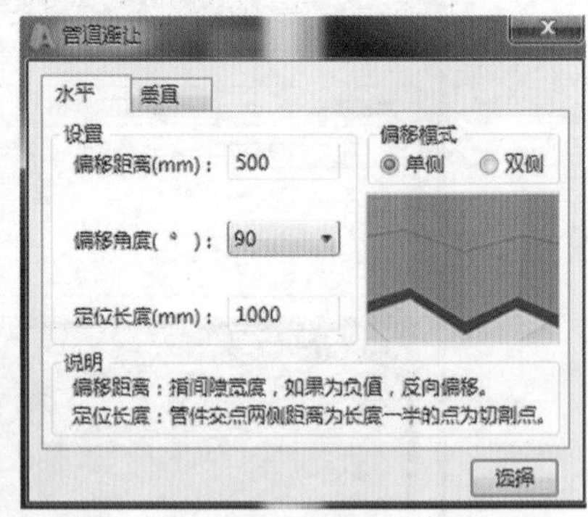

图 4-63

水平方向避让如图4-64所示；垂直方向避让如图4-65所示。

图 4-64

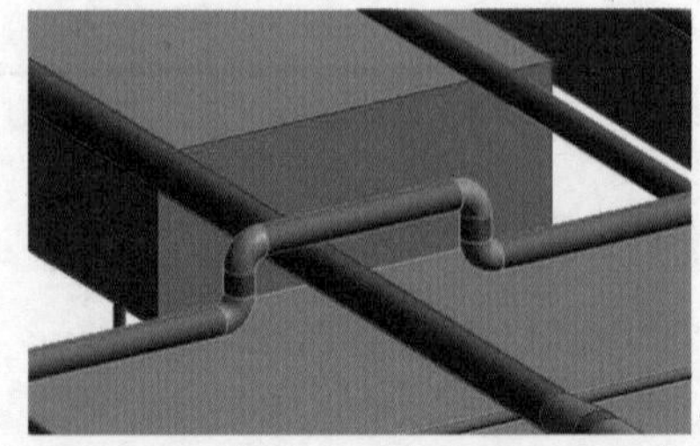

图 4-65

(4) 管道排列

1) 功能说明：可使多根水平管道按照指定的间距排列。

2) 执行方式：选择“斯维尔－安装”选项卡→“管道避让”下拉菜单“管道排列”。

①选择需要排列的管道，如图 4－66 所示。

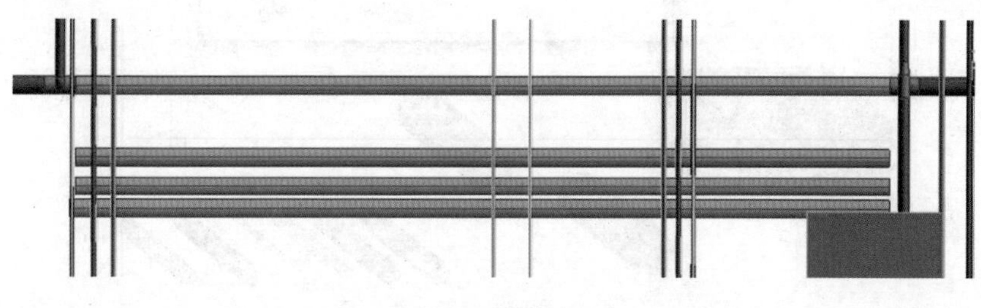

图　4－66

②单击“完成”按钮，选择基准管道输入排列间距值，如图 4－67 所示。

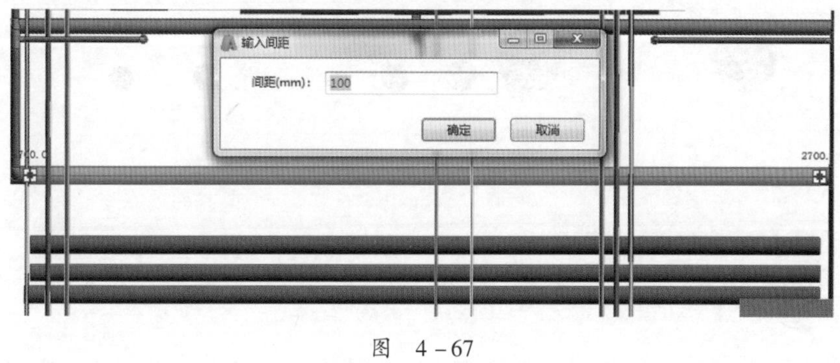

图　4－67

③单击“确定”按钮，管道排列完成，如图 4－68 所示。

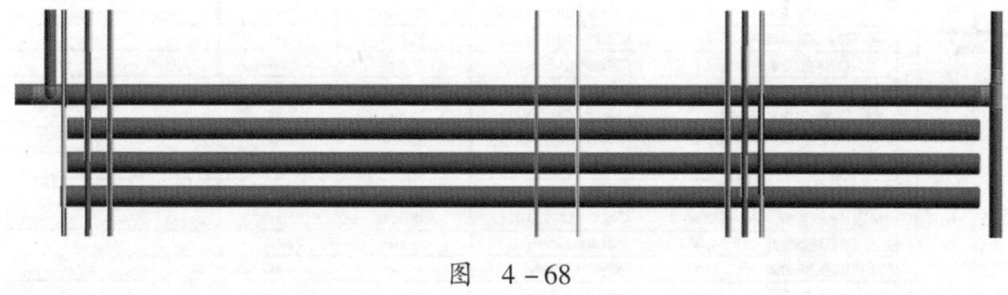

图　4－68

(5) 管道设高

1) 功能说明：快速调整管道的高度。

2) 执行方式：选择“斯维尔－安装”选项卡→“管道避让”下拉菜单“管道设高”。

①选择需要设定高度的管道，如图 4－69 所示。

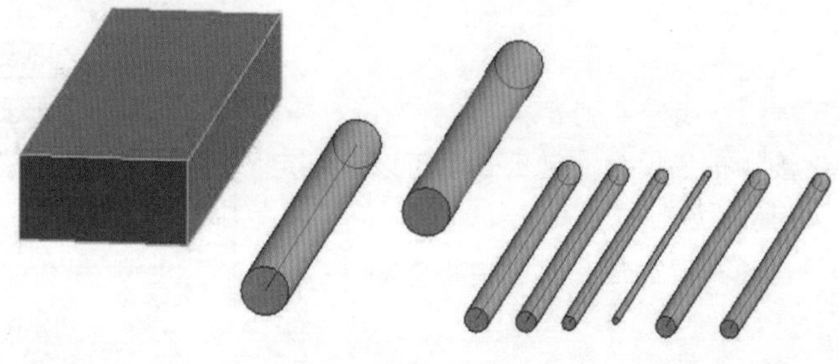

图　4－69

②单击“完成”按钮，选择基准管道输入高度值，如图 4－70 所示。

图　4－70

③单击“确定”按钮，所选管道按相同底高度排列，如图 4－71 所示。

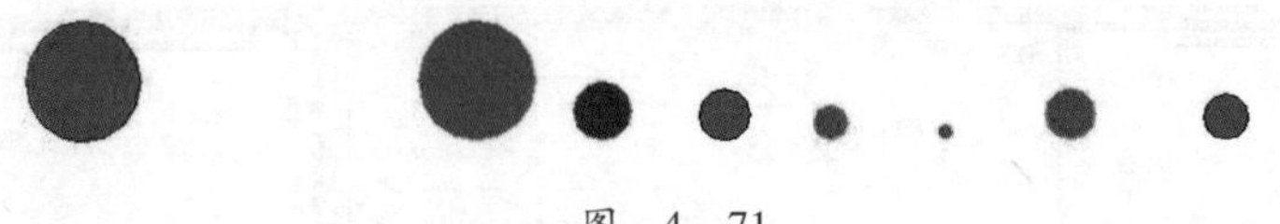

图　4－71

（6）管段深化

1）功能说明：智能布置管道连接件。

2）执行方式：选择“斯维尔－安装”选项卡→“管段深化”，进入“管段深化”对话框，如图 4－72 所示。

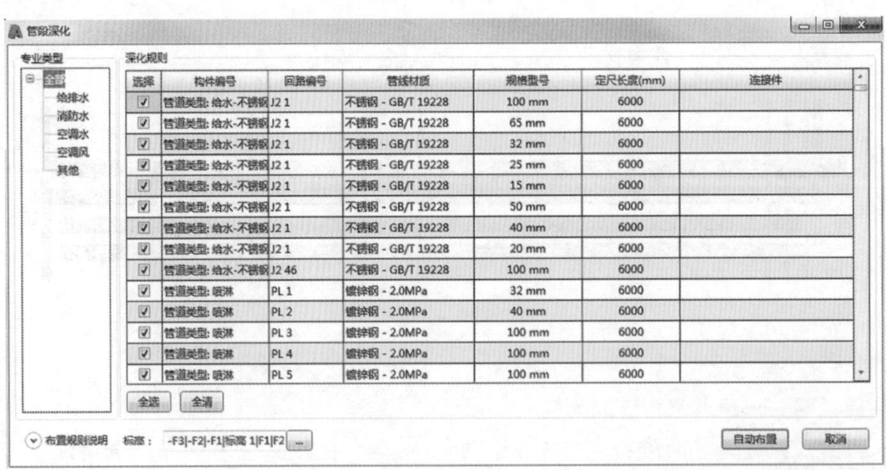

图　4－72

3）参数说明

①专业类型：汇总工程中所有专业列表。

②深化规则：构件连接件布置规范；定尺长度可以自行定义，连接件选择对话框如图 4－73 所示。

修改好规范，单击“自动布置”后，模型中将增加连接件模型，如图 4－74 所示。

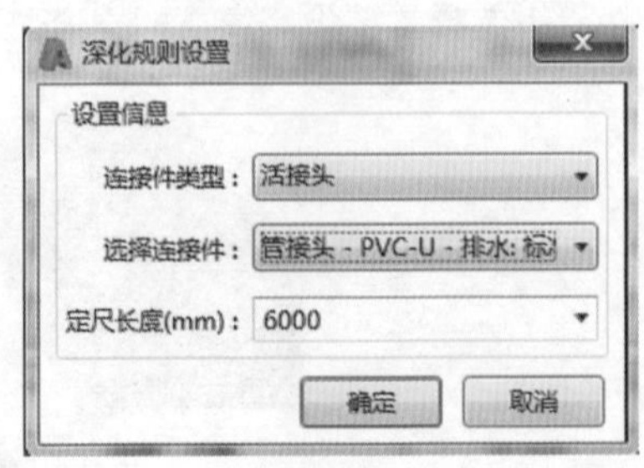

图　4－73

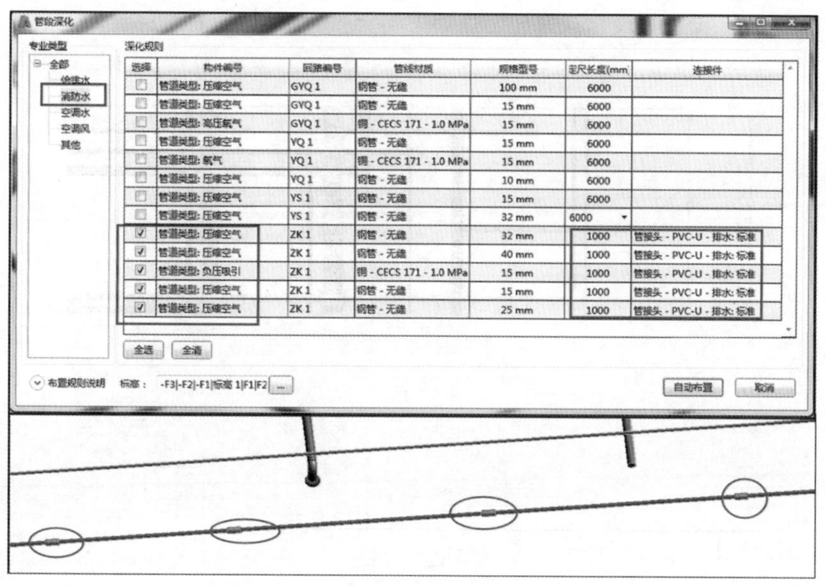

图　4 – 74

（7）智能开洞

1）功能说明：自动在墙和板上开洞口。

2）执行方式：选择“斯维尔 – 安装”选项卡→“智能开洞”，进入“智能开洞”对话框，如图 4 – 75 所示。

此功能包含“墙上开洞”和“板上开洞”，用户可以依工程具体情况设置参数，如图 4 – 75 所示。

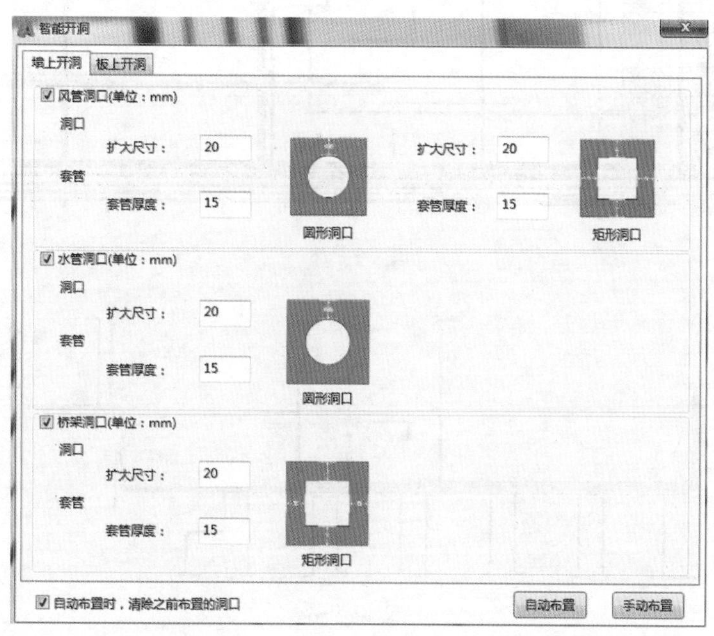

图　4 – 75

（8）选取回路

1）功能说明：选择某构件，工程中与其相同回路构件都将被选中。

2）执行方式：选择“斯维尔 - 安装”选项卡→“选取回路”。选择一段管道，如图 4-76 所示；单击“选取回路”按钮，如图 4-77 所示。

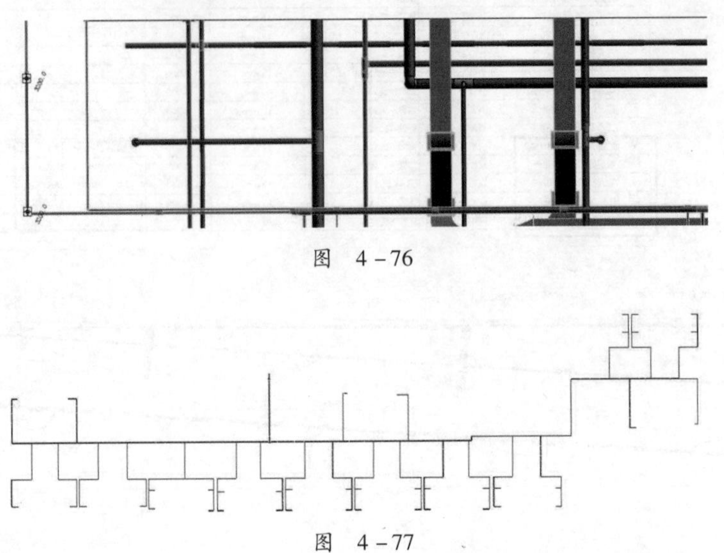

图 4-76

图 4-77

（9）选取连接

1）功能说明：选择某构件，工程中与其相连的构件都将被选中。

2）执行方式：选择“斯维尔 - 安装”选项卡→“选取连接”。选择一段风管，如图 4-78 所示；单击“选取连接”按钮，如图 4-79 所示。

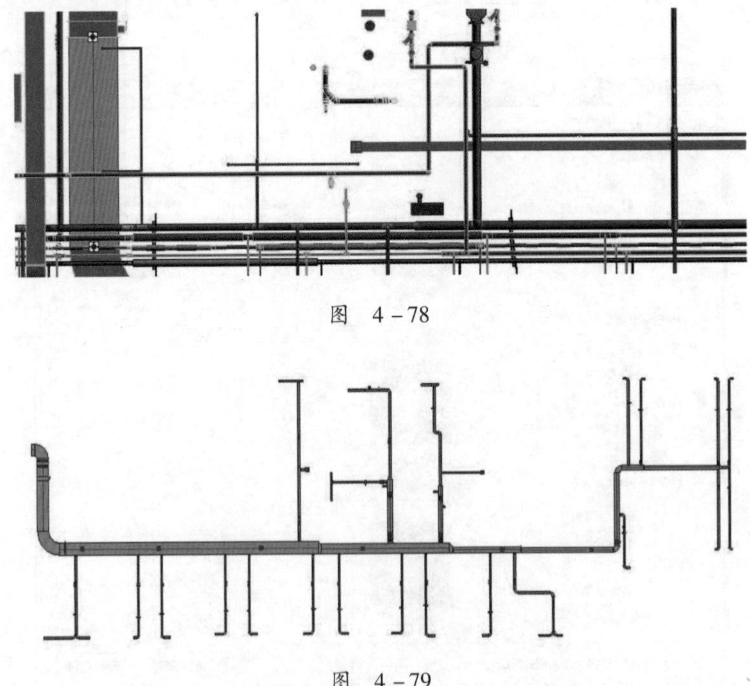

图 4-78

图 4-79

（10）支吊架布置

1）功能说明：布置支吊架。

2）执行方式：选择“斯维尔 - 安装”选项卡→“支吊架布置”，进入“支吊架手动布置”对话框，如图 4－80 所示。

支吊架手动布置
布置方式
点布置　线布置　选管布置
参数设置
支吊架选择：
参照标高：-F3
标高偏移(mm)：0
布置方向：X方向
支吊架定义　布置

图　4－80

布置方式包括点布置、线布置、选管布置。单击“支吊架选择”按钮，进行支吊架定义，如图 4－81 所示。

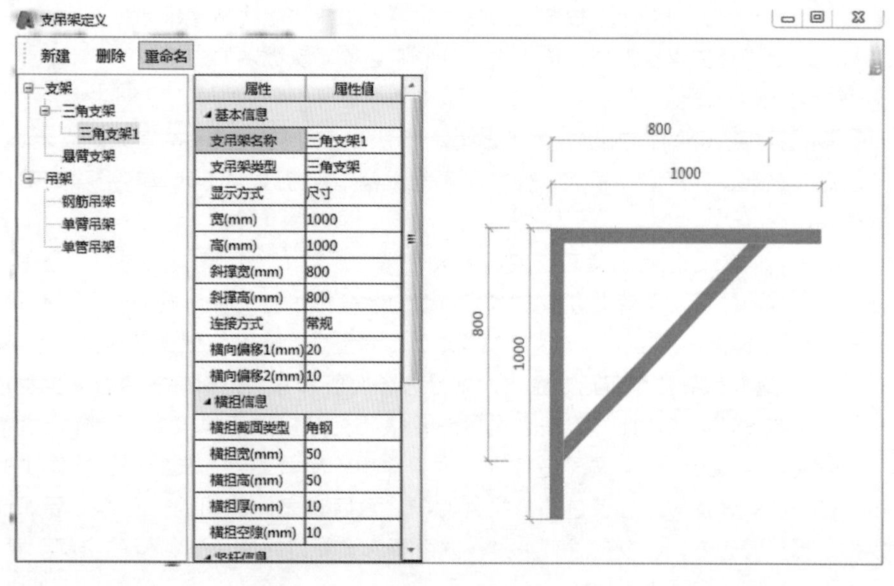

图　4－81

定义完成后，选择已设置支吊架，单击“布置”按钮将在工程中增加支吊架模型。

5. 深化设计

建筑安装工程中的主业类别很多，设计时都是由专业设计人员各负其责，特别是有些设计是跨专业的，必然会造成设备和管线的布置不合理或互相影响。要理清这些错误，在设计方面称为深化设计，也称为“管线综合”。BIM 应用的做法是将各专业的模型放到一个模型中，之后根据专业设备的用途位置和管线穿绕重要程度，对模型进行调整，使设备和管线的布置更加合理，减少后期因调整设计差错而付出不必要的工程工期和工程成本。

（1） 管线综合设计原则

1） 小管让大管。因小管道造价低、易安装，而大截面、大直径的管道，如空调风管、排水管道、排烟管道等占据的空间较大，因此在管线综合时应优先布置。

2）临时管线避让长久管线，以保证长久管线使用的稳定性。

3）有压管道让无压管道。无压管道，如生活污水和粪便污水排水管、雨水排水管、冷凝水排水管都是靠重力排水，重力流有坡度的要求，不能随意抬高或降低，水平管段保持一定坡度是顺利排水的必要和充分条件，所以在与有压管道交叉时，有压管道应避让。

4）金属管避让非金属管。因为金属管较容易弯曲、切割和连接。

5）冷水管避让热水管。因为热水管往往需要保温，造价较高。

6）热水管避让冷冻管。因为冷冻管管径较大，宜短而直，有利于工艺和造价。

7）电气避热、避水。在热水管道上方及水管的垂直下方不宜布置电气线路。

8）低压管避让高压管。因为高压管造价高。

9）强弱电分设。由于弱电线路如电信、有线电视、计算机网络和其他建筑智能线路易受强电线路电磁场的干扰，因此强电线路与弱电线路不应敷设在同一个电缆槽内，而且之间应留一定距离。

10）附件少的管道避让附件多的管道。这样有利于施工和检修、更换管件。各种管线在同一处布置时，应尽可能做到呈直线、互相平行、不交错，还要考虑预留出施工安装、维修更换的操作距离以及设置支柱、吊架的空间等。

11）管道分层布置时，由上而下按蒸汽、热水、给水、排水管线顺序排列。

12）工程量小的避让工程量大的，检修次数少的避让检修次数多的。

（2）管线综合的排布方法

1）定位排水管（无压管）。排水管为无压管，不能上下翻转，应保持直线、满足坡度要求。一般应将其起点（最高点）尽量贴梁底，使其尽可能提高，沿坡度方向计算其沿程关键点的标高直至接入立管处。

2）定位风管（大管）。因为各类暖通空调的风管尺寸比较大，需要较大的施工空间，所以接下来应定位各类风管的位置。风管上方有排水管的，安装在排水管之下；风管上方没有排水管的，在遵循“离最低梁底不小于200mm”的设计规范下，尽量贴梁底安装，以保证顶棚高度整体提高。

3）确定了无压管和大管的位置后，余下的就是各类有压水管、桥架等管道。此类管道一般可以翻转弯曲，路径布置较灵活。此外，在各类管道沿墙排列时应注意以下方面：保温管靠里，非保温管靠外；金属管道靠里，非金属管道靠外；大管靠里，小管靠外；支管少、检修少的管道靠里，支管多、检修多的管道靠外。管道并排排列时应注意管道之间的间距，一方面要保证同一高度上尽可能排列更多的管道，以节省层高；另一方面要保证管道之间留有检修的空间。管道距墙、柱以及管道之间的净间距应不小于100mm。

（3）管线综合重点及难点部位

1）机房内的管线布置。针对房建工程可能涉及的机房，主要包括给排水机房、换热机房、消防泵房和空调机房等。机房内管道规格较大，且需要与机电设备进行连接。针对各种管线，把能够成排布置的成排布置，并合理安排管道走向，尽量减少管道在机房内的交叉、返弯等现象。在一些管线较多的部位，通过计算制作联合的管道支架，既节省空间又可以节省材料，把整个机房布置得合理整齐。

2）管道竖井处。管道竖井是管道较为集中的部位，应提前进行管道综合设计，否则会使管道布置凌乱。要对该部位的管道进行分析，根据管道到各个楼层的出口来具体确定管道在竖井内的位置，并在竖井入口处做大样图，标明不同类型的管线的走向、管径、标高、坐标位置。

3）走廊内等管线分布较为集中的部位。通常走廊内的管道种类繁多，包括通风管道及冷冻水、冷凝水管道，电气桥架及分支管，消防喷洒干管及分支管道，冷热水管道及分支管等，容易产生管道纠集在一起的状况，必须充分考虑各种管道的走向及不同的布置要求，利用有限的空间，因地制宜，遵循避让原则和相关设计规范，合理地排布管道并制定这些部位的安装大样图，使各种管道合理布置，如图 4－82 所示。

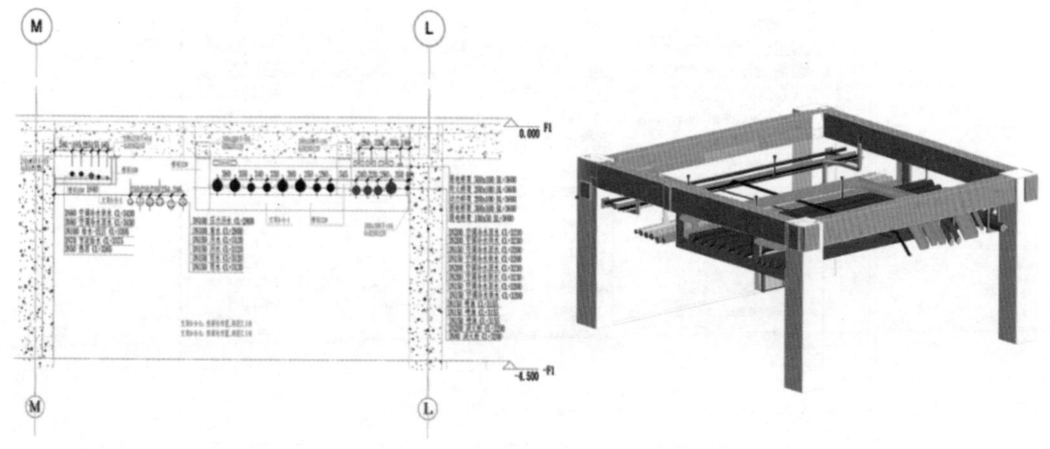

图　4－82

6. 模型检查

（1）模型检查说明

1）功能说明：检查设计模型中是否存在不满足设定条件的构件，检查完成后分类输出错误报告。

2）执行方式：选择“斯维尔－安装”选项卡→“模型检查”，进入“模型检查”对话框，如图 4－83 所示。

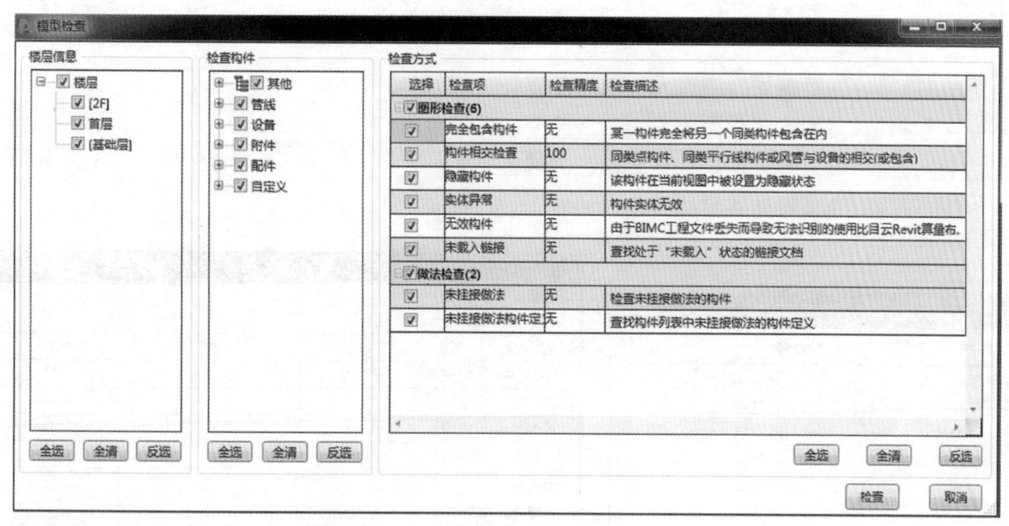

图　4－83

3）参数说明

①楼层信息：勾选确定模型检查的楼层范围。

②检查构件：勾选确定模型检查的构件类型。

③检查方式：勾选确定模型需要检查的项目。

4）操作说明：模型检查中，将检查范围和需要检查的项目勾选确定后，单击“检查”，软件检查完成后输出检查报告，如图 4－84 所示。

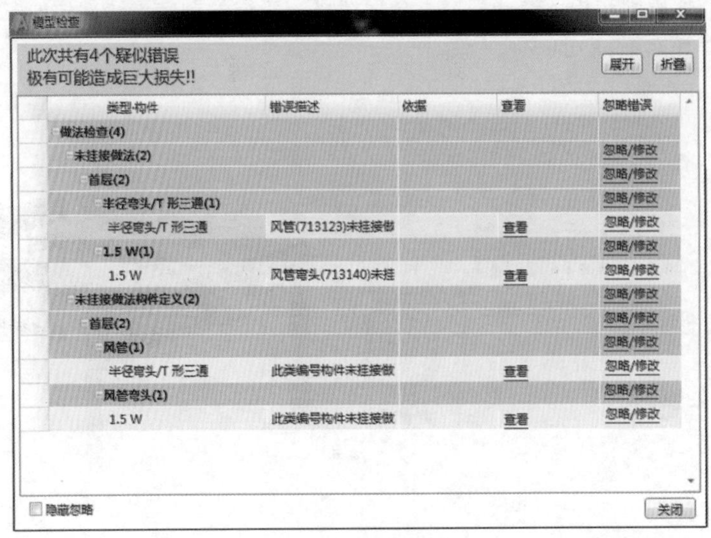

图 4－84

运行完成之后得出模型检查结果，可以单击“查看”按钮，也可在当前视图中详细查看内容后确定是否需要修改。

（2）属性检查

1）功能说明：检查设计模型中构件的实例属性。

2）执行方式：选择“斯维尔－安装”选项卡→“模型检查”下拉菜单“属性检查”，进入“构件属性检查”对话框，如图 4－85 所示。

3）参数说明

①楼层信息：勾选确定模型检查的楼层范围。

②检查构件：勾选确定模型检查的构件类型。

③检查方式：设置模型中构件需要检查的属性。

④检查设置：设置构件属性检查项，如图 4－86 所示。

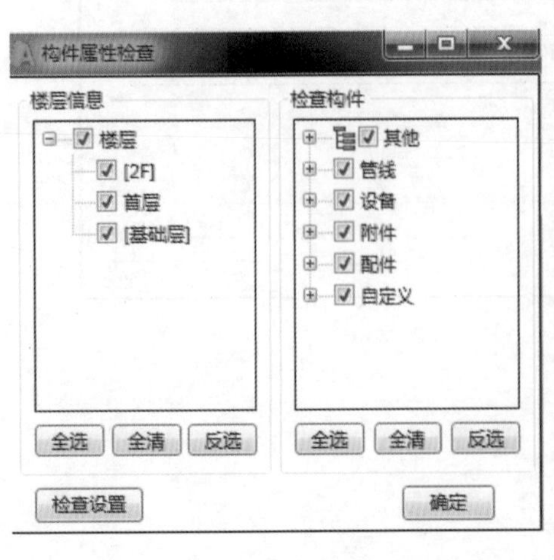

图 4－85

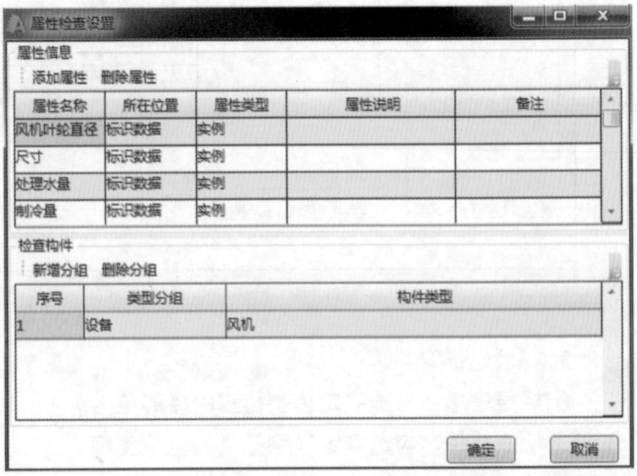

属性检查设置

属性信息

添加属性　删除属性

属性名称	所在位置	属性类型	属性说明	备注
风机叶轮直径	标识数据	实例		
尺寸	标识数据	实例		
处理水量	标识数据	实例		
制冷量	标识数据	实例		

检查构件

新增分组　删除分组

序号	类型分组	构件类型
1	设备	风机

确定　取消

图 4－86

4）操作说明：在构件属性检查中，将检查楼层范围和需要检查的构件勾选确定后，单击“检查”，软件检查完输出检查报告，如图 4－87 所示。

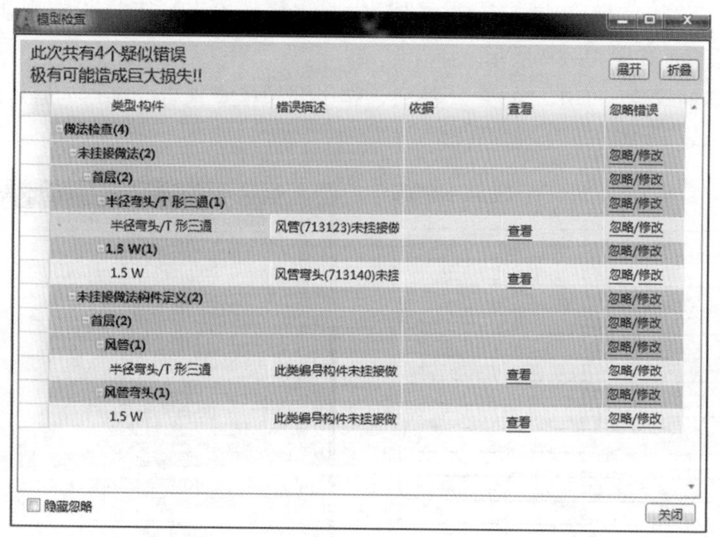

图　4－87

运行完成之后得出模型检查结果，可以单击“查看”按钮，也可在当前视图中详细查看内容后确定是否需要修改。

（3）模型审查

1）功能说明：查看模型中所有构件属性及做法。

2）执行方式：选择“斯维尔－安装”选项卡→“模型检查”下拉菜单“模型审查”，进入“模型审查”对话框，如图 4－88 所示。

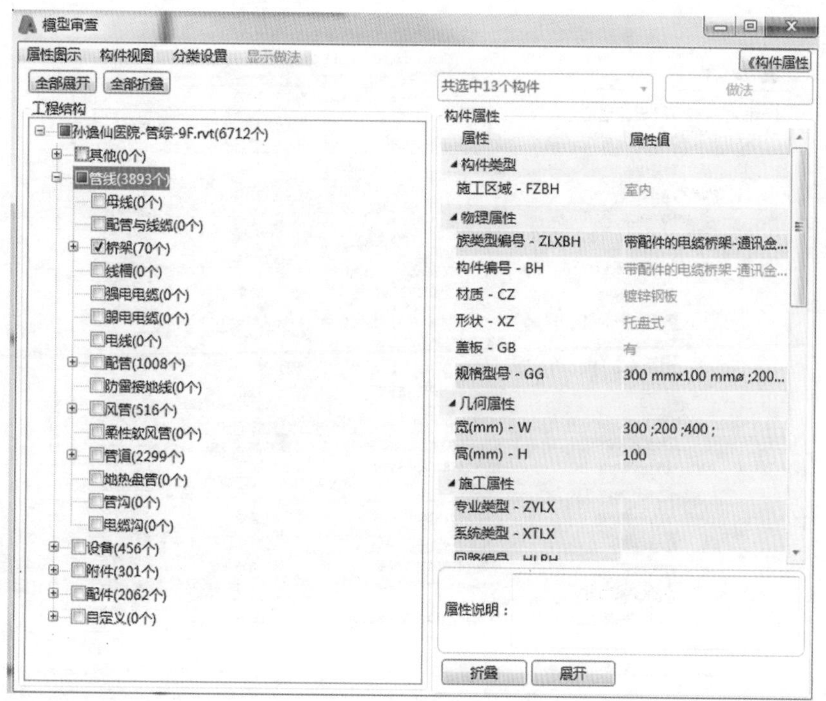

图　4－88

（4）漏项检查

1）功能说明：检查设计模型楼层或工程中是否有遗漏布置的构件。

2）执行方式：选择“斯维尔－安装”选项卡→“模型检查”下拉菜单“漏项检查”，进入“漏项检查”对话框，如图 4－89 所示。

勾选所要检查的构件，单击“检查”按钮，弹出漏项检查报告，依据内容进行查看即可，如图 4－90 所示。

图 4－89

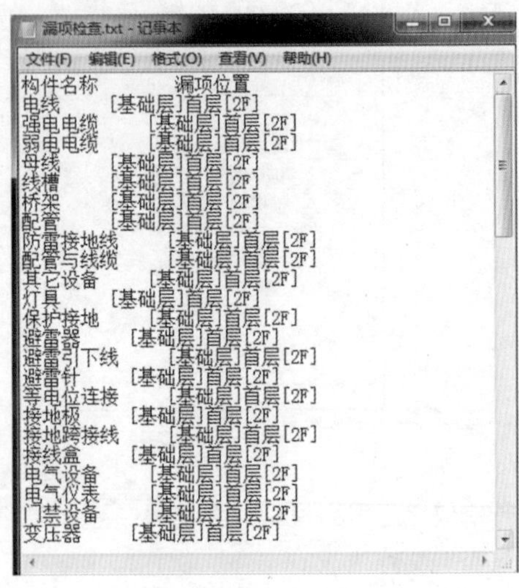

图 4－90

（5）错误报告

1）功能说明：执行模型检查功能后，对有异常构件出示报告。

2）执行方式：选择“斯维尔－安装”选项卡→“模型检查”下拉菜单“错误报告”，如图 4－91所示。

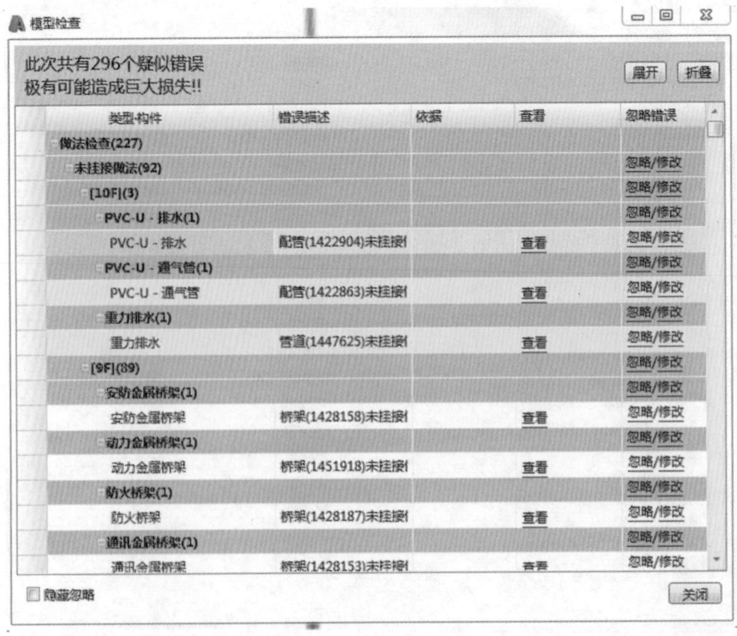

图 4－91

第 6 节　输出与报表

软件对模型中各构件的场景进行分析计算后输出结果，包括分析计算、结果查询和报表浏览。

4.6.1　分析计算

1. 核对构件

1）功能说明：用于快速核对构件的计算结果，如发现计算值有问题，可以及时调整相应扣减规则。对话框左侧为软件默认计算可供输出的相关数据，右上图为构件实际计算的图示情况，右下角为实物量输出报表的计算结果。

2）执行方式：选择“三维工程量计算”选项卡→“核对构件”，单击需要核对的构件，进入“核对构件”对话框，如图 4－92 所示。

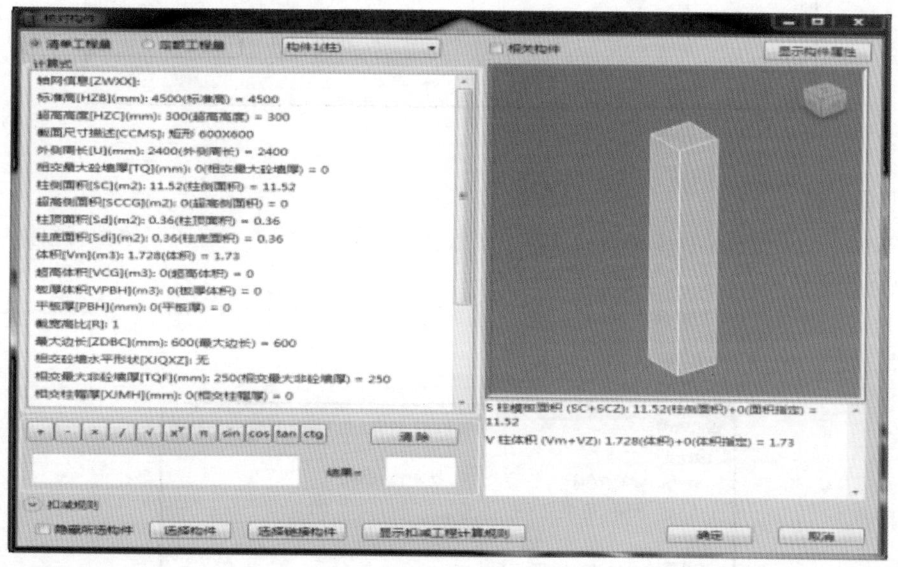

图　4－92

3）参数说明。

①清单工程量：切换清单规则模式下进行工程量核对，即按清单规则执行工程量分析，然后将结果显示出来。

②定额工程量：切换到定额规则模式下进行工程量核对，即按定额规则执行工程量分析，然后将结果显示出来。

③计算式：列出所有的计算值及计算式。

④相关构件：勾选此选项时右侧视图将显示相关扣减的实体。

⑤手工计算：位于“计算式”栏的下方，可以手工输入计算式，以核对“计算式”栏内的结果。

⑥结果：手工输入计算式后，在结果栏内显示计算结果。若计算式未输入完全或输入的计算式无法计算时将显示错误位置。

⑦扣减规则：单击“扣减规则”下拉菜单，可快速查看相关构件的详细扣减规则设置。

⑧选择构件：单击此按钮可选择别的构件，即可核对选中的构件。

⑨选择链接构件：单击此按钮可选择链接工程中的构件，核对选中的构件。

⑩显示扣减工程计算规则：单击此按钮，即可弹出“计算规则”对话框，如图 4－93 所示。在此对话框中可以修改相关构件的扣减规则和参数规则。

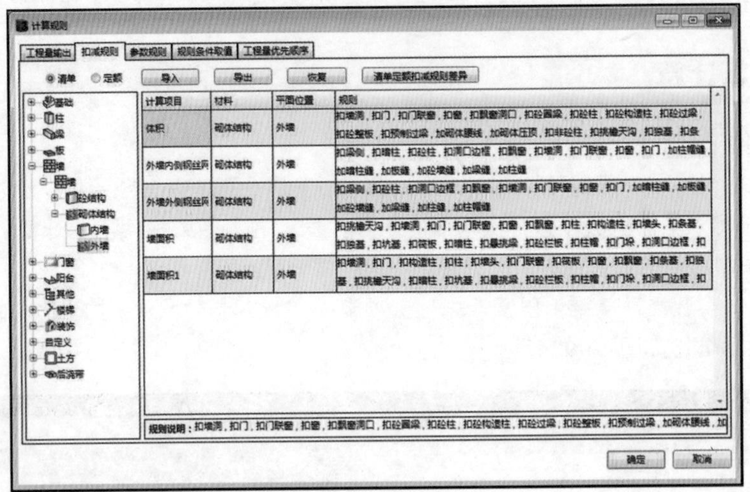

图 4－93

2. 汇总计算

1）功能说明：可以选择图形汇总计算，根据楼层、构件类型进行计算，软件将根据用户选择的构件按照相关规则进行汇总计算。

2）执行方式：选择“三维工程量计算”选项卡→“汇总计算”下拉菜单→“汇总计算”，进入“汇总计算”对话框，如图 4－94 所示。

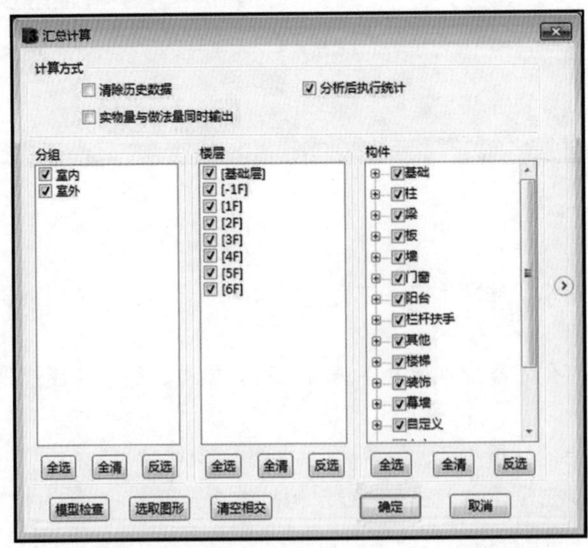

图 4－94

3）参数说明。

①分组：显示工程的所有分组。

②楼层：显示工程的所有楼层号。

③构件：显示工程的所有构件。

④分析后执行统计：选择分析后是否执行统计。

⑤实物量与做法量同时输出：实物量是指软件按照在“工程设置”内选择好的计算规则对构件计算出的工程量，由于没有挂做法，软件不确定用户需要什么工程量，会将构件上所有的工程量都输出，如体积、表面积、长度等。不勾选此项，则只输出已经挂接了做法的构件工程量；勾选此项，则已挂做法和未挂做法的构件的工程量同时输出。

⑥清除历史数据：勾选此项，软件将清除之前汇总的计算结果，所有构件重新计算；不勾选此项，软件只调整工程中构件发生变化的结果，之前没有变化的计算结果保留。

⑦选取图形：可以在设计模型中选择需要计算的构件，进行框选汇总。

⑧选择需要计算的楼层、构件，单击“确定”按钮，即可计算构件工程量。

3. 清空计算

1）功能说明：清除计算数据。

2）执行方式：选择“斯维尔 – 土建”选项卡→“汇总计算”下拉菜单→“清空计算”，即可清除数据。

4.6.2　结果查询

对模型中的构件进行分析汇总计算后，自动进入汇总预览界面，可以查看每层构件的明细、清单工程量、定额工程量、实物工程量等信息，如图 4 – 95 所示。

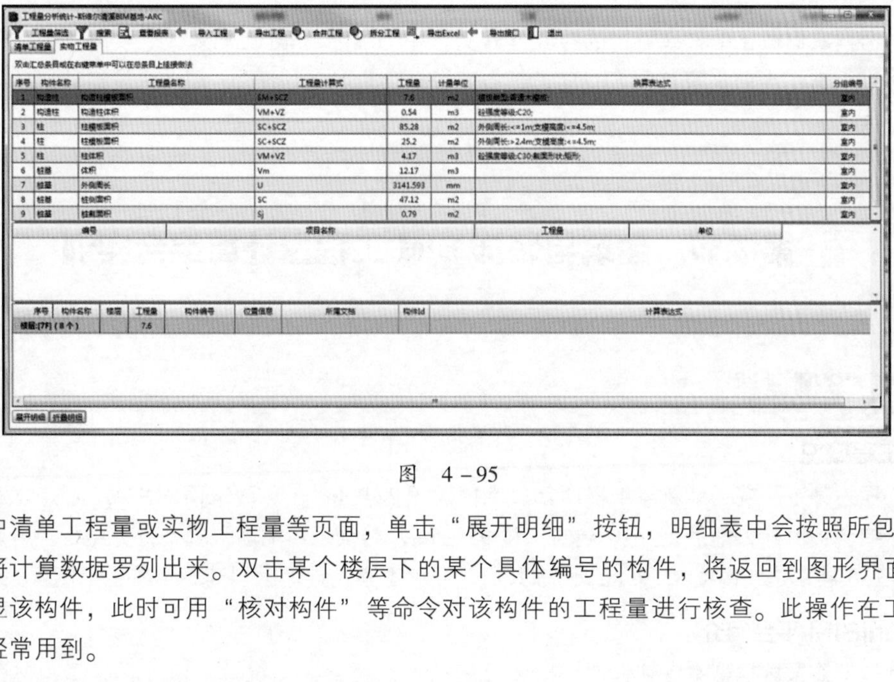

图　4 – 95

选中清单工程量或实物工程量等页面，单击“展开明细”按钮，明细表中会按照所包含楼层，分构件将计算数据罗列出来。双击某个楼层下的某个具体编号的构件，将返回到图形界面，并以蓝色亮显该构件，此时可用“核对构件”等命令对该构件的工程量进行核查。此操作在工程对量的时候经常用到。

4.6.3　报表浏览

1）功能说明：将统计数据以报表的形式输出，并可打印或输出到 Excel 中。

2）执行方式：选择“斯维尔－土建”选项卡→“查看报表”，进入“报表打印”对话框，如图 4－96 所示。

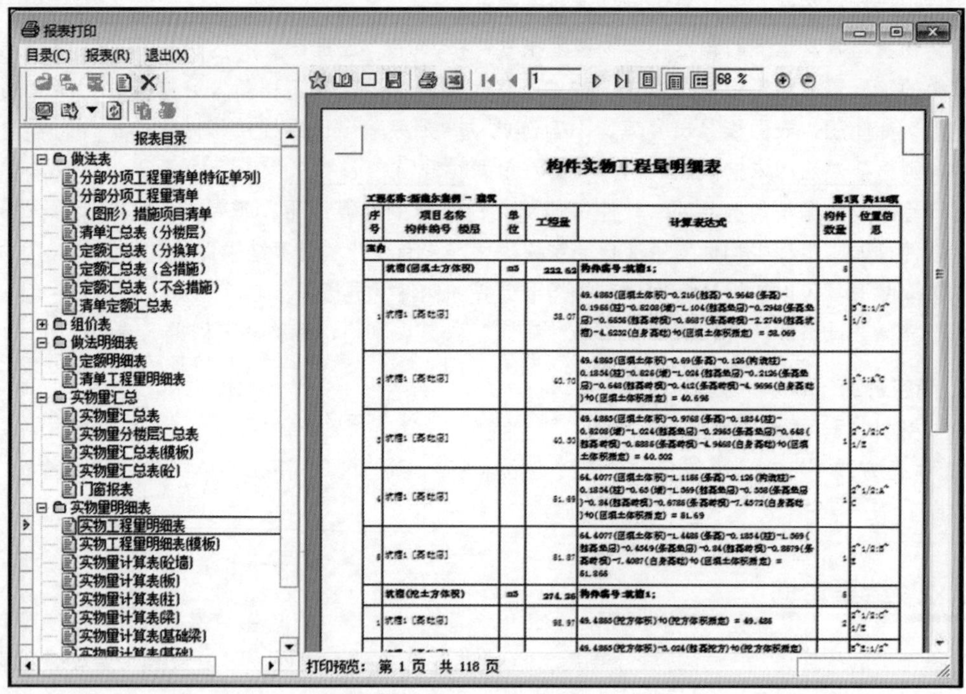

图 4－96

在对话框左侧栏目中选择需要的报表，右侧栏中即显示报表式样及表中数据，可以对报表进行打印；可单击“当前报表存为 Excel”，将报表数据存为 Excel 格式，便于在没有安装软件的计算机上查看数据。

第 7 节　建筑与装饰 BIM 工程量计算综合实训

4.7.1　案例概述

1. 工程概况

本工程为某市医院迁址新建工程项目，用地面积 22458m²，总建筑面积 88470m²。本工程主要包括医疗综合楼 1 栋，地上 20 层，建筑高度 93.15m，结构采用钢筋混凝土框剪结构；行政办公楼 1 栋，地上 6 层，建筑高度 32.95m；两栋共用 3 层地下室，地面上以连廊连接，如图 4－97 所示。

2. uniBIM 平台简介

在选择创建案例模型平台软件时，BIM 咨询单位征得业主、设计、监理、施工、材料供应等参与建设的各企业和机构的意见，在大家的一致认可下，选择创建基础模型的软件为 uniBIM 平台。

使用 uniBIM 平台软件一次建模，可在不同软件中打开编辑，数据信息符合国家及地方规范，可与国外多款软件对接，实现一模多用。uniBIM 平台启动界面如图 4－98 所示。

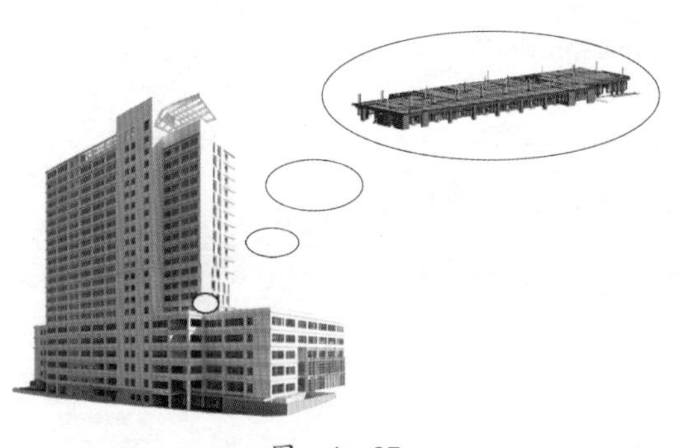

图　4－97

图　4－98

3. 模型数据交换

（1） uniBIM For CAD 模型导出

1） 建模完成后，通过“模型交互”功能，导出 SFC 格式的斯维尔 BIM 交互文件。通过斯维尔 uniBIM 插件，把 SFC 文件转成设计模型文件，如图 4－99 所示，其中“导入斯维尔 BIM 交互文件（SFC）”可导入外部工程数据 SFC 交互文件。单击“导出斯维尔 BIM 交互文件（SFC）”命令将弹出“SFC 版本选择”选项卡，如图 4－100 所示。

图　4－99

2） 通常选择“新版 SFC”，单击“确定”后，弹出“保存斯维尔 BIM 交互文件”对话框，选择保存路径，命名对象名称后单击“保存”即可，如图 4－101 所示。

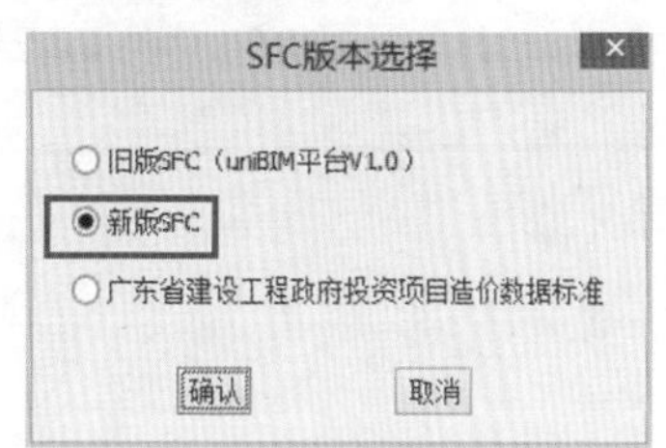

图　4－100

3） 导出的 SFC 文件如图 4－102 所示。

（2） 3DAr 导入模型

1） 打开斯维尔 3DAr 软件，单击“斯维尔－土建”选项卡，单击“导入”按钮，将导出的 SFC 文件导入 3DAr，如图 4－103 所示。

2） 选择需要导入的楼层，单击“确定”，如图 4－104 所示。

3） 导入后的模型即可作为工程量计算模型使用，如图 4－105 所示。

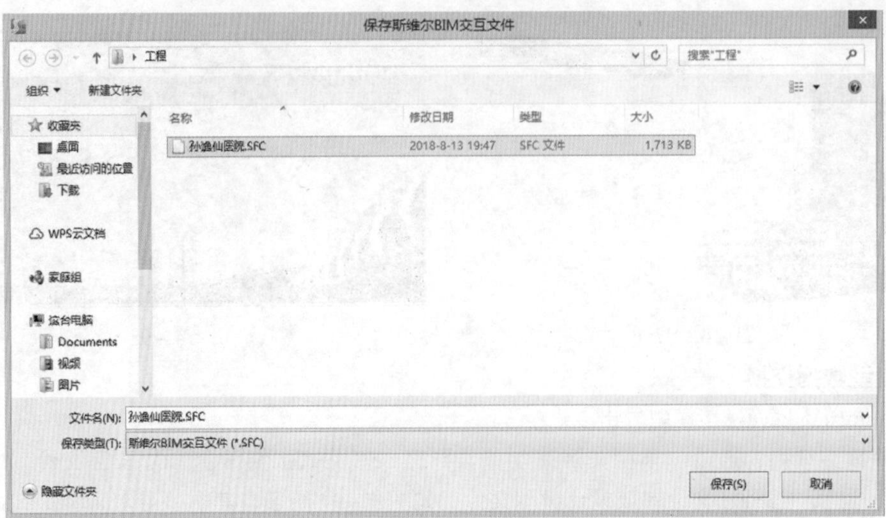

图 4-101

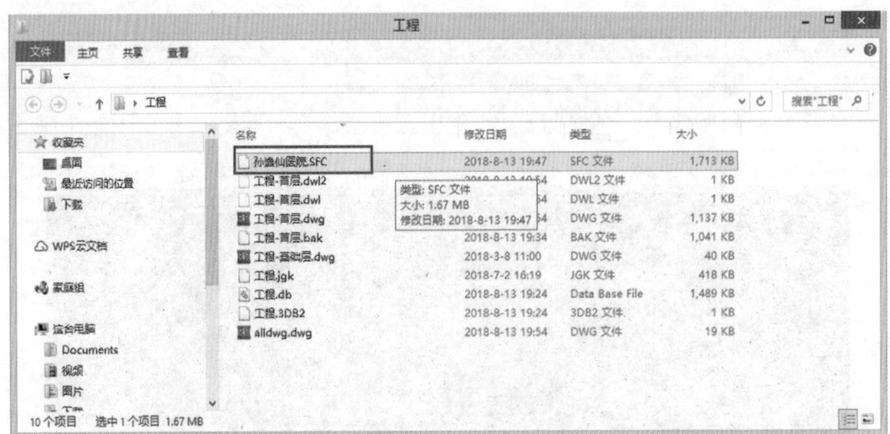

图 4-102

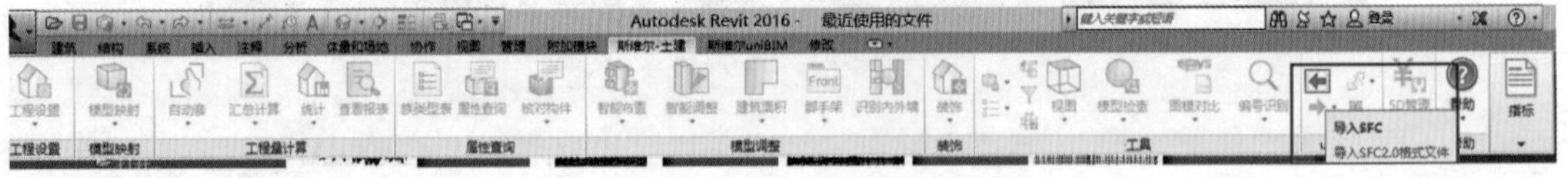

图 4-103

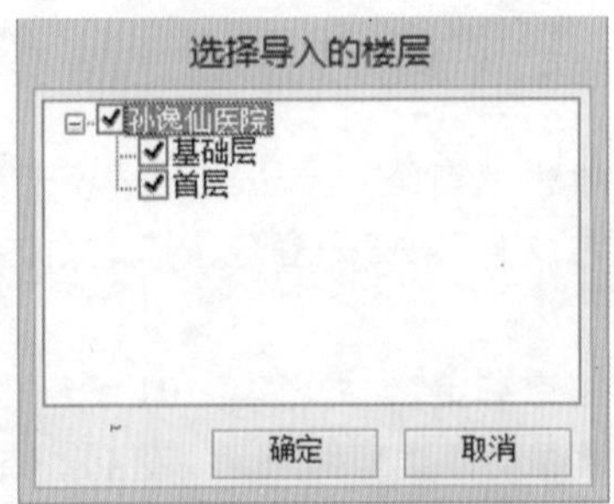

图 4-104

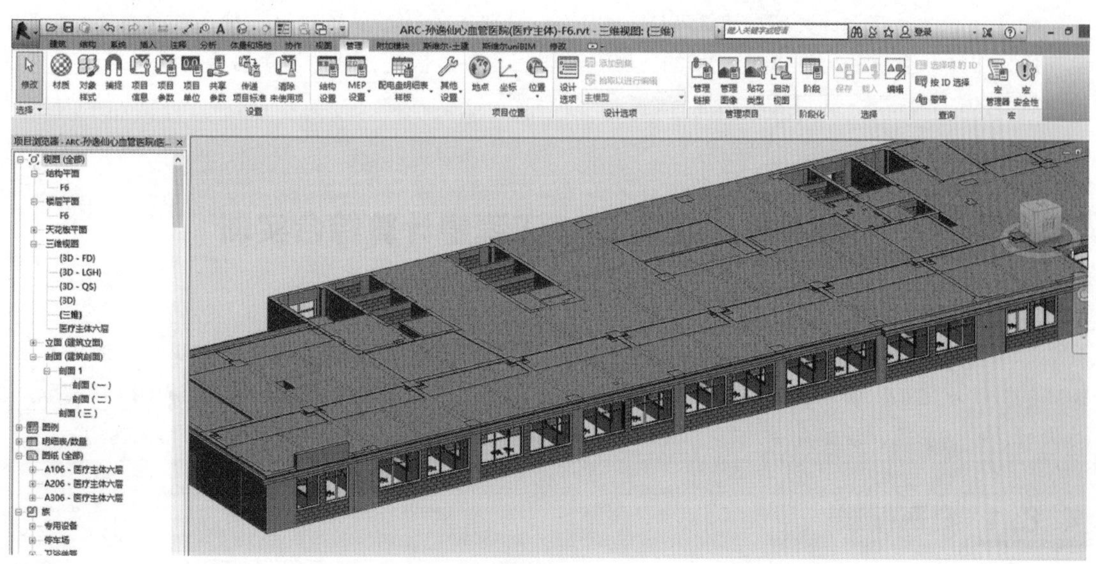

图　4 - 105

4.7.2 应用评述

在模型创建和维护方面：当前在 Revit 内不能完成钢筋布置，可用 uniBIM 平台创建的模型在 3DAr 软件内布置钢筋。用 uniBIM 平台建模快的原因主要是信息量需求不大，只提供模型的几何信息即可，极少用到换算和专业信息。在造价应用时，将用 uniBIM 创建的模型导到算量软件中后再进行专业换算信息的赋予，才可完成计价软件需要的带有换算信息的构件工程量。

在应用方面：由于 BIM 应用是一个综合应用过程，并不只针对造价，实际上案例应用也是这样做的。在本案例中建筑专业做了如下 BIM 应用。

1）变更评估：原设计案例的窗子是通条玻璃窗，经过模型验证对病房使用不好，光线太强；在保温方面用双层玻璃窗造价高，用单层玻璃窗保温效果不好，通过模型和造价比对，选择单个窗能解决上述问题，且节约资金。

2）工期进度控制：利用创建的模型，将时间节点挂接到模型中的每个构件上，进行进度支付管理，解决工程进度付款中的迟、超、错付款现象。

3）工程管理：对复杂施工部位，由于有模型，大量的设备预埋和套管、支吊架得到精确定位，减少了施工中大量的返工改错。特别是对工人进行施工技术交底，当技术总工不在现场时，他在手机上用模型也可与相关人员进行交流，节约大量时间成本。

4）房屋使用验证：本案例是医院，有很多住院病房，利用模型对手术车的通行是否畅通进行验证。发现问题后对结构构件进行调整，使所有病房都能让手术车畅通无阻，避免了工程完工后的不可修改缺陷。

5）结合安装模型调整结构：在模型中对原设计的管道进行改道、取消、偏移等验证，找到省工、省造价等的最佳方案，使之满足使用又便于安装操作和后期维修保养。

6）利用模型进行采光、通风等模拟，解决案例使用过程中的心理因素和新鲜空气置换问题。

7）利用模型进行预算投资和最终结算投资对比。案例保存有原始模型（没有变更之前的模型），施工过程中对原始模型按变更后的内容进行修改，竣工后通过两个模型对比，极快地完成结算对量工作。

由于本案例是在设计完成后进入 BIM 应用的，受业主委托，应用点只在施工和交易阶段，故此在案例中缺少全生命周期 BIM 应用的一些环节，但只要有模型，其他应用将模型信息进行扩展，注意模型的创建深度，即可解决相应问题。

第 8 节　安装 BIM 工程量计算综合实训

本节利用案例学习对工程项目进行参数检测、管线综合以及碰撞检测等深化工作。通过基于 BIM 的数字化加工、现场测绘放样及数字化物流技术实现项目数字化建造。利用 BIM 技术完成深化设计、预制加工、现场测绘放样、二维编码在数字化建造中的应用。

4.8.1 案例概述

1. 工程概况

本安装工程案例是第 7 节的建筑工程的安装专业内容。由于建设项目是现代化的医院，其设备管线错综复杂，且设备先进，管线用材都是极高材质，有铜管、不锈钢管等，造价成本几乎占到投资的三分之一。如图 4 - 106 所示为本案例安装工程模型。

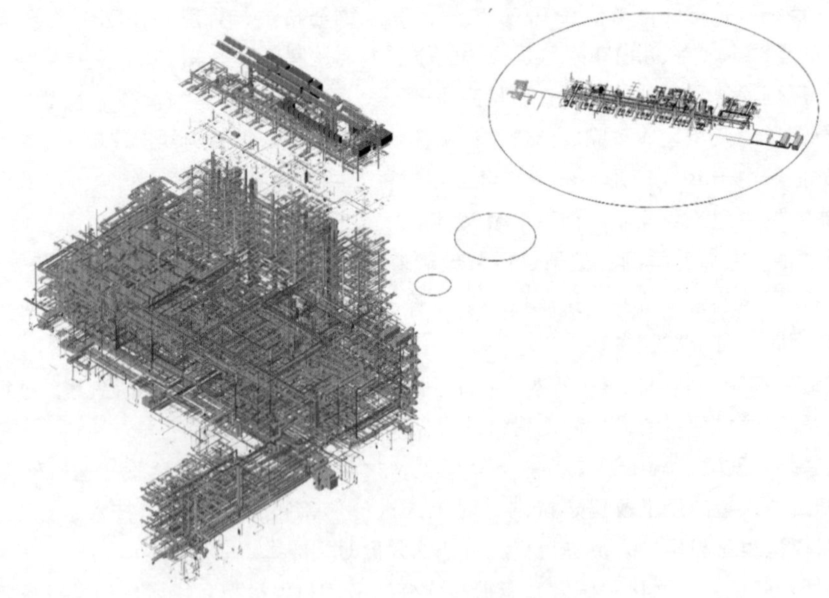

图　4 - 106

2. 模型数据交换

当在 uniBIM For CAD 平台上将建筑结构或设备管线模型识别完成后，即可导出 SFC 格式文件，再通过 uniBIM For Revit 插件导入到 Revit 中，形成 rvt 文件。

（1）uniBIM For CAD 模型导出

1）打开项目模型。

2）单击“模型交互”菜单，如图 4 - 107 所示。

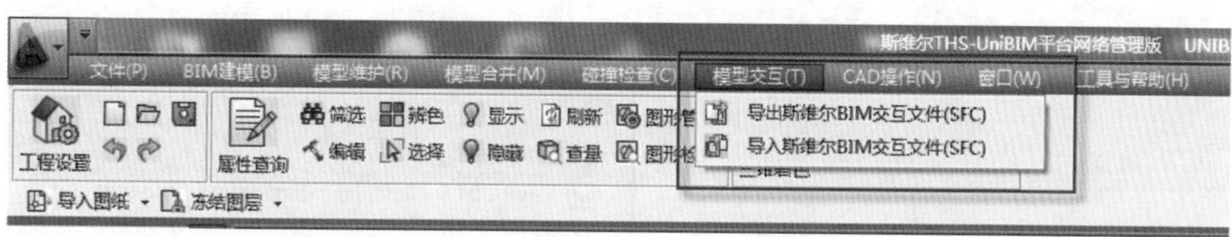

图　4－107

3）单击“导入斯维尔 BIM 交互文件（SFC）”可导入外部工程数据 SFC 交互文件。

4）单击“导出斯维尔 BIM 交互文件（SFC）”命令弹出导出设置选项卡，如图 4－108 所示。

“导出简要数据”是为了使 SFC 轻量化，减小网络传输代价（选择该选项较选择完整数据导出速度快）而设置的选项。导出说明如下：①必要的模型和工程量计算属性数据；②管道连接件不带有图形信息（用于绘制图形的数据），在 3DMax、BIM 5D、THS BIM Viewer 中将不会显示管件。

“导出完整数据”与“导出简要数据”相比多了以下内容：①除简要数据所述外，还增加了计算属性，便于直接浏览计算信息。②管道连接件带有图形信息（用于绘制图形的数据），在 3DMax、BIM 5D、THS BIM Viewer 中会显示管件（对导出速度影响较大）。

注意：若需要导出“构件工程量”和“钢筋工程量”，则需要使用对应的工程量计算软件（土建构件和钢筋使用“斯维尔三维工程量计算”，安装构件使用“斯维尔安装工程量计算”）打开工程进行计算汇总，然后再用斯维尔 uniBIM 打开工程进行导出。

“导出 Navisworks 附加数据”，在“导出简要数据”或“导出完整数据”的基础上，增加了导入 Navisworks 必须使用的图形文件。

5）通常选择“导出完整数据”，如需将模型在 Navisworks 中浏览，则勾选“导出 Navisworks 附加数据”选项。单击“确定”后弹出“保存斯维尔 BIM 交互文件”对话框，选择保存路径，命名对象名称后单击“保存”即可，如图 4－109 所示。

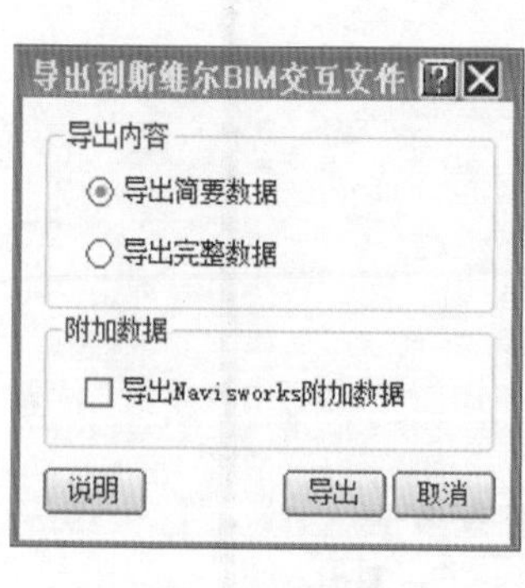

图　4－108

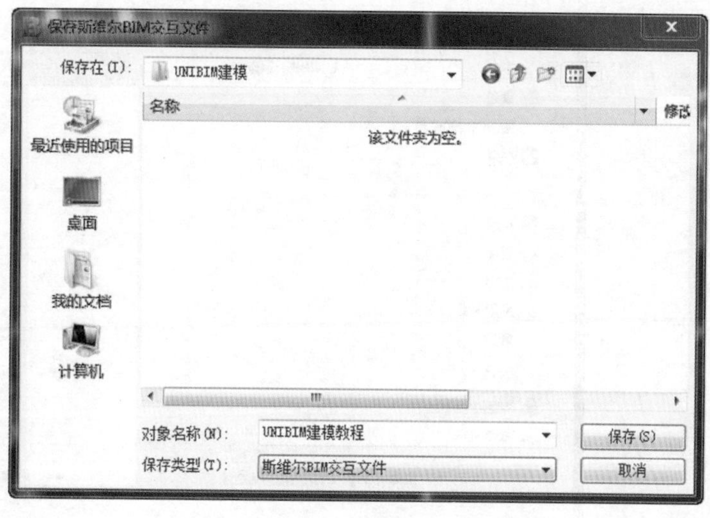

图　4－109

6）导出的 SFC 文件如图 4－110 所示。

（2）uniBIM For Revit 设计模型导入

1）运行安装程序，安装完成后桌面上会显示 uinBIM For Revit 图标，如图 4－111 所示。

2）双击图标，选择需要安装此插件对应的 Revit 版本，如图 4－112 所示。

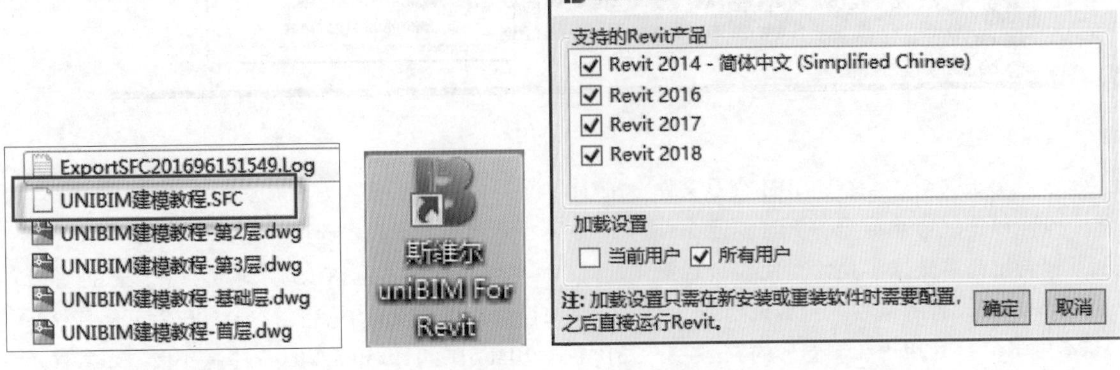

图 4－110　　图 4－111　　图 4－112

3）单击“确定”按钮后，插件即加载到对应版本的 Revit 平台上。运行 Revit 软件，找到 uniBIM 菜单，如图 4－113、图 4－114 所示。

图 4－113

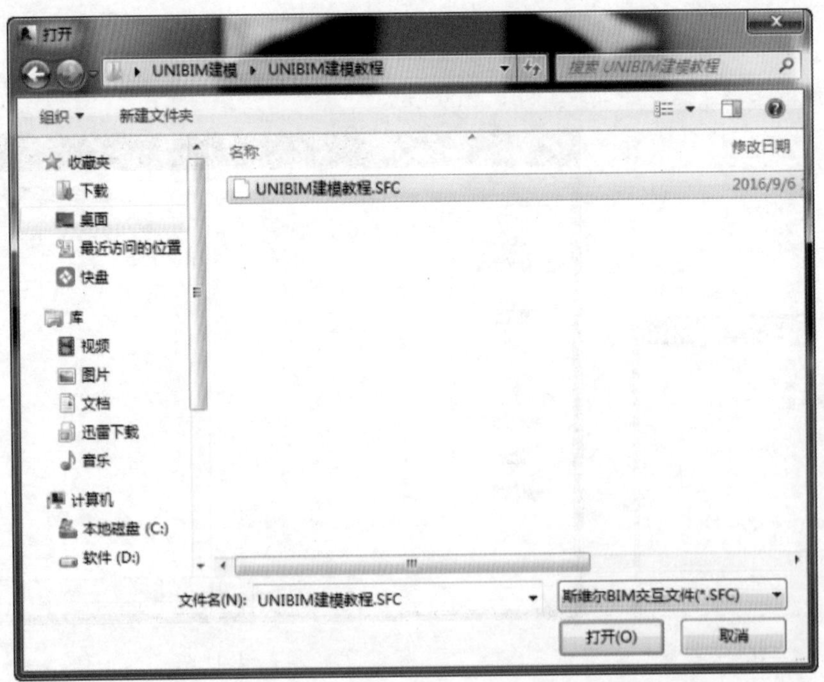

图 4－114

4）单击“导入 SFC”按钮，选择需导入的 SFC 文件，单击“打开”按钮，弹出“导入构件”对话框，如图 4－115 所示。

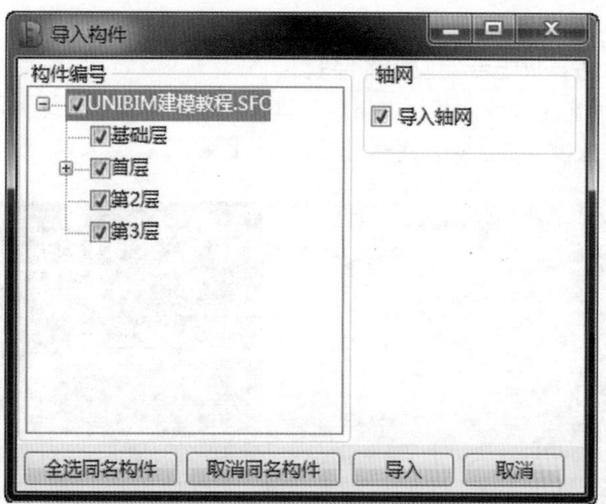

图　4－115

5）勾选需导入的构件，单击“导入”按钮，弹出进度条如图 4－116 所示。导入完成后的模型如图 4－117 所示。

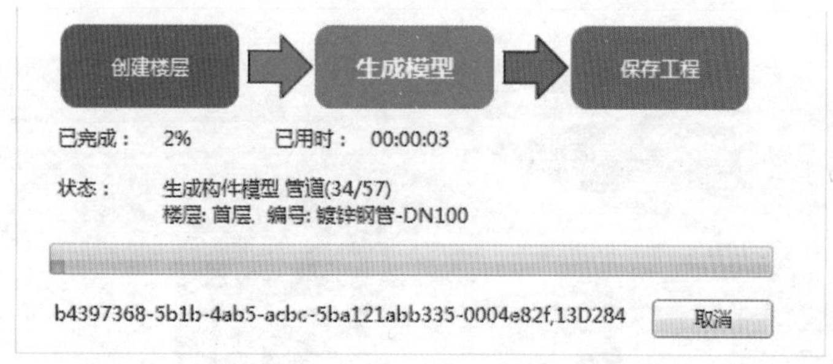

图　4－116

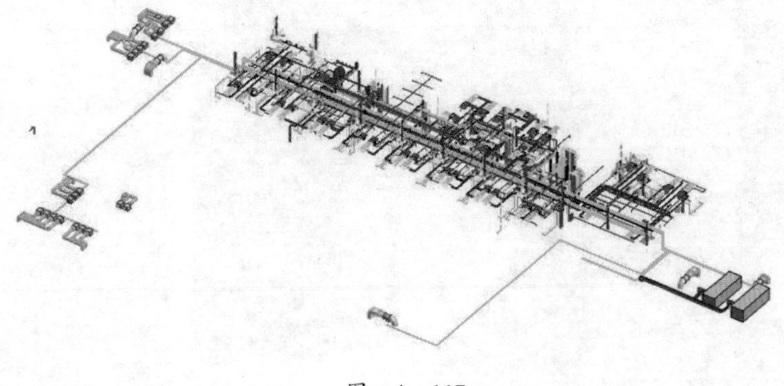

图　4－117

4.8.2　应用评述

BIM 应用是一个综合应用过程，并不只针对工程造价，本案例在创建模型后，除了在造价方面做了方案选择评估，还做了设计优化，同时也做了造价方面的估算、概算、预算、结算等。BIM 模型有些应用涉及造价成本的计算，而有些却不是。以下是本工程案例在实际过程中的一些 BIM

应用，供学习者了解。

1. 利用 BIM 技术进行机电专业应用的经验

1）利用管综模型对各个专业的管线进行重新排布，消除碰撞、优化排布形式，便于施工，节省材料费用，提升设计深度，提高设计质量，如图 4－118 所示。

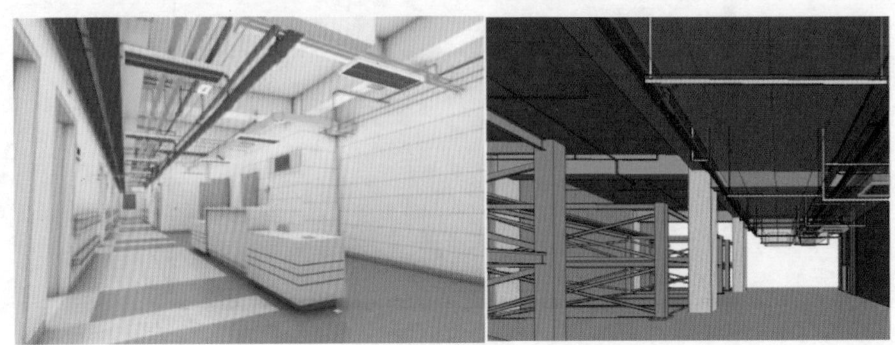

图 4－118

2）建筑信息传递到运营阶段，保证运营阶段新数据的存储和运转，提高信息的准确性，如图 4－119所示。

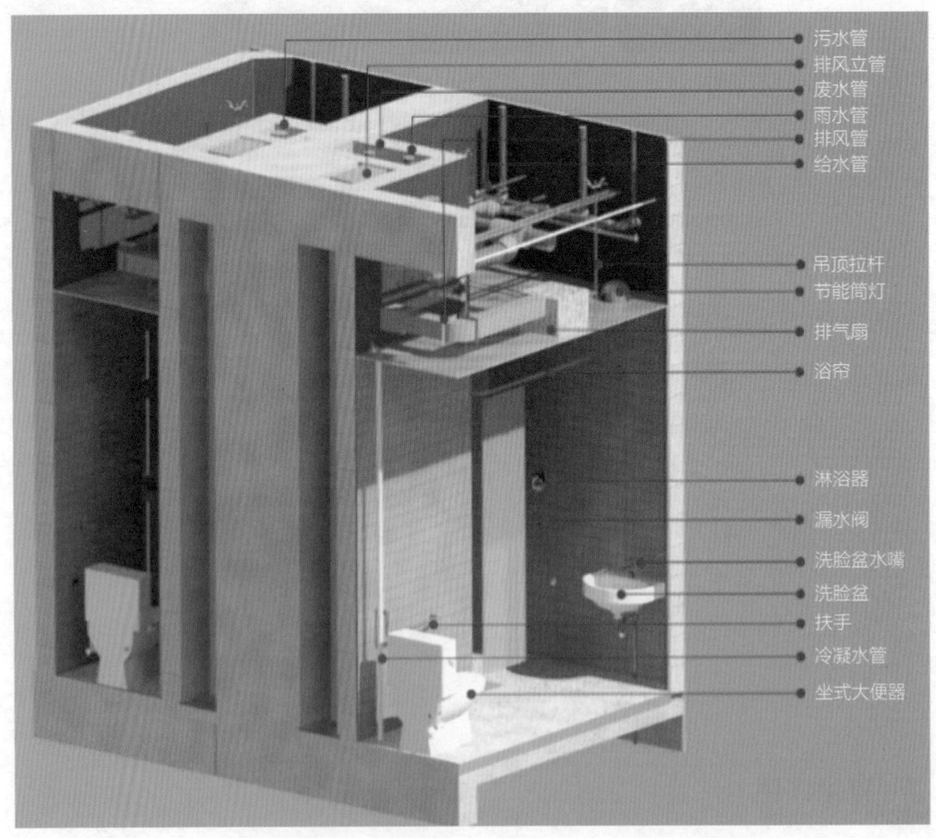

图 4－119

3）强调专业协同的重要性。使用 Revit 设计工作模式，是在更形象地构建一个 BIM 信息数据库模型，每个专业的每个更新及改动都会在这唯一性的数据库中得到反映，每个专业都能清晰地了解其他专业的设计进度和成果。

2. BIM—物联网集成

使用斯维尔 uniBIM For Revit 设备二维码功能，生成设备对应的二维码，将二维码打印贴在所对应的实际机电设备和管件上，使用移动终端扫描机电设备上的二维码，自动关联实体设备到 BIM 模型，可服务于智能建筑。

对设备、阀件（如冷水机组、控制阀等）制作相对应的二维码，使二维码、模型、实体三者之间建立一一对应关系，并通过数据库对整个项目中的二维码进行统一管理，使设备在维修、保养、更换等过程中进行数据跟踪和记录。

建筑作为一个系统，当完成建造过程准备投入使用时，首先需要对建筑进行必要的测试和调整，以确保它可以按照当初的设计来运营。在项目完成后的移交环节，物业管理部门需要得到的不只是常规的竣工图，还需要正确反映真实的设备、材料安装使用情况，常用件、易损件等与运营维护相关的文档和资料。可实际上这些有用的信息都被淹没在不同种类的纸质文档中了，而纸质的图纸是具有不可延续性和不可追溯性的，这不仅造成项目移交过程中可能出现的问题隐患，更重要的是需要物业管理部门在日后的运营过程中从头开始摸索建筑设备和设施的特性和工况。

BIM 模型能将建筑物空间信息和设备参数信息有机地整合起来，从而为业主获取完整的建筑物全部信息提供平台。通过 BIM 模型与施工过程的记录信息相关联，甚至能够实现包括隐蔽工程图像资料在内的全生命周期建筑信息集成，不仅为后续的物业管理带来便利，并且可以在未来翻新、改造、扩建过程中为业主及项目团队提供有效的历史信息，减少交付时间，降低风险，如图 4－120、图 4－121 所示。

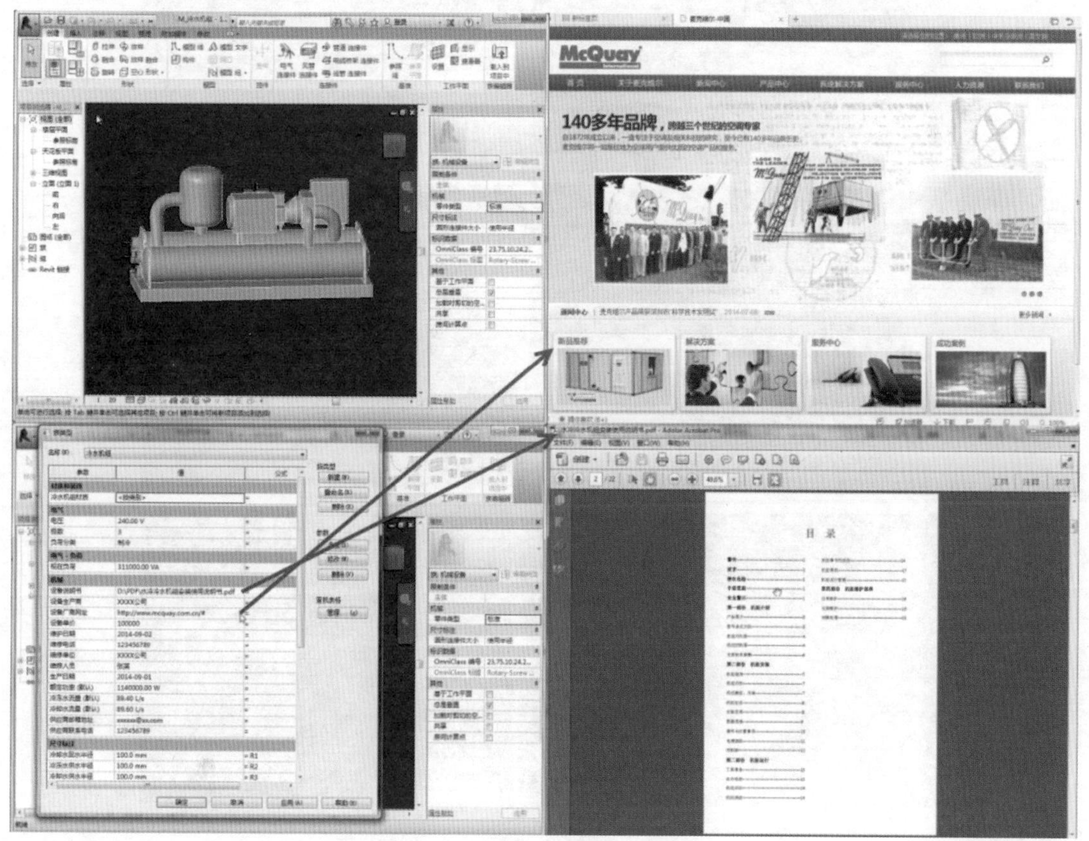

图　4－120

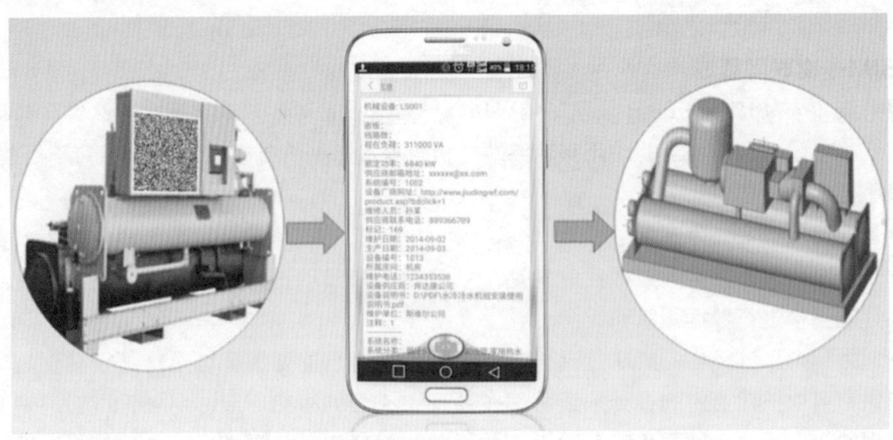

图 4－121

3. 模型维护

在施工过程中全程跟踪项目，根据设计变更和现场实际情况同步维护和更新模型，使模型始终与真实的建筑保持一致，并在施工完成后提交竣工模型，如图 4－122 所示。

图 4－122

4. 碰撞检查

在 BIM 模型中对各不同专业（结构、暖通、消防、给水排水、电气桥架等）模型在空间上进行碰撞检查，并提出碰撞检查报告。设计单位可依据碰撞检查报告中提及的各种碰撞信息及时修改图纸，使图纸问题的发现、讨论、修改和验证过程的周期大为缩短。

根据碰撞检查报告中的位置信息、标高信息，也可进一步深化施工图纸，调整施工方案，避免因碰撞返工引起的质量问题，加快施工进度，同时也可减少不必要的人工、材料等成本支出。

在对管线做出避让调整的同时进行管线的优化，尽可能提高设计净高，如图 4－123 所示。

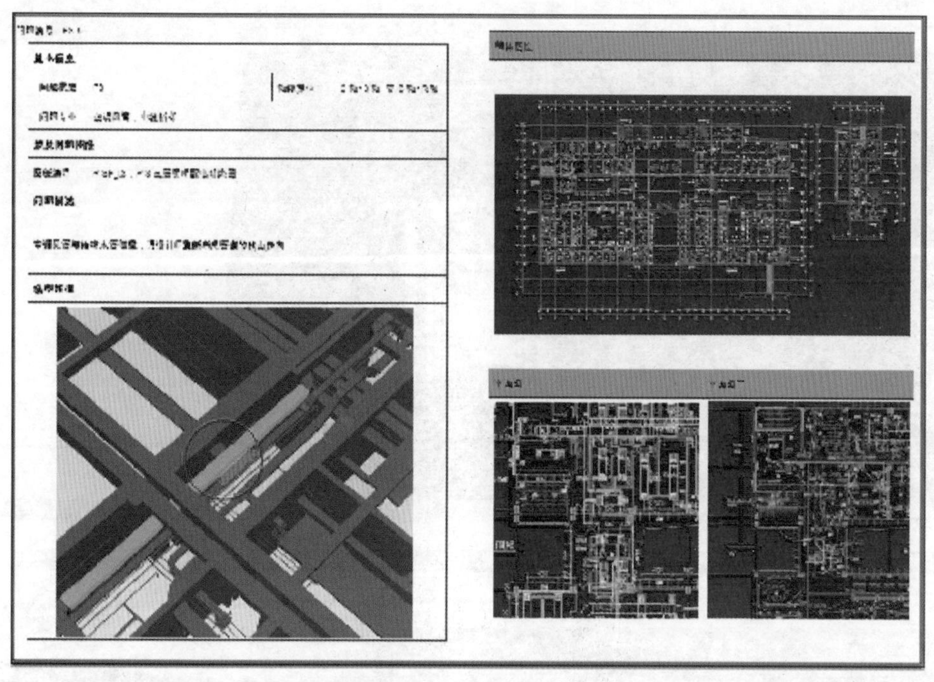

图　4－123

5. 管线综合

利用 BIM 模型综合协调各专业之间的矛盾，统筹安排机电管线的空间位置及排布，出具管线综合定位图、局部节点剖面图（三维示意图），可提升设计净空，减少施工返工，提高工作效率，加快施工进度，如图 4－124 所示。

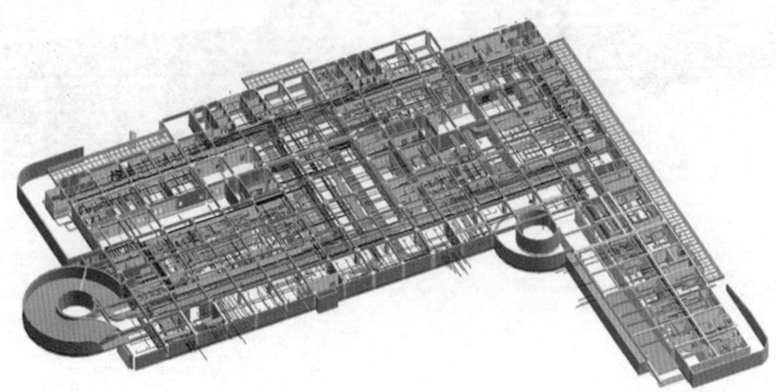

图　4－124

6. 净空分析

通过对过道、机房等管线和设备密集区域进行净高检查，提前发现设计不满足要求的位置，并采取措施优化净高，避免留下限高的遗憾。

管线排布和避让调整既要满足专业需求，又要满足最大净空节约的要求，还要满足施工的要求，如图 4 – 125 所示。

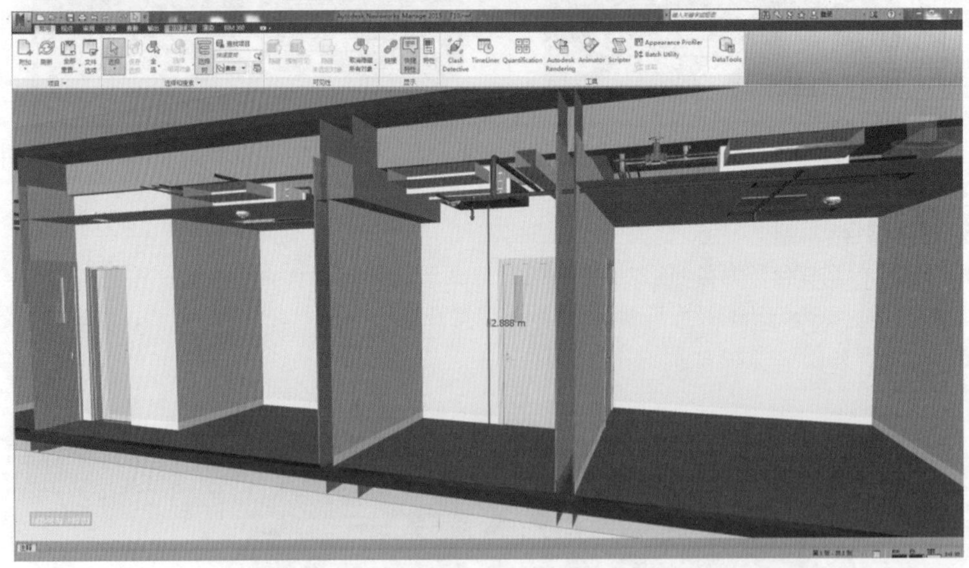

图 4 – 125

7. 机电深化

在管线综合模型基础上，导出二维平面图、剖面图、大样图等，在深化图纸中将所有管线、阀件、设备平面、高度进行精确标注，达到指导施工的要求，如图 4 – 126 所示。

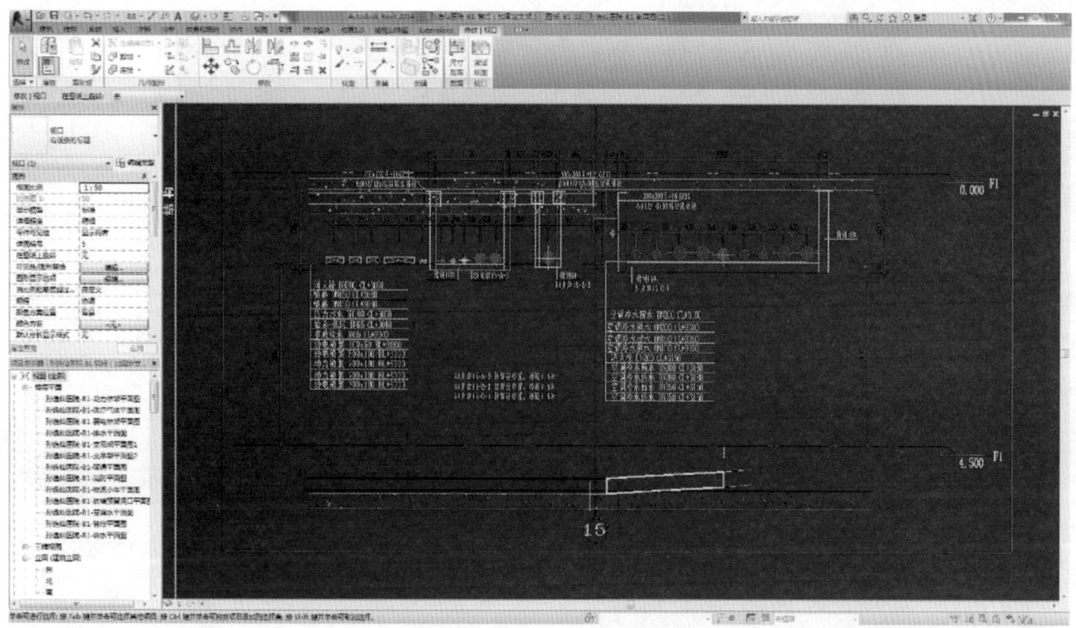

图 4-126

8. 预留预埋定位

管线预留预埋定位是利用 BIM 模型，在管线综合深化和优化的基础上，自动检测出所有需要预留预埋的位置并将其进行标识和定位，生成专门的管线预留预埋定位图纸。

在结构施工之前将预埋件、结构留洞位置提前确定，可以减少结构施工完成后专门进行开洞的工序，免去不必要的开支以及对结构的破坏，可提高设计质量、加快施工进度，如图 4-127、图 4-128 所示。

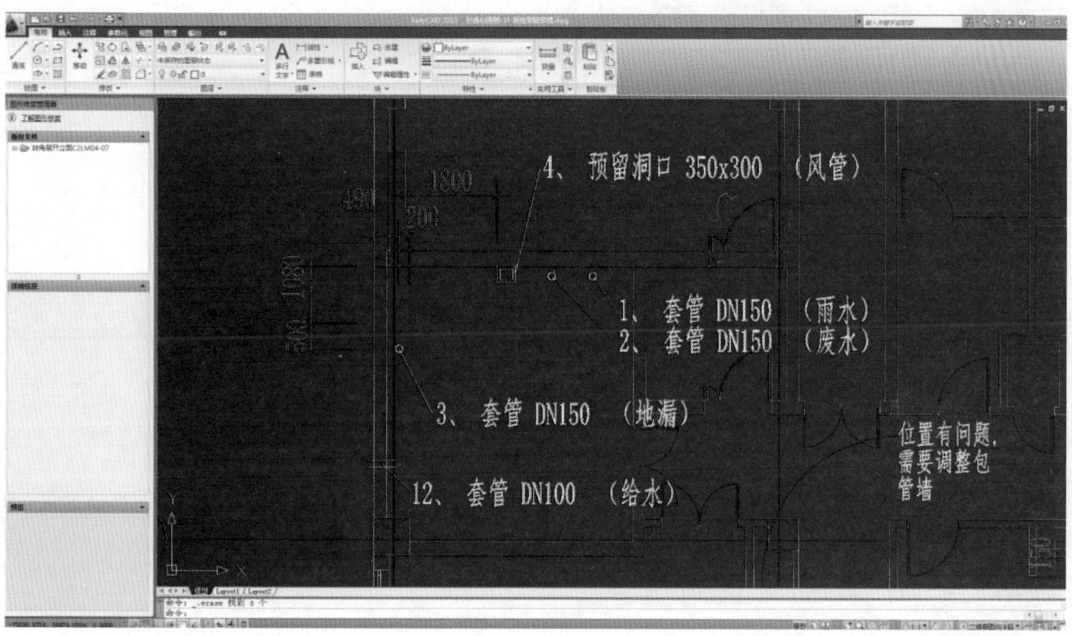

图 4-127

图 4-128

9. 综合支吊架

利用已经深化和优化后的管线的 BIM 模型，按照受力要求，确定综合支吊架的位置。综合支吊架便于施工、便于后期管线更换维护，更为美观，如图 4-129 所示。

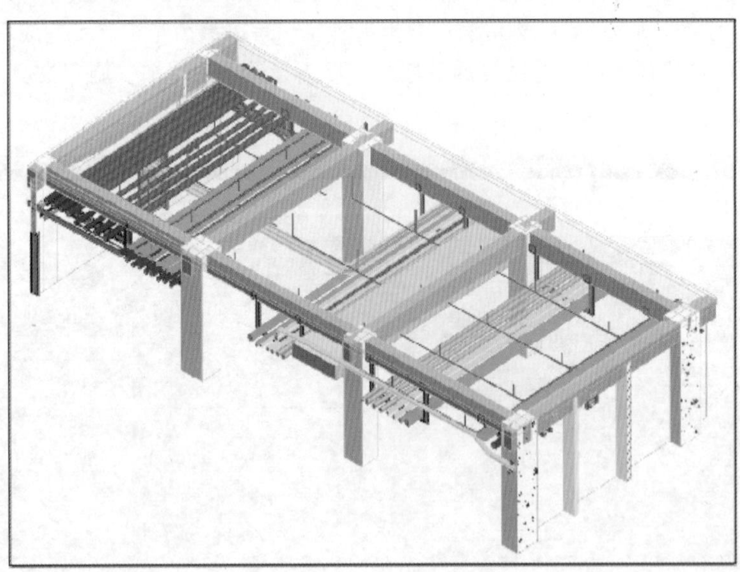

图 4-129

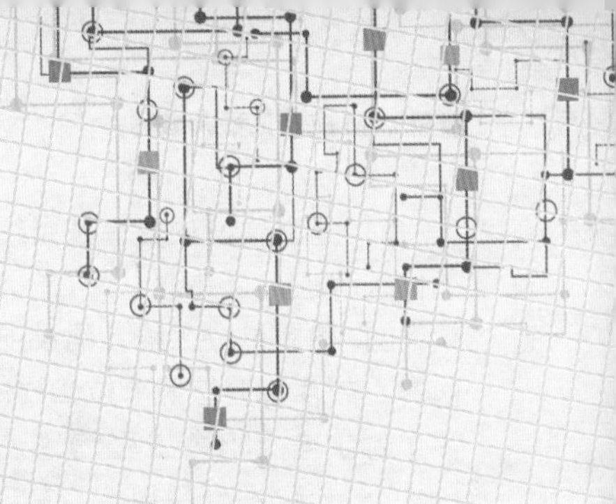

第5章　造价BIM管理方案

第1节　工程计价

目前我国工程造价的计价方式有两种，一种是以《建设工程工程量清单计价规范》（以下简称为清单计价）为计价方式，另一种是用套定额（定额计价）的方式。清单计价是计算纯工程造价，它不涉及工程项目的工、料、机消耗量，而定额计价可以分析工程子目的工、料、机消耗量。为了便于指导施工，现在很多施工企业基本还是沿用定额计价方式。在工程项目进行BIM应用时，会经常对项目进行方案选择和比较，如果不使用计算机进行计价操作，要想在项目中进行BIM应用是不可能的。计价软件包含的内容和功能有相应定额子目挂接，为换算、调整各类定额制定的相应实施细则，清单项目下的定额指引、计价规则、报表内容以及形式等。使用计价软件的各功能和操作，能够顺利完成工程量清单编制、招标控制价编制、投标报价等计价工作。

5.1.1　计价软件介绍

斯维尔公司“清单计价”软件是一款完备的计价平台，可以直接链接3DA、3DAr、3DM、3DMr工程量计算软件的输出数据，在极短时间内完成工程项目的工料分析和计价。这款软件完全支持国标清单计价规范，包含国家标准工程量清单，全国各地区、各专业定额，可用于工程量清单计价、定额计价、综合计价等多种计价方式。

1. 计价软件操作流程（图5-1）

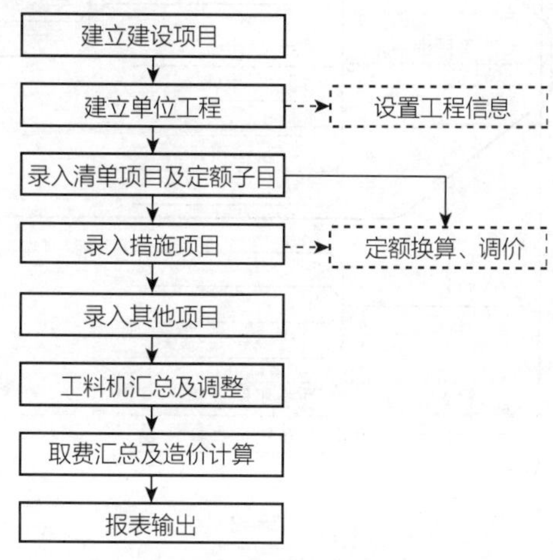

图　5-1

1）建立建设项目：按照“基本建设项目”的划分，在软件中可将建设项目下的各单项工程、单位工程进行合并。

2）建立单位工程：建设项目中的单位工程是按照专业划分的，故单位工程是软件的主要操作内容。软件主要按照单位工程的分部分项子目进行价格计算。在进行单位工程建立的同时，需将该单位工程的相关工程信息进行设置，如工程名称、计价方式（清单计价、定额计价、综合计价）、计价依据（采用的清单规范版本、地区定额和时间版本、文件规定等）、采用的信息价文件（什么地区、什么时间段的工料机信息价）以及相关的说明等。

3）录入清单项目及定额子目，录入措施项目，录入其他项目：此 3 项是对单位工程中的分部分项子目进行清单项目和定额子目录入、工程量输入，进行材料换算、价格换算、系数换算、子目组合换算等的操作。此项工作繁杂且琐碎，必须细致操作。

4）工料机汇总及调整：对分析出来的工料机品名、规格型号、数量、价格进行最终调整，以符合合同规定，如区分乙供材料、甲供材料等。

5）取费汇总及造价计算：进行单位工程的造价计算。

6）报表输出：清单计价软件内置有各种报表，用户可以按照需要选择报表进行输出打印。

软件操作至此即将一个单位工程的造价计算完毕，可以将多个单位工程在第一步操作内合并成一个单项工程，再将多个单项工程合并成一个建设项目。

2. 计价软件功能框图（图 5-2）

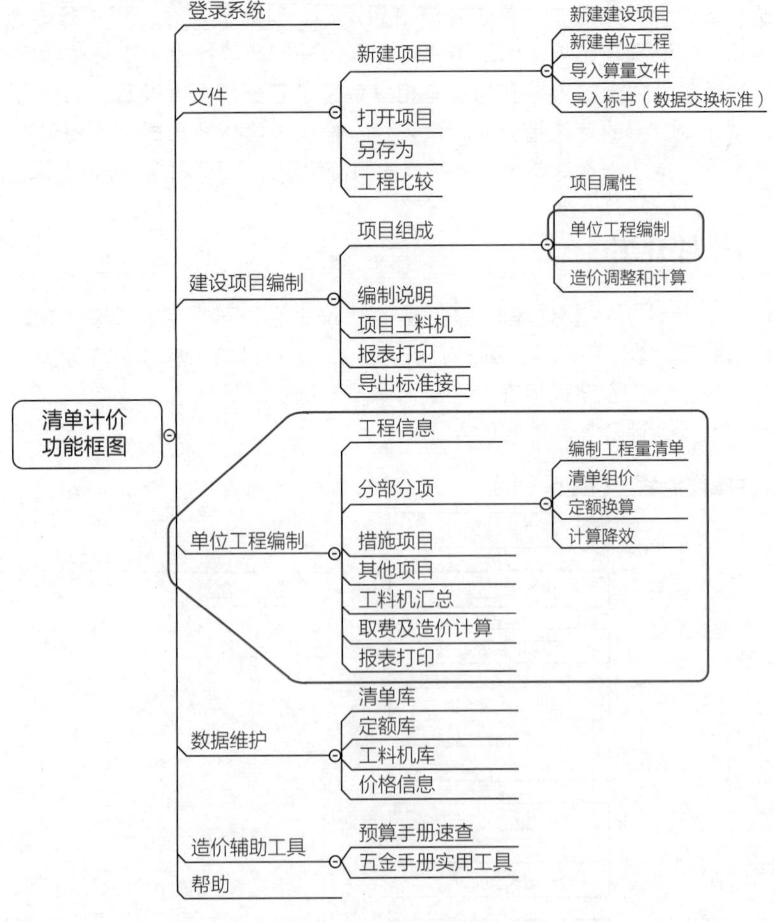

图 5-2

软件具备的主要功能如下。

1）文件：包含对一个建设项目的单项工程和单位工程的文件合并，对文件的另存为，对已做项目和新做项目的比对，以及将做BIM应用的计量软件计算数据导入。它是一个工作建设项目的纲领性操作。

2）建设项目编制：对建设项目“文件”的具体操作，其中最重要的是“单位工程”的编制，因为单位工程在建设工程中是一个专业内容的集合，如一栋房屋的专业内容分为土建和安装，那么土建是一个单位工程，而安装是另一个单位工程，这两个单位工程合并成为一个单项工程。

3）单位工程编制：此项是利用软件编制工程造价的主要操作部分，包括清单项目及定额子目、措施项目、其他项目，以及对应工程量输入的各种换算和系数调整等。操作完成后可将计算和报表输出。

4）数据维护：此项功能是对软件内置的数据库进行维护，包括对数据的增添、修改和删除。

5）造价辅助工具：用户在操作软件的过程中，会碰到要查看一些造价方面的资料的情况，为减少用户查找资料的过程，节约时间，软件内置了相关的资料等工具书。如碰到有异形体积的计算，可查看相关的计算公式；要了解某种型钢的单位质量，可查看对应的五金手册。

5.1.2 清单计价

工程量清单计价是指由招标人公开提供工程量清单，投标人按照招标人提供的工程量清单自主报价或招标人自己编制标底的计价方式。招标人和投标人双方可按照此种计价方式签订工程合同，并以工程量清单计价方式进行工程竣工结算等活动。它包括由投标人完成或由招标人提供的工程量清单所需的全部费用，包括分部分项工程费、措施项目费、其他项目费、规费和税金。

1. 用工程量清单编制招标文件和计价的优点

1）为投标提供公平竞争的基础。

2）工程量清单所需的全部费用，不仅要考虑工程本身的实际情况，还要求企业将进度、质量、工艺及管理技术等方案落实到清单项目报价中，在竞争中真正体现企业的综合实力。

3）有利于风险的合理分担。

4）淡化标底的作用，有利于标底的管理和控制。

5）促进企业建立自己的定额库。

6）有利于控制工程索赔。

2. 案例操作

案例承接第四章相关项目内容，因为项目的工程量是利用斯维尔公司的3DAr软件进行计算，在进行造价计算时，操作人员直接将3DAr软件计算的工程量文件导入计价软件中，然后可通过简单的调整和计算得到造价结果，极大减少了操作时间和工作强度。此种方式体现了在BIM应用中对数据信息传递这一必要的实施动作。下面对案例操作进行叙述。

1）打开软件，弹出“新建向导”对话框，如图5－3所示。

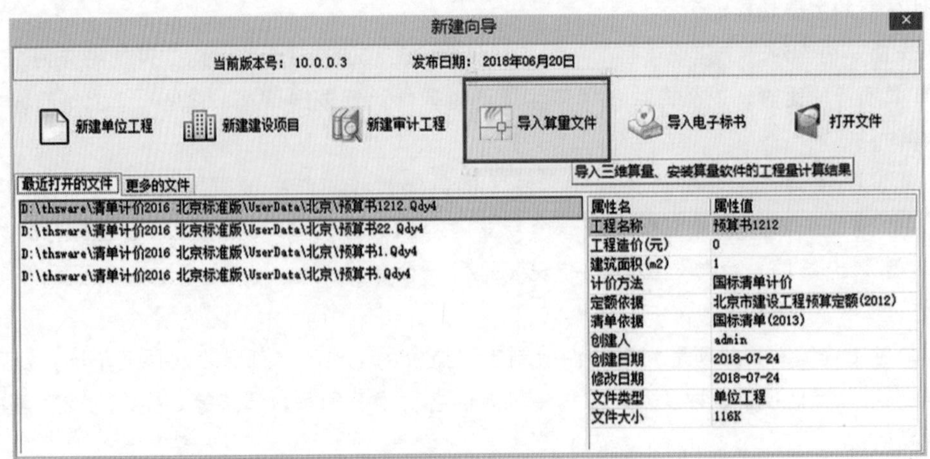

图 5-3

由于本案例已经有了用 3DAr 软件进行计算的工程量文件，为体现 BIM 信息的传递特性，故此操作按照“导入算量工程文件”操作。

2）在“新建向导”中单击“导入算量文件”按钮，进入“导入算量工程文件”对话框，如图 5-4 所示。

在对话框中，首先单击“算量工程”后的“...”按钮，在弹出的“请选择要导入的算量工程文件”对话框中，选择已经计算好工程量的文件，当选择要导入的工程量文件后，对话框中会自动将在算量软件中设置好的内容显示在第二步和第三步的相关单元格中。如果相关内容不符合要求，操作者可以再次调整修改。

检查相关内容，如果没有需要调整的内容，单击“确定”按钮；如果有需要调整的内容，则单击如图5-4所示第二步和第三步中相关单元格，对内容进行调整，调整好后单击“确定”按钮。软件将自动创建一个单位工程计价文件，并将算量工程文件中的清单、定额汇总数据导入该计价文件中。

3）将工程保存到相应的文件夹中，单击文件菜单下的“另存为”，弹出对话框，如图 5-5 所示。

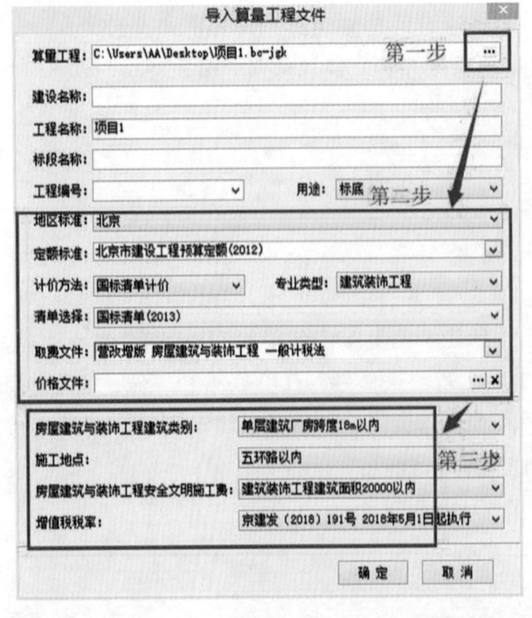

图 5-4

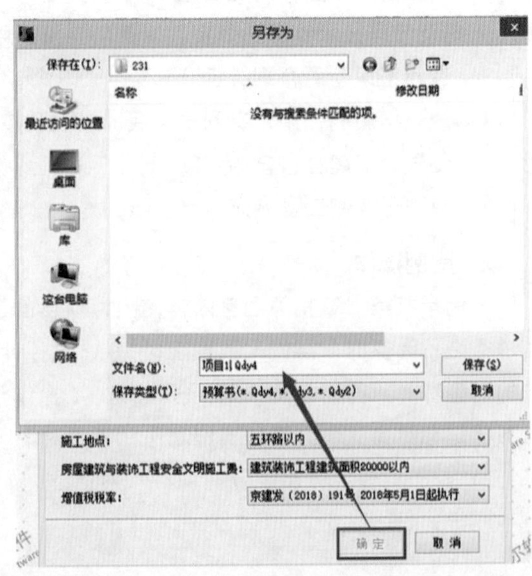

图 5-5

将工程项目文件另存为后，界面将自动跳转到分部分项窗口，如图 5－6 所示。

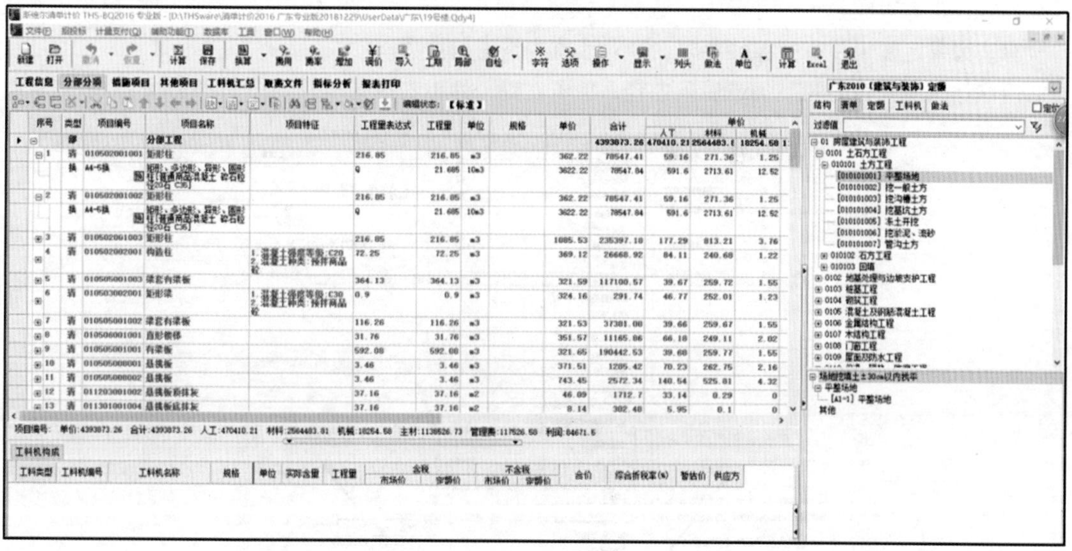

图　5－6

分部分项界面：上部第一栏为菜单栏，分别有“文件”“招投标”“计量支付”“辅助功能”“数据库”“工具”“窗口”和“帮助”；上部第二栏为各种快捷工具按钮；上部第三栏为各个项目的操作界面按钮；右侧栏目是清单项目和定额子目的选择区域，操作者可在此栏目中选择相应的清单项目和定额子目对左侧栏目对应的单元格进行挂接；左侧栏目为清单项目和定额子目的主要操作界面（以下简称为主操作界面），在界面中可对相关单元格内容进行编辑。如在界面中对相关条目进行工程量输入、定额换算、补充清单定额、清单定额查找、项目特征录入以及组价等。当对某条定额子目进行主材换算时，首先选中需要换算的条目，再单击快捷“换算”工具按钮，弹出“换算”选择对话框，如图 5－7 所示。

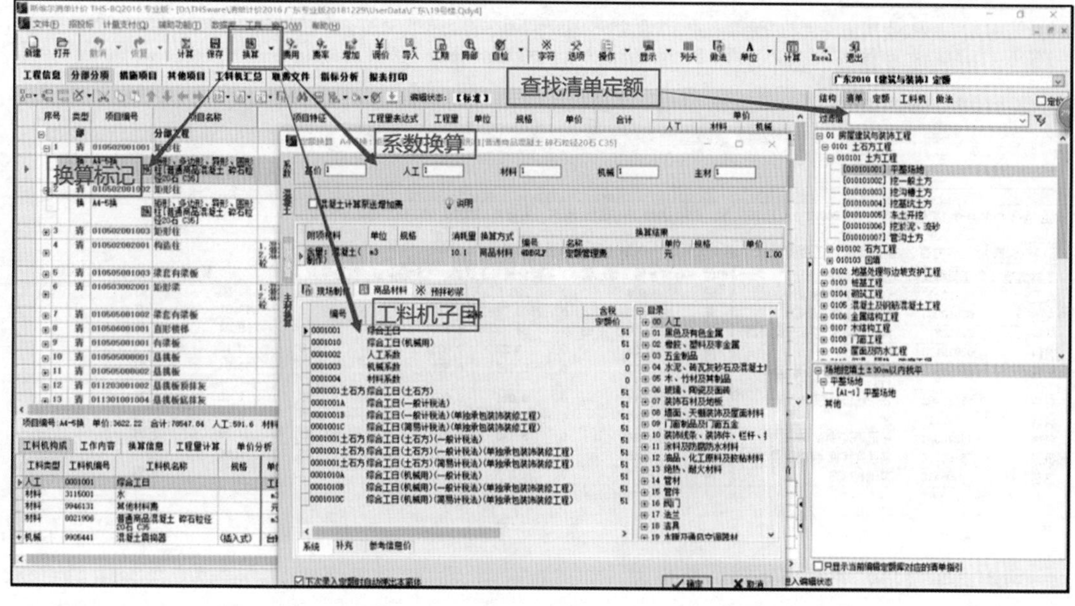

图　5－7

"换算"选择对话框中显示的内容不只对材料进行换算，还有对"人工、材料、使用机械"的系数换算，也有对组合定额进行的"智能"换算。使用者选择了相关内容，软件则对相关内容进行换算。如果定额中没有换算的要求，则对话框中没有选择项。

用鼠标选中栏目中的某条或多条内容，单击右键，弹出右键菜单，如图 5 - 8 所示。

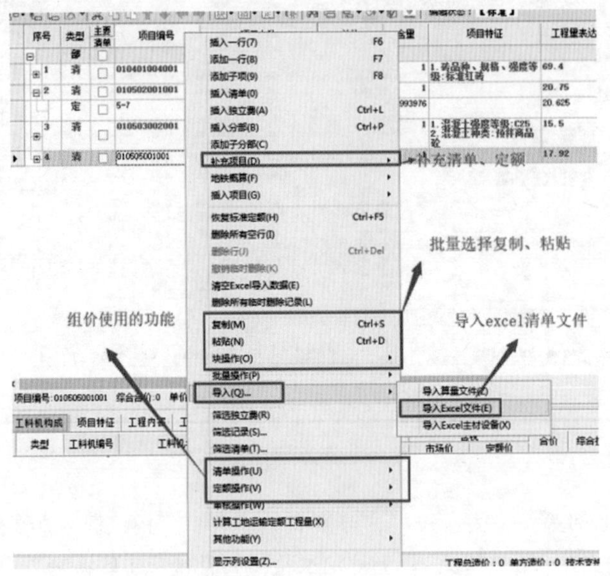

图 5 - 8

操作者可根据显示操作功能对选中的条目进行相关操作。如在分部分项界面中导入 Excel 格式的清单表格，对选中的条目进行批量复制、粘贴，以及使用组价所需的功能等进行组价分析。

关于"工料机构成"的调整：前述"换算"功能，里面有主材换算的内容，其中主材是指混凝土和砂浆的强度等级换算，如果要将子目中的材料换一个品种或者规格型号，则应该到"工料机构成"栏目内进行换算，操作方式如下。

在主操作界面中，选中一条项目内容其必须是挂定额的条目，因为只有定额条目才有工、料、机构成，清单项目是没有的，这时栏目的下方会显示出这条定额所构成的工、料、机内容，包括人工工种和类别，材料名称和规格型号，机械名称和型号，对应的消耗数量、定额单价、信息单价和消耗的合计价金额，以及材料是甲供还是乙供的选项，如图 5 - 9 所示。

项目编号:010004-3 单价:8303 合计:830.3 人工:3581.52 材料:3623.79 机械:56.62 主材:0 管理费:645.69 利润:395.38

工料机构成 | 工作内容 | 换算信息 | 工程量计算 | 单价分析表 | 关联定额 | 降效增加费

工料类型	工料机编号	工料机名称	单位	标准含量	增加量	实际含量	工程量	定额单价	信息单价	合价	暂估价	供应方	显示名称
人工	00010100	普工人工费(建筑)	元	885.8	0	885.8	88.58	1	1	88.58		乙方	☐
人工	00010200	技工人工费(建筑)	元	2695.72	0	2695.72	269.572	1	1	269.57		乙方	☐
材料	0QTCLF	其它材料费(按百分比计算)	元	0	88.39	88.39	8.839	1	1	8.84	☐	乙方	☐
材料	03015170	铁钉 综合	kg	0.23	0	0.23	0.023	5.5	5.5	0.13	☐	乙方	☐
材料	04150907	普通混凝土实心砖 240×115×53(10.0MPa)	千块	5.577	0	5.577	0.558	460	460	256.54	☐	乙方	☐
材料	05035462	松杂枋板材(周转材)	m3	0.011	0	0.011	0.001	1750	1750	1.93	☐	乙方	☐
材料	34095110	水	m3	1.963	0	1.963	0.196	3.35	3.35	0.66	☐	乙方	☐
材料	70010304	干混砌筑砂浆 M7.5	t	3.148	0	3.148	0.315	299.52	299.52	94.29	☐	乙方	☐
+ 机械	76005110	灰浆搅拌机 拌筒容量200L	台班	0.346	0	0.346	0.035	163.63	163.63	5.66		乙方	☐
其它材料	39005410	其他材料费	%	2.5	0	2.5		1	1			乙方	☐

图 5 - 9

在栏目中选择好要置换和修改的内容，即可对选中的内容进行修改。如要改变条目中的主材，可用鼠标光标选定材料名称并"双击"，弹出材料选择对话框，在对话框中选中需要的材料"双击”或者单击“确定”按钮，即可将栏目中的原有材料进行置换。

修改时注意栏目的内容变化，一条定额子目的原工料机编号是黑色的，如果将材料进行了置换或者做了数据更改，此条条目颜色会变成红色。如果系统工料机库中没有可供置换的材料，则需要增加相关的工料机内容。增加工料机内容有两种方法，一种是直接在系统库中对工料机数据进行增加、修改，一种是边做计价操作、边在栏目中增加，后种方式如操作者对一条工料机进行了修改，软件会弹出询问框，询问此条修改的工料机是针对整个文件还是只针对当前修改的条目，这时操作要慎重，否则会造成错误。

在工程量计算文件中计算的措施清单项，在进行导入算量工程文件时，软件会自动将措施项目归并到单价措施中，此界面操作同分部分项界面，如图 5－10 所示。

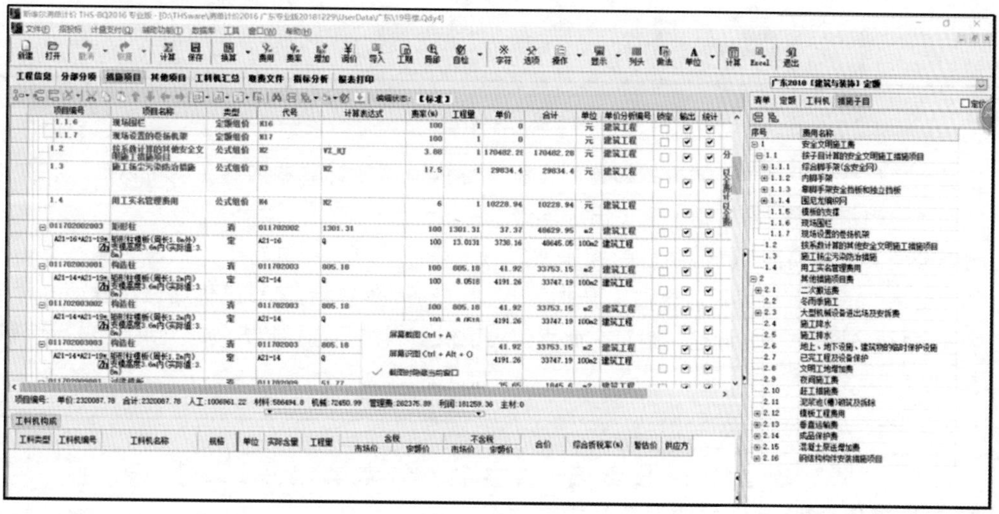

图　5－10

“单价措施、总价措施”“定额组价、公式组价（也称组价措施）”，是措施中有的措施如脚手架、模板、垂直运输等这些可用工程量计算的内容，在软件中就叫作单价措施或定额组价措施，不能用工程量计算的内容如安全文明施工措施，就叫作总价措施或公式组价措施。

依次录入组价措施、其他项目等内容，如图 5－11、图 5－12 所示。

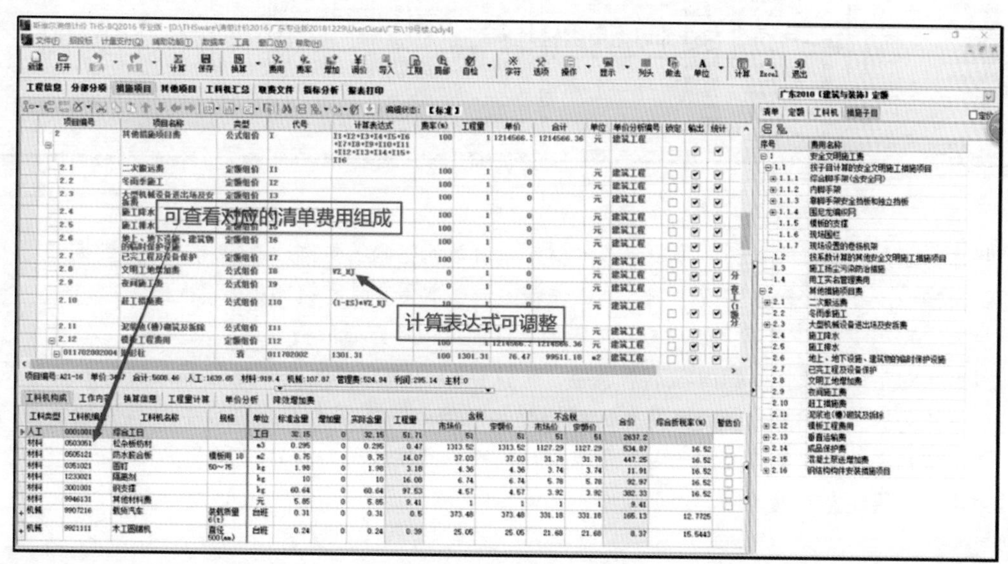

图　5－11

总价措施或公式组价的计价一般都是按照工程中某项目的金额和某个数据作为计价基数计算措施费用的。

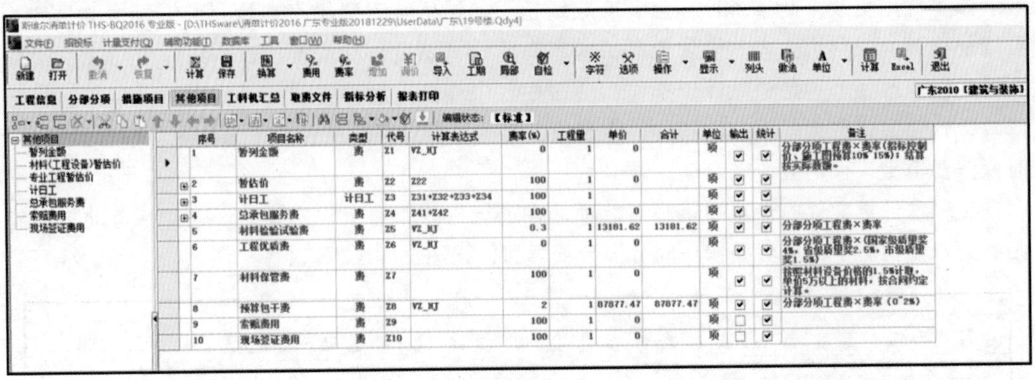

图　5－12

在其他项目计价界面中，如果招标方的发标文件中有同意计算的内容，则可以计入，如果没有说明同意，则相关操作要谨慎，避免出现差错。

分部分项、措施项目、其他项目的操作完成后，可对单位工程进行一次汇总计算，单击工具栏中的“计算”按钮，软件即对单位工程进行计算。将界面切换到工料机界面，在界面的栏目中按照合同对材料进行市场价调整，也可在此界面对甲供材料进行指定以及对其他内容进行编辑等，如图 5－13 所示。

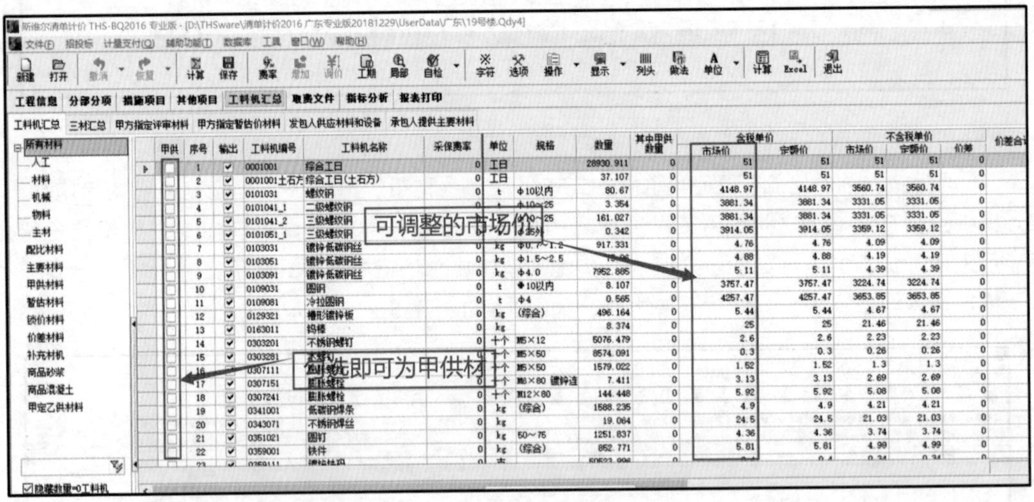

图　5－13

操作方法是用鼠标光标选中需要修改的材料单价单元格内的数据，直接输入新的数据即可。

计价操作至此已经基本完成，剩下的工作就是调整取费文件和打印报表。

进入“取费文件”界面，如图 5－14 所示，在栏目中可查看取费表达式及费率。

一般情况下取费文件中的内容不需调整，是软件公司依据当地造价主管部门发布的计价规定做好的计算内容。如果操作者的合同有取费调整的条款，则操作者可在栏目中对有关数据进行调整，包括取费基数和费率等内容。应注意取费基数的“费用代号”一定是展开栏目中的已有代号，操作者不能自己随意新编代号，否则软件不认识。

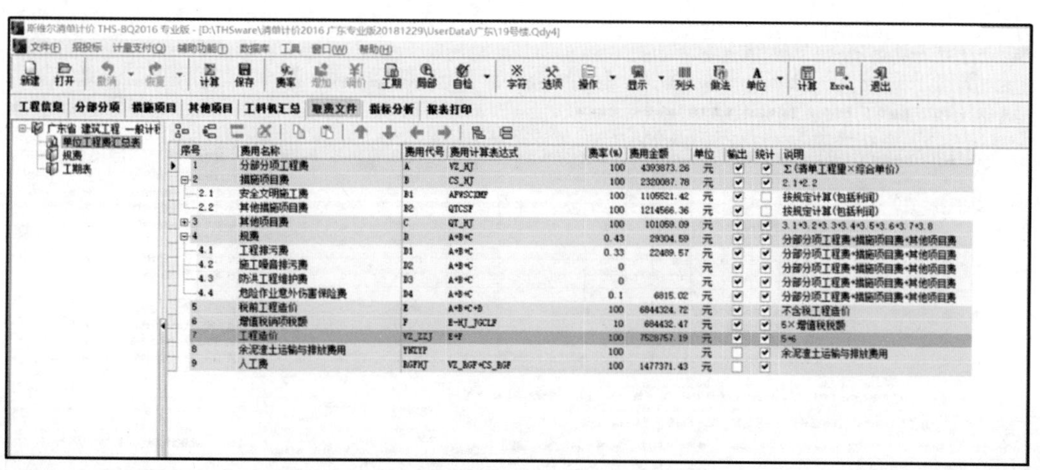

图 5-14

所有操作完成后，即可进行报表打印。单击“报表打印”，进入报表打印界面，如图5-15所示。

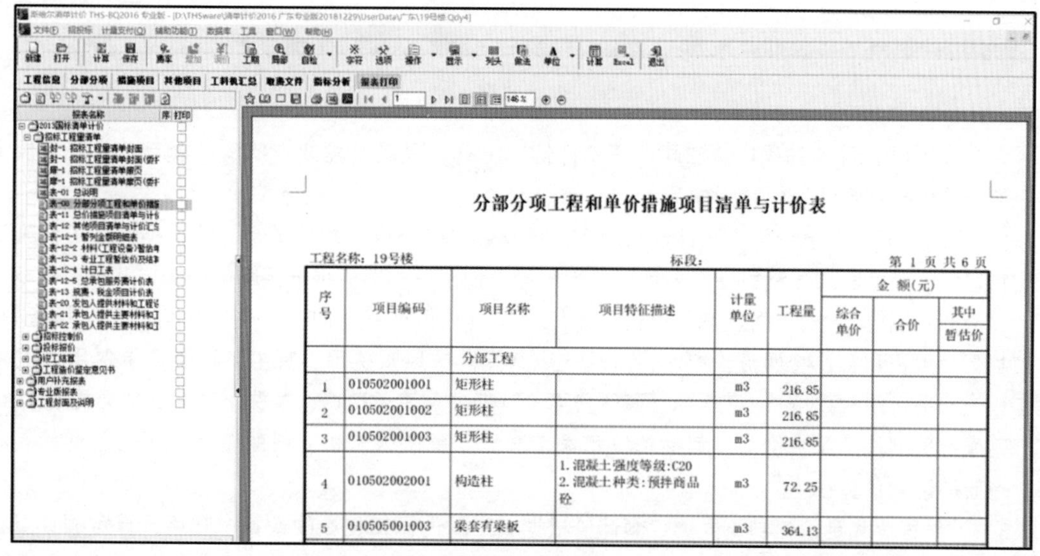

图 5-15

在报表打印界面的左侧栏目中，选中需要打印的报表，可以对表中内容和数据进行查看和校对，确认无误后，单击“打印”按钮，即可将选中的报表打印出来。

5.1.3 综合（定额）计价

综合计价即定额模式计价，是按照国家建设行政主管部门发布的建设工程预算定额的“工程量计算规则”，同时参照省级建设行政主管部门发布的人工工日单价、机械台班单价、材料以及设备价格信息及同期市场价格，直接计算出直接工程费，再按照规定计算方法计算间接费、利润、税金，汇总确定建筑安装工程造价，其中综合单价包含人工费、材料费、施工机械使用费，如图5-16所示。

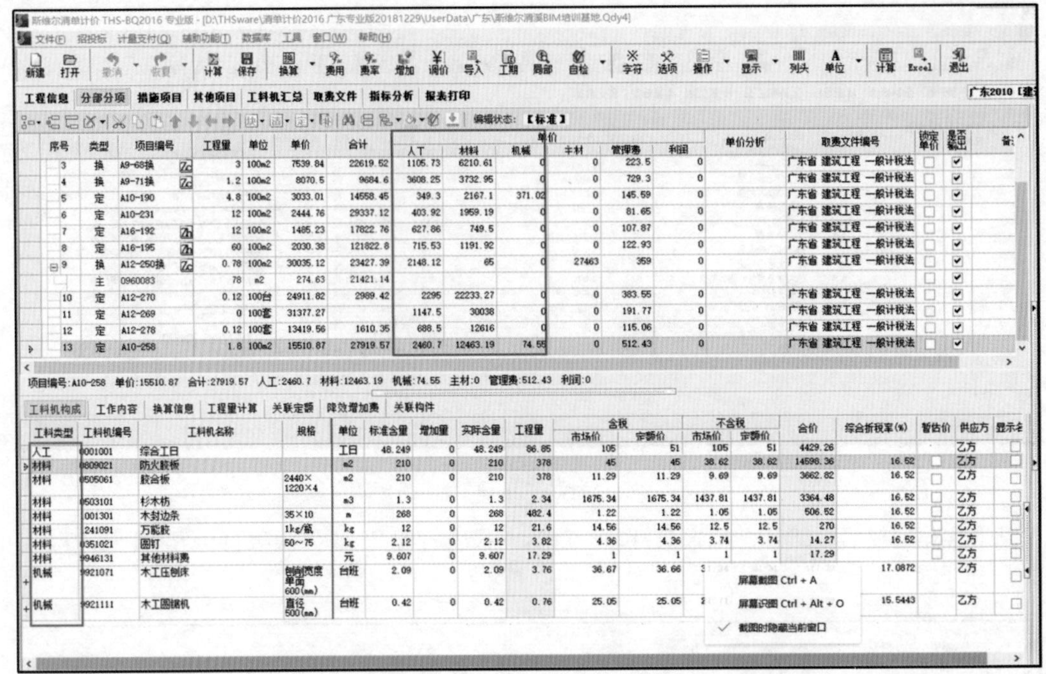

图 5-16

综合（定额）计价的操作方法同“清单计价”一样，只是不需要挂接清单项目，此处不再赘述。清单计价与综合计价的区别如下：

1）规则不同。清单项目工程计价按照实体已安装完的部位及构件进行计算，不包括工程施工所需预留量；而定额工程量包括人为规定的预留量，预留量的取值根据实际的施工方法进行选取。

2）单价的构成方式不同。清单计价采用综合单价进行计算，即人工费、材料和工程设备费、施工机具使用费和企业管理费、利润，以及一定范围内的风险费用。其由工程量清单费用（Σ清单工程量×项目综合单价）、措施项目清单费用、其他项目清单费用、规费、税金五部分构成。

定额计价则是预算单价，只包括单位定额工程量所需的人、机、料的费用，不将管理费、利润、风险等因素计算在内。

3）计价程序和定价机制不同。定额计价根据施工图进行工程量的计算，套用预算定额计算直接费用，之后采用费率进行间接计算，最后确定优惠幅度或其他费用的浮动大小，以确定最终报价。

清单计价则是根据我国颁布的《建设工程工程量清单计价规范》（GB 50500—2013）统一建设工程量清单计价办法、计算规则及项目设置规则，以规范清单计价行为。

4）计价依据不同。清单计价与定额计价最根本的区别在于其计算依据不同，定额计价将定额作为唯一依据，由国家统一定价。工程清单计价的工程造价是在国家相关部门管控下由工程承发包双方根据市场供求变化而自主确定工程价格，其具有自发性、自主控制的特点。

5）工程竣工结算的方法不同。在结算方面两者也大不相同。定额计价的工程结算方法为：依据图纸、变更计算工程量，按照相关定额的相关子目及投标报价时所确定的各项取费费率进行计算。工程清单计价的结算方式为：设计变更或业主计算有误的工程量的适量增减，属于合同约定范围内的按照原合同进行结算，其综合单价不会发生变化。但遇到合同规定范围以外的情况时，须按照合同约定对综合单间进行调整。对于项目漏项或设计变更所引发的综合单价变化，应当由

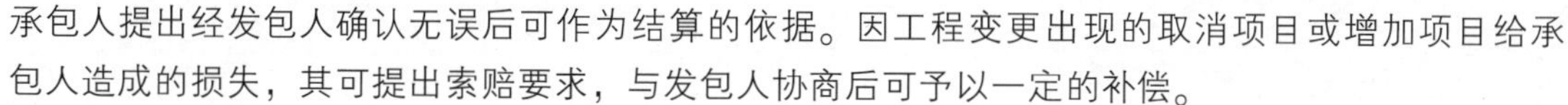

承包人提出经发包人确认无误后可作为结算的依据。因工程变更出现的取消项目或增加项目给承包人造成的损失，其可提出索赔要求，与发包人协商后可予以一定的补偿。

5.1.4　造价管理应用

造价专业在工程项目 BIM 应用中的应用点贯穿整个建设工程全生命周期，从项目的策划选址直至建设项目使用完成、拆除，一般来说大致有以下几点（具体内容可参见第 4 章第 1 节的 4.1.6）。

1）项目选址投资对比。

2）环保节能方案选择。

3）工程规模选型。

4）结构方案对比。

5）防灾交通方案投资评估。

6）创建预算 BIM 模型，统计工程量、产值和成本控制。

7）材料进、出场控制。

8）通过 BIM 模型反映工程变更对工程的影响。

9）施工方案选择对比。

10）工期进度成本控制。

11）其他内容。

第 2 节　计价案例

案例项目前期已经完成了设计图，但在施工过程中发现诸多问题，造成设计变更且变更频繁，依传统的方式调整投资计划难以跟上施工节奏，故业主委托 BIM 咨询公司应用 BIM 技术来解决此难题。工程施工过程中依据已经做好的施工资源计划，咨询公司在每项变更后 2 个小时内调整好变更模型，得到工程量数据后，并将数据快速导入清单计价软件中，分析计算出变更和需要的人材机资源计划，为项目建设、成本控制等赢得了宝贵的时间。

5.2.1　基于模型的工程量计算和计价一体化

目前工程量计算软件和计价软件功能是分离的，工程量计算软件只负责计算工程量，对设计图纸中提供的构件信息在输入完成后，不能传递至计价软件中，在计价软件中还需要重新输入清单项目特征，这样会大大降低工作效率，出错几率也会加大。基于 BIM 的工程量计算和计价软件可实现计价工程量计算一体化，通过 BIM 工程量计算软件进行工程量计算，同时，通过工程量计算模型丰富的参数信息，软件可自动抽取项目特征，并与招标的清单项目特征进行匹配，形成模型与清单之间的关联。在工程量计算完成之后，在组价过程中，BIM 造价软件根据项目特征可以与预算定额进行匹配，实现自动组价，或根据历史工程积累的相似清单项目综合单价进行匹配，实现快速组价，如图 5 - 17 所示。

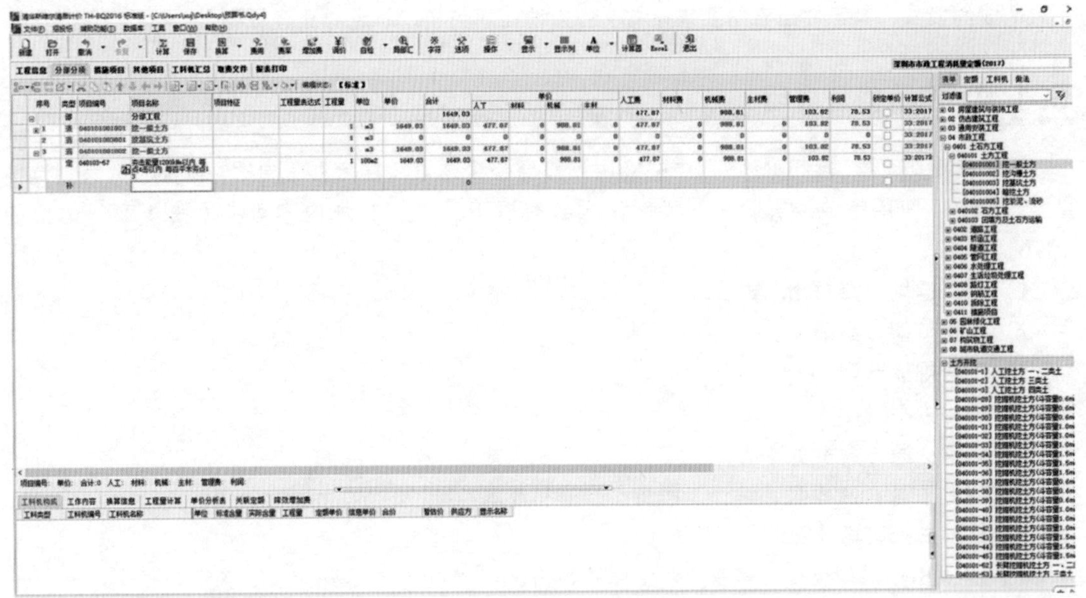

图 5-17

5.2.2 造价调整更加便捷

在投标或施工过程中，经常会遇到因为错误或某些需求而发生图纸修改、设计变更的情况，往往需要进行工程量的重新计算和修改，目前因工程量计算软件和计价软件的割裂导致变更工程量结果无法记录发生的变化。基于 BIM 的计价和工程量计算软件的工作全部基于三维模型，当发生设计修改时，仅需要修改模型，系统将会自动形成新的模型版本，按照原工程量计算规则计算变更工程量，同时根据模型关联的清单定额和组价规则修改造价数据。修改记录将会记录在相应模型上，支持以后的造价管理工作。

5.2.3 BIM 5D 辅助造价全过程管理

BIM 5D 是一款利用 BIM 模型，充分将模型中的数据信息进行集成，对项目进度、合同、成本、质量、安全、图纸、物料等进行管控的平台。它可以将工程模型中的信息进行整合并形象化地予以展示，可实现数据的形象化、过程化、档案化管理和应用，为项目的进度及成本管控、物料管理等提供数据支撑，实现有效决策和精细管理，从而达到减少施工变更、缩短工期、控制成本、提升质量的目的。BIM 5D 平台主要表现在以下方面。

1. 反映 BIM 模型变化过程，连接工程过程动态信息

如图 5-18 所示，BIM 5D 将 3D 信息模型与算量模型、进度计划集成扩展成为 BIM 5D 模型。

2. 流水段管理，让管理更精细

根据项目实际情况建立施工流水段，按流水段区域进行项目的进度监管、质量和安全查看、成本及物资管理，如图 5-19 所示。

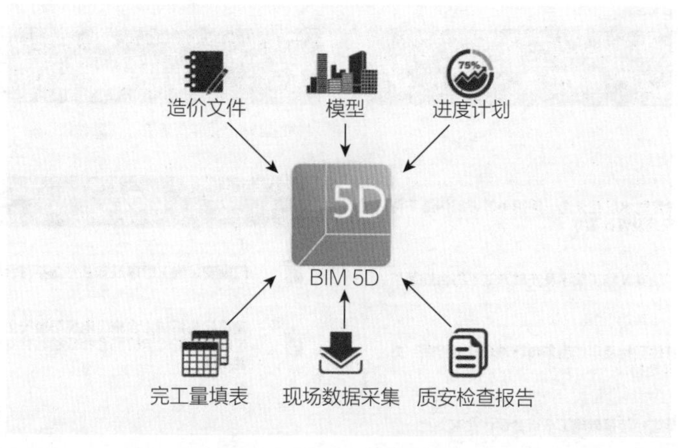

图 5-18

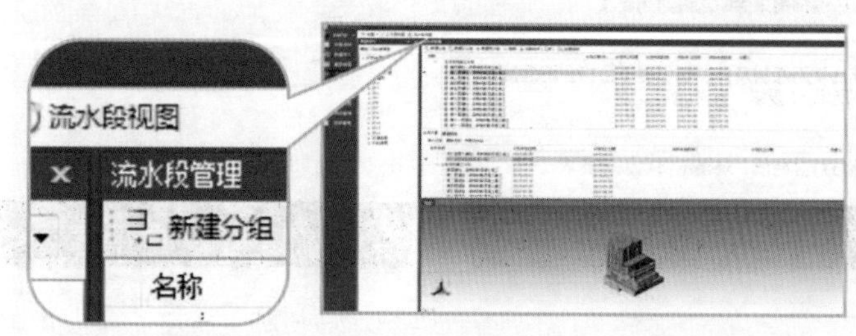

图 5-19

3. 动态成本管理，让阶段资金得到有效控制

使用 BIM 5D 可实现变更前后工程量和资金对比、阶段资金和累计资金获取、计划资金和实际资金对比、阶段物资需求数据提取，如图 5-20 所示。

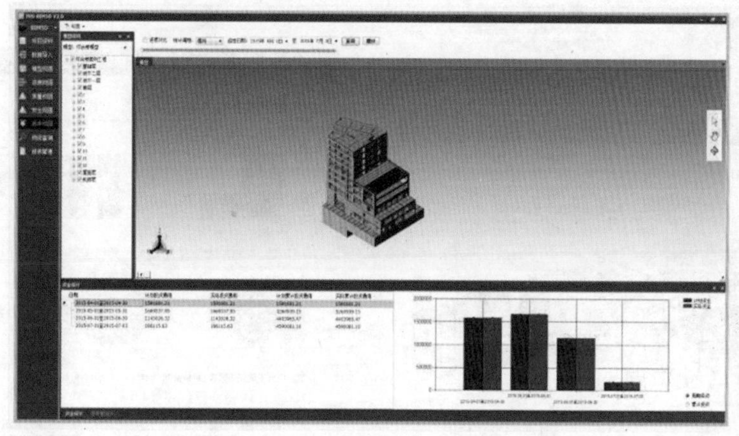

图 5-20

4. 质量、安全自动实现手机和计算机数据同步

以文档图钉的形式在模型中展现现场和理想情况，协助生产人员对质量、安全问题进行直观管理，如图 5-21 所示。

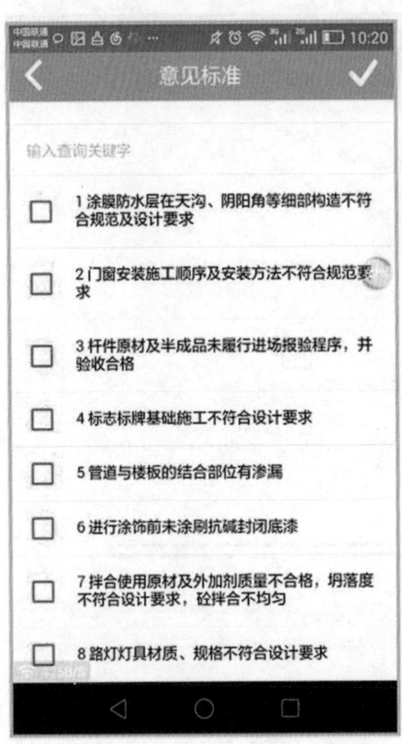

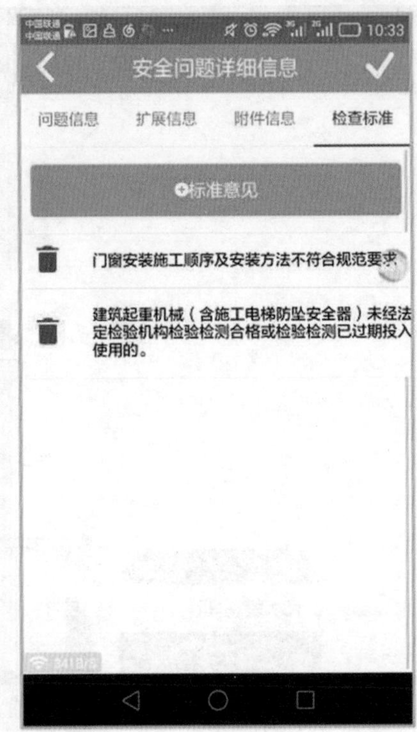

图 5－21

5. 可视化进度跟踪，让计划得到有效控制（图 5－22）

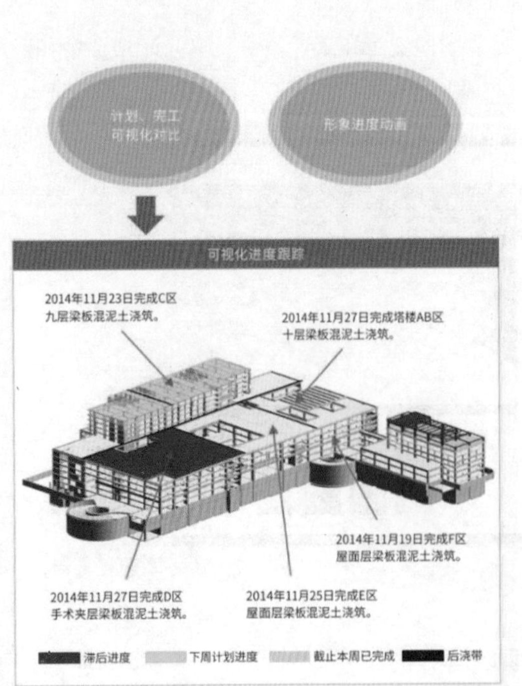

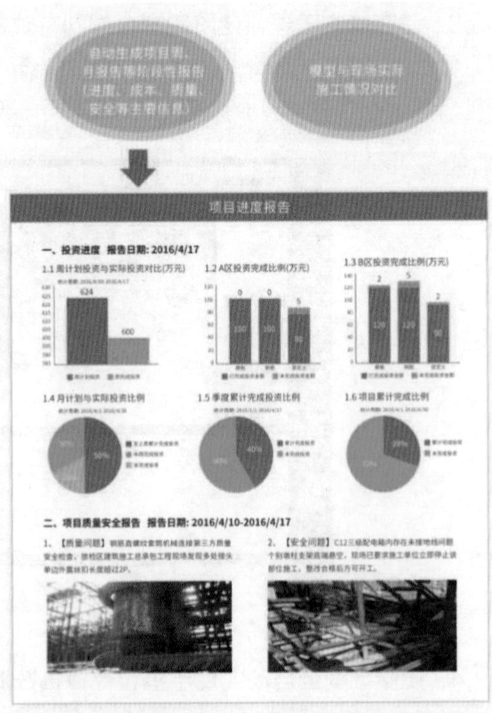

图 5－22

6. 现场情况信息采集，让管理落到实处

通过移动端采集项目各关键节点形象进度照片，与按进度计划模拟的三维模型实时对比，随时校核进度偏差，加强项目管控，如图 5 – 23 所示。

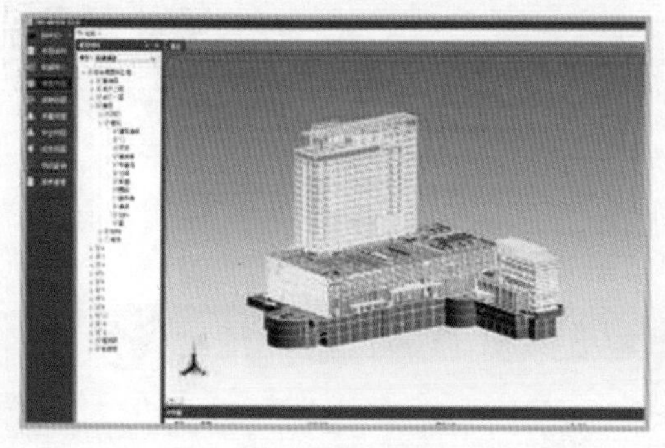

图　5 – 23

7. 基于 BIM 的造价咨询管理

全过程造价管理系统是国内最早基于工程造价咨询业务管理的软件产品，系统以项目管理为主线、以协同办公为基础，主要涵盖合同管理、项目派单、编审处理、进度跟踪、质量管理、绩效考核、经营报表等功能。系统不仅支持计算机客户端，更支持手机移动办公，使业务管理更加方便，如图 5 – 24、图 5 – 25 所示。

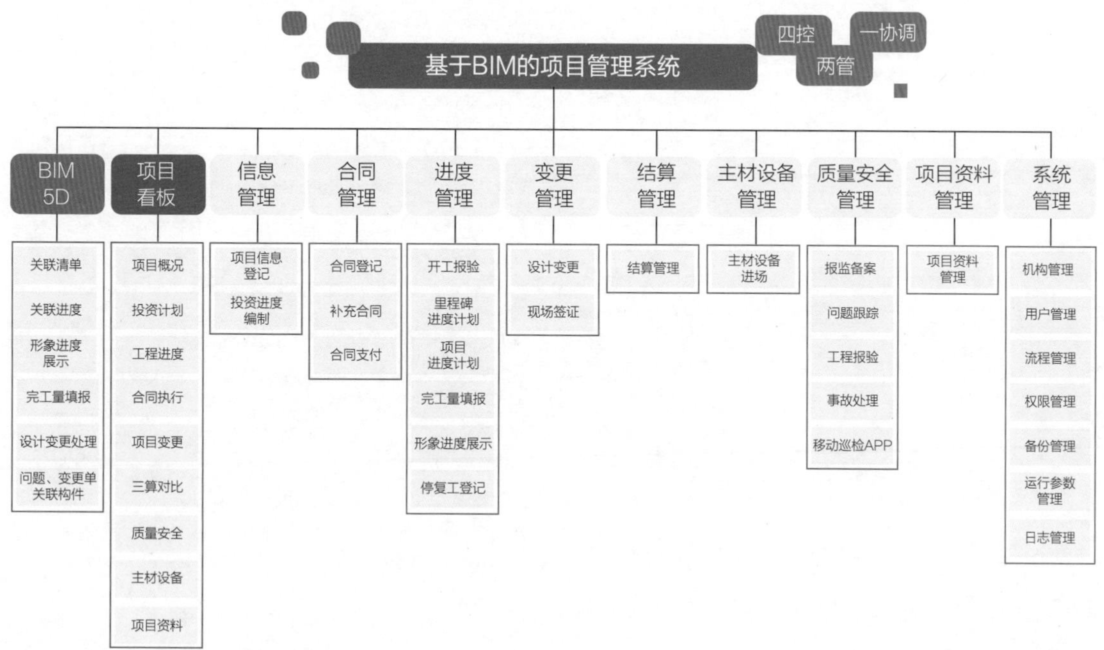

图　5 – 24

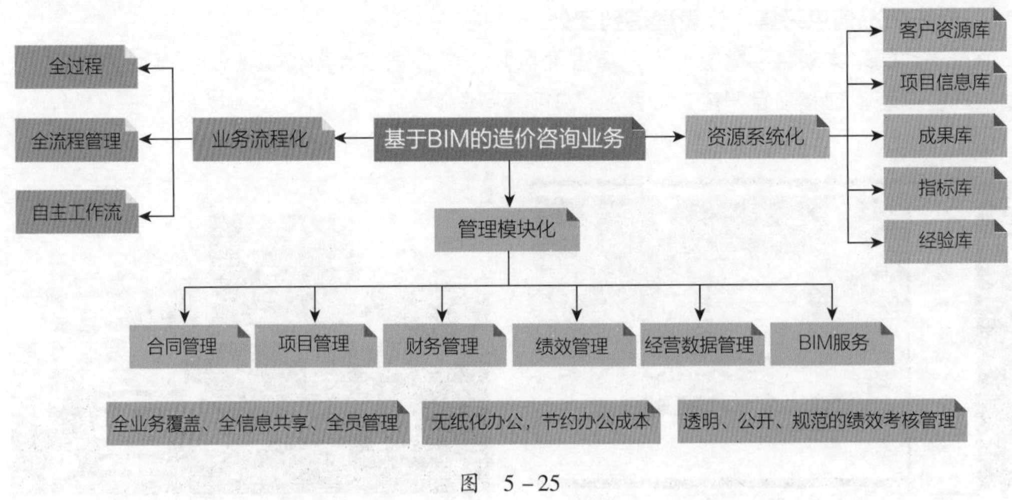

图 5－25

由于本书主要针对工程造价人员，对于 BIM 5D 平台的操作不做详细介绍，如需继续学习请参看相关教程和 BIM 5D 平台操作手册。

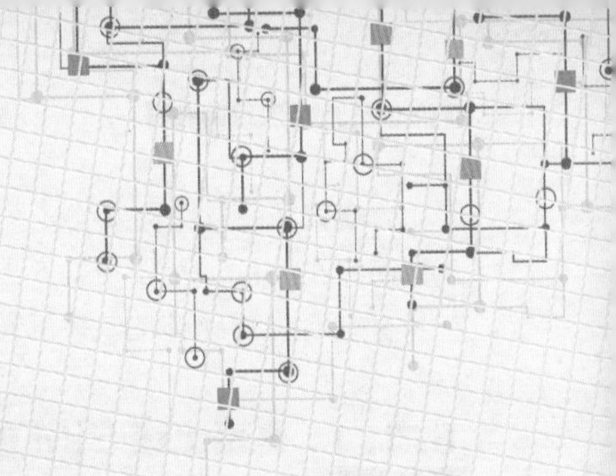

第6章　鲁班BIM解决方案介绍

鲁班BIM解决方案源于创建、管理、应用协同共享的项目建造全过程管理理念。鲁班BIM通过创建7D BIM，即3D实体、1D时间、1D BBS（投标工序）、1D EBS（企业定额工序）、1D WBS（进度工序），利用鲁班企业级BIM系统实现建造阶段的项目全过程管理，提高精细化管理水平，大幅提升利润、质量和进度，为企业创造价值，打造核心竞争力（图6-1）。

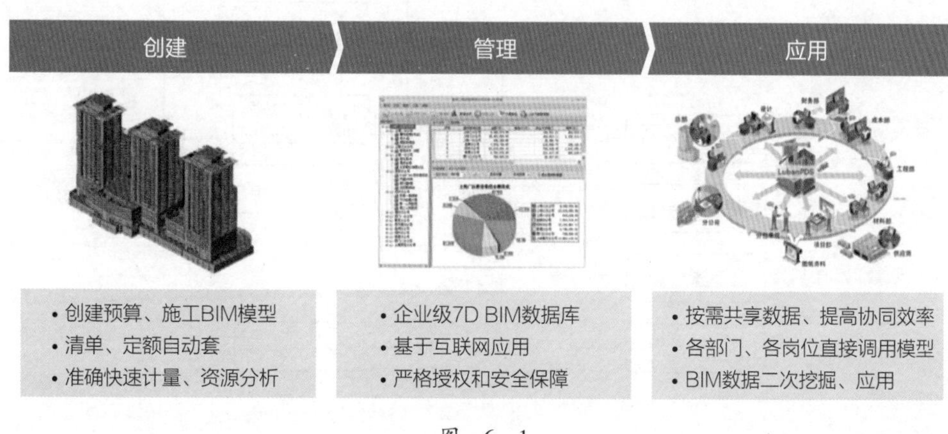

图　6-1

第1节　鲁班造价BIM模型建立

鲁班造价软件是基于BIM技术的新一代图形可视化造价产品，与传统工程造价软件和算量软件需要通过Excel格式文件交换清单定额数据不同，鲁班造价软件可直接导入鲁班各专业算量模型二维、三维图形及清单、定额计算数据，与土建、钢筋、安装等算量软件数据实现无缝共享；实现图形构件与造价数据的一一对应；可以框图快速形成进度报表、资金计划、材料计划，可实现造价全过程数据分析，支持成本测算、招标投标管理等全过程项目管理。

鲁班造价支持工程项目群管理，可对标段、单项工程、单位工程进行统一管理；支持多个项目数据集中管理和数据分析；可通过选取三维图形构件进行造价数据的拆分，快速形成进度报表、资金计划、材料计划等报表；与鲁班土建、钢筋、安装算量软件及鲁班BIM系统平台管理软件组成整体解决方案，故鲁班BIM造价模型建立前需建立各专业算量BIM模型。

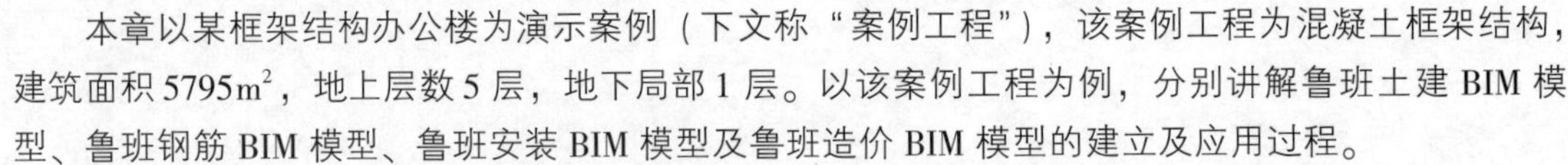

本章以某框架结构办公楼为演示案例（下文称“案例工程”），该案例工程为混凝土框架结构，建筑面积 5795m²，地上层数 5 层，地下局部 1 层。以该案例工程为例，分别讲解鲁班土建 BIM 模型、鲁班钢筋 BIM 模型、鲁班安装 BIM 模型及鲁班造价 BIM 模型的建立及应用过程。

6.1.1 鲁班土建 BIM 模型建立及清单工程量计算

鲁班土建软件是基于 AutoCAD 图形平台开发的工程量自动计算软件。它利用 AutoCAD 强大的图形功能并结合我国工程造价模式的特点及未来造价模式的发展变化，内置全国各地定额的计算规则，最终得出可靠的计算结果并输出各种形式的工程量数据。软件采用了三维立体建模的方式，可直观地展示工程项目情况，使整个计算过程可视化。利用软件内置的强大工程量数据报表与文件数据输出功能，可灵活多变地输出各种形式的工程量数据与模型文件数据，满足不同的需求。鲁班土建 BIM 模型的建立都可按照以下思路进行，如图 6－2 所示。

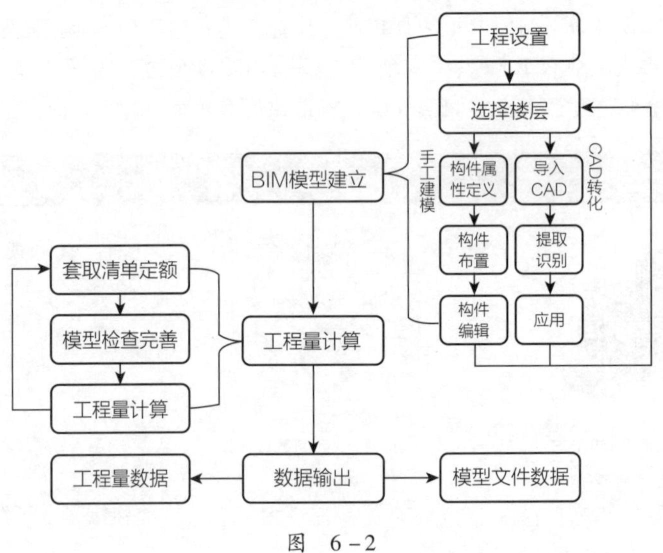

图 6－2

1. BIM 模型建立

（1）工程设置　打开鲁班土建软件，新建工程并命名为“案例工程”，设置好文件保存路径，弹出“用户模板”界面，如图 6－3 所示。该功能主要用于当建立一个新工程时可以选择过去做好的工程模板进行使用，以便调取以前工程的构件属性。

首次使用软件可以选择“软件默认属性模板”，接下来进行“工程设置”，工程设置包括五部分内容，如图 6－4 所示。第一部分设置是“工程概况”，对工程名称、工程类型等相关信息进行设置。第二部分设置是“算量模式”，根据工程的具体需要选择相应的清单算量模式或定额算量模式，以及具体的清单库、定额库和清单计算规则、定额计算规则。第三部分设置是“楼层设置”，按照给出的图纸信息对此工程的楼层标高范围进行设置。第四部分设置是“材质设置”，按照给出的图纸信息对此工程中的各楼层、各类型构件的材料强度等级进行设置。第五部分设置是“标高设置”，按照给出的图纸信息和建模习惯，确定各楼层各类型构件建模时是选择采用楼层标高形式建模还是工程标高形式建模。楼层标高是相对于该楼层地面标高进行计算，工程标高是相对于一层楼地面正负零的高度进行计算。

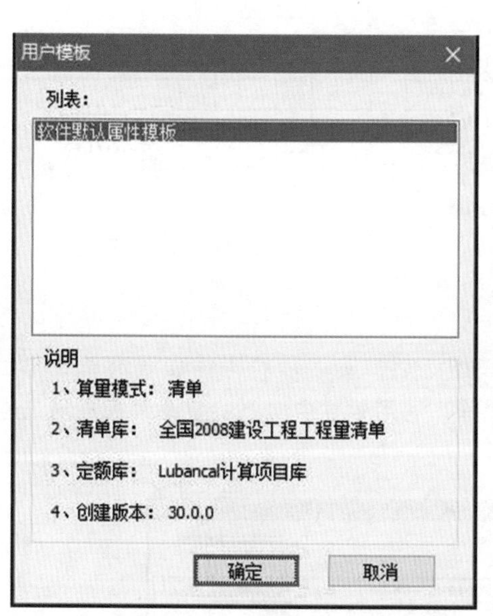

图　6－3

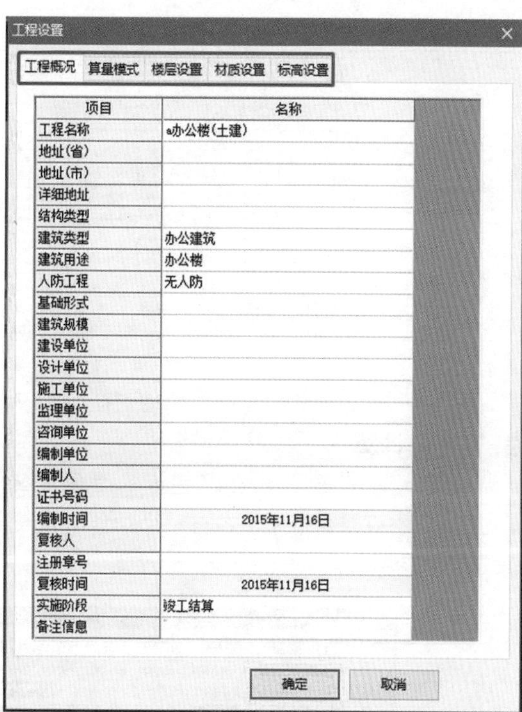

图　6－4

（2）选择楼层　“工程设置”完成后，在进行主体建模之前需通过“属性定义”面板进行楼层选择，如图 6－5 所示，该功能主要用于分楼层在指定标高范围内进行建模。

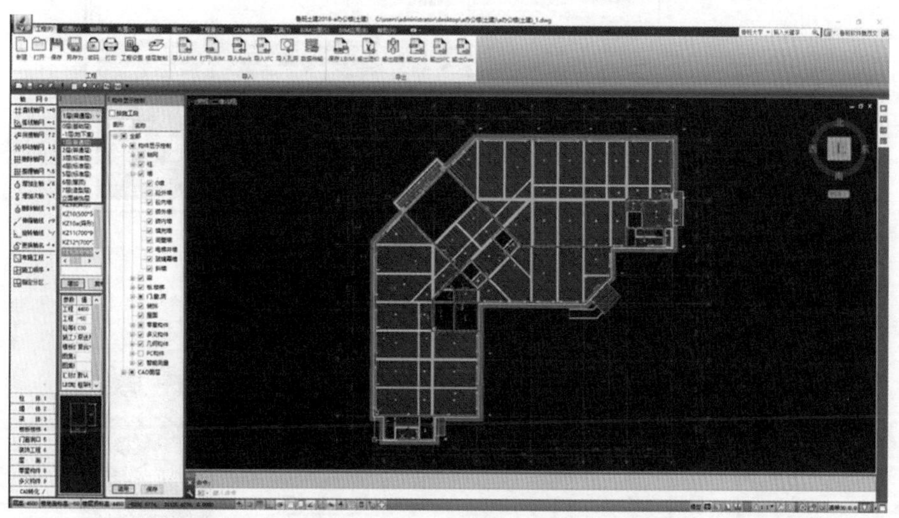

图　6－5

（3）主体建模　“选择楼层”完成之后，接下来进行主体建模。主体建模的常见建模流程主要是先地上主体、再地下基础，先竖向构件、再水平构件，具体的建模流程如图 6－6 所示。

主体建模的常见建模形式分为两种：一种是手工建模，其建模效率低；另一种是利用 CAD 电子文档进行转化，其建模效率高，但需要人工调整转化失败的构件，是软件操作人员现阶段普遍使用的建模方法。通过 CAD 转化与手工建模相结合的方式，可以快速建立、完善的土建 BIM 模型。

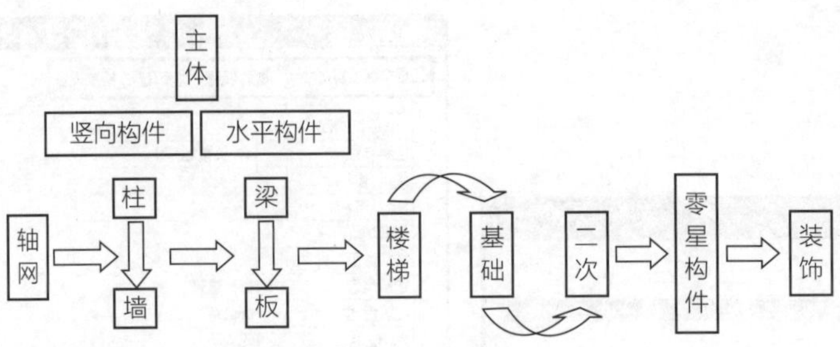

图 6-6

2. 工程量计算

(1) 套取清单定额　建立好完善的土建 BIM 模型之后，接下来对构件套取清单定额，如图6-7所示，也可以结合软件中自动套功能完成此操作。利用软件中做好的自动套模板对工程进行清单定额的套取如图6-8所示。

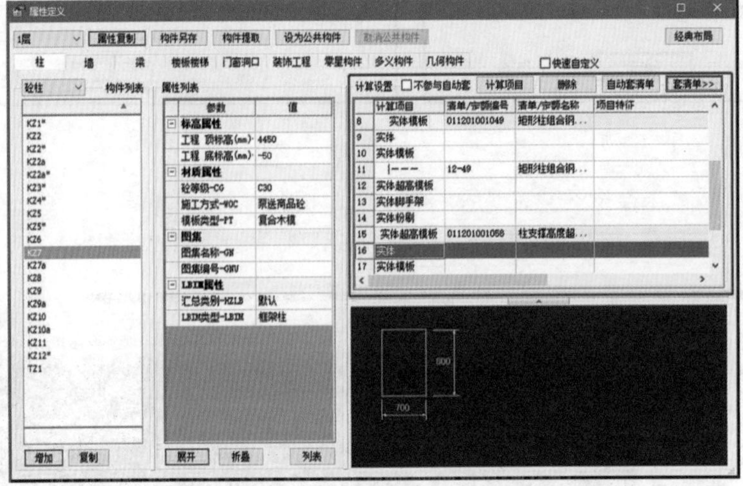

图 6-7

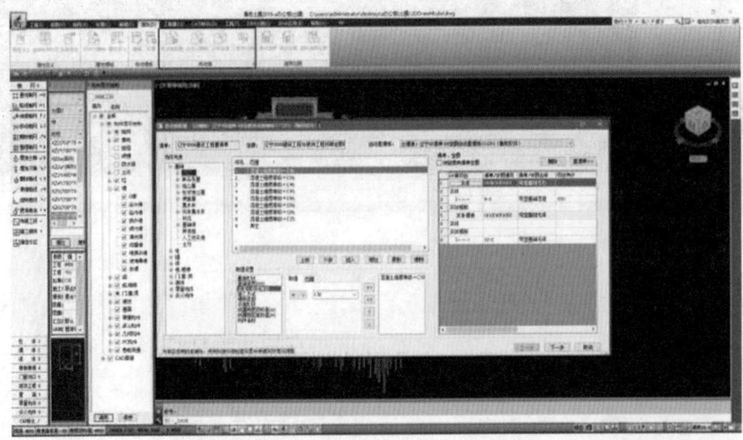

图 6-8

（2）模型检查完善　模型构件套取清单定额之后，可以对模型进行检查。一是结合图纸和已建立的模型进行对照，对缺项、漏项进行检查；二是结合软件内置的检查功能进行检查。合法化检查可以智能检查未套项目的构件，以及建模中的常见错误，并能反查到出错的位置，如图6－9所示。云模型检查可以联网检查混凝土等级合理性、属性合理性、建模遗漏等，并根据检查结果提供图集规范依据以及修复、定位功能，如图6－10所示。利用不同的检查方法对模型建立过程中的少算、漏算、错算项目进行完善，避免巨额损失和风险。

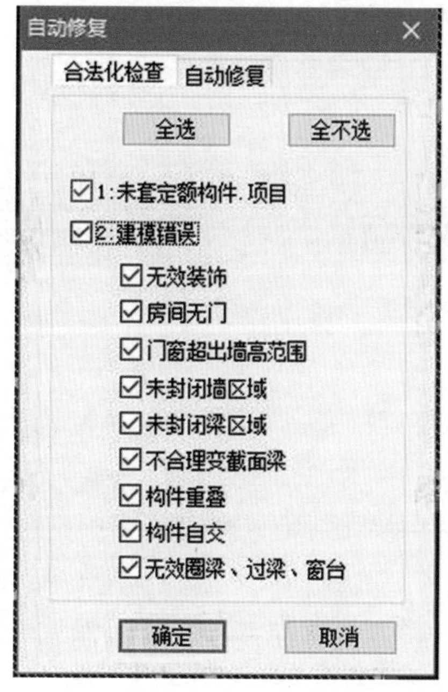

图　6－9

图　6－10

（3）工程量计算　模型检查无误之后，接下来对模型进行工程量计算，如图6－11所示。该功能主要是对整个模型构件信息的数据进行计算后形成结构化数据库，便于项目建造过程中快速获取总体或局部数据。

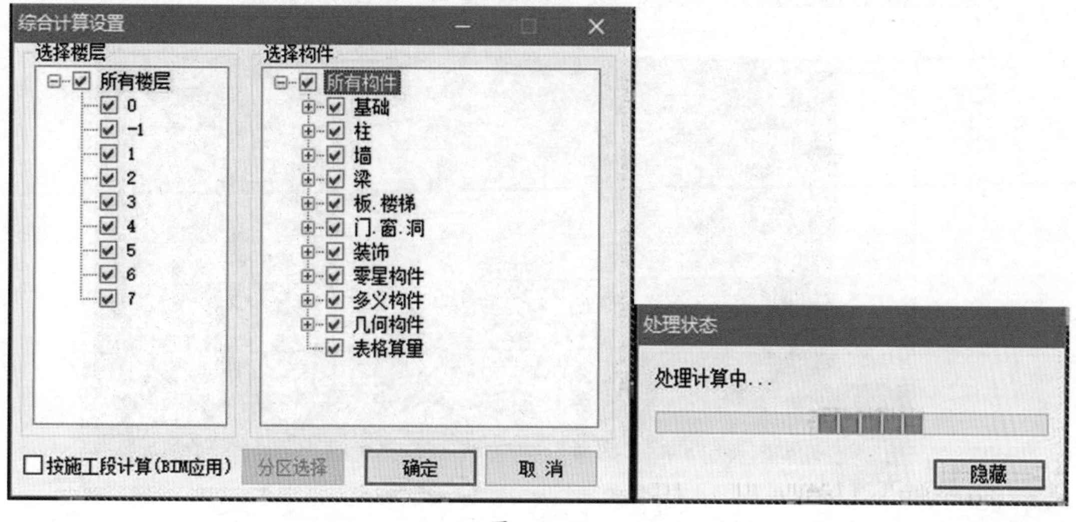

图　6－11

3. 数据输出

经过工程量计算的 BIM 模型，可以根据用户实际需要输出应用数据，其中包括工程量数据和模型在不同软件之间交换的中间数据。

1）工程量数据支持统计任意楼层任意构件的工程量，可快速获取项目管理各阶段所需工程数据，实现实物量的短周期三算对比，如图 6－12 所示。

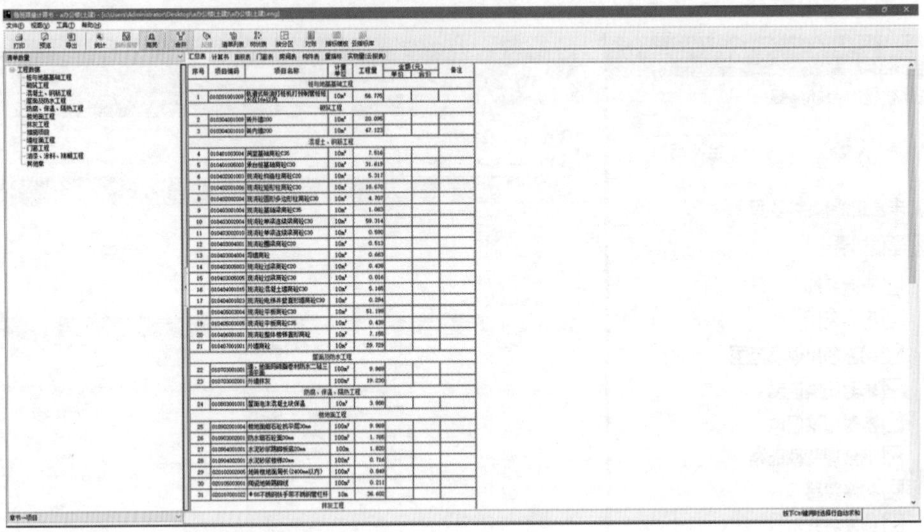

图 6－12

2）模型文件数据可主要输出 5 种，如图 6－13 所示。第 1 种为 LBIM 格式文件，用于鲁班其他专业建模软件的模型数据共享；第 2 种为 tozj 格式文件，用于鲁班建模算量文件导入鲁班造价软件的模型数据共享；第 3 种为 Pds 格式文件，用于鲁班 BIM 系统管理平台系统的模型数据应用；第 4 种为 IFC 格式文件（国际通用 BIM 标准交换格式），用于主流 BIM 软件的数据交换，如 IFC 格式文件导入 Revit 软件（图 6－14）；第 5 种为 Dae 格式文件（一种 3D 模型），多用于 3D Max 等三维软件的后期应用。

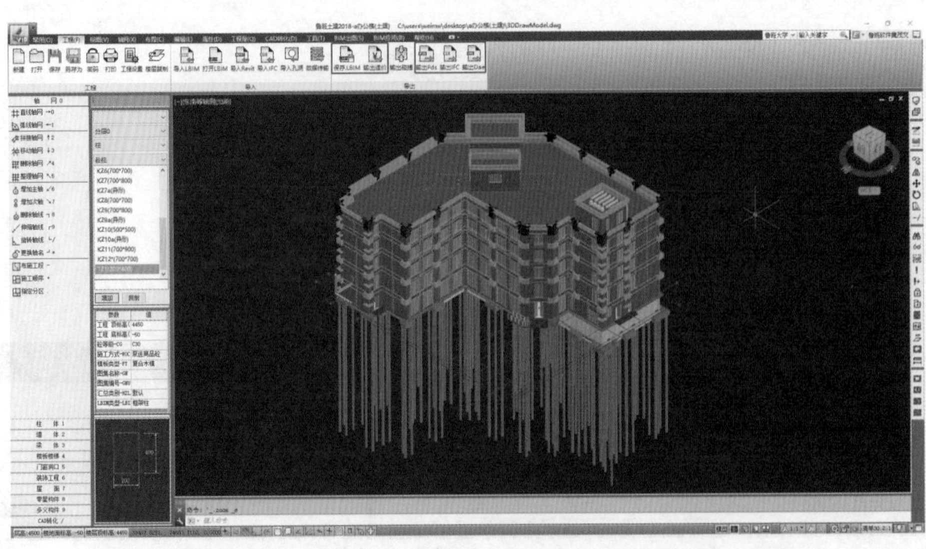

图 6－13

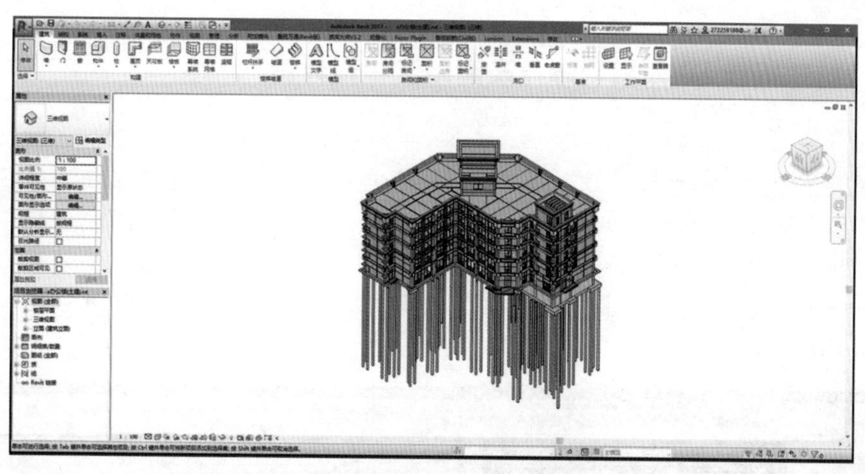

图　6-14

由于篇幅有限，鲁班土建BIM模型具体建模方法不予文字赘述，学习者可扫描右侧二维码进入网站，结合视频进行学习。具体视频内容见表6-1鲁班土建建模视频列表。

表6-1　鲁班土建建模视频列表

前言	1.21 楼梯间装饰
1.1 案例工程介绍	1.22 散水
1.2 新建、工程设置	1.23 台阶
1.3 软件界面介绍	1.24 自定义线性构件
手工建模	1.25 绘制桩
1.4 轴网	1.26 独立基础
1.5 轴网拓展	1.27 基础梁
1.6 常规、异形柱属性定义	1.28 满堂基础、集水井
1.7 手动布置柱1	**数据输出**
1.8 设置偏心	1.29 工程量计算及输出
1.9 手动布置柱2	**CAD转化**
1.10 斜轴上柱的处理方法	2.1 CAD转化-转化楼层表
1.11 三维显示	2.2 CAD转化-多层复制CAD图
1.12 绘制梁	2.3 CAD转化-转化轴网
1.13 支座识别、编辑，原位标注	2.4 CAD转化-转化梁
1.14 绘制墙	2.5 CAD转化-转化墙
1.15 布置门窗	2.6 CAD转化-转化门窗表
1.16 封闭性检查	2.7 CAD转化-转化门窗
1.17 布置楼板	2.8 CAD转化-转化柱
1.18 坡屋面	2.9 CAD转化-转化柱状独立基础
1.19 楼梯	2.10 CAD转化-转化基础梁
1.20 房间装饰	2.11 CAD转化-转化桩

6.1.2 鲁班钢筋 BIM 模型建立及清单工程量计算

鲁班钢筋软件基于国家规范和平法标准图集，采用 CAD 转化建模、绘图建模，辅以表格输入等多种方式，整体考虑构件之间的扣减关系，解决造价工程师在招标投标、施工过程钢筋工程量控制和结算阶段钢筋工程量的计算问题（图 6－15）。软件自动考虑构件之间的关联和扣减，用户只需要完成绘图即可实现钢筋量计算。其内置计算规则（可修改），具有强大的钢筋三维显示功能，使得计算过程有据可依，便于查看和控制。鲁班钢筋软件的 BIM 模型建立可按照以下思路进行，如图 6－16 所示。

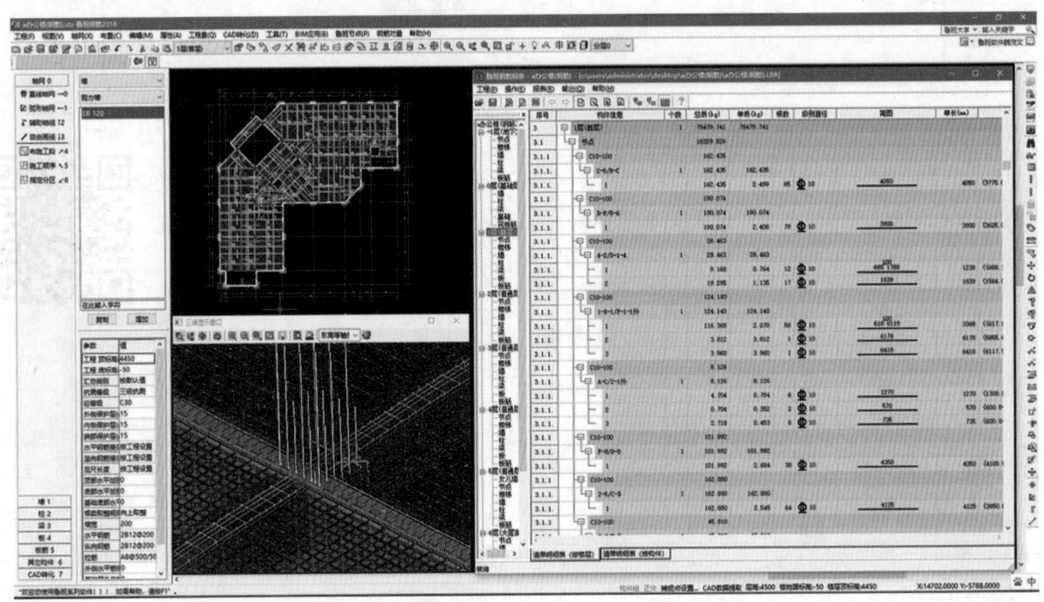

图 6－15

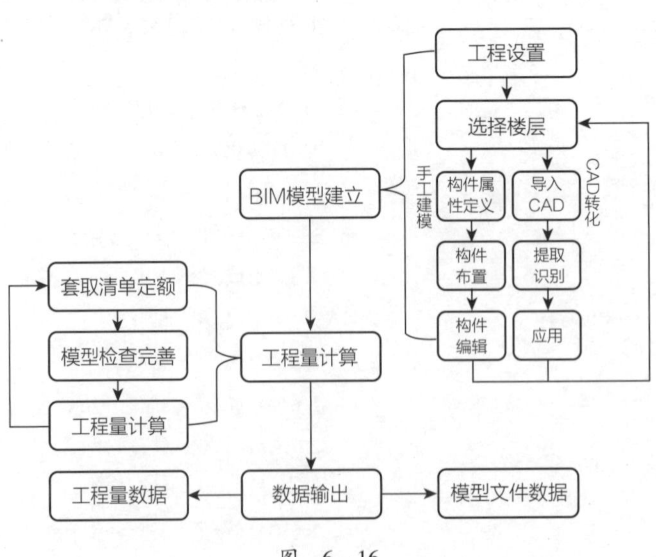

图 6－16

1. BIM模型建立

（1）工程设置　打开鲁班钢筋软件，选择“新建工程”，如图6－17所示，命名为“案例工程”，并设置好文件保存路径，弹出“工程设置”界面，如图6－18所示。接下来进行工程设置，工程设置包括8部分内容。

图　6－17

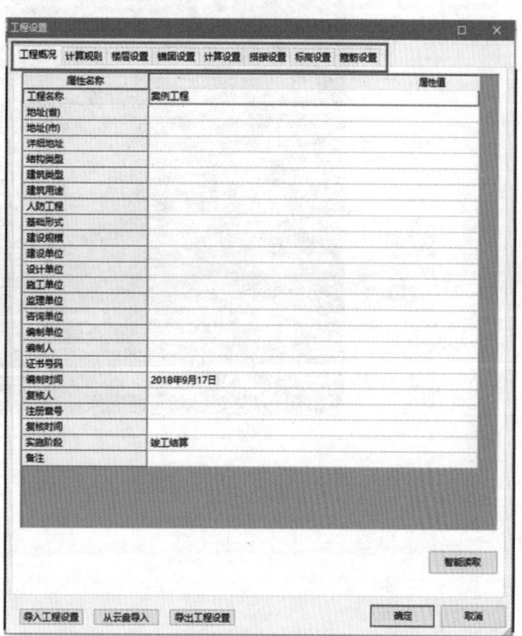

图　6－18

1）第1部分设置是“工程概况”，对工程名称、工程类型等相关信息进行设置。

2）第2部分设置是“计算规则”，对图集选用、抗震等级、定尺长度、箍筋计算方法等进行设置。

3）第3部分设置是“楼层设置”，按照给出的图纸信息对此工程中影响锚固值的混凝土等级、保护层厚度等进行设置。

4）第4部分设置是“锚固设置”，对此工程中的各楼层、各类型构件的混凝土等级、保护层厚度等进行设置，主要是影响锚固值的设置。

5）第5部分设置是“计算设置”，根据选用的图集和给出的图纸信息进行具体编制，此设置主要影响构件的计算方式。

6）第6部分设置是“搭接设置”，按照构件和钢筋的级别、直径修改搭接方式。

7）第7部分设置是“标高设置”，按照给出的图纸信息和建模习惯，确定各楼层各类型构件建模时是选择采用楼层标高形式建模还是工程标高形式建模。楼层标高是相对于该楼层地面标高进行计算，工程标高是相对于一层楼地面正负零的高度进行计算。

8）第8部分设置是“箍筋设置”，在箍筋设置中，柱子采用图集规则的03G标法，梁采用肢数标法进行设置。

（2）选择楼层　“工程设置”完成后，在进行主体建模之前需通过“工具栏”面板进行楼层选择，如图6－19所示，该功能主要用于分楼层在指定标高范围内进行建模。

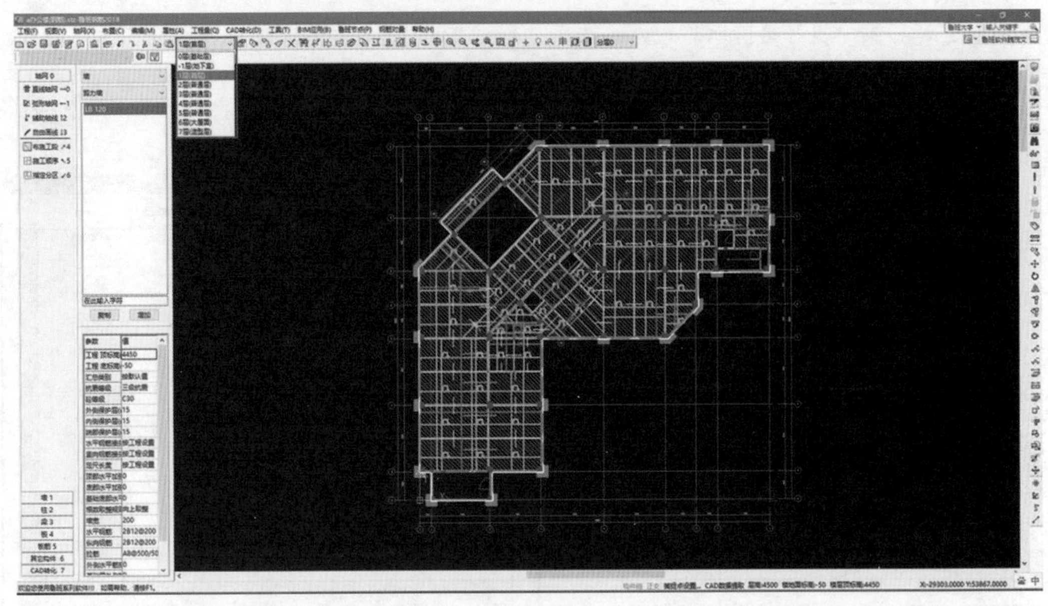

图 6-19

（3）主体建模 “选择楼层”完成之后，接下来进行主体建模。主体建模的常见建模流程主要是先地上主体、再地下基础，先竖向构件、再水平构件，具体的建模流程如图 6-20 所示。

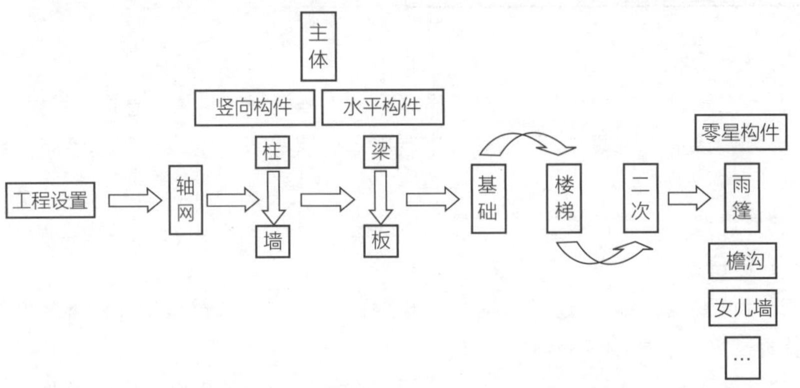

图 6-20

主体建模的常见建模形式分为两种：一种是手工建模，其建模效率低；另一种是利用 CAD 电子文档进行转化，其建模效率高，但需要人工调整转化失败的构件，是软件操作人员现阶段普遍使用的建模方法。通过 CAD 转化与手工建模相结合的方式，可以快速建立完善的钢筋 BIM 模型。

2. 工程量计算

（1）套取清单定额 建立好完善的钢筋 BIM 模型之后，接下来选择菜单选项卡下“工程量→自动套”功能，使用软件中做好的自动套模板对工程进行清单定额的套取，如图 6-21 所示。

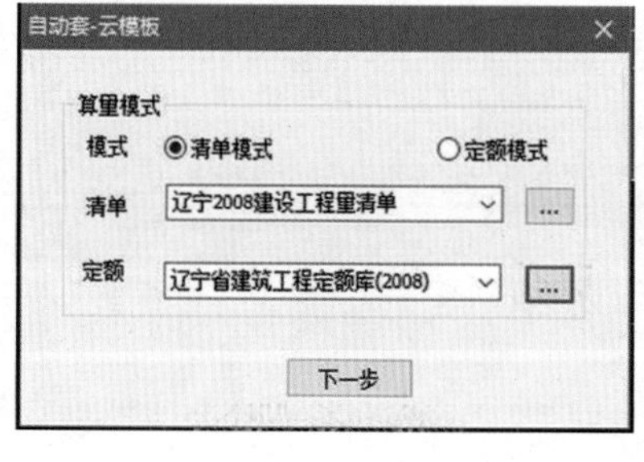

图　6－21

（2）模型检查完善　模型构件套取清单定额之后，可以对模型进行检查。一是结合图纸和已建立的模型进行对照，对缺项、漏项进行检查；二是结合软件内置的检查功能进行检查。合法化检查可以智能检查建模中的常见错误，并能反查到出错的位置，如图6－22所示。云模型检查可以联网检查属性合理性、建模合理性、设计合理性等，并根据检查结果提供图集规范依据以及修复、定位功能，如图6－23所示。利用不同的检查方法对模型建立过程中的少算、漏算、错算项目进行完善，避免巨额损失和风险。

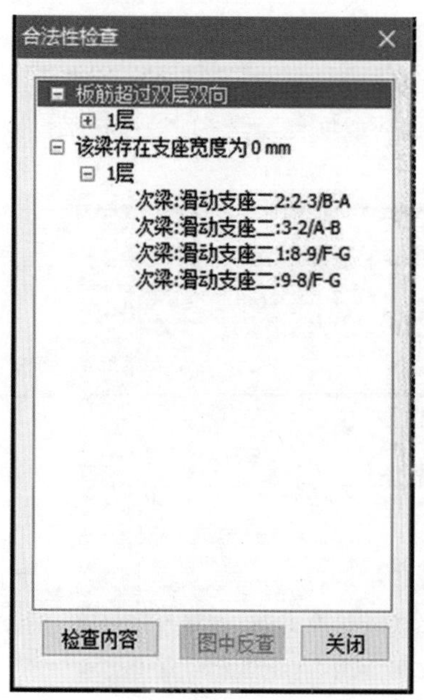

图　6－22

图　6－23

（3）工程量计算　模型检查无误之后，接下来对模型进行工程量计算，如图6－24所示。该功能主要是对整个模型构件信息的数据进行计算后形成结构化数据库，便于项目建造过程中快速获取总体或局部数据。

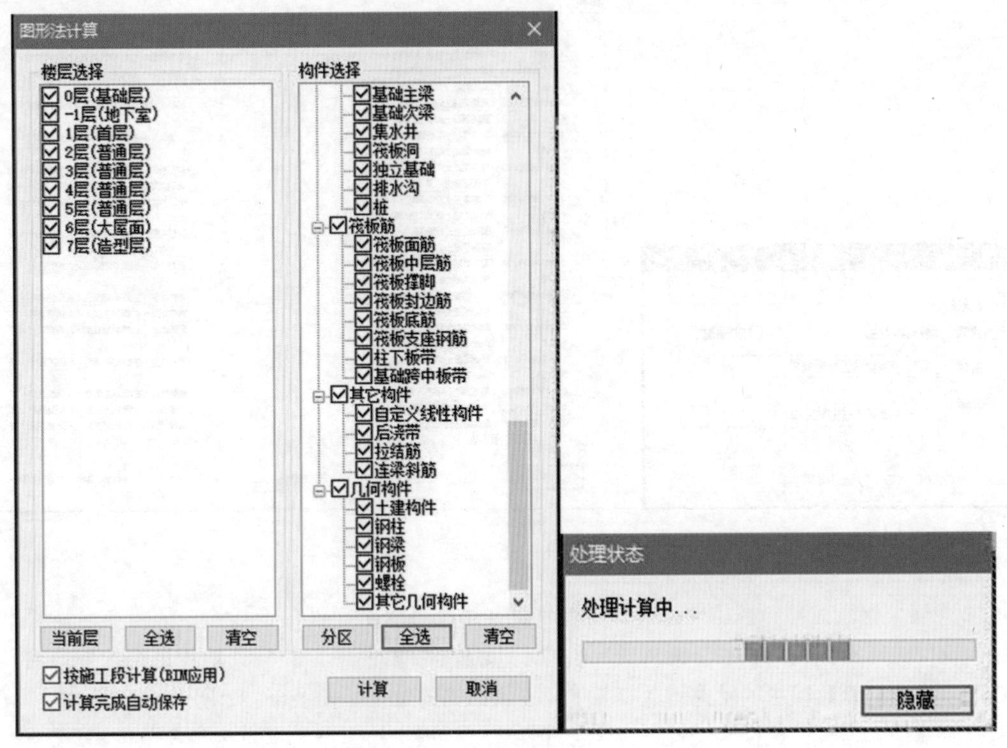

图 6－24

3. 数据输出

经过工程量计算的 BIM 模型，可以根据用户实际需要输出应用数据，其中包括工程量数据和模型在不同软件之间交换的中间数据。

1）工程量数据支持统计任意楼层任意构件的工程量，可快速获取项目管理各阶段所需工程数据，实现实物量的短周期三算对比，如图 6－25 所示。

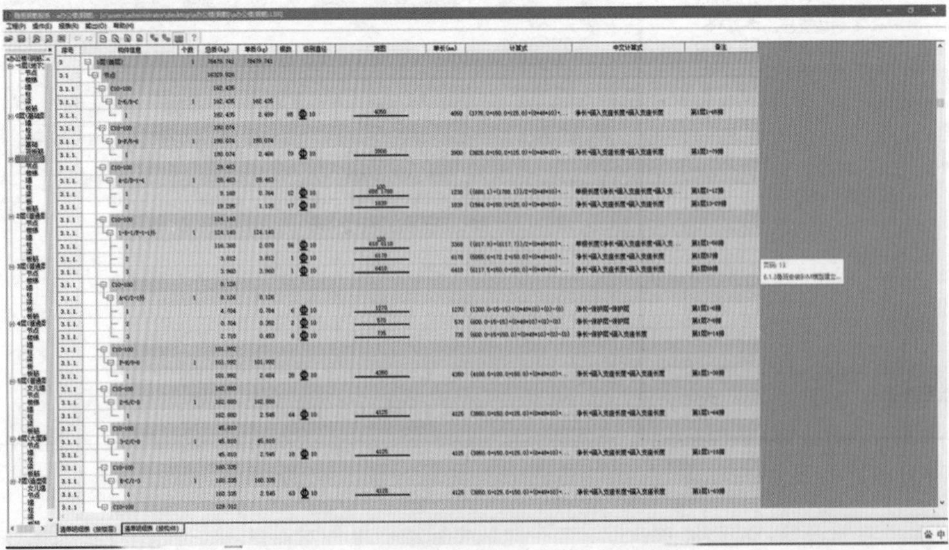

图 6－25

2）模型文件数据可主要输出常用的3种格式文件：第1种为LBIM格式文件，用于鲁班其他专业建模软件的模型数据共享；第2种为tozj格式文件，用于鲁班建模算量文件导入鲁班造价软件的模型数据共享；第3种为PDS格式文件，用于鲁班BIM系统管理平台系统的模型数据应用。

由于篇幅有限，鲁班钢筋BIM模型具体建模方法不予文字赘述，学习者可扫描二维码进入网站，结合视频进行学习。具体视频内容见表6-2鲁班钢筋建模视频列表。

表6-2 鲁班钢筋建模视频列表

前言	1.13 板筋的布置
0.0 案例工程介绍	1.14 布置梯段
手工建模	1.15 梯柱、梯梁及休息平台的布置
1.0 工程设置	1.16 独立基础
1.1 轴网建立	1.17 筏板、集水井的布置及构件标高调整
1.2 拼接轴网、辅轴	1.18 筏板及集水井的布置
1.3 柱属性定义（矩形柱、异形柱）	**数据输出**
1.4 布置柱构件	1.19 工程量计算及输出
1.5 柱偏心设置及私有属性设置	**CAD转化**
1.6 墙建模（剪力墙）	2.0 CAD转化-新建工程
1.7 梁属性定义	2.1 CAD转化-转化楼层表、分图
1.8 布置梁构件	2.3 CAD转化-转化轴网
1.9 对梁进行平法标注	2.4 CAD转化-转化梁
1.10 吊筋布置	2.5 CAD转化-转化墙
1.11 布置板构件	2.6 CAD转化-转化柱状独立基础
1.12 板筋的属性定义	2.8 CAD转化-转化柱

6.1.3 鲁班安装BIM模型建立及清单工程量计算

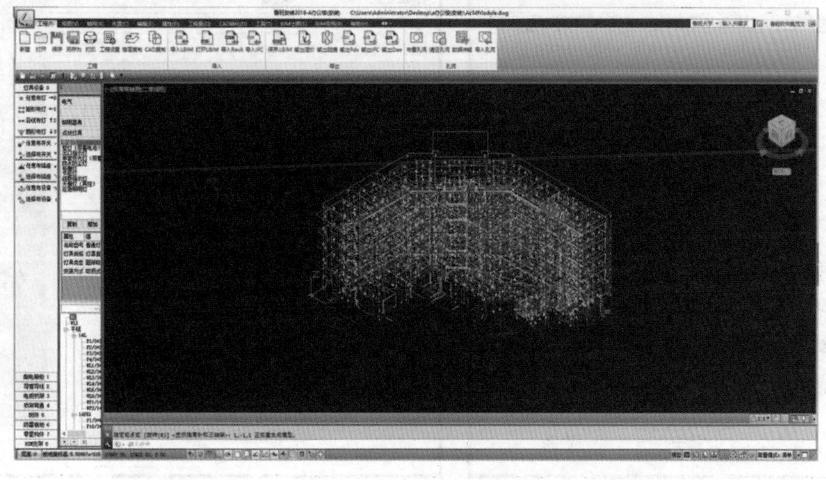

图 6-26

鲁班安装软件是基于 AutoCAD 图形平台开发的工程量自动计算软件，包括给水排水、暖通、消防、电气等专业，其广泛运用于建设方、承包方、审价方等多方工程造价人员对安装工程量的计算（图 6－26）。鲁班安装软件适用于 CAD 转化、绘图输入、照片输入、表格输入等多种输入模式，在此基础上运用三维建模技术完成安装工程量的计算。鲁班安装软件可以解决工程造价人员手工统计繁杂、审核难度大、工作效率低等问题。鲁班安装软件的模型建立可以按照以下流程进行，如图 6－27 所示。

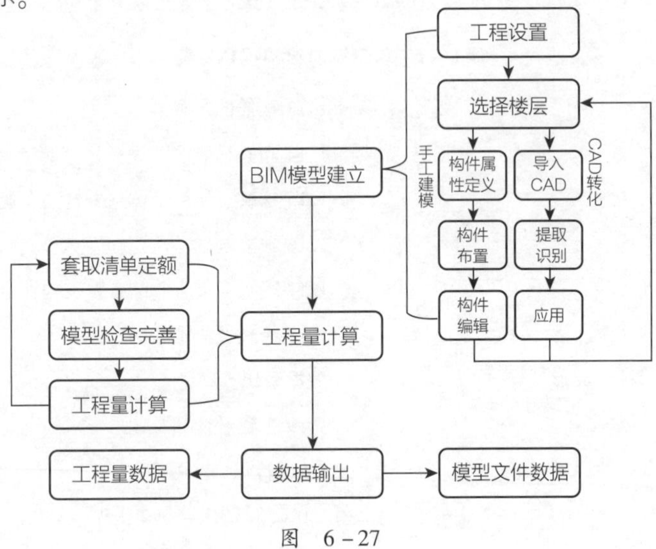

图 6－27

1. BIM 模型建立

（1）工程设置　打开鲁班安装软件，新建工程并命名为“案例工程”，设置好文件保存路径，弹出“用户模板”界面，如图 6－28 所示。该功能主要用于当建立一个新工程时可以选择过去做好的工程模板进行使用，以便调取以前工程的构件属性。

首次使用软件可以选择“软件默认属性模板”，接下来进行工程设置。工程设置包括 3 部分内容，如图 6－29 所示。第 1 部分设置是“工程概况”，对工程名称、工程类型等相关信息进行设

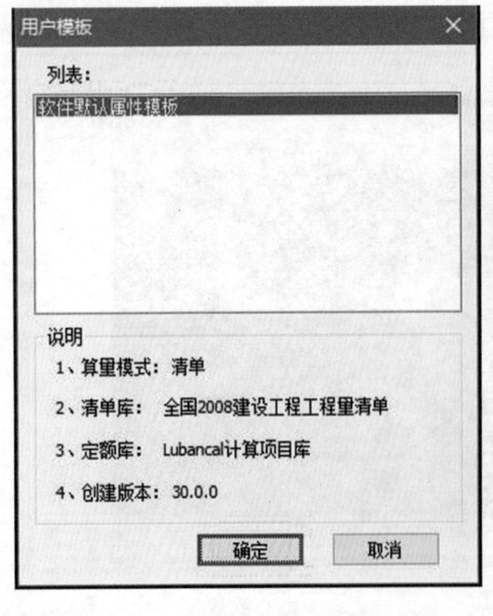

图 6－28

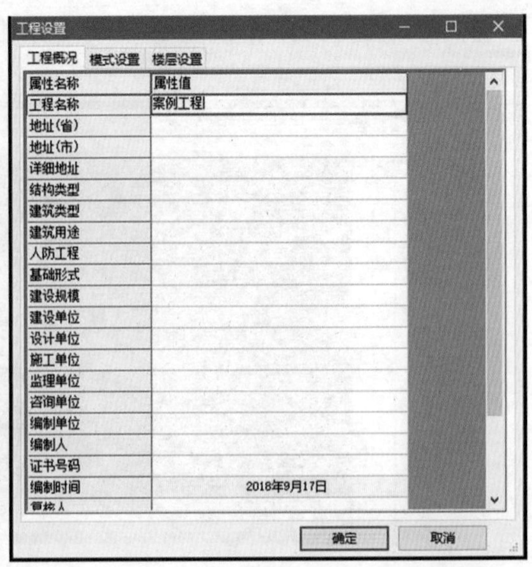

图 6－29

置；第 2 部分设置是“模式设置”，根据工程的具体需要选择相应的清单算量模式或定额算量模式，以及具体的清单库、定额库和清单计算规则、定额计算规则；第 3 部分设置是“楼层设置”，按照给出的图纸信息对此工程的楼层标高范围进行设置。

（2）选择楼层　“工程设置”完成后，在进行主体建模之前需通过“工具栏”面板进行专业选择和楼层选择，如图 6－30 所示，该功能主要用于分专业分楼层在指定标高范围内进行建模。

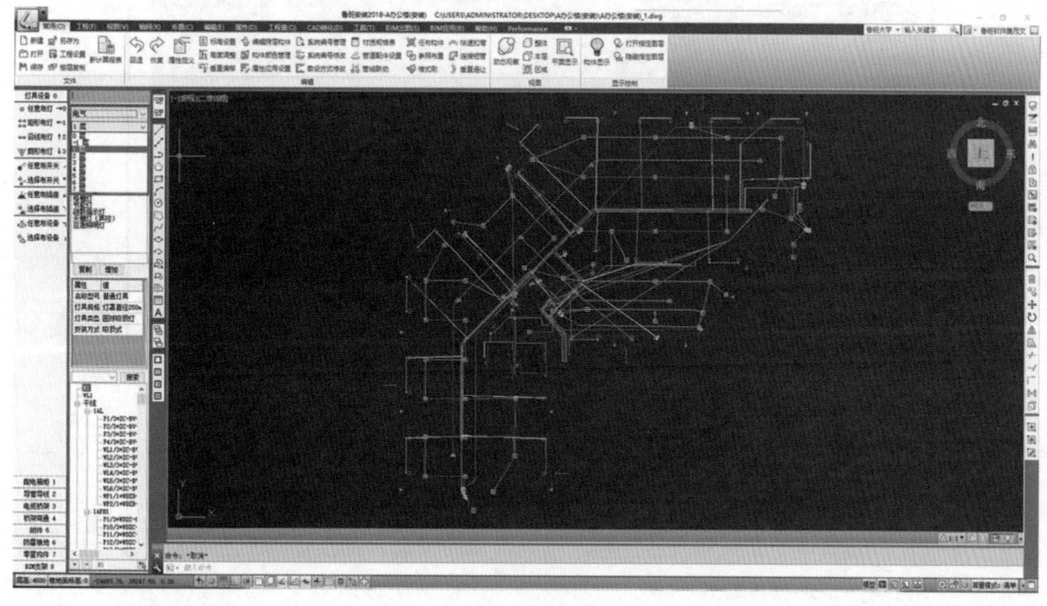

图　6－30

（3）主体建模　“选择楼层”完成之后，接下来进行主体机电建模。主体机电建模的常见建模流程主要是分专业、分系统、分构件进行建模，其具体的建模流程如图 6－31 所示。

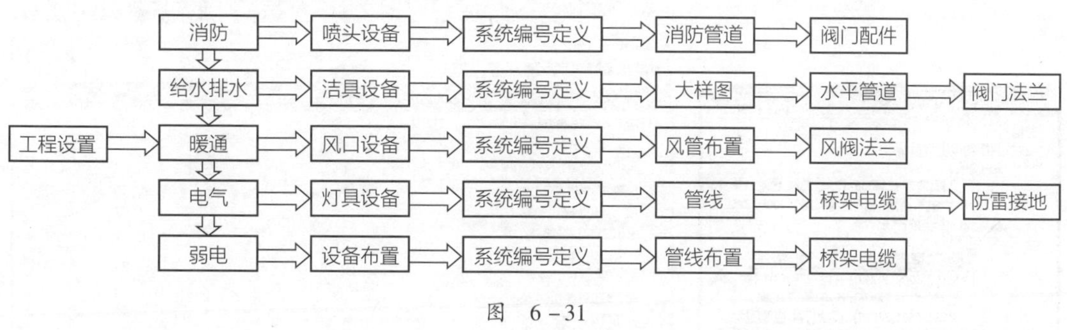

图　6－31

主体建模的常见建模形式分为两种：一种是手工建模，其建模效率低；另一种是利用 CAD 电子文档进行转化，其建模效率高，但需要人工调整转化失败的构件，是软件操作人员现阶段普遍使用的建模方法。通过 CAD 转化与手工建模相结合的方式，可以快速建立完善的机电 BIM 模型。

2. 工程量计算

（1）套取清单定额　建立好完善的安装 BIM 模型之后，接下来对构件套取清单定额，如图 6－32所示。

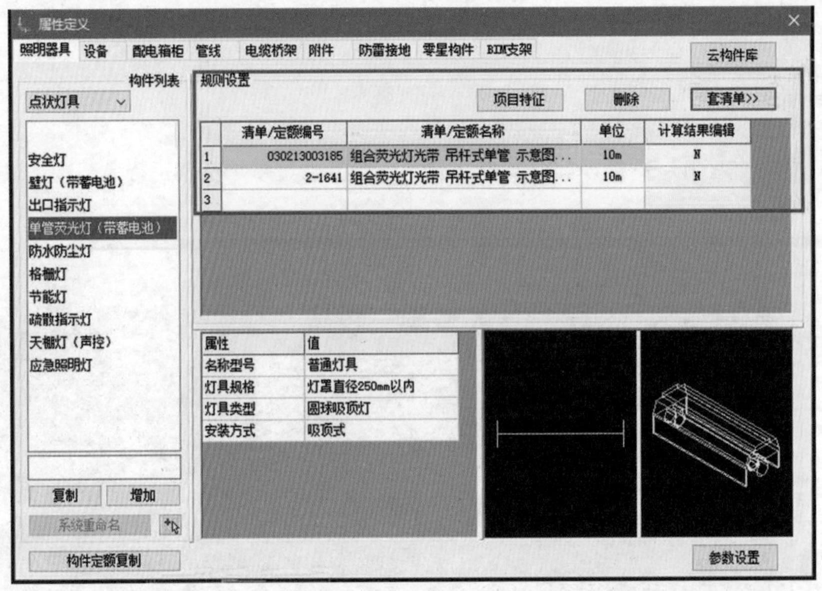

图 6-32

（2）模型检查完善 模型构件套取清单定额之后，可以对模型进行检查。一是结合图纸和已建立的模型进行对照，对缺项、漏项进行检查；二是结合软件内置的检查功能进行检查。合法化检查可以智能检查建模中的常见错误，并能反查到出错的位置，如图 6-33 所示。云模型检查可以联网检查属性合理性、建模合理性、设计合理性等，并根据检查结果提供图集规范依据以及修复、定位功能，如图 6-34 所示。利用不同的检查方法对模型建立过程中的少算、漏算、错算项目进行完善，避免巨额损失和风险。

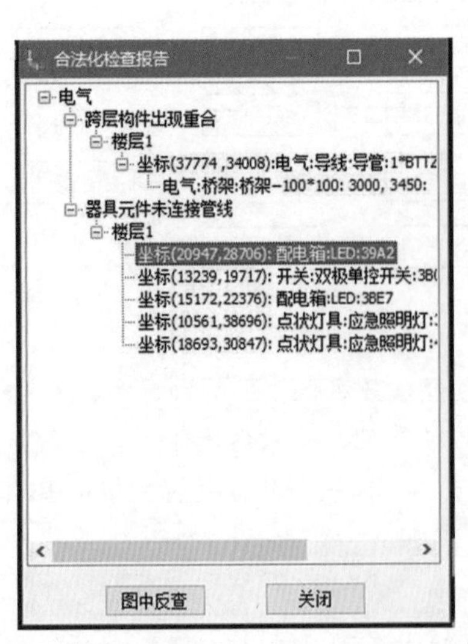

图 6-33

图 6-34

（3）工程量计算 模型检查无误之后，接下来对模型进行工程量计算，如图 6-35 所示。该功能主要是对整个模型构件信息的数据进行计算后形成结构化数据库，便于项目建造过程中快速获取总体或局部数据。

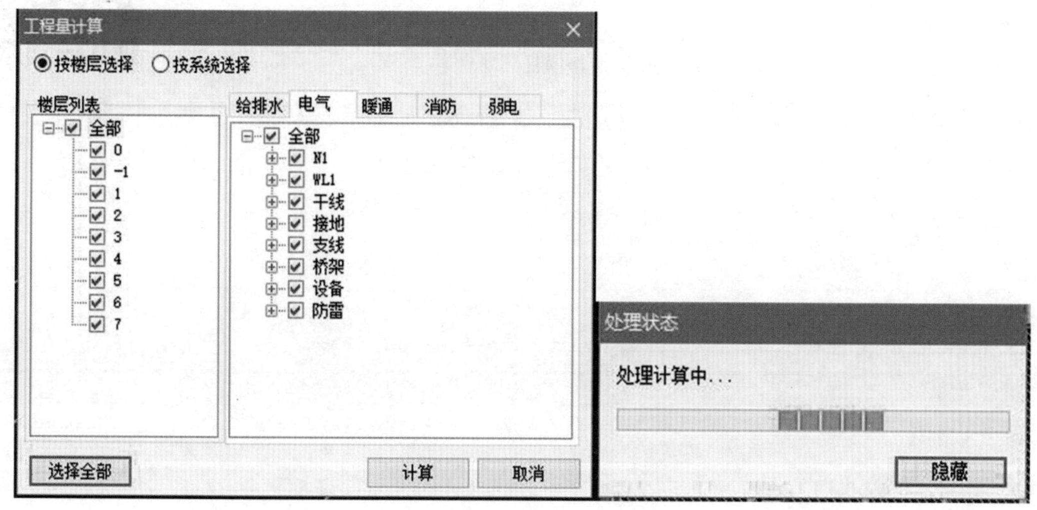

图　6－35

（4）数据输出　经过工程量计算的 BIM 模型，可以根据用户实际需要输出应用数据，其中包括工程量数据和模型在不同软件之间交换的中间数据。

1）工程量数据支持统计任意楼层任意构件的工程量，可快速获取项目管理各阶段所需工程数据，实现实物量的短周期三算对比，如图 6－36 所示。

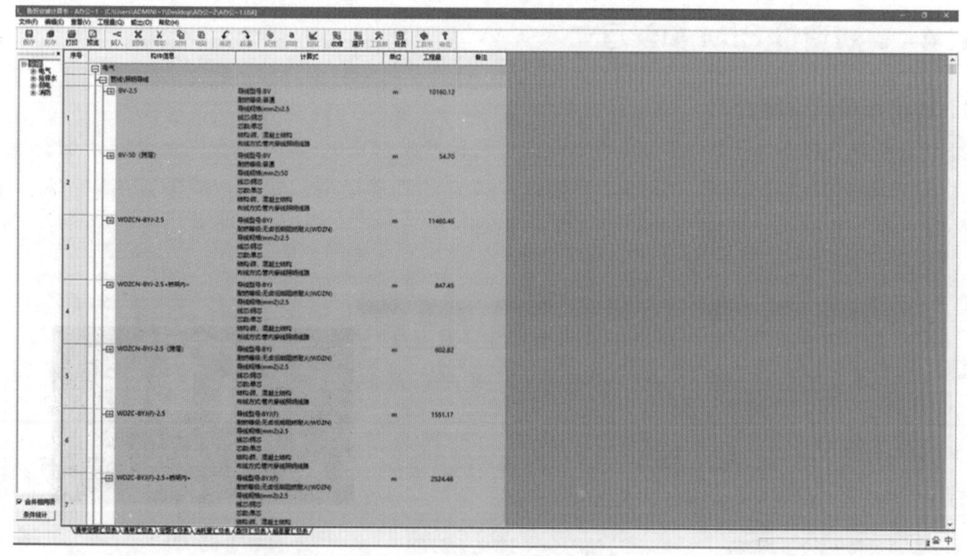

图　6－36

2）模型文件数据可主要输出常用的 3 种格式文件：第 1 种为 LBIM 格式文件，用于鲁班其他专业建模软件的模型数据共享；第 2 种为 tozj 格式文件，用于鲁班建模算量文件导入鲁班造价软件的模型数据共享；第 3 种为 PDS 格式文件，用于鲁班 BIM 系统管理平台系统的模型数据应用。

由于篇幅有限，鲁班安装 BIM 模型具体建模方法不予文字赘述，学习者可扫描右侧二维码进入网站，结合视频进行学习。具体视频内容见表 6－3 鲁班安装建模视频列表。

表 6－3　鲁班安装建模视频列表

前言	3.3 给水管布置
1.0 建模准备及新建工程	3.4 排水管布置
消防专业建模	3.5 管道附件布置
2.1 消防专业图纸解析	3.6 标准房间建模
2.2 图纸调入	3.7 套取清单定额
2.3 喷淋转化	**电气专业建模**
2.4 管道属性定义	4.1 电气图纸解析
2.5 管道附件布置	4.2 电气系统编号设置
2.6 跨层立管布置	4.3 水平桥架
2.7 消防管道布置	4.4 转化设备
2.8 套取清单定额	4.5 管线属性定义
给水排水专业建模	4.6 跨配引线
3.1 给水排水图纸解析	4.7 配线引线
3.2 转化洁具	4.8 套取清单定额

6.1.4　鲁班造价 BIM 模型建立

1. 鲁班造价软件简介

鲁班造价软件是基于 BIM 技术的图形可视化造价产品（图 6－37），它完全兼容鲁班算量的工程文件，可通过导入鲁班土建、钢筋、安装软件建立的算量模型，快速生成预算书、招标投标文件。软件功能全面、内置全国各地配套清单、定额；智能检查的规则系统可检查组价过程、招标投标规范要求出现的错误。

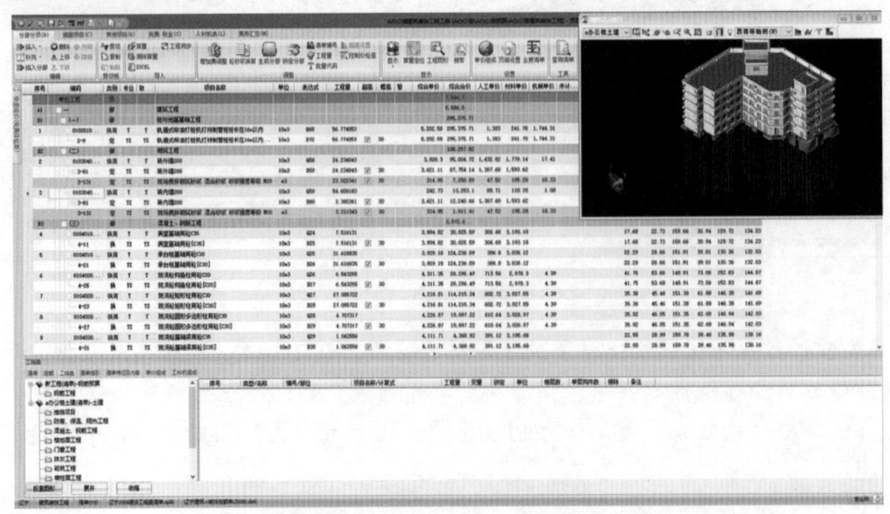

图　6－37

鲁班造价BIM模型通过直接导入鲁班土建、鲁班钢筋、鲁班安装软件建立的各专业算量模型中的二维、三维图形及清单、定额计算数据，快速建立清单计价工程文件，与土建、钢筋、安装等算量软件数据实现无缝共享；实现图形构件与造价数据的一一对应；可以框图快速形成进度报表、资金计划、材料计划，可实现造价全过程数据分析，支持成本测算、招标投标管理等全过程项目管理，为工程计价人员提供概算、预算、竣工结算、招标投标等各阶段的数据编审、分析积累与挖掘利用，满足造价人员的各种需求。鲁班造价软件的造价应用可以按照以下流程进行，如图6－38所示。

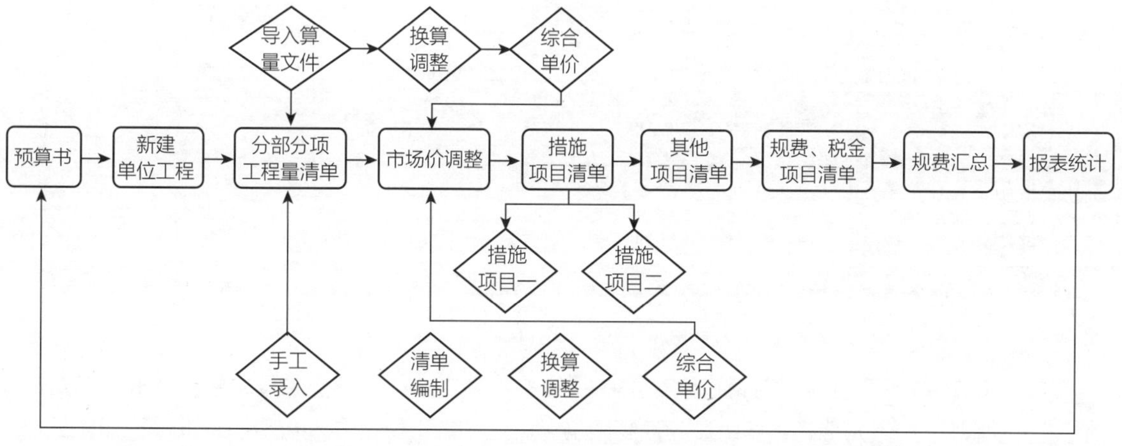

图　6－38

2．鲁班造价软件功能

（1）界面概述、新建预算书　鲁班造价软件的界面分为两个：一个是项目管理界面，此界面可进行多工程的项目群管理，如图6－39所示；另一个是预算书界面，即分部分项界面，如图6－40所示。

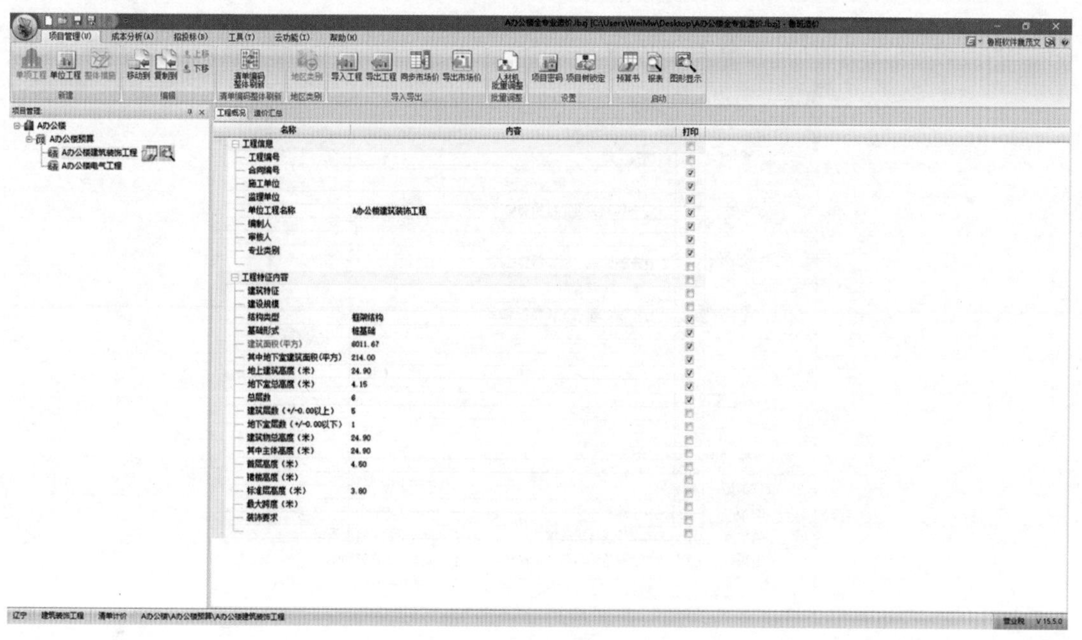

图　6－39

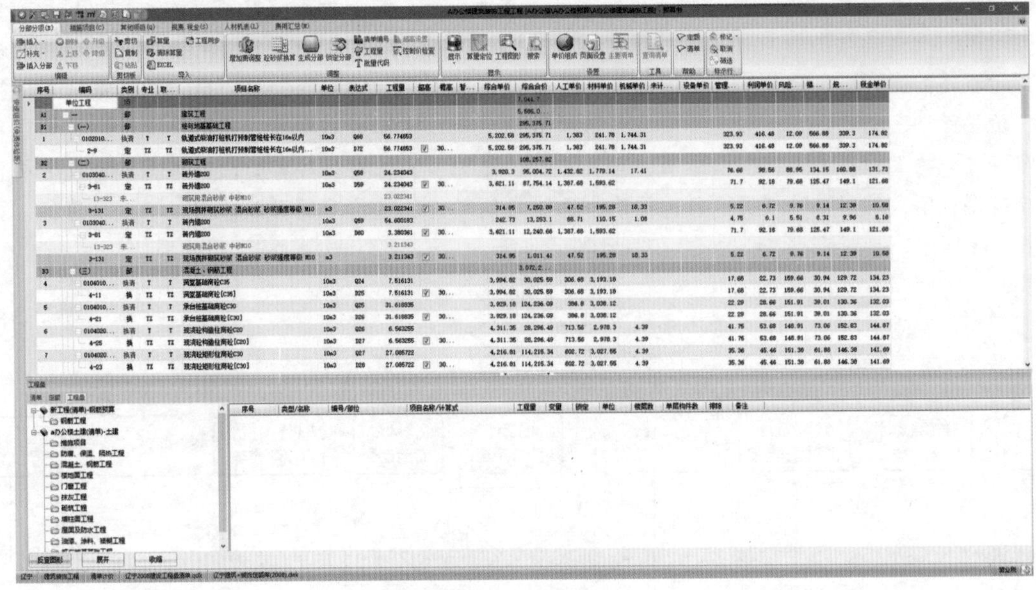

图 6-40

新建预算书：在新建工程对话框中建立名称为"案例工程"的造价工程文件，单击"算量文件"→"增加"→分别选择鲁班土建 BIM 模型输出的"案例工程土建 . tozj"和鲁班钢筋 BIM 模型输出的"案例工程钢筋 . tozj"文件→"打开"，如图 6-41 所示，完成鲁班造价工程文件的建立（有别于传统造价软件，鲁班造价软件直接导入鲁班土建、钢筋、安装 BIM 模型中二维、三维图形和清单定额数据，快速建立造价 BIM 模型并智能完成组价过程）。

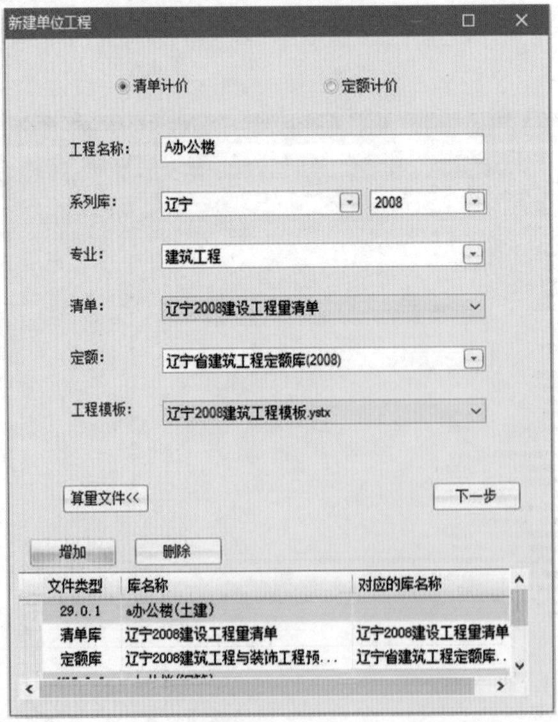

新建单位工程

◉ 清单计价　　○ 定额计价

工程名称：A办公楼

系列库：辽宁　2008

专业：建筑工程

清单：辽宁2008建设工程量清单

定额：辽宁省建筑工程定额库(2008)

工程模板：辽宁2008建筑工程模板.ystx

算量文件<<　　下一步

增加　　删除

文件类型	库名称	对应的库名称
29.0.1	a办公楼(土建)	
清单库	辽宁2008建设工程量清单	辽宁2008建设工程量清单
定额库	辽宁2008建筑工程与装饰工程预…	辽宁省建筑工程定额库..

图 6-41

（2）定额及组价　综合单价是指完成一个规定计量单位的分部分项工程量清单项目或措施清单项目所需的人工费、材料费、施工机械台班费和企业管理费与利润，以及一定范围内的风险费用的综合。鲁班造价软件提供了自由修改和载入费用模板的功能。

（3）措施项目　措施项目计算可分为“计算基础×费率”和“综合单价×工程量”两种计价方式，把措施项目分为“措施项目一”和“措施项目二”两部分。

1）措施项目一是以直接工程费乘以费率计算的计价方式，在工程中按照模板计算，如图6－42所示。

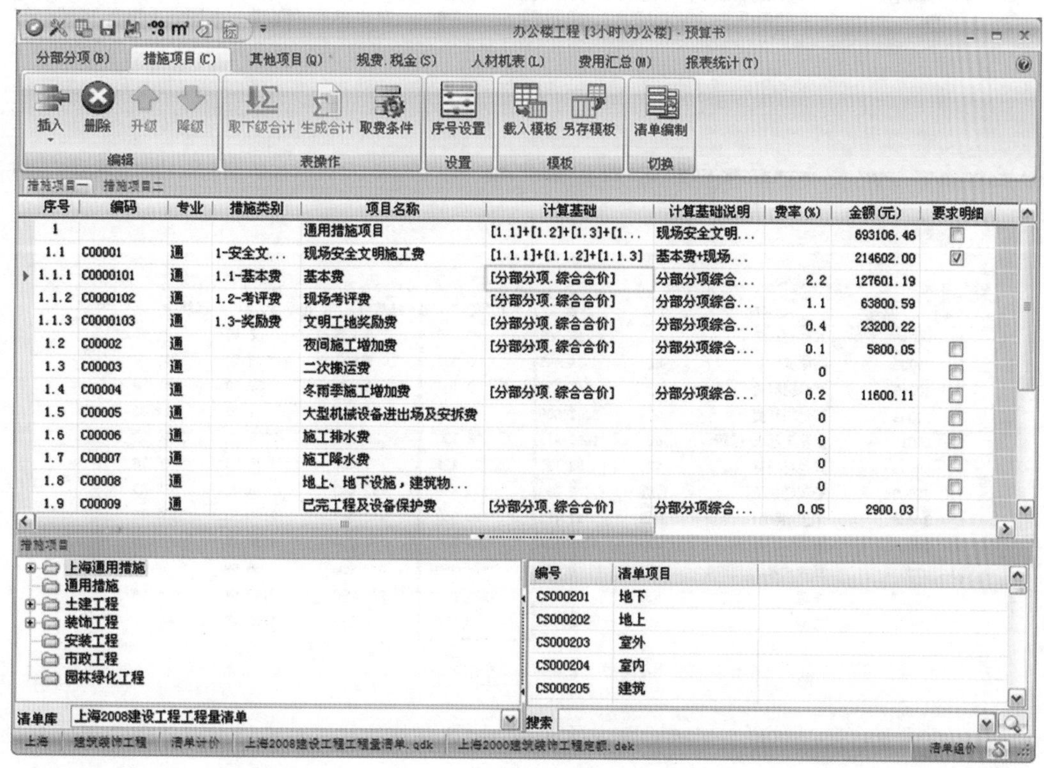

图　6－42

2）措施项目二是以综合单价乘工程量计算。在实体清单进行组价时，将属于措施清单的相关子目（如脚手架、模板等）一起套在实体清单子目中。单价措施项目可通过手动提取的方式将分部分项窗口中属于措施的清单子目提取出来。

（4）其他项目　鲁班造价软件根据工程量定额，其他项目内容包括：其他项目汇总表、暂列金额、专业工程暂估价、材料暂估价、计日工、总承包服务费等。在其他项目中可以做税前、税后补差等。

（5）规费税金　规费税金的操作步骤和总价措施项目的操作步骤相同，都是以“计算基础”乘以费率计算的，可直接导入相应的模板计算，如图6－43所示。

（6）人材机表调整　造价模型建立完成后，切换到“人材机表”界面，根据实际情况完成以下人材机调整。

1）市场价调整：直接录入市场价，如图6－44所示。

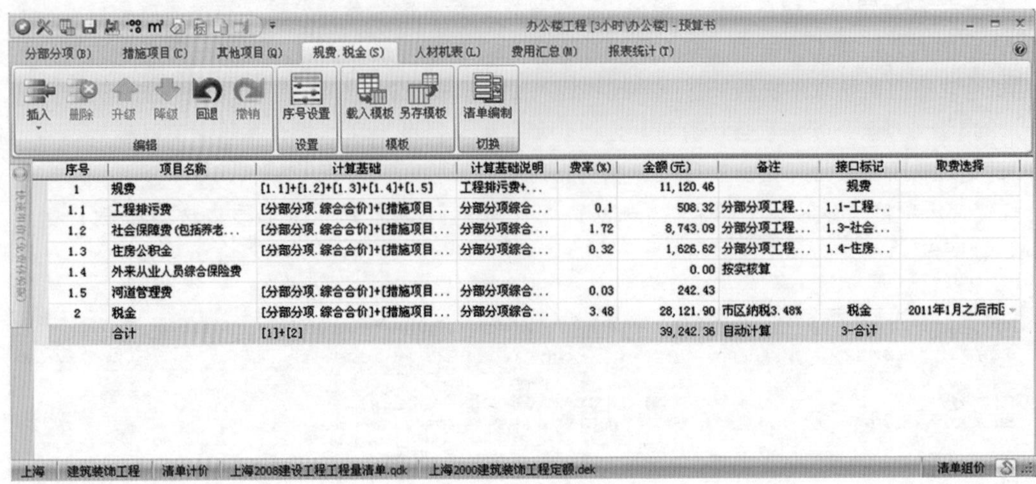

序号	项目名称	计算基础	计算基础说明	费率 (%)	金额(元)	备注	接口标记	取费选择
1	规费	[1.1]+[1.2]+[1.3]+[1.4]+[1.5]	工程排污费+...		11,120.46		规费	
1.1	工程排污费	[分部分项.综合合价]+[措施项目...	分部分项综合...	0.1	508.32	分部分项工程...	1.1-工程...	
1.2	社会保障费(包括养老...	[分部分项.综合合价]+[措施项目...	分部分项综合...	1.72	8,743.09	分部分项工程...	1.3-社会...	
1.3	住房公积金	[分部分项.综合合价]+[措施项目...	分部分项综合...	0.32	1,626.62	分部分项工程...	1.4-住房...	
1.4	外来从业人员综合保险费				0.00	按实核算		
1.5	河道管理费	[分部分项.综合合价]+[措施项目...	分部分项综合...	0.03	242.43			
2	税金	[分部分项.综合合价]+[措施项目...	分部分项综合...	3.48	28,121.90	市区納税3.48%	税金	2011年1月之后市区
	合计	[1]+[2]			39,242.36	自动计算	3-合计	

图 6-43

全部 人工 材料 机械 机械用料 二次分析

	编号	名称	单位	数量	市场价	结算价	市场价合价	市场价...	甲供
1	X0045	其他材料费	%C	18.382	0.135	0.135	2.48	2.48	
2	J0005	防锈漆	kg	34.445	6.837	6.837	235.50	235.50	☑
3	X0045	其他材料费	%C	847.653	0.105	0.105	89.00	89.00	
4	X0045	其他材料费	%C	3001.669	0.038	0.037	114.06	114.06	
5	L0014	氯化聚乙烯-橡胶...	m2	1660.418	26.130	26.130	43386.72	43386.72	☑
6	X0045	其他材料费	%C	62.133	0.431	0.430	26.78	26.78	
7	JX0904	石料切割机	台班	7.332	133.430	133.430	978.33	978.33	☐
8	RG038	木工(装饰)	工日	17.756	120.000	142.000	2130.73	2130.73	☐
9	Z0006	水	m3	1728.136	2.800	2.010	4838.78	4838.78	☐
10	JX2039	履带式液压挖掘机	台班	0.089	638.950	638.950	56.69	56.69	☐
11	E0048	炉碴	m3	37.030	220.000	220.000	8146.54	8146.54	☐
12	C0017	竹笆	m2	236.767	8.290	8.290	1962.80	1962.80	☐
		………							

图 6-44

2）主材设置：在“材料”选项卡中，可对当前所选中的条目进行主材设置或在“主要材料”方框中进行勾选，如图6-45所示。

全部 人工 材料 机械 机械用料 二次分析

序号	编号	名称	类型	单位	数量	预算价	市场价	市场价浮...	主要材料	价格:
1	X0045	其他材料费	C	%C	875.023		0.054		☐	市场价:
2	X0045	其他材料费	C	%C	875.023		0.054		☐	市场价:
3	L0014	氯化聚乙烯-橡胶共混...	C	m2	1660...		26.130		☑	市场价:
4	X0045	其他材料费	C	%C	1.188		8.880		☐	市场价:
5	J0005	防锈漆	C	kg	34.445		6.837		☐	市场价:
6	Z0006	水	C	m3	2104...		2.000		☐	市场价:
7	E0048	炉碴	C	m3	37.034		220.000		☑	市场价:
8	X0045	其他材料费	C	%C	2948...		0.185		☐	市场价:
9	J0111	无机建筑涂料	C	kg	2019...		18.517		☑	市场价:
10	M0063	氩气	C	m3	13.670		9.050		☐	市场价:
11	I0006	不锈钢焊条	C	kg	4.863		27.140		☐	市场价:
12	X0045	其他材料费	C	%C	2.481		0.500		☐	市场价:

图 6-45

（7）费用汇总及报表　费用汇总的操作步骤与总价措施项目的操作步骤相同，如图6－46所示。

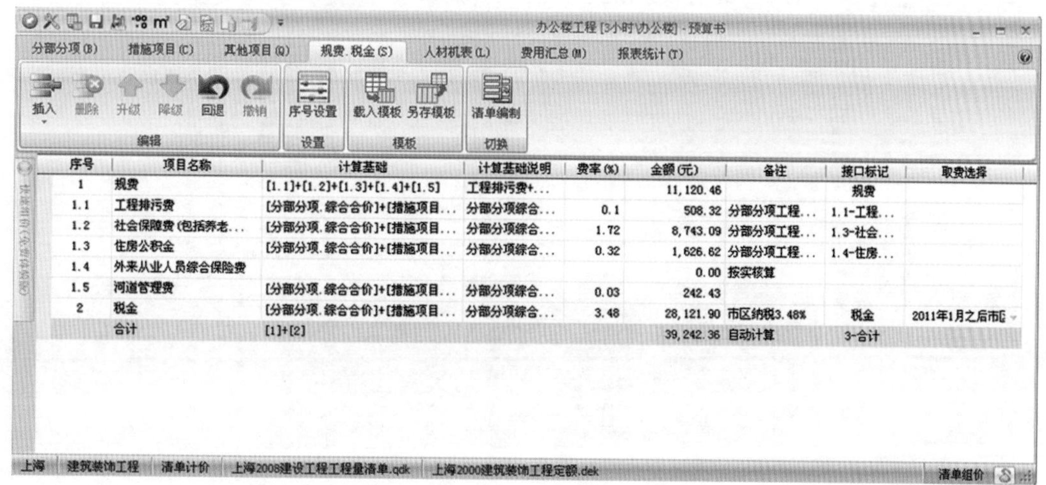

图　6－46

软件内置强大报表数据功能，含有招标、投标、竣工结算等几种不同阶段的常用表格，如图6－47所示，并支持自定义表格设计，满足造价人员的不同需求。

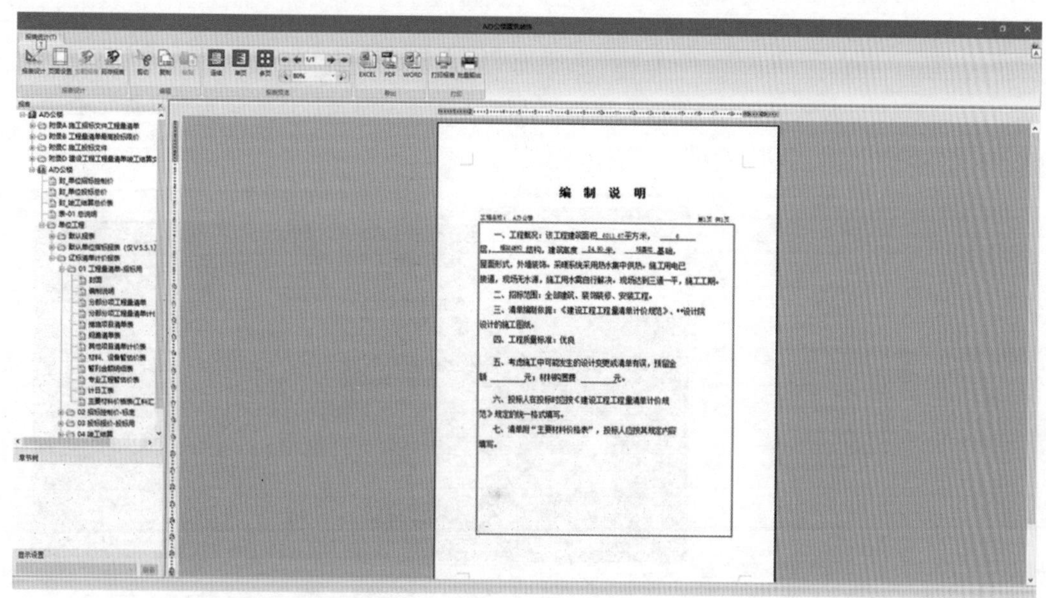

图　6－47

（8）算量定位　鲁班造价清单定额数据与BIM模型中的构件一一对应，可以反查预算书中清单、定额的工程量对应的构件在工程中的楼层位置和具体构件数量，以方便核查工程量数据。

打开鲁班造价软件，进入预算书工程界面，在“分部分项”选项卡中单击“算量定位”按钮命令，高亮后，单击定额子目，软件直接反查到工程量停靠条所属变量的位置，经核查工程量为0.813782，预算书中的工程量与tozj文件中的数据相同，如图6－48所示。

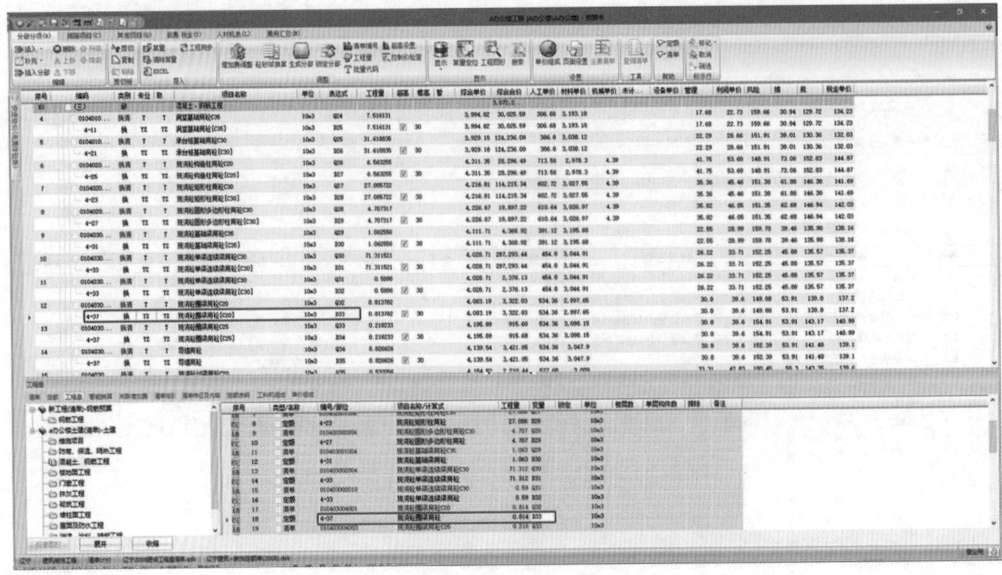

图 6-48

(9) 图形反查 从鲁班算量导入的文件，在预算书中可以将单个子目相应的工程量反查至图形中，也可以从图形反查至计算式，使计算式与图形有效结合。

1) 公式查询。公式查询是通过工程量中构件的具体计算公式反查二维图形中构件的位置，使工程量和图形相结合。

①选择构件计算书。切换到“工程量”选项卡，选择查看的定额子目行，根据清单/定额→构件类→部位→具体计算式的节点，展开工程量，选择81.1这个节点，单击“图形反查”命令，在图形显示窗口弹出KZ7，如图6-49所示。

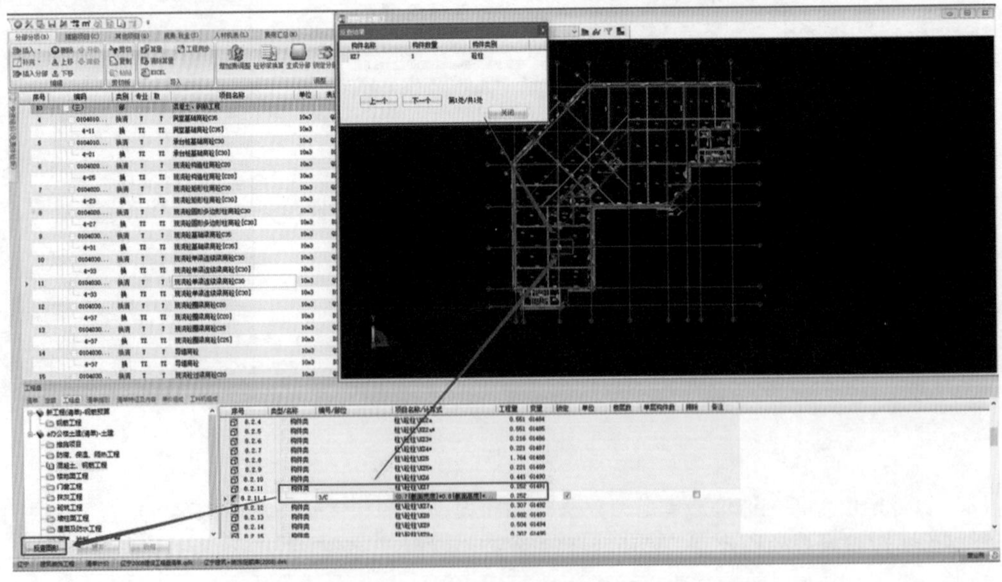

图 6-49

②反查图形。在反查结果对话框中可以看到反查的KZ7，单击“下一个”按钮可以看到KZ7的具体位置，黄色的部分是被反查到的图形，如图6-50所示。

图 6-50

2）图形反查。

①区域校验。在图形显示窗口中单击“区域校验”按钮，单击KZ7构件，在弹出的对话框中可以看到KZ7的反查结果。

②计算式反查。单击“下一个”按钮可以查看KZ7的计算方式和构件数据，如图6-51所示。

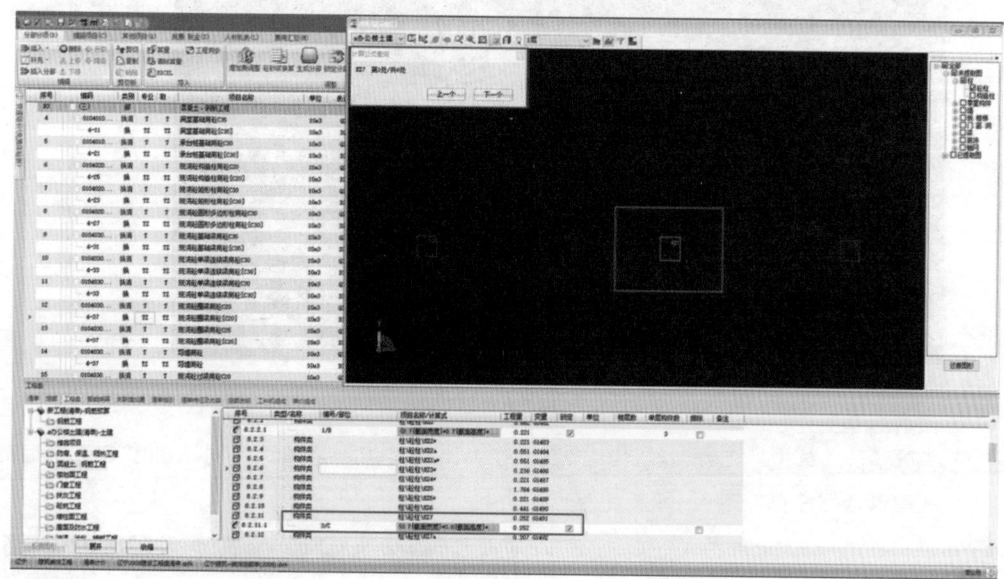

图 6-51

（10）框图出价　框选图形的方法可按照楼层划分、条件划分和区域划分，框选有条件统计和区域框选（三维或二维图形）两种方式。

1）按楼层构件框图。

①单击图形显示。在分部分项命令栏中选择“图形显示”，单击“三维图形”图标，单击“显示控制”按钮，在弹出的对话框中将原始图形展开，单击每层前的“+”符号，如图6-52所示。

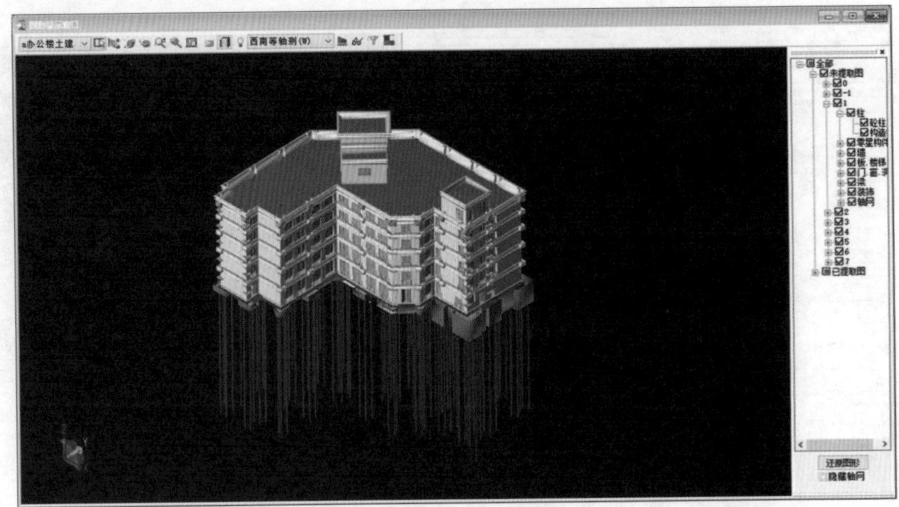

图 6－52

②按照构件显示。单击构件显示中的“全部”节点，把前面的对勾去掉（原理同土建中的构件显示），然后勾选所需的相应构件，这样要计算的构件便出现在图形中，如图 6－53 所示。

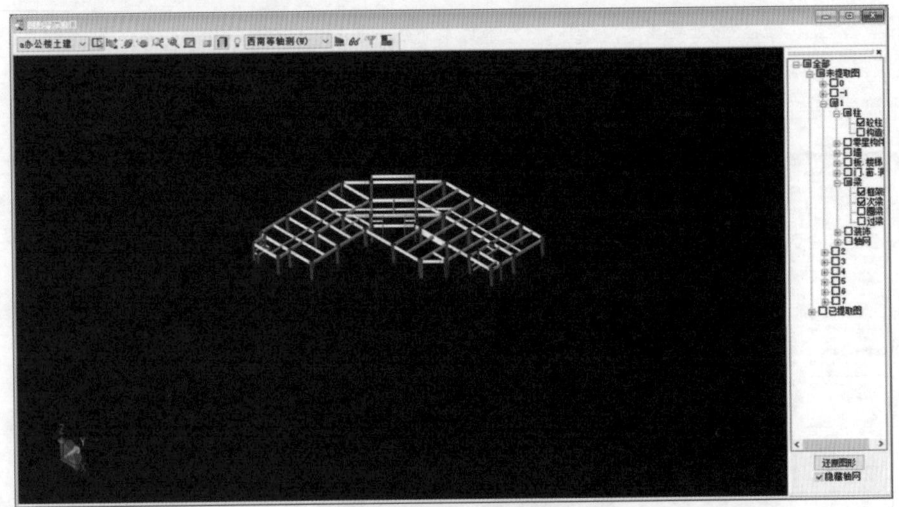

图 6－53

③工程量统计。单击“工程量统计”按钮，在弹出的“工程量统计”对话框中单击“选择图形”后在图中框选构件，如图 6－54、图 6－55 所示。

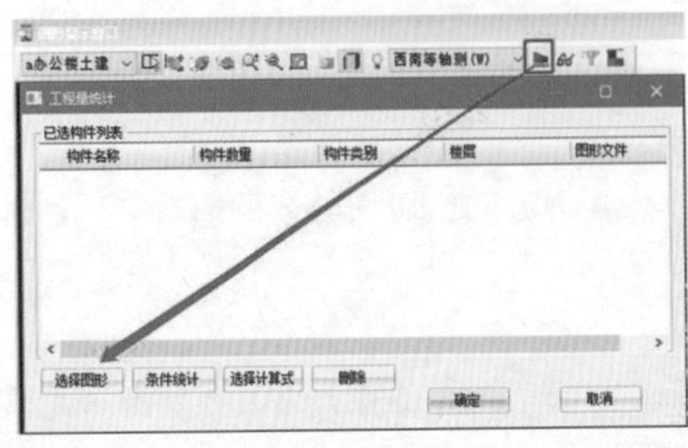

图 6－54

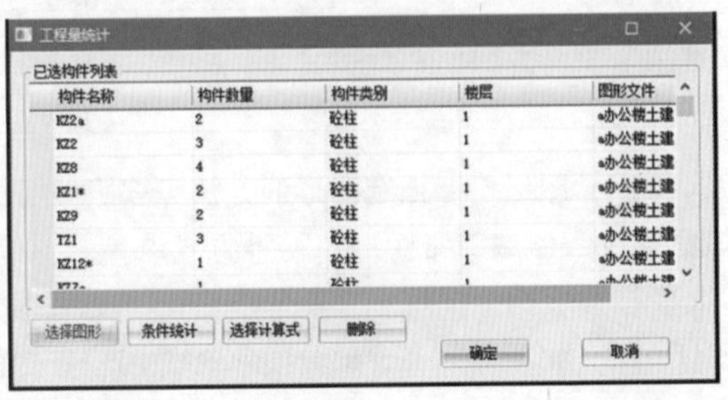

图 6－55

2）条件统计。针对框选后的图形，单击“条件统计”按钮可以对构件进行具体的选择，选择完成后单击“确定”按钮，即可生成此部分的预算书，如图 6－56、图 6－57 所示。

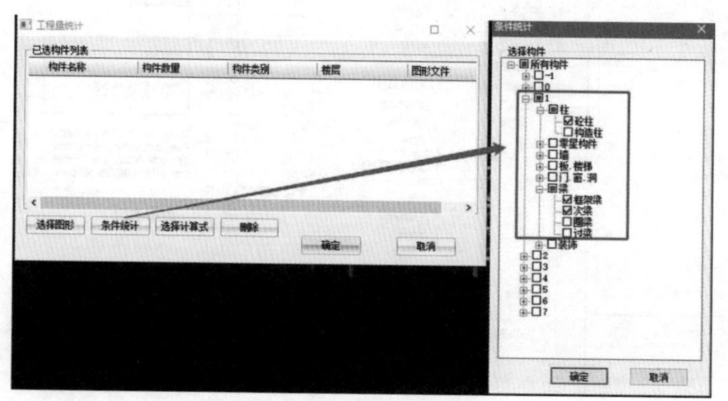

图　6－56

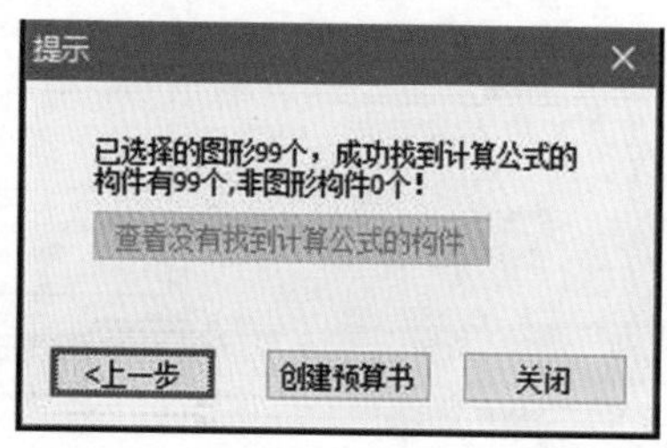

图　6－57

3）区域选择。区域选择同“按楼层构件框图”方式，通过框图出价可框选不同的施工区域生成预算书。

6.1.5 Revit 模型与鲁班 BIM 算量模型数据互导

利用鲁班软件的鲁班万通（Revit 版）插件，可实现 Revit 模型与鲁班土建模型的双向互导，以便设计模型与施工模型的数据交换，实现一模多用。

1. 整体流程与准备工作

在操作前需下载并安装 Revit、鲁班土建建模软件，以及鲁班万通（Revit 版）插件。在利用 Revit 软件或者鲁班土建建模软件建立模型前，应注意建模要符合《基于可导入. LBIM 的 Revit 建模标准》，这样才可完成 100% 双向互导。

2. Revit 模型与鲁班土建软件的数据交互

1）在 Revit 中打开工程项目文件，并在菜单栏中单击“鲁班万通（Revit 版）”选项卡下的“导出 LBIM”，如图 6－58 所示。软件自动弹出保存文件的对话框，用户可设置文件名并选择文件保存位置。

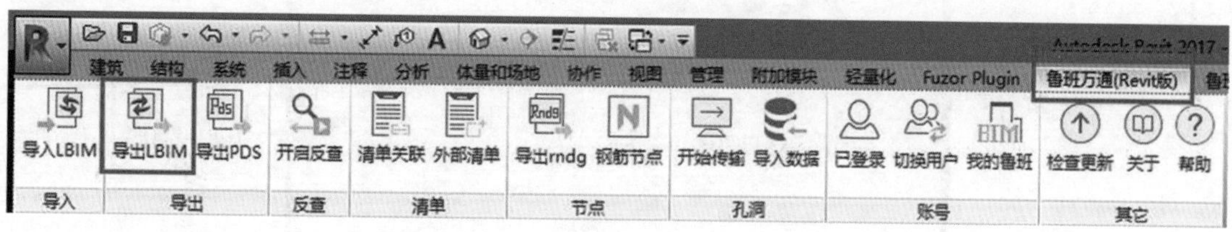

图　6－58

2）从 Revit 软件导出 RLBIM 模型：“保存”之后，软件自动弹出“楼层设置”对话框，如图 6－59所示，用户可在此勾选需要导出的标高，选择后单击下一步，弹出“导出设置”对话框，如图 6－60 所示，用户可在此设置需要导出的构件及构件分类。设置完成后单击“导出”，即可导出 RLBIM 格式的模型文件。

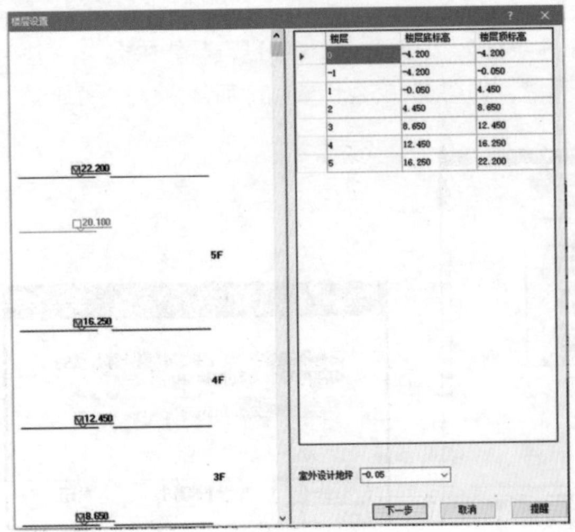
图 6-59

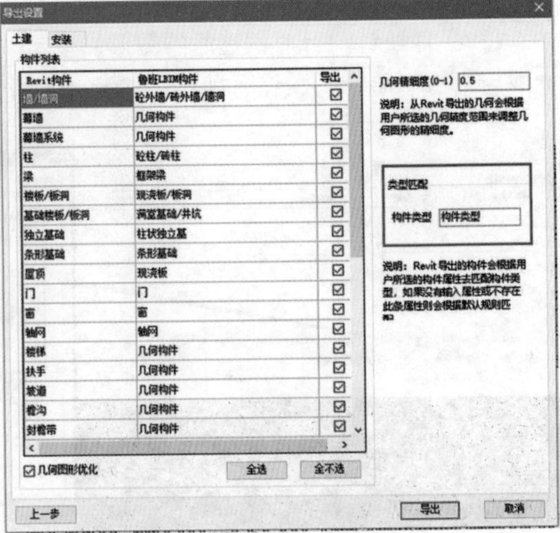
图 6-60

3）将 RLBIM 模型导入鲁班土建：打开鲁班土建建模软件，选择新建工程并保存（可参考第 6 章第 1 节的 6.1.1 内容）。新建工程完成后，软件进入默认界面，单击菜单栏“工程”下的“导入 Revit”，如图 6-61 所示。选择“导入 Revit”命令后软件自动弹出“导入方式选择”对话框，如图 6-62 所示，可选择“工程整体导入”和“选择楼层导入”，区别是：“工程整体导入”会覆盖当前工程，然后根据 Revit 内容新建工程，而“选择楼层导入”则只会覆盖某一层，其他层保留，这样可以实现当 Revit 模型大的时候分楼层导入鲁班软件。

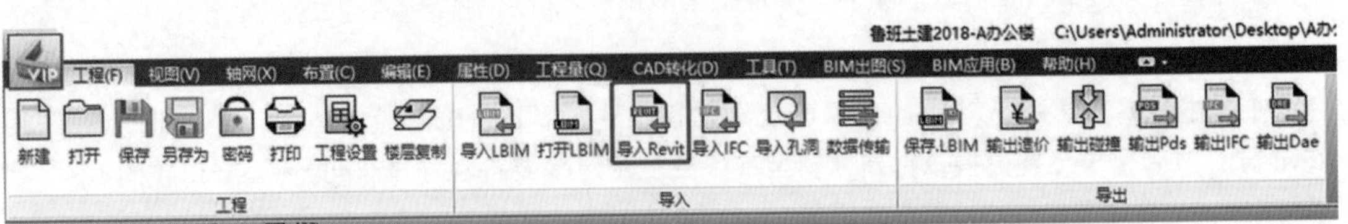

图 6-61

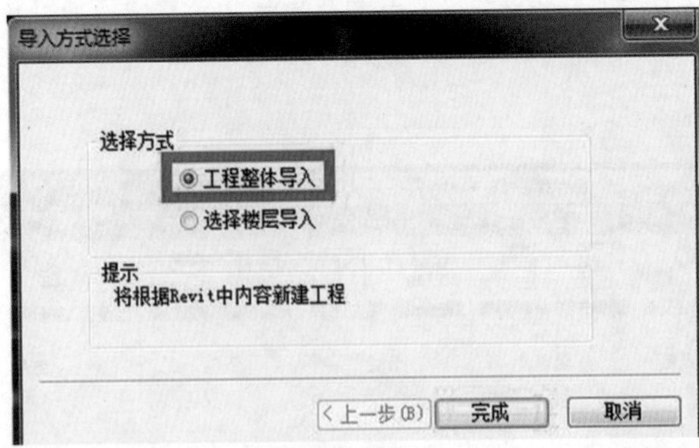

图 6-62

图 6-63 和图 6-64 分别为 Revit 模型导入后的平面图和三维图。在平面图中，不同种类的构件会以不同的颜色区分显示。至此，从 Revit 模型到鲁班模型的转化已完成，可在鲁班中进行下一步的算量操作等。

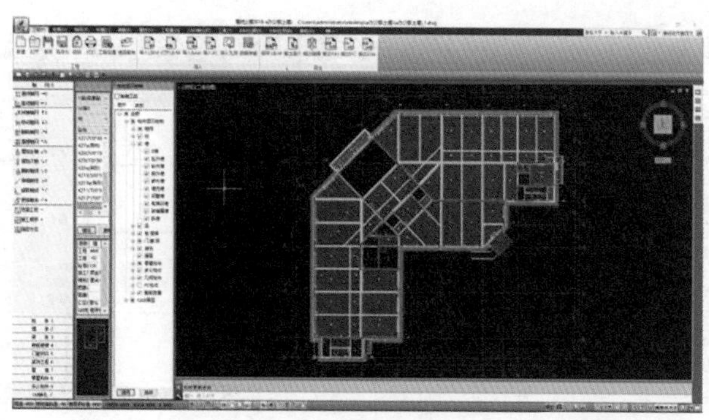

图　6-63

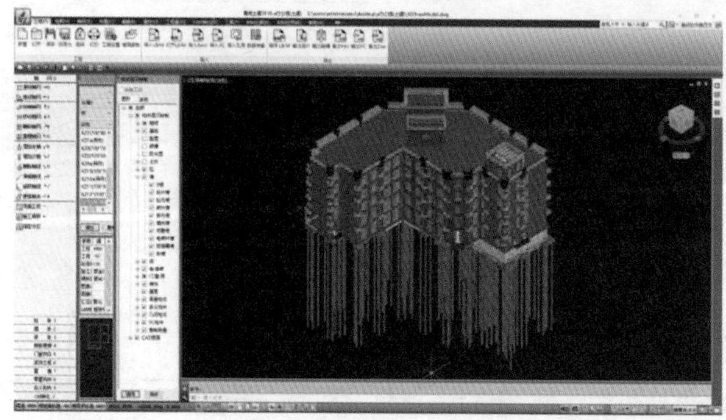

图　6-64

3. 鲁班土建模型与Revit软件的数据交互

1）在鲁班土建中打开工程项目文件，并在菜单栏中单击“保存.LBIM”，如图6-65所示。软件自动弹出保存文件的对话框，用户可设置文件名并选择文件保存位置，即可导出LBIM格式的模型文件。

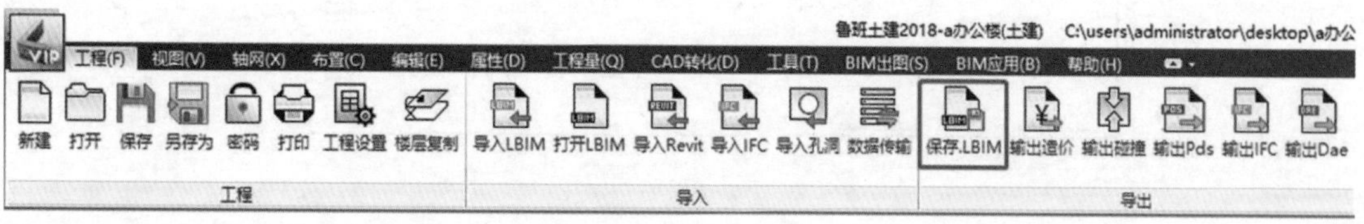

图　6-65

2）从Revit软件导入LBIM模型。打开Revit软件，新建基于“建筑样板”的项目文件，新建完成后并保存文件。项目文件完成新建后，在Revit菜单栏中单击“鲁班万通（Revit版）”选项卡下的“导入LBIM”，如图6-66所示。软件自动弹出“导入设置”的对话框，用户可在此勾选需要导入的楼层，然后单击“导入”，如图6-67所示。

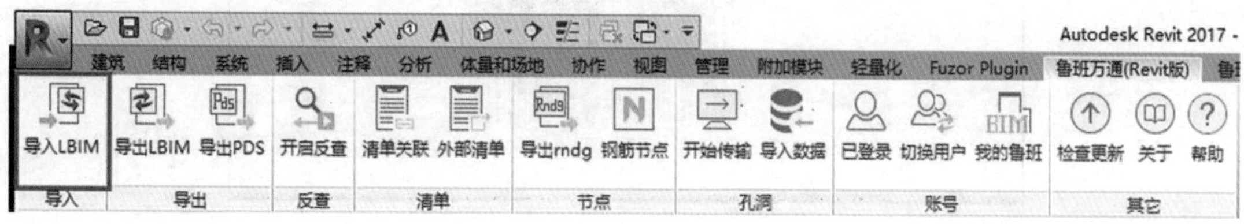

图　6-66

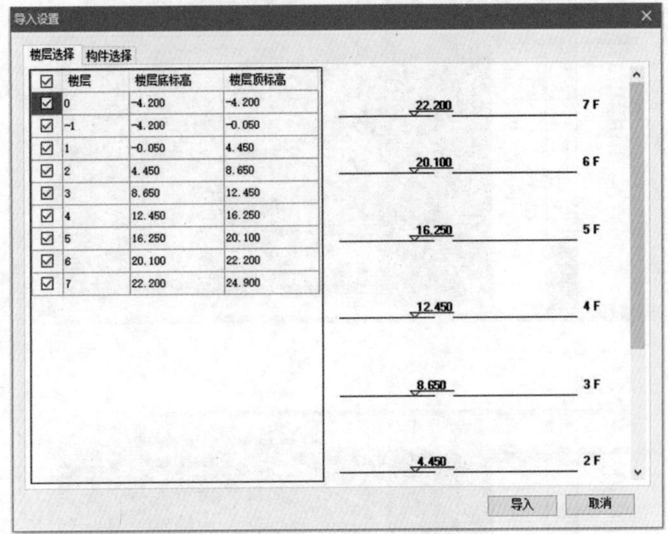

图 6-67

图 6-68 和图 6-69 分别为导入模型的平面图和三维图。至此，从鲁班土建模型到 Revit 模型的转化已完成，可在 Revit 中进行进一步的补充设计等。

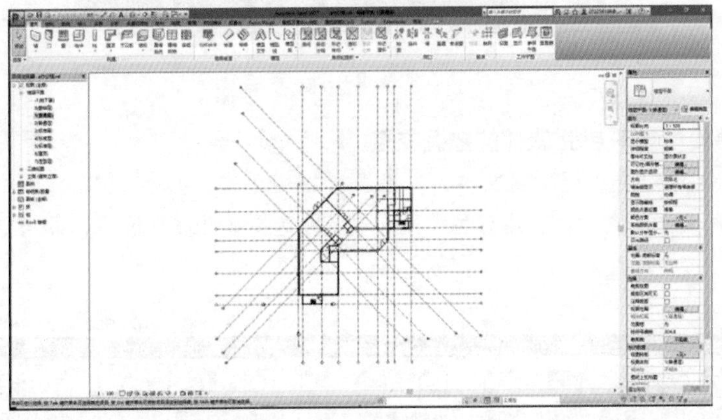

图 6-68

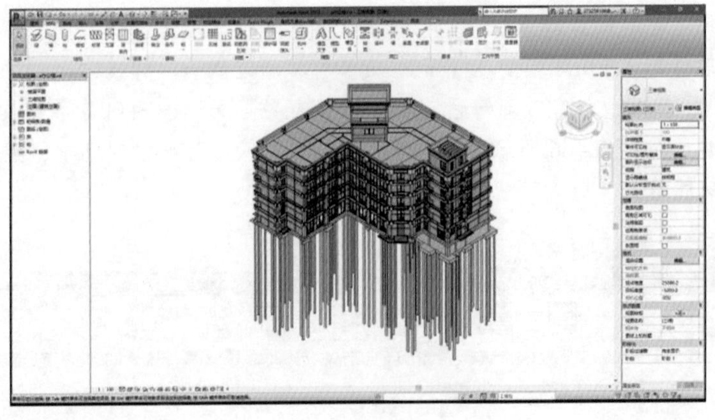

图 6-69

第2节 鲁班基于BIM的造价协同管理

根据住房与城乡建设部《2016—2020年建筑业信息化发展纲要》要求，“十三五”时期，全面提高建筑业信息化水平，着力增强BIM、大数据、智能化、移动通信、云计算、物联网等信息技术集成应用能力，建筑业数字化、网络化、智能化取得突破性进展。鲁班BIM系统平台管理软件可以集成企业所有工程各专业BIM模型，通过与造价软件生成的清单综合单价、进度计划等数据关联，建立企业工程造价基于云计算、大数据的协同管理，在单项工程造价数字化管理的基础上，进一步实现企业成本管理的信息化，实现BIM与企业管理信息系统的一体化应用。

6.2.1 鲁班造价BIM云数据库建立

在第1节中建立的鲁班土建、钢筋、安装BIM模型，输出.PDS格式文件，上传到鲁班BIM系统协同管理平台，再把模型中构件与鲁班造价模型输出的分部分项清单综合单价、措施项目、其他项目、规费税金等报表及施工进度计划进行关联，形成一个多维度结构化的数据库，项目管理人员通过网络客户端和移动客户端即可对项目造价数据进行查询、拆分或汇总，为项目管理实时提供决策数据。

鲁班BIM系统协同管理平台基于互联网、大数据、云计算等新技术，将建筑信息模型汇总到系统服务器，形成企业级项目基础数据库，企业不同岗位都可以通过系统客户端进行数据的收集、上传、查询和分析，为项目生产提供数据支撑、为总部管理和决策提供依据。

1. BIM模型上传鲁班BIM系统平台

1）在鲁班建模算量软件中单击工程→导入导出→输出.PDS功能，输出.PDS格式文件（PDS为用于鲁班BIM系统平台与建模算量端交互格式）。

2）打开鲁班BIM系统应用端单击上传工程，出现上传工程设置对话框（选择专业工程.PDS文件，选择项目上传位置，设置项目类型、项目授权对象），如图6-70所示。

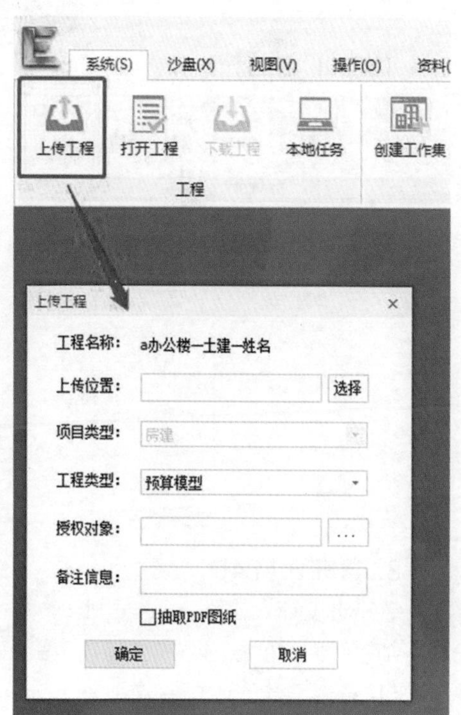

图 6-70

2. 鲁班BIM系统平台协同应用

鲁班BIM系统平台对BIM模型聚合后形成多维度结构化数据库，可通过鲁班BIM客户端对工程模型进行实时查看，对建造阶段产生的合同、图纸、设计变更、现场进度质量安全照片、检验报告等进行浏览，如图6-71所示。实现数据资料实时上传维护、报告输出，及相关工程数据的调用及输出报表等项目建造阶段全过程BIM应用及协同管理。

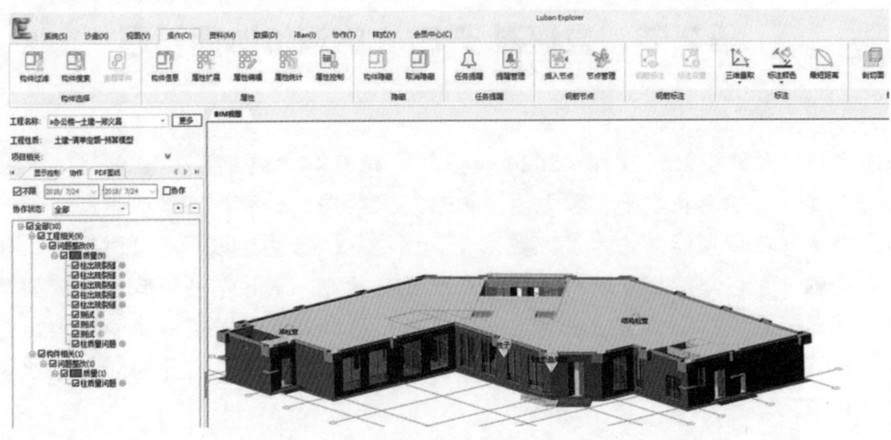

图 6-71

在鲁班浏览器（Luban Explorer）应用端，支持 BIM 模型框图出量。具体操作步骤：按住键盘<Ctrl>，再通过鼠标框选需要查看的某层某类构件→单击工具栏数据→选择对应出量，即可查看所选构件工程量统计报表，如图 6-72 所示。

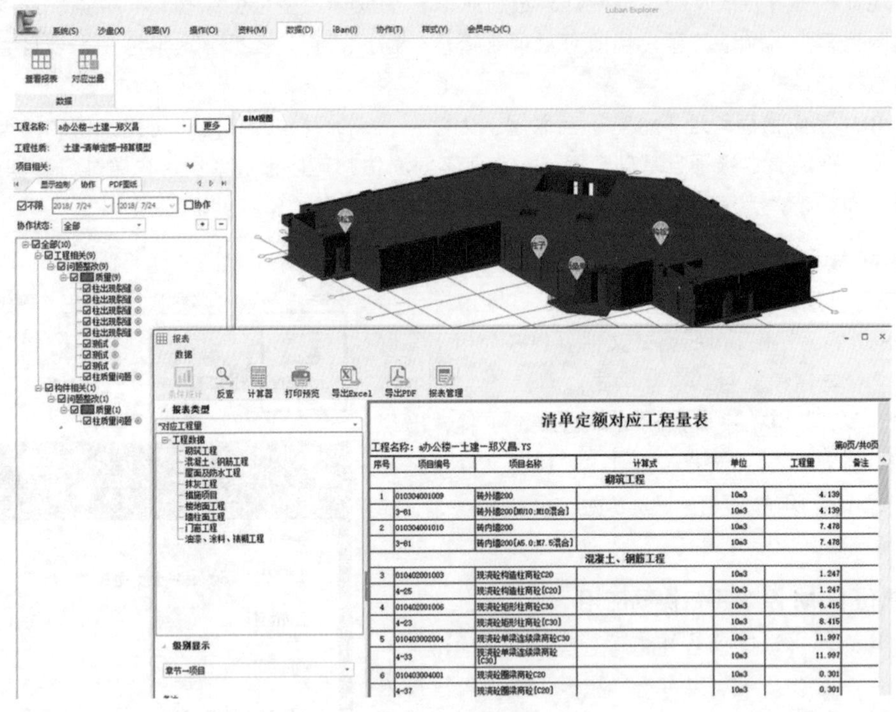

图 6-72

3. 鲁班 BIM 4D

鲁班进度计划软件（Luban Plan）应用端将工程施工进度与 BIM 模型中的构件相关联，为 BIM 模型加入时间维度数据，具体操作步骤如下。

1）将施工进度计划导入到鲁班进度计划软件（Luban Plan）中，施工进度计划文件可以是 Project 的 .mpp 格式文件或者是 Excel 表格。导入后双击左下角 BIM 模型，即可进入构件关联操作界面，Luban Plan 支持多种方式根据任务名称快速选择相关构件，可通过显示控制功能、选择同名同类型、筛选功能等进行快速关联，根据施工任务名称在模型中找到相关的构件，对该任务进行构件与施工时间关联，如图6－73所示。

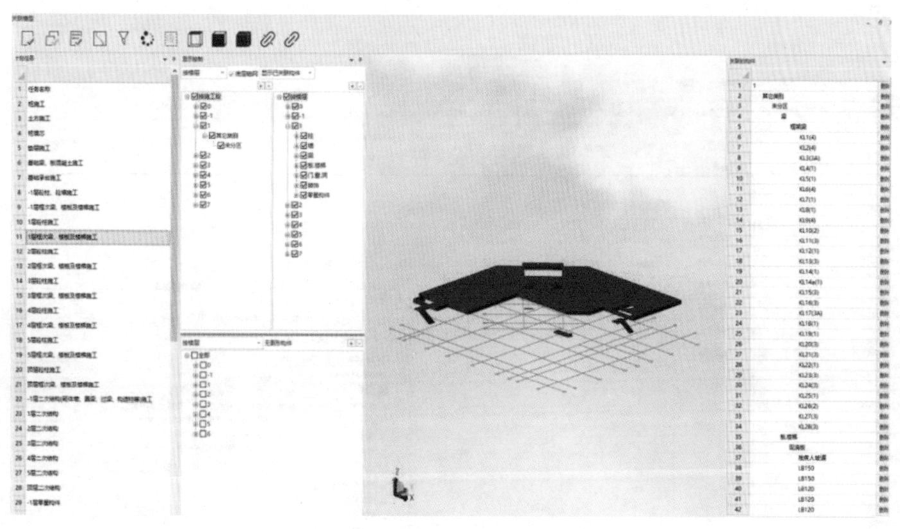

图　6－73

2）工程施工进度计划与BIM模型构件互相匹配完成之后，保存计划即可单击鲁班进度计划软件（Luban Plan）驾驶舱功能，查看到基于时间进度的工程虚拟建造全过程（4D模拟建造），如图6－74所示。

图　6－74

4. 鲁班BIM 5D

鲁班驾驶舱（Luban Govern）在项目级的应用中，主要用于单项工程管理、查看、为BIM模型提供造价维度、统计和分析，以及项目在不同阶段的多算对比，主要由项目负责人应用，具体操作步骤如下。

1）在鲁班造价工程报表统计中输出工程量清单以及分部分项、综合单价、单价措施、规费税金等报表。

2）通过鲁班驾驶舱（Luban Govern）客户端将工程量清单综合单价等报表导入到工程BIM模

型中，使模型构件与综合单价相关联，如图 6－75 所示。

3）单击清单匹配功能，合同清单与模型中构件的清单编号相匹配，匹配后即可将综合单价信息与构件相关联。

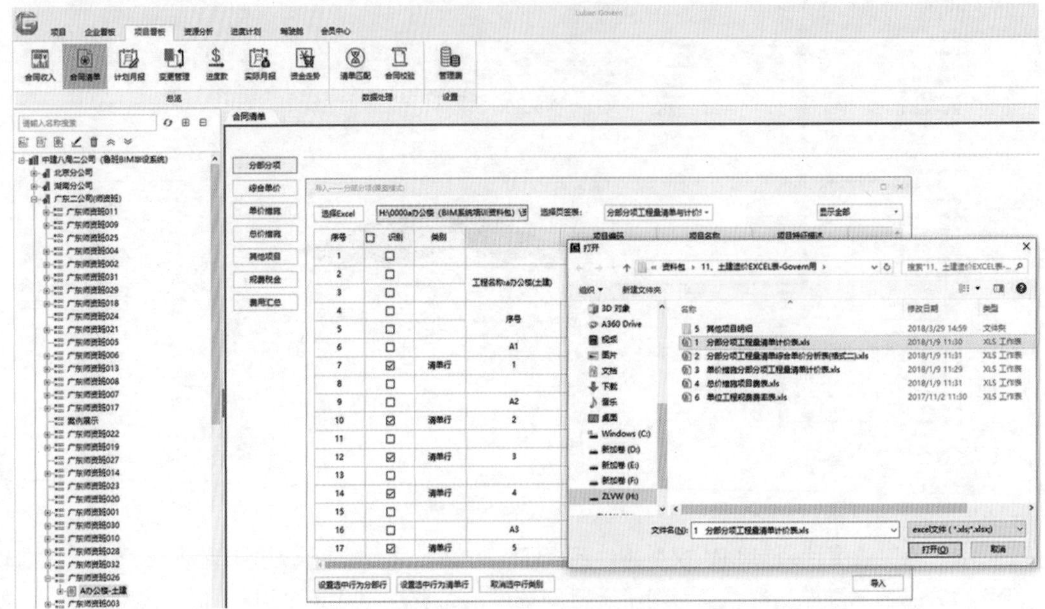

图 6－75

4）通过上述 3 个步骤后 BIM 模型已关联项目合同清单，在计划月报中，可依据在鲁班进度计划软件（Luban Plan）关联的项目施工进度计划生成计划收入与计划成本，系统自动识别生成计划利润，如图 6－76 所示。

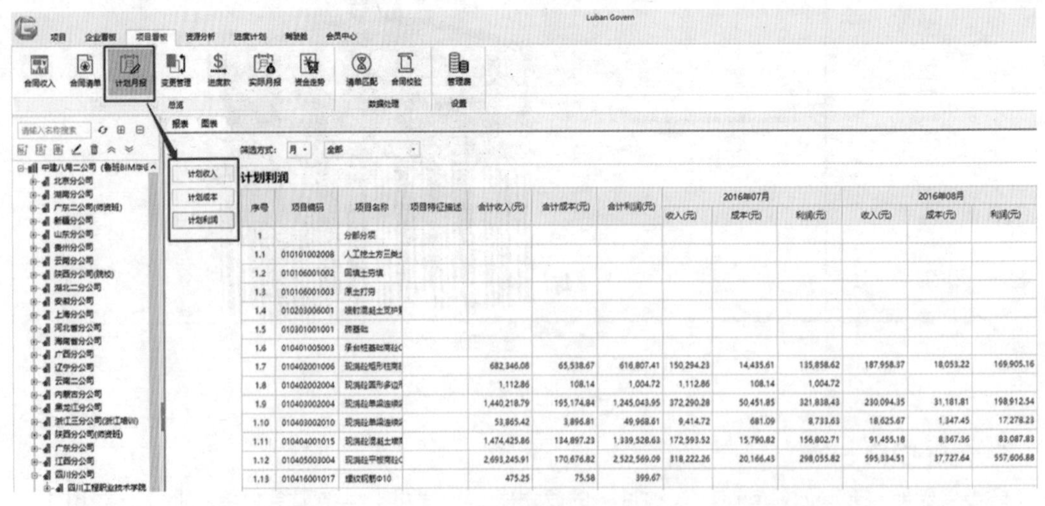

图 6－76

5）项目负责人可以依据项目实际施工进度情况，在鲁班进度计划软件（Luban Plan）对应施工任务名称处添加实际施工时间，为 BIM 模型提供实际时间数据。在鲁班驾驶舱（Luban Govern）项目看板模块下，单击新增项目实际进度款（有分部分项、单价措施、其他项目、规费税金等进度款），可选择实际年份与月份生成实际月报，如图 6－77 所示。

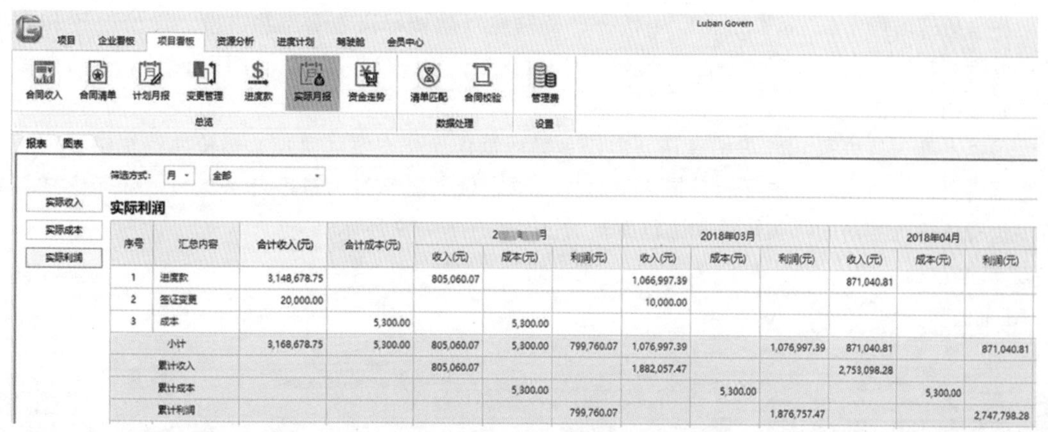

序号	汇总内容	合计收入(元)	合计成本(元)	2[illegible]月			2018年03月			2018年04月		
				收入(元)	成本(元)	利润(元)	收入(元)	成本(元)	利润(元)	收入(元)	成本(元)	利润(元)
1	进度款	3,148,678.75		805,060.07			1,066,997.39			871,040.81		
2	签证变更	20,000.00					10,000.00					
3	成本		5,300.00		5,300.00							
	小计	3,168,678.75	5,300.00	805,060.07	5,300.00	799,760.07	1,076,997.39		1,076,997.39	871,040.81		871,040.81
	累计收入			805,060.07			1,882,057.47			2,753,098.28		
	累计成本				5,300.00			5,300.00			5,300.00	
	累计利润					799,760.07			1,876,757.47			2,747,798.28

图　6-77

如果项目有相关变更条款，需要在变更管理中分类添加，使用变更管理功能进行多维度的金额统计分析，可对现场签证变更等发生的金额变动一目了然。

6.2.2　基于 BIM 5D 造价协同管理

鲁班 BIM 系统平台将 BIM 模型结合进度计划和成本数据形成 5D BIM 模型，实现基于计划时间、实际时间与造价的多维度、多视口 BIM 虚拟建造动态过程，利用进度差异和资金走势为成本与进度的管控提供数据支持。通过项目看板下的资金走势功能，可查看该项目实际进度与计划进度资金走势曲线图，如图 6-78 所示。

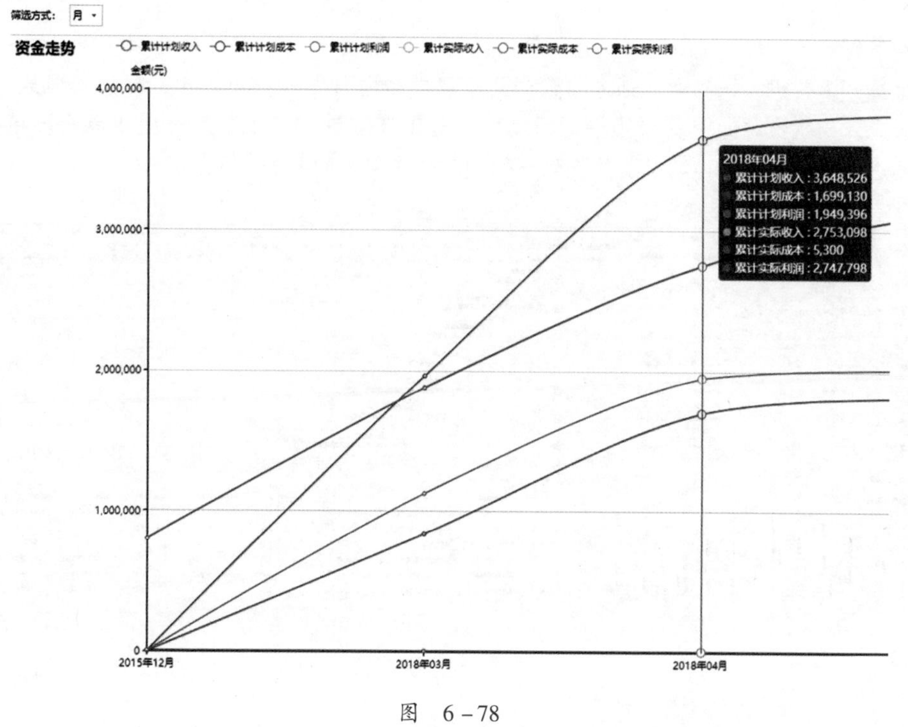

图　6-78

在鲁班驾驶舱（Luban Govern）中执行“驾驶舱”功能即可查看到将进度、造价以及 BIM 模型集成到一起的 5D 虚拟建造模型，可以查看进度计划快慢、分析某时段的工程造价，造价曲线反映本阶段的工程总价。

根据进度条目进行 BIM 虚拟建造，展示金额数据，优化资源的管控。造价曲线提供直观的造价数据走势，优化成本与进度的管控。将原先清单定额的显示改为进度任务条目的显示方式；支持多个视口按计划时间和实际时间进行建造对比，如图 6－79 所示。

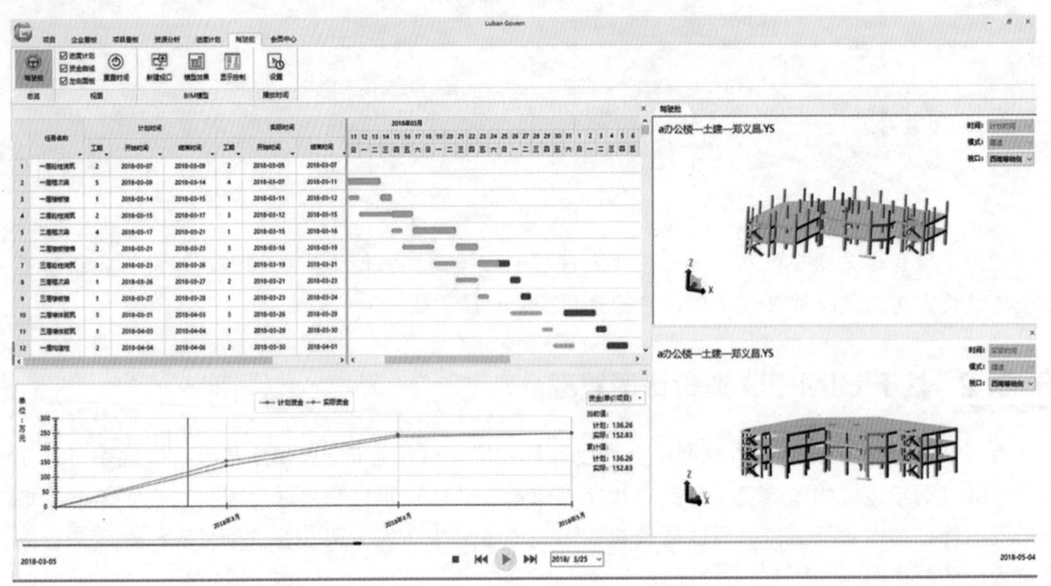

图 6－79

在鲁班驾驶舱（Luban Govern）界面单击任何一条进度计划，即可查看该任务对应的 BIM 模型、清单量、人材机、实物量。强大的数据支撑可以帮助管理人员对人工、材料和机具进行准确预估，避免人材机资源的浪费或短缺；帮助后续施工任务进行配工配料及对机具进行精确进场，为项目的进度把控、成本控制等工作起到保驾护航的作用，如图 6－80 所示。

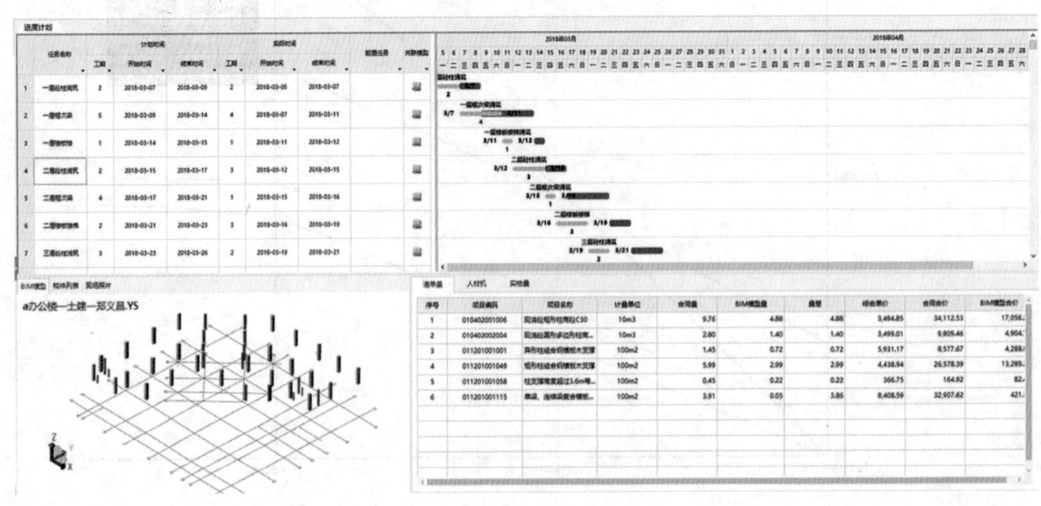

图 6－80

6.2.3 基于BIM企业级大数据、云计算协同管理

对于一家在全国大多数省份都有分公司的集团型企业，假设本章建立的BIM模型是该集团的一个项目，当集团所有项目工程信息模型都纳入系统管理时，所有项目信息即可汇总到企业总部，形成一个基于BIM企业级项目基础数据库，企业不同岗位管理人员都可以进行数据的查询和分析，为总部管理和决策提供依据，为项目部的成本管理提供依据，具体应用如下。

鲁班驾驶舱（Luban Govern）企业看板项目地图模块：可直观展示集团所有项目区域分布情况，在项目列表中可查看任意分公司下所有项目部的基本信息（项目地址、项目负责人、项目的设计单位和施工单位等），项目BIM效果图，项目分包单位以及项目相关资料文档等，如图6－81所示。

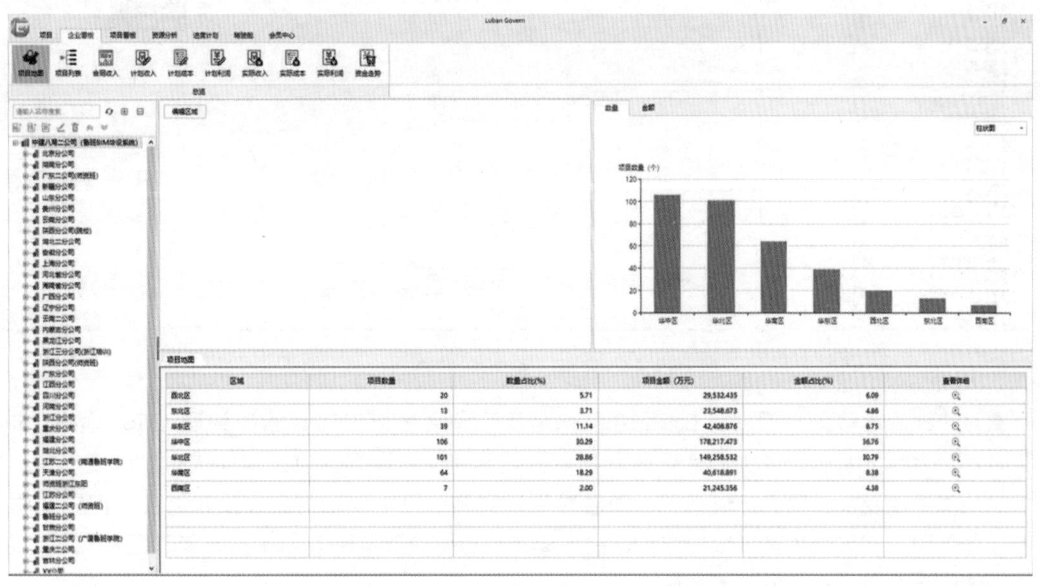

图 6－81

鲁班驾驶舱（Luban Govern）企业看板合同收入模块：可查看全国分公司项目合同金额、完成金额，掌控各省分公司项目金额完成情况（合同金额与完成金额的比例），并可通过表格的形式以及柱状图的形式直观展示，如图6－82所示。

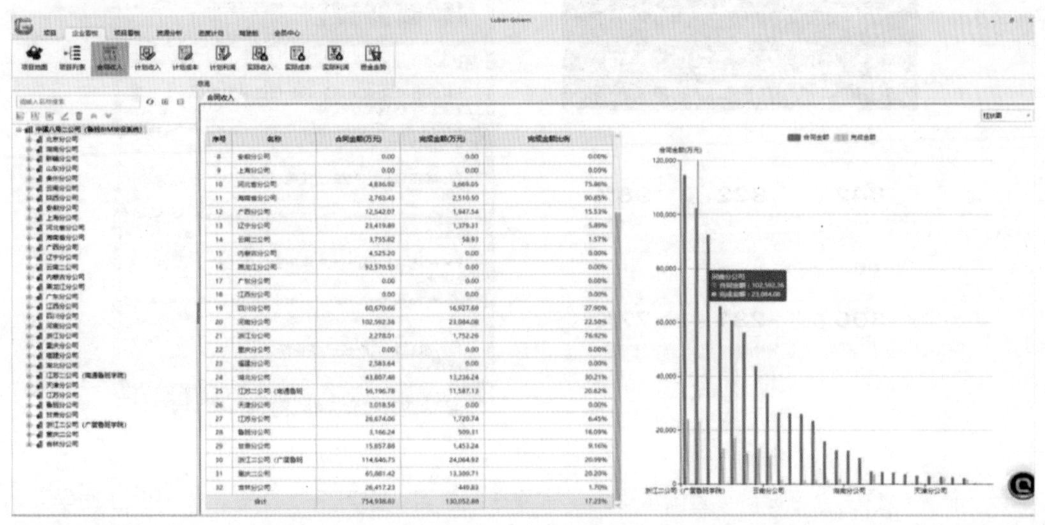

图 6－82

通过鲁班驾驶舱（Luban Govern）企业看板模块，展示系统可自动逐级汇总各项目的合同收入、计划收入、计划成本、计划利润、实际收入、实际成本、实际利润，形成对比，建立集团企业工程资金数据库，如图 6－83 所示。

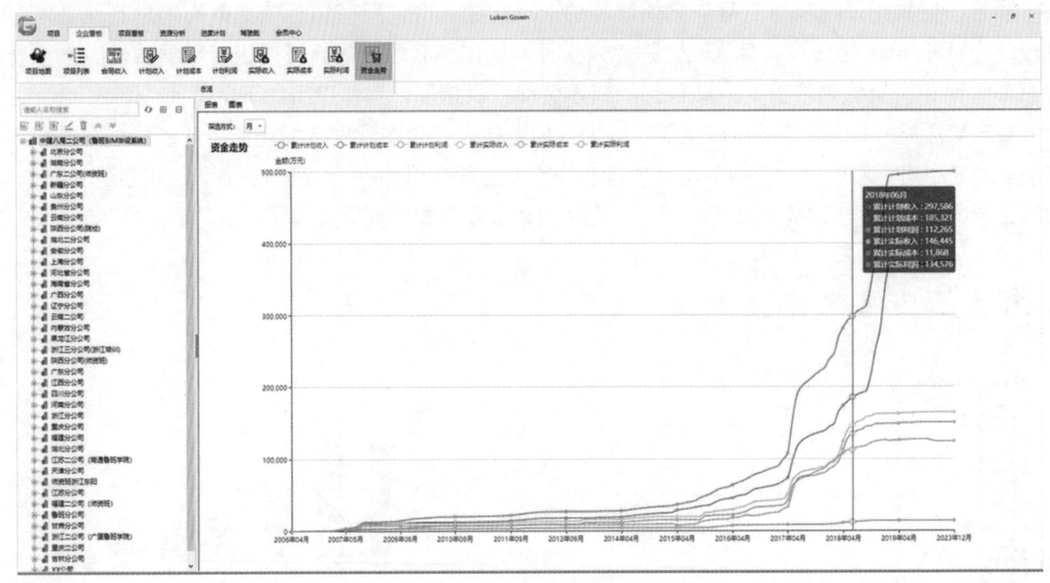

图 6－83

鲁班企业看板移动应用端（Luban Boss）是用于整合企业工程数据的管理 APP。通过 Luban Builder 系统的大数据处理能力，实时获取项目的实际产值、计划产值、实际成本、计划成本，掌握项目施工进度及最新项目产值情况，同时对项目实施过程中发现的重要质量、安全问题及时标注和监督处理，实现用项目一线的施工数据支撑企业运营决策。图 6－84 所示为集团项目总产值；图 6－85 所示为手机端产值更新提醒。

图 6－84　　　　　　图 6－85

限于篇幅，更多学习资料可登陆鲁班大学官网在线学习，也可下载鲁班大学 APP 在线学习。

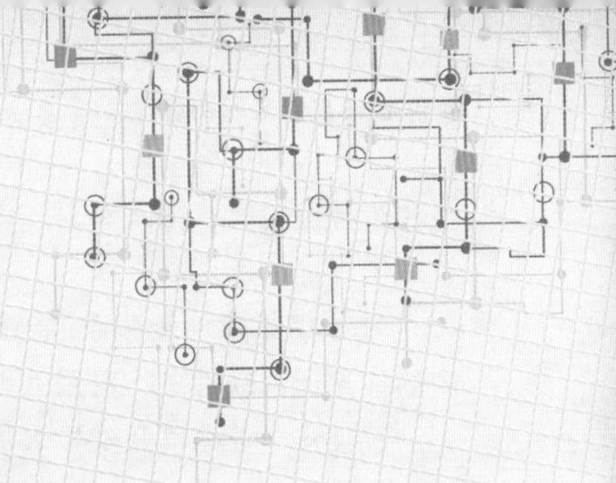

第 7 章　晨曦 BIM 解决方案介绍

第 1 节　晨曦造价 BIM 解决方案突出特点

晨曦 BIM 算量软件基于 Revit 平台二次开发，可实现土建、钢筋、安装共用模型，多专业统一平台，且算量数据与设计数据实施联动，能够快速完成工程土建、钢筋与安装计量的工作并可应用于建筑工程的全生命周期的数据共享；无须通过外部接口转换，数据齐全且模型可延伸共用（图 7－1）。

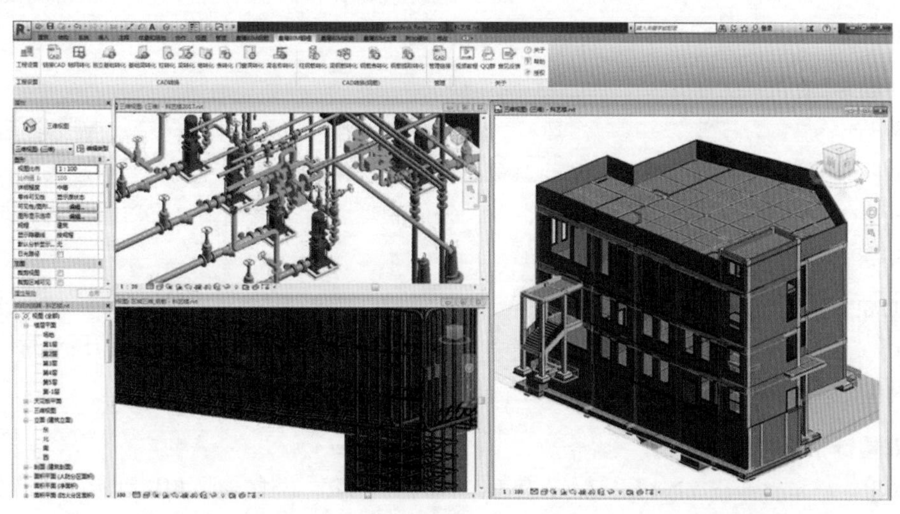

图　7－1

基于自主平台开发的软件，针对 BIM 模型只能利用接口插件导出到本身开发平台上，利用“模型映射”对模型构件进行分类后算量。但在实际使用过程中，导出过程易造成数据丢失，包括属性信息、个数、位置、长度等相关信息，致使 Revit 创建的常规模型或者利用体量创建的构件可能无法映射识别。

晨曦 BIM 软件与其他软件一样，在 Revit 上能利用已有正向设计模型直接出量；同时可以灵活地通过建模或翻模的方式，自行完成工程量计算并同时完成 BIM 模型搭建。

晨曦 BIM 基于 Revit 平台二次开发，既可进行工程算量又可与 BIM 技术衔接，并做到了一模通用，土建、钢筋与安装可共用一个模型进行算量；在算量和研发功能方面，充分考虑了用户平常的操作习惯和出量要求，同时完全嵌入现行国标清单规范及全国各地定额计量规则，注重模型调

整和工程量出量，融入专业知识和细节，所出工程量符合清单或定额计量规则，具有实用性高和快速便捷等特点。

晨曦 BIM 软件能够通过内置报表形成 Excel 或 *.Xml 文件，并可导入市面上包括晨曦计价在内的任意计价软件进行费用处理。

软件从专业角度及建模人员实际需求出发，提供了常用的布置、调整、修改等工具，有效解决了建模人员采用 Revit 进行建模时操作复杂、习惯不符等难题，显著提高了建模效率。

1. 自动分类

Revit 模型的构件具有较高的灵活度，可在多个构件之间进行灵活穿梭，最终计算工程量时可采用自动分类将 Revit 模型构件进行分类，并添加算量类型属性，比如将图形中编号带“KL”的梁分类为框架梁，算量时按框架梁的规则进行计算。

2. 智能布置

软件可结合建筑规范的要求，提供智能布置功能，加快建模的速度。如按照规范要求，墙长超过 5m 时要布置构造柱，在智能布置窗口选择相应的条件规则后可自动布置构造柱。

3. 自动归类项目特征

项目特征分为工程项目特征、清单项目特征和定额项目特征。工程项目特征可为工程项目的划分、典型工程分类、工程项目大数据检索与分析提供依据。清单项目特征和定额项目特征可作为组价项目的缺漏检查、统计查量的判断条件，定额智能换算的基础，指标分析中清单或定额项目分类的依据，为工程造价大数据分析提供基础数据。

4. 一模多用

贯通设计、施工、预算、进度等多环节，使各专业、各环节采用同一模型，无须工程文件在不同的软件间进行转换和导入导出，从而避免了转换过程中引起的构件丢失、信息丢失、构件发生位置偏移的风险，确保数据一致，实现共享、协同管理。特别是设计变更对模型的维护，无须多次导入导出，直接修改 BIM 模型即可出量。

5. 匹配清单规范及全国定额

软件内置《建设工程工程量清单计价规范》及全国各地现行定额计算规则。用户可根据自身需要和工程实际情况自定义计算规则进行工程出量，适用于全国各省定额规则。

6. 对接计价及轻量化平台

晨曦 BIM 算量提供开放数据接口，支持 Excel 格式的导出，支持晨曦 BIM 计价软件及全国计价软件产品数据输出，无缝对接全国计价软件。

晨曦 BIM 与 CEBIM 轻量化平台无缝对接，实现模型轻量化，利用轻量化技术实现 PC 端、Web 端、移动端等多端施工管理。

晨曦 BIM 算量模型所有构件（包括房间装饰构件在内）均系参数化实体构件，不但可以灵活修改调整，而且导入轻量化平台后可真正地体现一个项目的完整部位及工序构成。

7. 自动套项目

每个构件默认套用常规的清单定额，并可灵活修改，既免去各个构件套用清单定额的繁琐，又可作为学习模板，避免漏项和错项。

8. 计算钢筋工程量

晨曦 BIM 软件在 Revit 平台上二次开发，结合现行 16G101 钢筋平法图集及构造要求，完善地实现构件钢筋节点布置，可准确地计算出钢筋工程量。

9. 可对账计算式

手工模拟计算式，按预算员手算的习惯计算构件，提供计算式，可以脱离软件按设计图纸查询，满足对账，同时也满足预结算工程。

第2节　晨曦造价BIM模型建立和计算

7.2.1　案例工程

1. 工程概况

工程名称	永泰县××中心小学扩建项目——科艺楼
建设单位	永泰县××中心小学
工程地点	永泰县××中心小学校园周边规划范围内
工程特征	本工程地上3层，地下1层，耐火等级二级，建筑等级二级，现浇钢筋混凝土结构，总建筑面积1913.16m^2，建筑总高度14.7m

2. 项目成果展示（图7-2~图7-4）

图　7-2

图　7-3

图　7-4

7.2.2 模型创建

1. 手动建模

1）新建项目。打开 Revit 后单击“新建项目”，选择晨曦样板，如图 7－5 所示。晨曦样板预先加载了多种常用族，如矩形柱、矩形梁等，符合大部分人的建模设置。

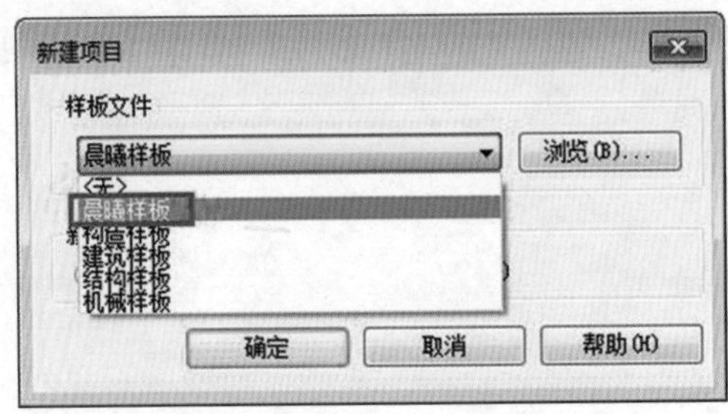

图 7－5

2）绘制轴网。应用晨曦 BIM 算量软件提供的绘制轴网功能，分别输入下开间、左进深、上开间、右进深等数值，完成轴网的建立，如图 7－6 所示。

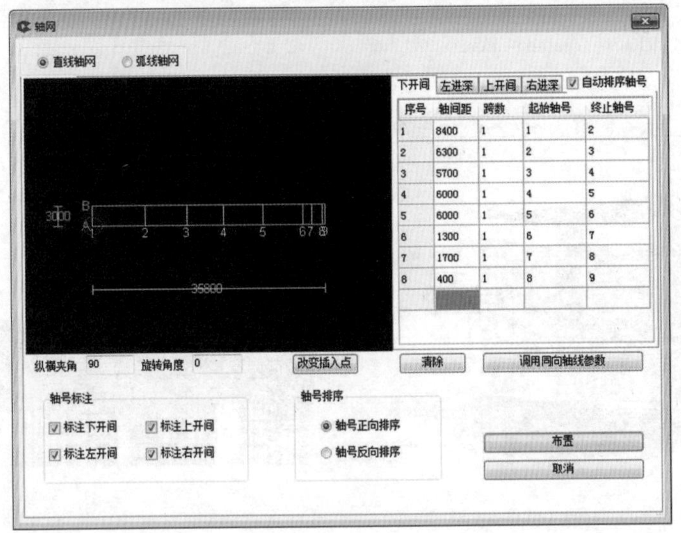

图 7－6

3）绘制主体构件。应用 Revit 自身提供的绘制工具（图 7－7），完成基础、柱、墙、梁、板、门窗洞等主体构件的绘制。

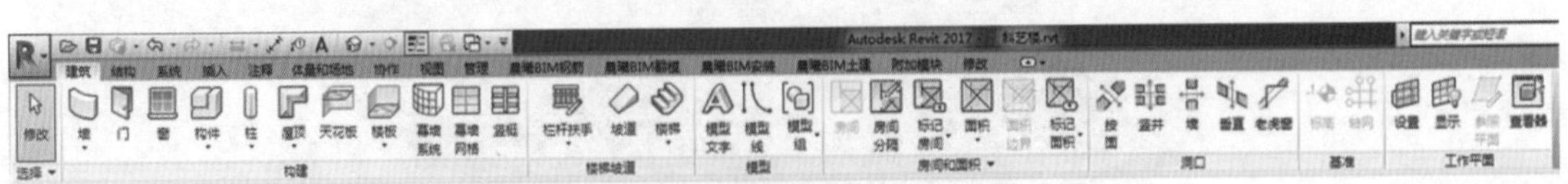

图 7－7

4）晨曦智能布置。应用晨曦 BIM 算量软件提供的建模工具，快速智能地完成二次构件、房间装饰、保温防水、土石方等的绘制，如图 7－8 所示。

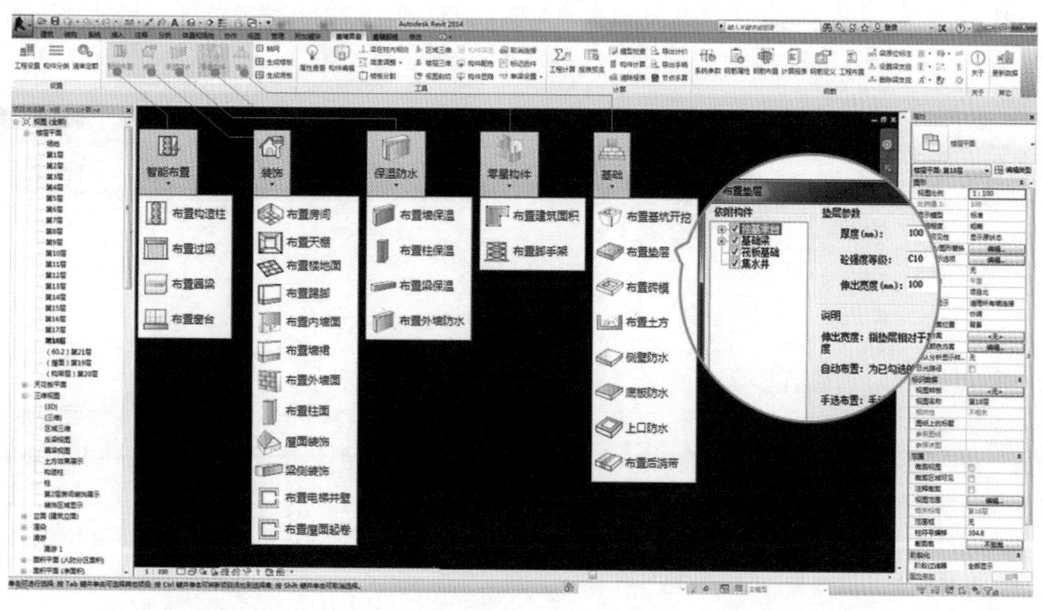

图　7-8

2. 晨曦BIM翻模

晨曦BIM传统翻模软件无须经过二次导出，可直接在Revit上提取CAD图层，在原有的位置上一键生成三维模型，实现了快速翻模，大大缩短了建模时间。

晨曦BIM翻模创建流程主要是：CAD图纸分割→链接CAD→提取→转化→生成三维模型。

1）链接CAD。应用Revit自身提供的链接CAD功能，导入每份CAD图纸，如图7-9所示。

图　7-9

2）晨曦 BIM 翻模。应用晨曦 BIM 提供的翻模工具（图 7－10），完成轴网、基础、柱、梁、墙、板、门窗洞等二维构件到三维构件的转化，生成三维模型。

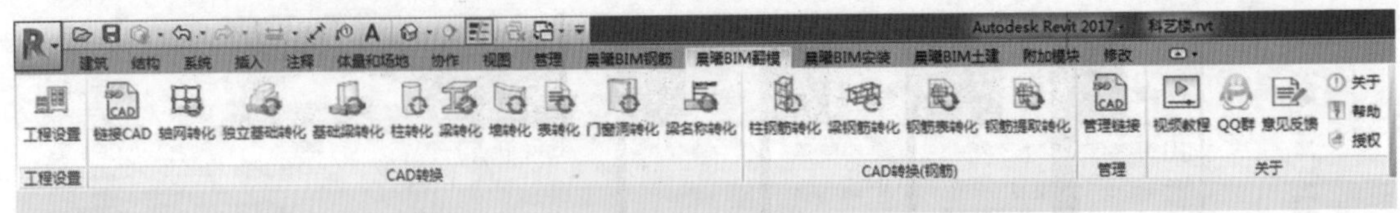

图 7－10

3. 晨曦 BIM 智能翻模

晨曦 BIM 智能翻模是一款基于人工智能技术的翻模软件，其抛开传统边线和标注图层提取的概念，结合施工顺序自动读取图纸内容完成构件识别，自动完成图纸整理、切割、构件识别转换，使建模效率达到质的飞跃。

晨曦科技通过 AI 技术与 BIM 技术相结合，成功研发出一系列基于 Revit 平台的晨曦 BIM 系列软件，将标准化、有规律的步骤交由软件自动完成。

零基础入门：降低入学门槛，用户无须精通 Revit 软件即可完成模型的创建。

模拟人脑，智能识图：智能翻模通过建立能够读懂图纸的机制，模拟人识图的思维，抛开传统边线和标注图层提取的概念，结合施工顺序来识别图纸，满足了用户快速建模的需求。

精确转化构件：摒弃传统图纸分割、导入、提取等繁琐操作，大大减少时间，高效、精确地转化构件，一键自动生成完整 BIM 模型。

全新云＋端：采用云＋端大数据平台，收集海量的图纸规则，提高识别精度，通过识别海量图纸连续不断地学习，人工智能识别分析图纸，概率分析、判断图纸构件信息，如图 7－11 所示。

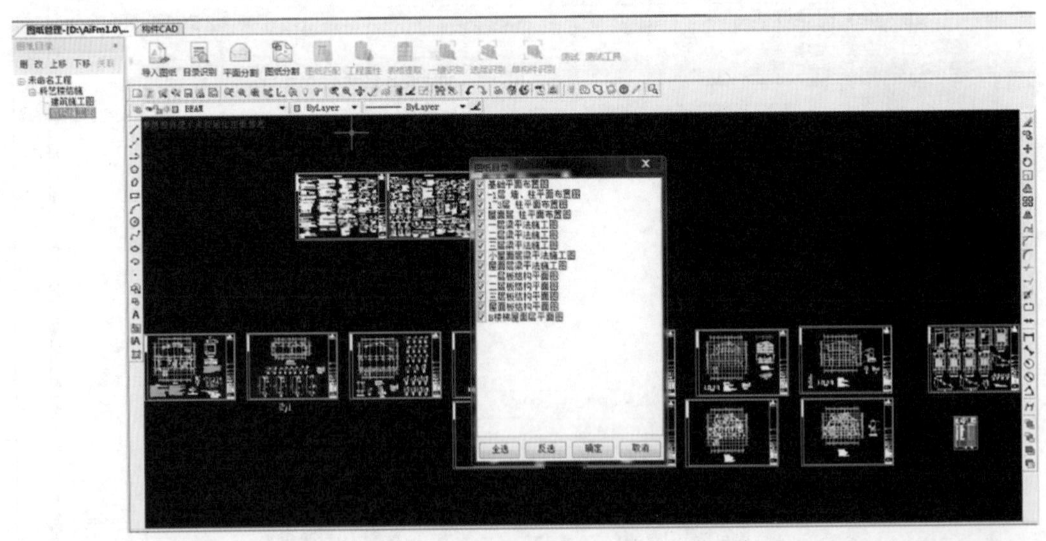

图 7－11

每种类型构件的平面图都具有轴网，用轴网联系所有的平面图，从而识别构件类型，再结合施工顺序和规则数据库，自动一一完成构件的识别，最终完成模型的创建，如图 7－12 所示。

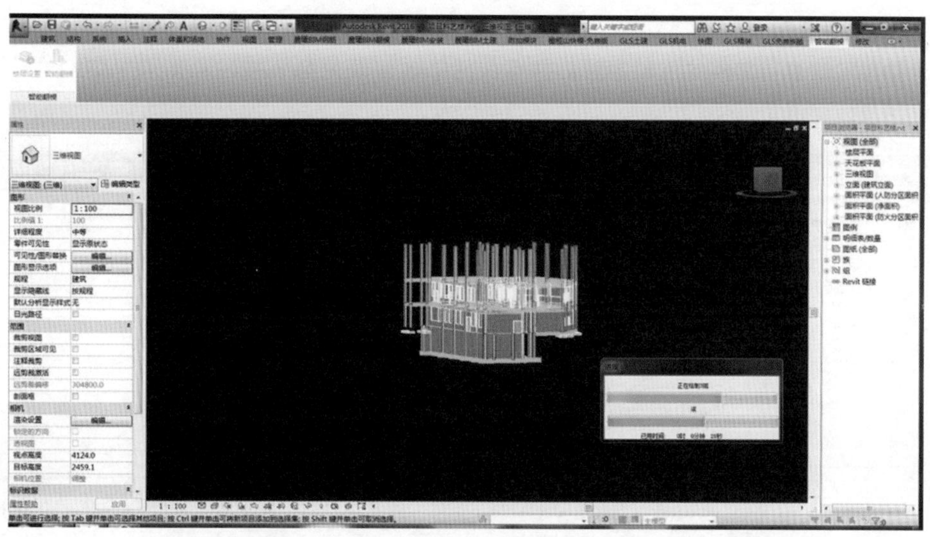

图　7－12

7.2.3　土建算量

晨曦 BIM 土建算量是一款基于 Revit 平台研发的 BIM 算量软件，软件内置《建设工程工程量清单计价规范》及全国各地现行定额，具有清单定额一键套用的功能，可精准、快速完成工程量汇总、计算并应用于建筑工程全生命周期数据共享。

出量步骤：工程设置→构件分类→清单定额→工程计算→报表预览。

1. 构件分类

构件分类功能支持用户的任意编辑、修改和添加，以及算量构件类型的切换，满足用户的计算需求。对 Revit 模型构件自动添加算量类型属性，使出量结果更适合各地计算规则，如图 7－13 所示。

构件分类

构件列表：桩基、基础、柱、梁（框架梁、次梁、独立梁、连梁、暗梁、楼梯梁）、板、楼梯、墙，栏板(杆)、门窗洞、圈，反，过梁、零星、自定义构件

分类情况：◉已分类构件　○未分类构件　　墙体材质　类型修改　分类检查　分类规则

名称	算量类型	族名称	描述	已分类类型
KL20(300x500)	框架梁	CX矩形梁	300×500	框架梁
KL25(300x500)	框架梁	CX矩形梁	400×300	框架梁
KL23(300x400)	框架梁	CX矩形梁	400×300	框架梁
KL21(200x300)	框架梁	CX矩形梁	200×300	框架梁
KL19(200x500)	框架梁	CX矩形梁	500×200	框架梁
KL22(250x600)	框架梁	CX矩形梁	600×250	框架梁
KL10(250x400)	框架梁	CX矩形梁	250×400	框架梁
KL17(200x500)	框架梁	CX矩形梁	200×500	框架梁
KL24(300x500)	框架梁	CX矩形梁	500×300	框架梁
KL18(250x500)	框架梁	CX矩形梁	250×500	框架梁
KL16(250x500)	框架梁	CX矩形梁	500×250	框架梁
KL14(300x400)	框架梁	CX矩形梁	300×400	框架梁
KL26(200x500)	框架梁	CX矩形梁	200×500	框架梁
KL9(250x500)	框架梁	CX矩形梁	250×400	框架梁
KL11(300x500)	框架梁	CX矩形梁	300×500	框架梁
KL4(250x500)	框架梁	CX矩形梁	500×250	框架梁
KL1(200x700)	框架梁	CX矩形梁	700×200	框架梁
KL7(300x400)	框架梁	CX矩形梁	400×300	框架梁
KL5(300x600)	框架梁	CX矩形梁	600×300	框架梁
KL9(350x400)	框架梁	CX矩形梁	350×400	框架梁
KL6(200x400)	框架梁	CX矩形梁	200×400	框架梁
KL2(250x450)	框架梁	CX矩形梁	450×250	框架梁
KL8(200x600)	框架梁	CX矩形梁	600×200	框架梁

展开　收缩　　确定　取消　应用

图　7－13

2. 清单定额套用

每个构件默认套用常规的清单定额，并可灵活修改，既免各个构件套用清单定额的繁琐，又可作为学习模板，避免漏项和错项，如图 7－14 所示。

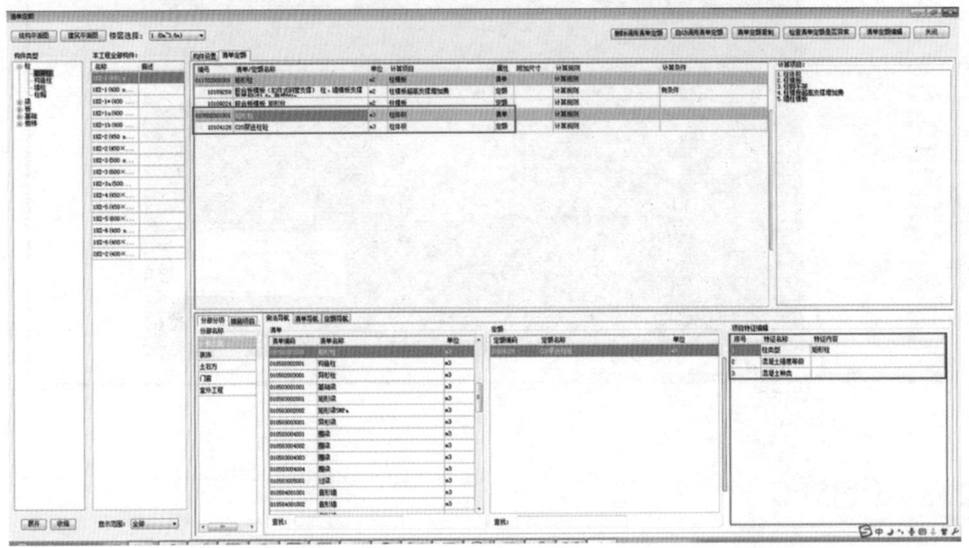

图　7－14

3. 计算汇总

完成构件分类后，即可在模型中查看任意构件的工程量。软件按照内置的清单定额库和计算规则计算出每个构件的工程量，并列出详细的、模拟手工化的计算表达式，此外，软件还能智能判断带计算条件的构件，准确计算出其工程量并自动分出不同的清单，如模板超高、高大模板、脚手架等，如图 7－15 所示。

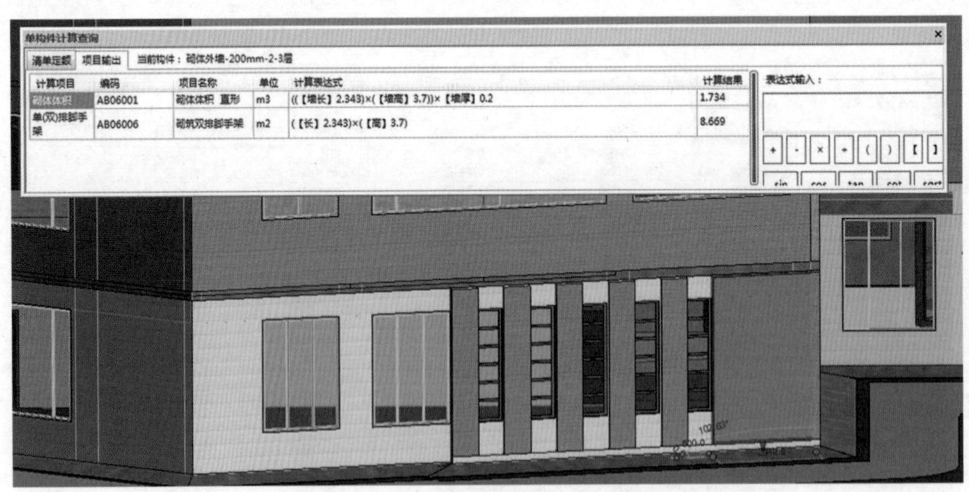

图　7－15

4. 报表输出

模型建立好后，软件按照内置的清单定额库和计算规则计算出每个构件的工程量，并进行汇总，如图 7－16 所示。

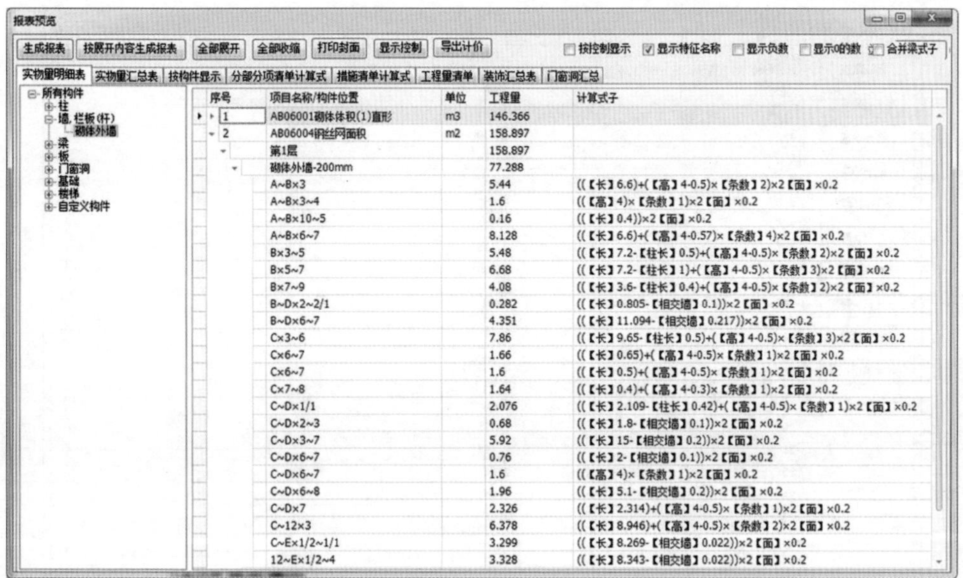

图 7-16

打开报表预览，可以看到各个报表类型，分为“按构件显示”“分部分项清单计算式”“措施清单计算式”“工程量清单”“装饰汇总表”“门窗洞汇总”等。通过窗口上方的工具栏，可以对窗口计算式的显示内容进行展开和收缩操作，如只显示到层或者只显示到构件类。晨曦 BIM 支持 Excel 格式的导出，并支持与晨曦 BIM 计价相对接的格式输出，与计价产品无缝对接。

7.2.4 钢筋算量

晨曦 BIM 钢筋算量基于 Revit 平台，与设计施工图无缝对接，软件内置 16G101 平法标准图集和国家规范，结合国标图集，并以设计规范及施工经验为计算依据，通过平法参数输入与 CAD 参数识别实现工程量汇总与钢筋三维实体的生成，整合土建、钢筋、安装三个专业为同一平台、共用模型，实现建模算量一体化。

钢筋算量可直接在已有的土建算量模型基础上，结合相关钢筋参数设置，进而完成钢筋实体模型建立及算量工作。钢筋模型和土建模型在 Revit 平台上共用，无须模型转换或者数据接口，从而保证了数据的一致性和模型的完整性。

1. 构件分类

构件分类已在土建模型算量时进行过，因而钢筋算量时无须再进行此操作，可直接进行钢筋算量的相关设置和操作。

2. 钢筋设置

钢筋设置列出了“钢筋比重”“基本锚固设置”“连接设置”“计算设置”和“节点设置”等项目。在该项设置中，主要给出了各类钢筋的比重值、钢筋基本锚固系数、钢筋算法中常用的连接设置等。在计算设置和节点设置中，按照国标、图集及实际施工经验值，可设置各类构件、各项钢筋的计算规则，其中节点设置按照图、文、表的方式体现，方便用户直观查看。以上设置都支持用户按照自身需求对其进行修改，如图 7-17 所示。

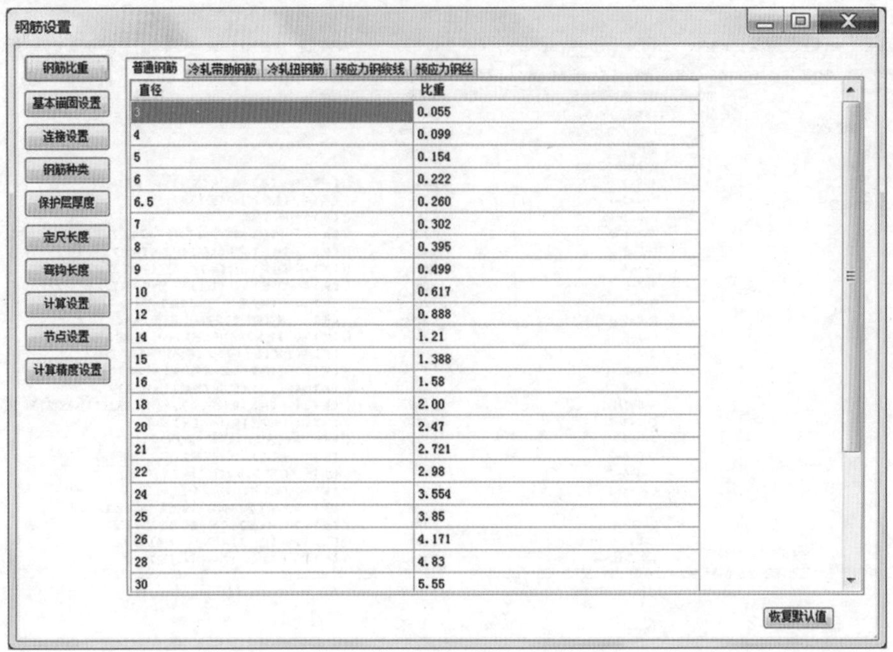

图 7-17

3. 钢筋信息输入

1）钢筋定义。在钢筋定义窗口完成基础、柱、梁的集中标注以及墙、二次构件的配筋信息输入，如图 7-18 所示。

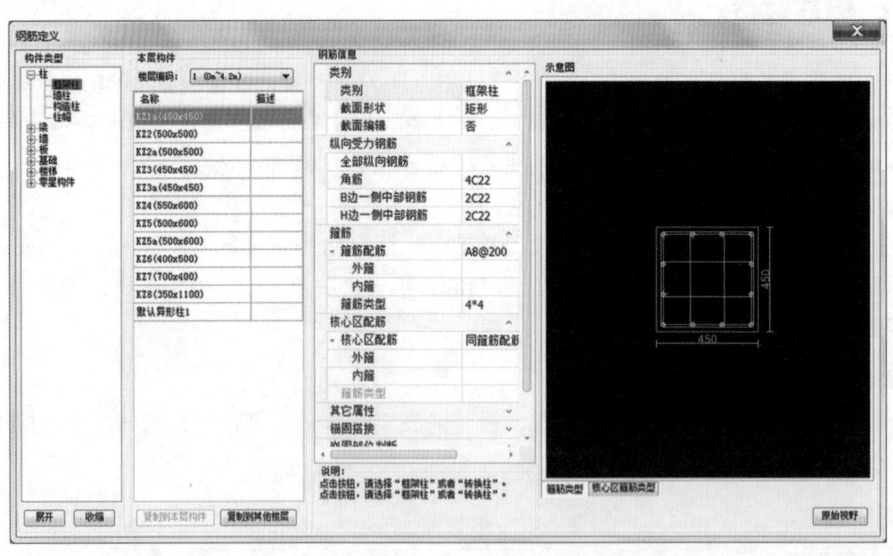

图 7-18

2）平法表格或平法输入。使用钢筋定义进行了梁的集中标注配筋，按照图集规范，梁还有原位标注的配筋，应用平法表格或平法输入功能，可获取钢筋定义窗口中的集中标注配筋信息，也可支持直接运用该功能完成梁集中标注和原位标注的配筋信息输入，如图 7-19 所示。

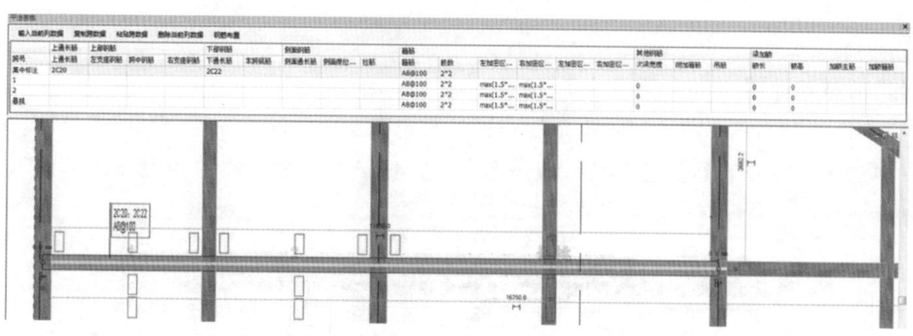

图 7-19

3）板筋、筏板筋、楼梯钢筋布置。板筋、筏板筋、楼梯钢筋不同于其他构件的钢筋定义，应采用单独的功能来输入和设置配筋信息，如图7-20、图7-21所示。

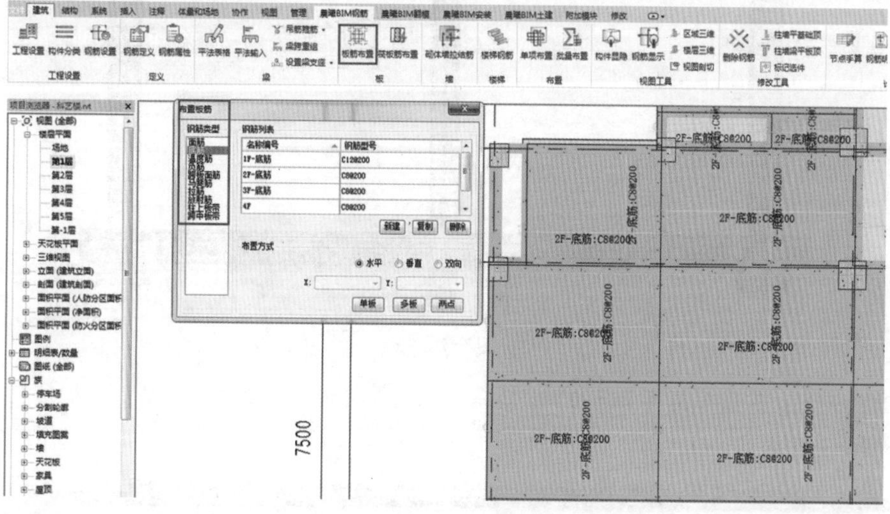

图 7-20

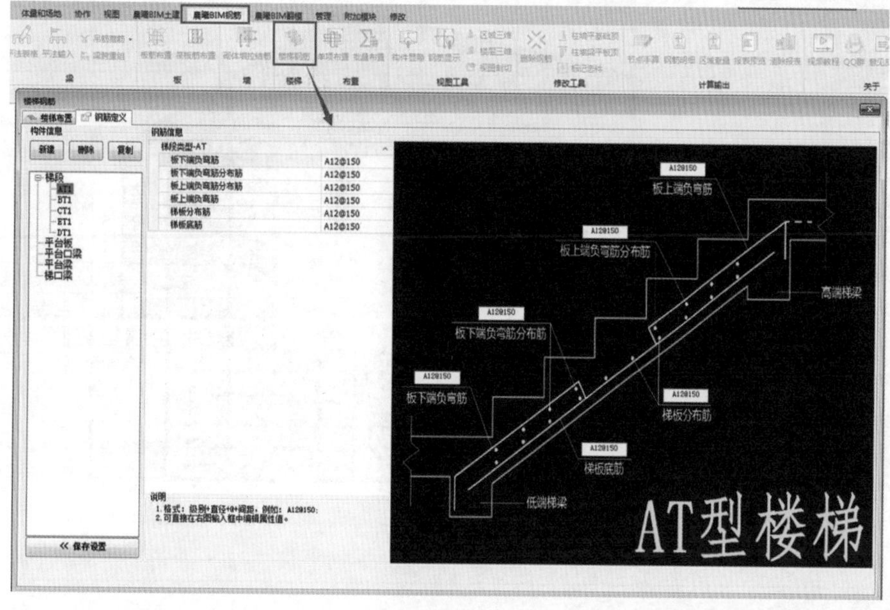

图 7-21

4. 钢筋布置与计算

在完成构件的配筋信息后，可根据单项布置和批量布置两个功能完成钢筋的布置。

1）单项布置。单项布置是将单构件或多选多个构件进行钢筋实体的布置并计算实体钢筋，如图 7－22 所示。

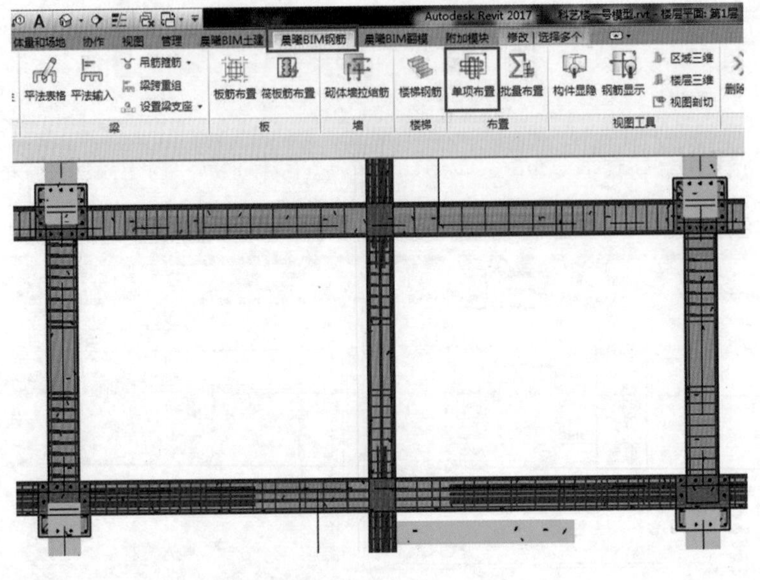

图 7－22

2）批量布置。批量布置可全选布置整栋房屋的钢筋，也可选择楼层中的具体构件类型进行钢筋实体的布置，如图 7－23～图 7－25 所示。

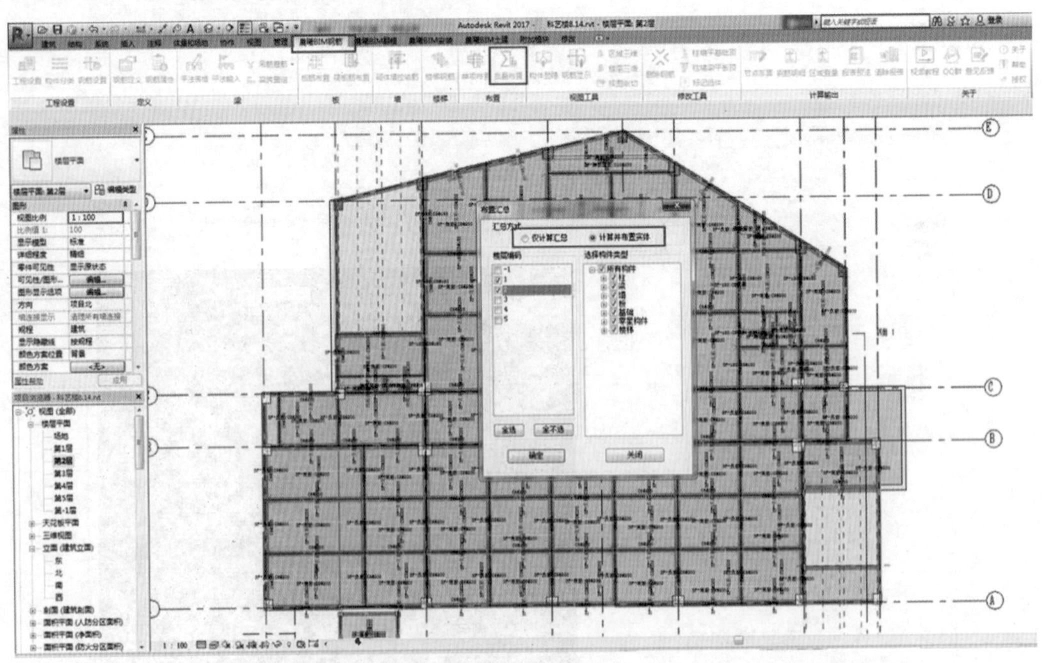

图 7－23

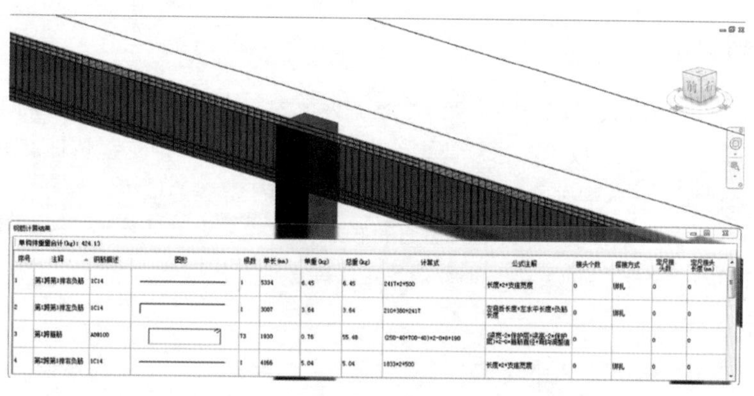

图　7-24

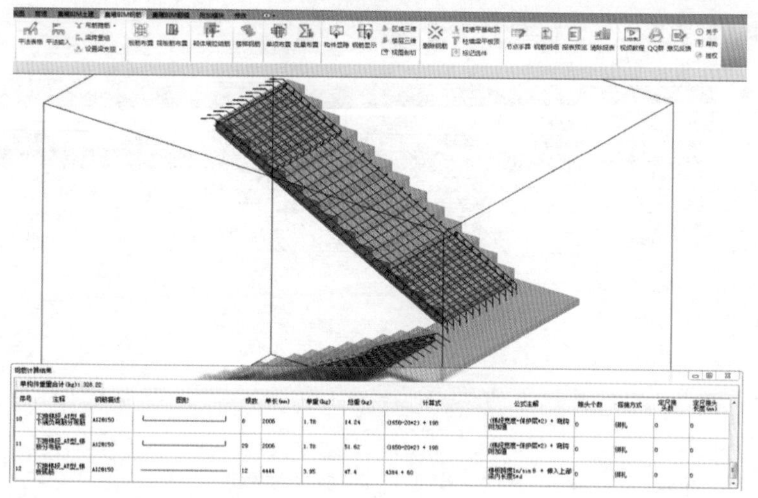

图　7-25

5. 报表输出

完成钢筋布置与计算后，即可在报表预览中查看各个构件汇总后的钢筋工程量。软件可根据实际工程需求提供形式多元化、实用性的计算报表，如分层分项统计表、钢筋级别用量表、接头明细表和钢筋构件类型用量表等，如图 7-26 所示。

钢筋报表

打印预览　导出Excel　全部展开　全部收缩　显示控制　□按显示控制　单位：kg

报表目录

- 封面
  - 封面
- 汇总表
  - 钢筋构件类型用量表
  - 钢筋级别用量表
  - 楼层+级别接头用量表
    - 绑扎
    - 电渣压力焊
    - 直螺纹连接
  - 楼层+构件类型接头用量表
    - 绑扎
    - 电渣压力焊
    - 直螺纹连接
  - 分层分项统计表
  - 构件类型分楼层汇总表
- 钢筋明细表
  - 钢筋明细表(工程模型)
  - 钢筋明细表(节点手算)

数据

构件类型	级别	钢筋总重	6	8	10	12	16	20	22
框架柱	A	261.326		261.326					
	C	1137.168							1137.168
砼外墙	A	85.349	85.349						
	C	2105.483			2105.483				
框架梁	A	485.779		485.779					
	C	779.316						352.222	427.094
现浇板	A	3.796	3.796						
	C	415.3				415.3			

图　7-26

7.2.5 安装算量

晨曦 BIM 算量（安装）是基于 Revit 平台二次开发的安装算量软件，其充分利用了先进的图形交互技术，打通设计、施工、成本、进度等多个环节，对接国内各地工程量计算规则，从根本上解决了 Revit 算量与国内计算规则不一致的问题，实现了 BIM 算量的应用。

晨曦 BIM 安装算量可直接基于 Revit 平台进行模型修改、工程量计算等，无须模型转换或数据接口。目前晨曦 BIM 支持模型的分类、加载清单定额库、计算规则导入导出、工程量输出等功能。

1. 工程设置

工程设置由“工程属性”“楼层设置”“电气工程”“水暖工程”“通风空调”“分类设置”六部分组成。“工程属性”可输入工程的基本项目信息；“楼层设置”可加载 Revit 标高创建楼层，加载清单定额库，满足全国清单定额库的导入；可设置电气、水暖、通风工程属性参数的工程特征，满足算量的需求，如图 7－27 所示。

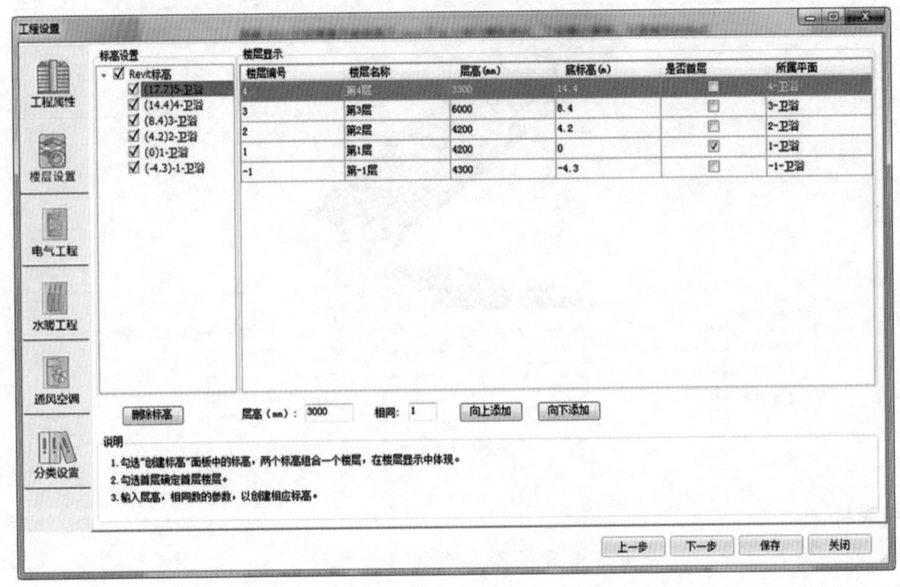

图 7－27

2. 构件分类

构件分类功能将 Revit 模型构件按照分类规则库自动分类成具有算量属性的算量构件，并添加算量类型属性。根据名称进行材料和算量类型的匹配，当根据名称未匹配成理想效果时，执行类型修改或调整分类规则库，提高默认匹配成功率，如图 7－28 所示。

3. 系统回路

通过电气、水暖、通风相关专业进行系统回路信息设置。创建一个回路 W1，单击回路编号可对其进行修改。比如根据图纸配电系统表 AL 的系统回路信息，将“回路编号”“导线规格”“导线根数”“配管规格”以及“敷设方式”等分别进行修改。水暖系统设置与通风系统设置相似，新建回路，可根据个人需求对其进行新建和删除，对系统编号进行重命名，对材质和系统类别进行更改，满足用户创建回路需求，如图 7－29、图 7－30 所示。

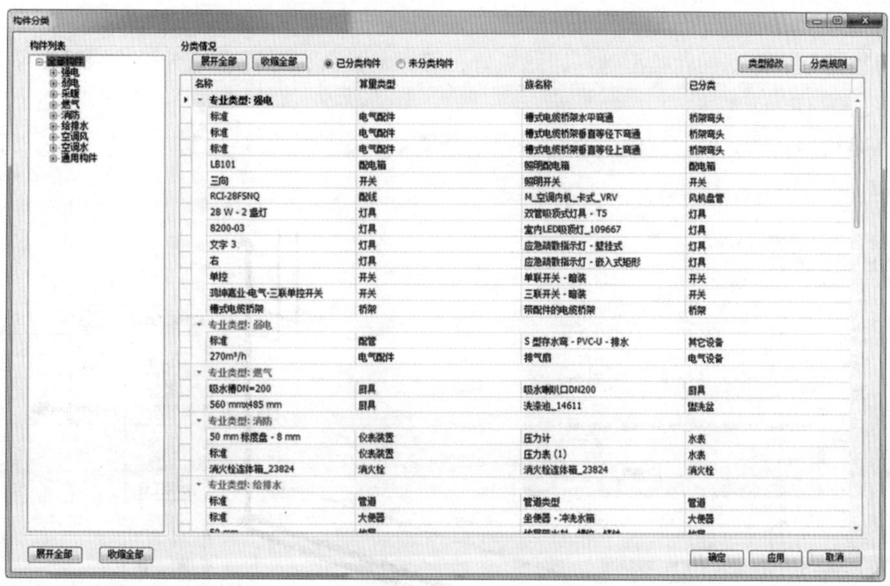

图　7－28

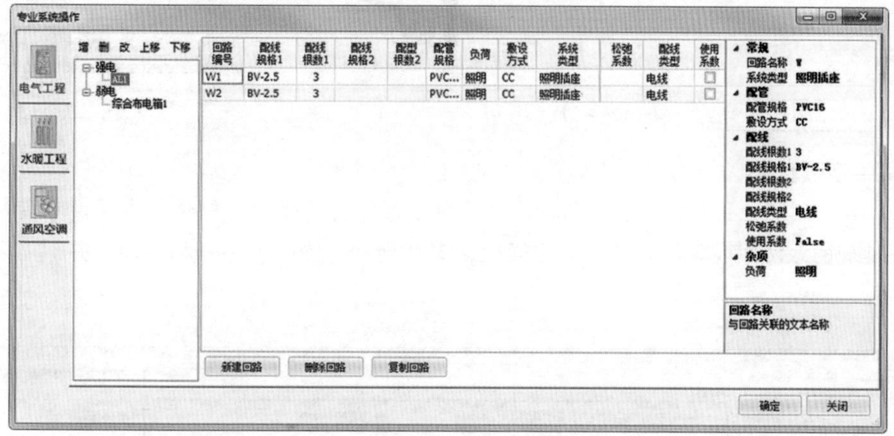

图　7－29

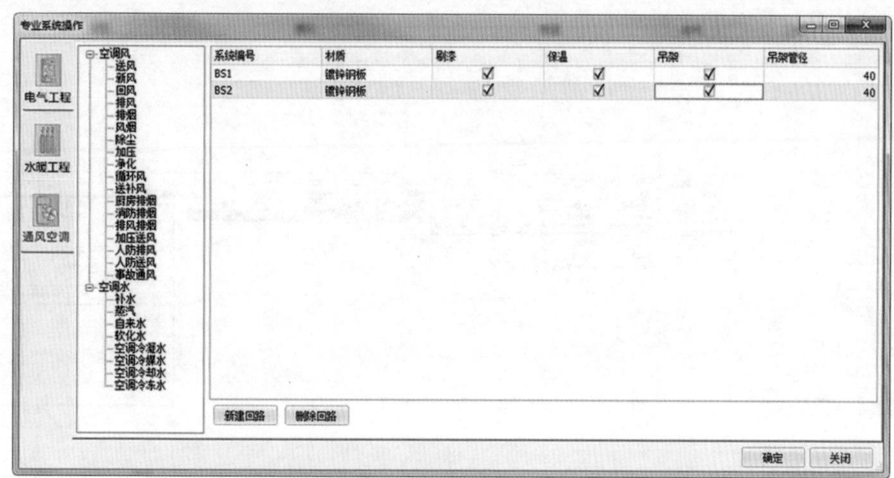

图　7－30

1）回路拾取。根据构件类型选择回路设置，可手动选择，一键自动分析，减轻工作量，操作直观，如图 7－31 所示。

2）回路绘制。选择设置完的回路，下拉选择管类型，进行回路绘制，操作方便、简单易懂，如图 7－32 所示。

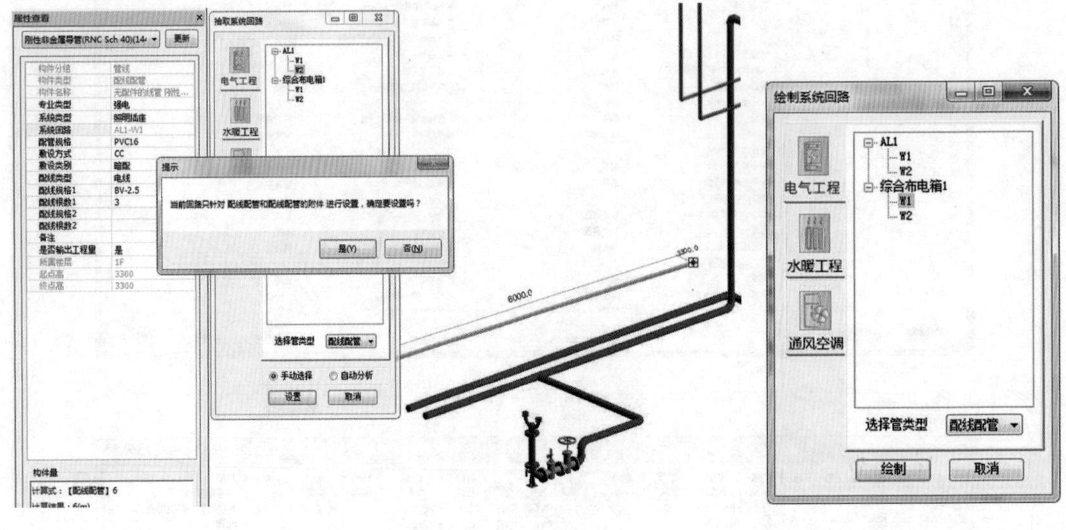

图　7－31　　　　　　　　　　　　图　7－32

4. 清单定额套用

完成构件分类后，每个构件已自动套用了清单定额和计算项目。软件提供了清单定额编辑功能，内置常规的做法模板库，可作为学习模板，支持增加、修改、导入和导出，并拥有自动检查和纠错功能，如图 7－33 所示。

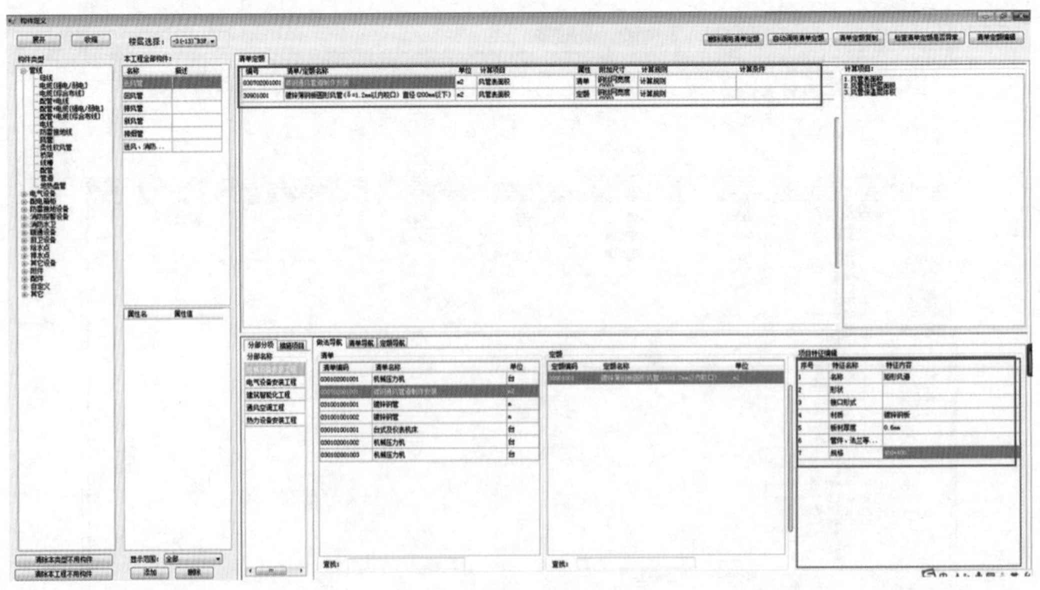

图　7－33

5. 构件查量

完成构件分类后，即可在图形中查看任意构件的工程量。构件查量可单个查量，也可多个查量，满足用户对量需求，并按专业列出详细的、模拟手工化的计算表达式，如图 7－34 所示。

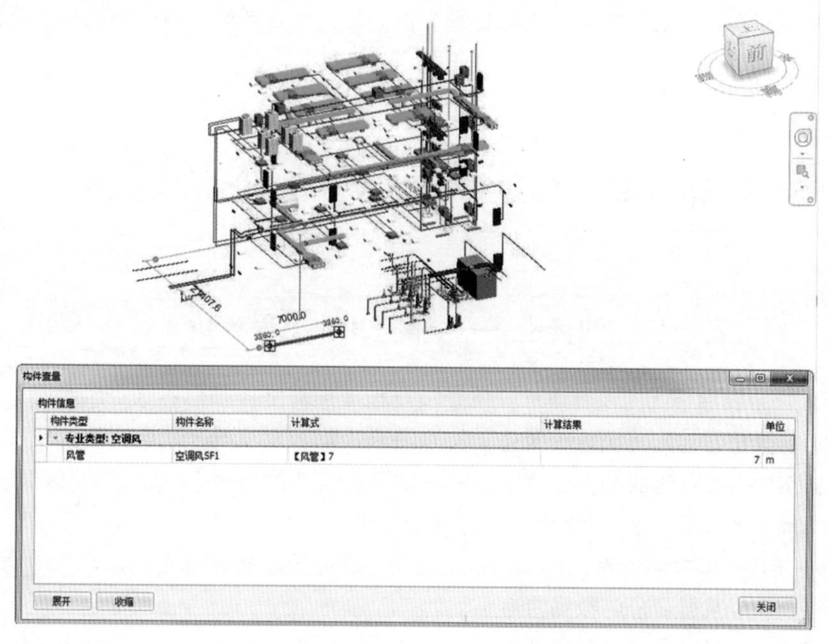

图　7－34

6. 报表输出

模型建立好后，软件按照内置的清单定额库和计算规则计算出每个构件的工程量，并进行汇总。打开报表预览，可以看到各个报表类型，分为“按构件显示”“分部分项清单计算式”“措施清单计算式”“工程量清单”“按专业显示”等。通过窗口上方的工具栏，可以对窗口计算式的显示内容进行展开和收缩操作，如只显示到层或者只显示到构件类。晨曦软件支持 Excel 格式的导出，并支持与晨曦 BIM 计价相对接的格式输出，与计价产品无缝对接，如图 7－35 所示。

图　7－35

7.2.6 案例总结

本节的学习重点是软件的操作流程，通过一个实例工程使用户全面掌握如何建立 BIM 模型，并通过 BIM 模型完成工程算量，通过晨曦 BIM 算量软件进行土建、钢筋和安装专业的工程量计算；并通过 BIM 集成模型，实现从模型中获取各种构件信息，结合各地计算规则完成工程量计算及做法项目的套用。

第 3 节 晨曦基于 BIM 的造价协同管理

7.3.1 “量”到“价”的传递——晨曦 BIM 工程计价

晨曦 BIM 计价根据全国工程量清单计价规范及相关配套文件编制而成，主要面向具有工程造价编审和管理的单位与部门，如建设单位、咨询公司、财政局、审计局等，提供从设计、招标投标、进度和结算等阶段所需的工程造价服务，在继承晨曦计价系列软件优点的基础上，界面更加简洁合理、功能更加实用灵活、数据计算更加准确快速。

晨曦 BIM 工程计价软件作为“价”方面的运用，通过晨曦 BIM 算量输出成果数据，无缝对接计价软件，进而实现从量到价的数据传递。

以福建省为例，通过晨曦 BIM 算量软件计算所得工程量，导出计价通用导则 Xml 文件，并导入计价软件进行造价计算。

1. 设置计价依据

通过晨曦 BIM 算量导出 Xml 格式的计量文件并导入晨曦 BIM 计价软件中，进行软件基础设置，系统会根据清单特征的描述说明对定额进行智能换算，为造价人员节约时间，如图 7－36 和图 7－37所示。

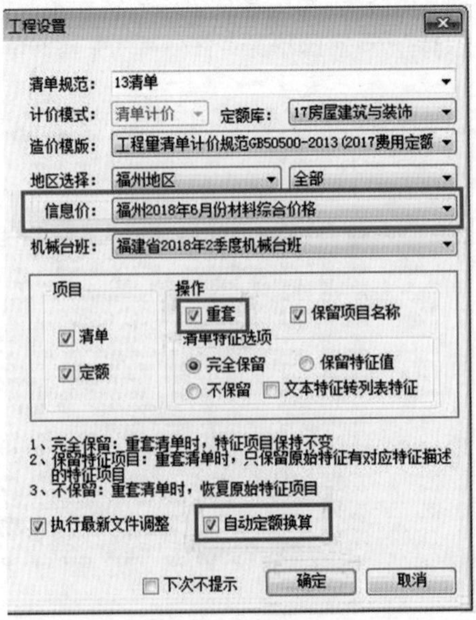

图 7－36

图　7－37

2. 现行文件的执行

政府发布的文件均依次衔接于软件中，用户可根据工程需要执行相应的文件，如图 7－38 所示。

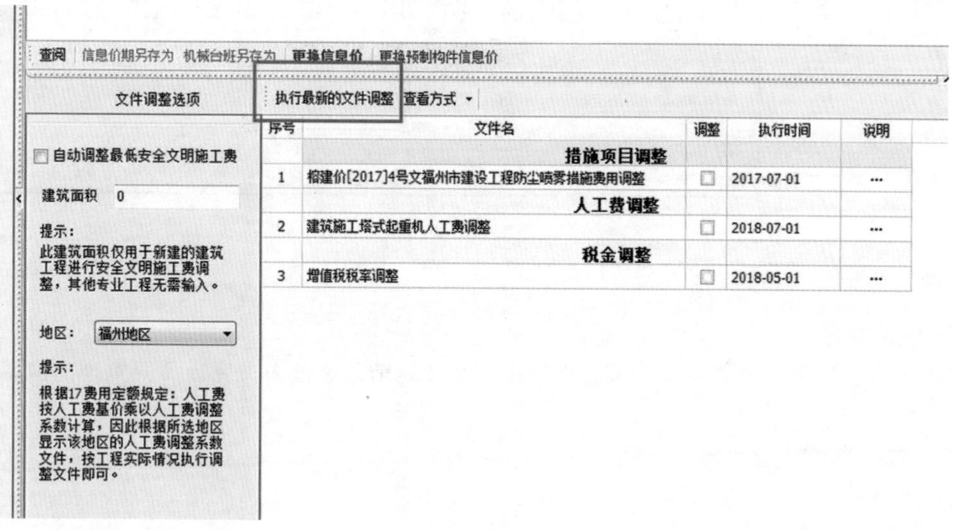

图　7－38

3. 取费设置

1）进入软件的操作界面之后，造价人员需要针对图纸上的工程概况进行工程费用条件设置，包括项目类别、有无外墙装饰、优质工程增加费等。

2）晨曦 BIM 计价软件可针对整个工程进行费用条件设置，若整个工程概况是一样的，使用此功能不仅可为造价人员节省不少时间，同时也可规避操作不当引起的错误，如图 7－39 所示。

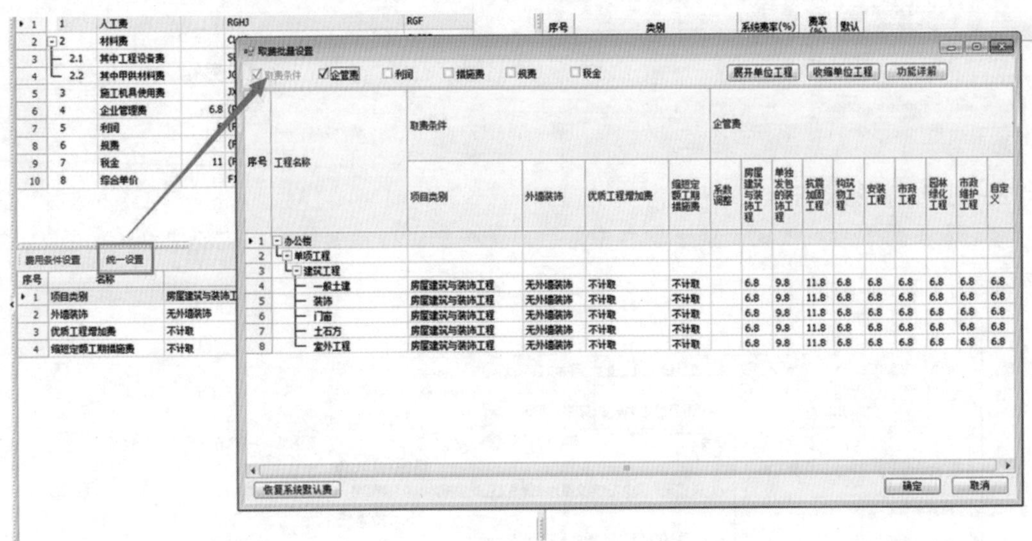

图 7－39

4. 快速换算

软件提供了各种类型的换算，可以更加高效快捷地辅助造价人员完成不同类型的换算需求，如图 7－40 所示。

1）定额材料消耗量换算。

2）混凝土换算。

3）定额叠加换算。

4）定额肯定换算。

5）超高施工降效换算。

5. 调价

1）替换品牌价（图 7－41）。

2）设置材料供应方式。

3）无信息价的材料，可通过询价方式获得材料价格。

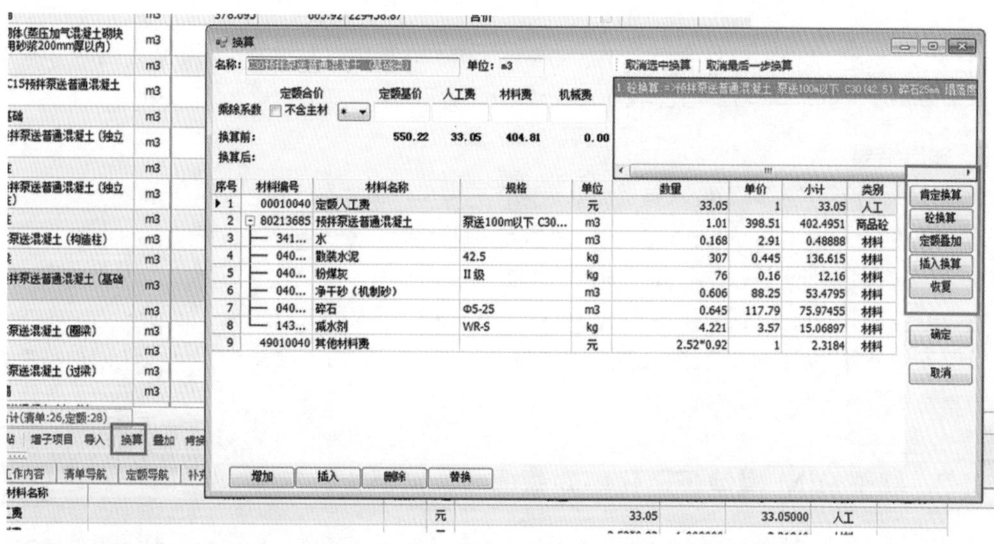

图　7－40

3	11110001	塑钢平开门	m2			210.26	210.260	103.191	21696.97
4	13350660	聚氨酯发泡密封胶	支	750ml/支		10.26	10.260	1029.239	10559.99
5	14410090	玻璃胶	支	350g		10.26	10.260	364.540	3740.18
6	49010040	其他材料费	元			1	1.000	6095.484	6095.48
7	49011001	100C金银铜喇叭线	m	CF3101J	秋叶原	17.05	17.050	21.750	370.84
8	49011003	10卡水控机	台	IC-DN15~DN25	海尔牌	673.93	673.930		

品牌价

宁德市2018年7月品牌价　显示所有品牌　请输入要查找的关键字：

名称	规格	单位	价格	含税价	供应商	品牌
100C金银铜喇叭线						
100C金银铜喇叭线	CF3101J	m	17.05	19.95	宁德市天朗电子工程有...	秋叶原

图　7－41

4）若工程还有额外的暂列金额、专业工程暂估价、总承包服务费等，还需要在晨曦 BIM 计价软件其他费模块下进行金额计算式设置，并计算出总费用。

6. 输出结果

晨曦工程计价软件可为造价人员提供成果文件的输出，主要有 3 种。

1）公共招标投标的电子导则文件，供招标方、投标方进行招标投标评审。

2）业绩备案导则文件，作为公司项目的业绩。

3）电子数据 Excel 和 PDF 成果文件，可打印出来供相关人员查看。

计量软件是针对图纸上的构件设置，并计算出清单、定额的工程量。计价软件实现清单、定额综合单价两者相结合，实现量价合一。

7.3.2 基于 BIM 模型轻量化协同管理

晨曦 CEBIM 是一款以工程项目全过程管理为核心的管理系统，本系统可针对工程领域不同项目管理模式变化，以动态配置的方式对不同项目配置不同形式的管理模式，以减少标准管理模式对项目的冗余管理，精确任务推送、消息提醒，做到工程项目人员只需关注与自身任务相关的业务，使管理人员可及时处理自己的任务，减少无谓的人力浪费；并且能够为管理者提供及时的数据分析报表，管理者可以直观地从分析报表中发现工程项目进度、材料用量、人员任务等情况，为工程管理者的业务决策提供可靠的数据来源。

晨曦 CEBIM 是以轻量化 BIM 为纽带，可在 Web、PC、iPad、手机等端口上进行交互式信息化应用的建设工程协同管理平台。通过将 BIM 与进度、成本、资源、图纸、施工工艺等关键信息进行关联，提供模拟建造、施工进度的动态跟踪与管理，多算对比的造价支付与管控，物资消耗的实时跟踪，图纸—模型—现场三位一体的现场管理等信息化技术，提高全过程造价管理信息化水平和管理效率。

1. 轻量化

1）轻量化技术。基于开源的 OSG 图形引擎平台，采用共享复用、按需加载渲染的轻量化技术，将 BIM 模型转化为自定义的数据格式；独有的 Revit 插件，通过轻量化技术支持大容量模型快速压缩并无缝同步上传至云端，可在各端口流畅地浏览模型，如图 7－42 所示。

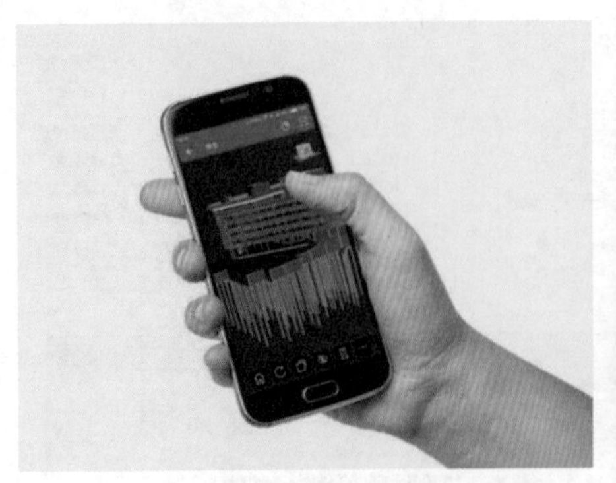

图 7－42

2）基于 Revit 平台。基于晨曦 Revit 平台全系列 BIM 技术，晨曦 CEBIM 轻量化平台可以集成多专业实体模型，包括土建、机电、钢筋等，实现全专业、全方位模型浏览，便于沟通、指导施工；开放算量数据接口，实现数据共享，支持RVT/IFC等主流格式上传，且数据传输加密，安全稳定，如图7－43所示。

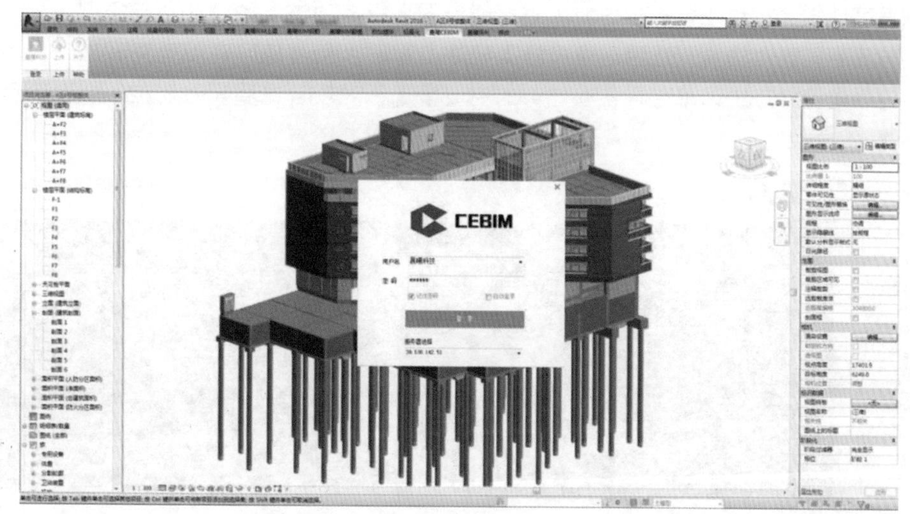

图　7－43

3）移动应用。移动端通过手机、iPad等设备可进行现场BIM模型应用及数据收集；PC端作为管理端口进行模型和现场数据的集中展示及分析；Web端作为平台权限设置及数据展示。

利用移动端可以将BIM技术带到施工现场，可现场浏览、剖切、漫游，方便指出施工变更以及处理施工中遇到的问题，有利于现场指导和验收，实现简单便捷地辅助项目现场管理，如图7－44所示。

图　7－44

2. 协同管理

（1）协同

1）晨曦BIM算量与CEBIM轻量化平台的协同。晨曦BIM算量基于Revit平台的全系列BIM技术应用，可直接使用BIM模型快速出量，无须转换。与CEBIM轻量化平台数据接口无缝对接，为成本管理提供基础的核量清单数据。

2）晨曦BIM计价与CEBIM轻量化平台的协同。晨曦BIM计价依据国标清单规范和各省消耗量定额的工程量计算规则及相关配套文件编制完成。与CEBIM轻量化平台数据接口无缝对接，提供支付成本清单，实现阶段成本的计算。

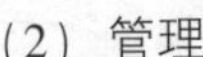

（2）管理

1）进度管理。CEBIM 轻量化平台可通过导入 Project 进度计划表或者在平台中自定义计划节点，每条进度计划会自动匹配相应的施工进度横道图，将各项进度计划任务与模型关联，用颜色区分计划与实际，比对提前、延后，模拟施工建造。管理人员可随时直观地查看施工现场形象进度情况，通过进度状态统计可查看各项任务的完成情况，对项目进度实时监控，加强项目进度管理，如图 7－45 所示。

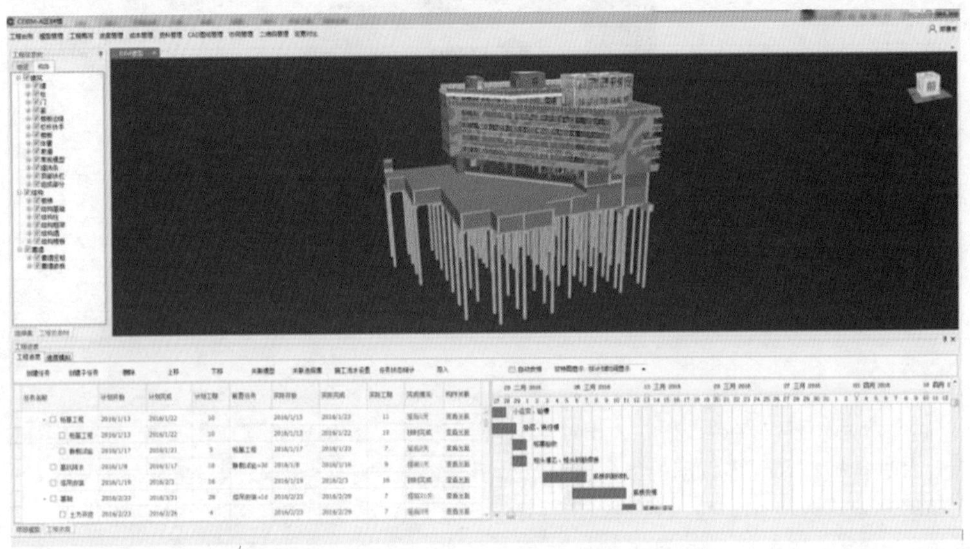

图 7－45

2）成本管理。CEBIM 轻量化平台通过预测分析和对比各阶段的成本数据，可实时掌握盈亏节超情况，为施工项目各阶段成本支付提供准确的数据；通过实际进度任务完成情况，汇总各施工班组每月的实际已完工程量，为施工班组月成本结算提供依据；按阶段汇总进度任务完成情况，为施工单位向业主申领进度款提供依据；根据任务进度计划安排，统计每月资金计划；统计不同规格型号的材料每月的计划用量与实际用量，如图 7－46 所示。

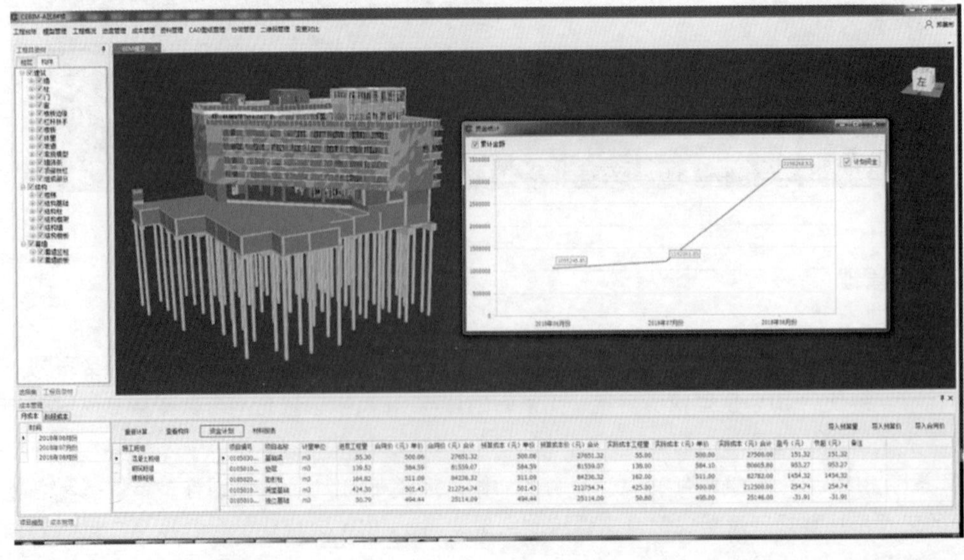

图 7－46

3）资料管理。CEBIM 在资料管理中的应用主要体现在以下几个方面。

①资料与模型关联：将施工现场的施工文件、合同文件、技术资料、安全资料等资料文件与 BIM 模型双向关联，查看资料的同时可定位到相关模型，反之亦可通过查看模型查阅到相关联的资料，解决过去手工操作带来的信息传递时间长、效率低的问题。

②提供资料模板：提供安全、质量、质检等工程资料的内业模板，便于各参与方填写相关工程内业资料，有效地实时掌握资料管理相关人员编制资料。

③资料协同：资料同步于云平台进行数据交换和共享，不同用户根据自身需求可在互联网上实现互动浏览，包括上传、查询、编辑、下载等，实现不同参与方的统一管理、共享资料，如图 7－47所示。

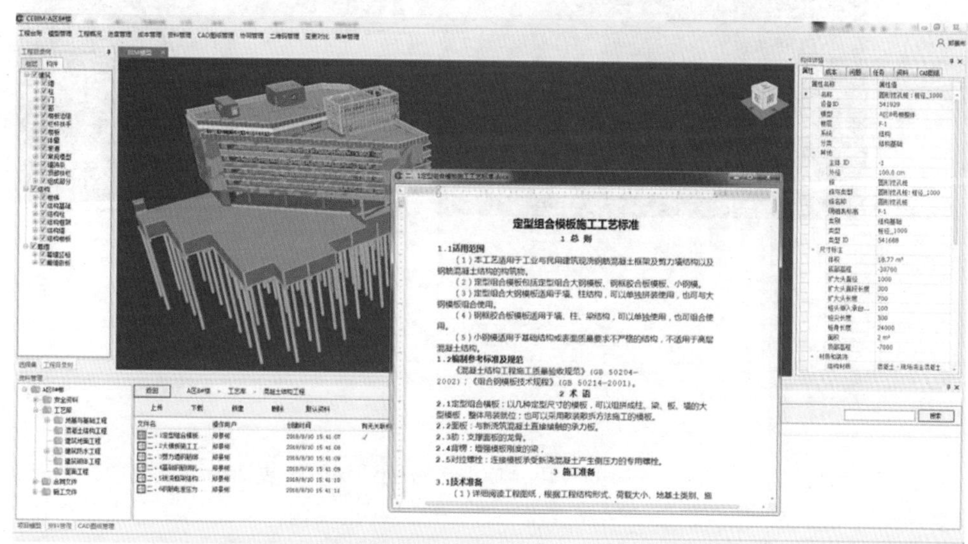

图　7－47

4）CAD 图纸管理。平台可导入 DWG 格式的施工图纸，将多专业图纸分类录入并进行图纸分割，与模型实现关联关系，方便查看图纸所对应的模型情况；对项目中的空间关系、设备设施位置等一目了然；对于施工复杂的节点，通过查看模型，能更直观地理解设计的意图，如图 7－48 所示。

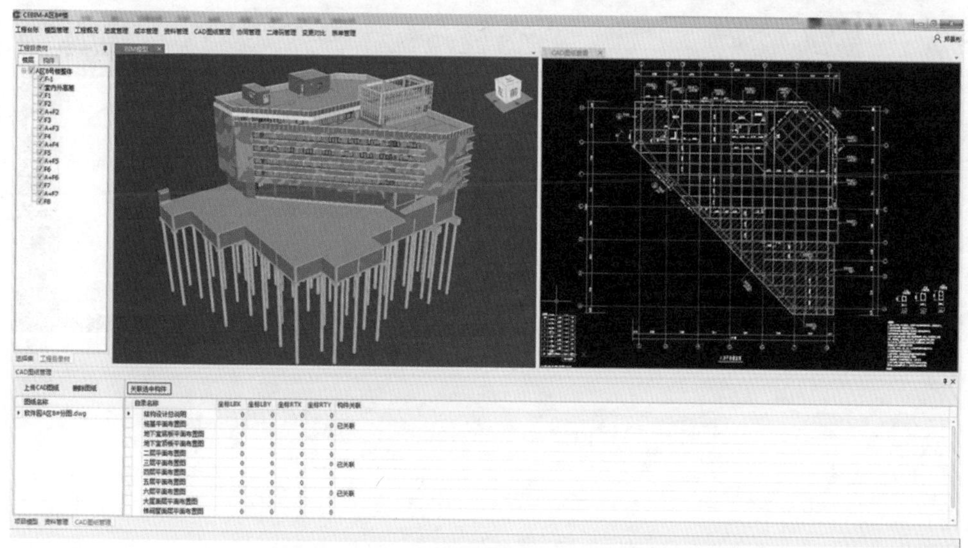

图　7－48

5）质量、安全等管理。质量、安全、进度、设计等问题协同，基于设计图纸或 BIM 模型进行问题沟通，对现场不符合要求的作业行为，随时记录并发送到平台上，实现责任到人、问题处理留痕，可随时查询追溯；任务计划发送至相应责任人，收到任务按照要求填写任务完成情况，反馈情况输入完成比率，可添加现场图片，直观地了解每个人的工作任务进展，效率更高，如图 7－49所示。

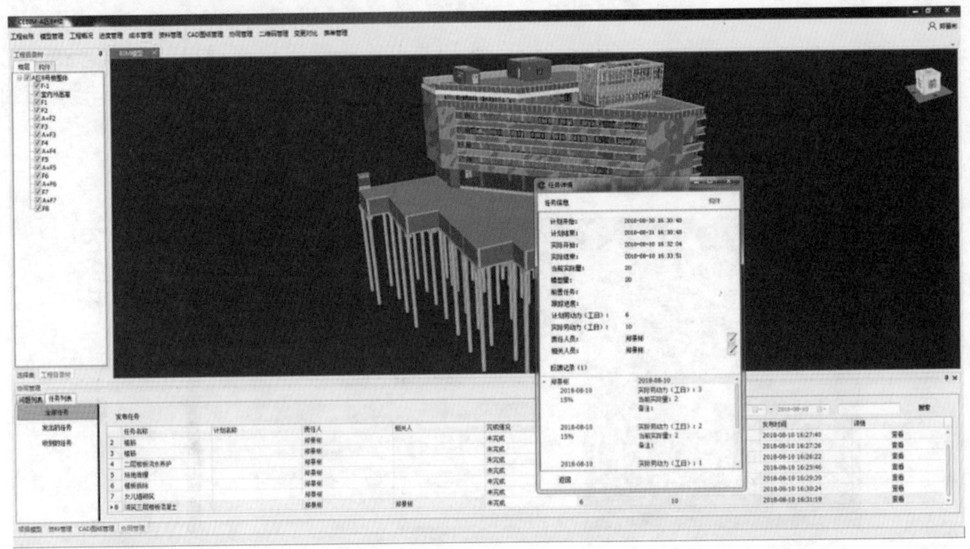

图　7－49

6）二维码管理。通过 BIM 二维码的应用，使得传统的现场管理更清晰、更高效，信息的采集与汇总更加及时与准确。所生成二维码具有唯一性，可关联相应构件。配置单个或多个构件相应的二维码信息，打印并粘贴到现场设备构件上，通过移动端扫码实现追踪构件的位置信息，虚实结合，进行实时物料信息管控；质量、安全、验收等类型表单创建及管理；话题的实时发送，协同管理等。与此同时，打印后的二维码归集到统一的二维码管理中，避免信息丢失和查找困难，即时方便地掌握构件信息和状态，如图 7－50 所示。

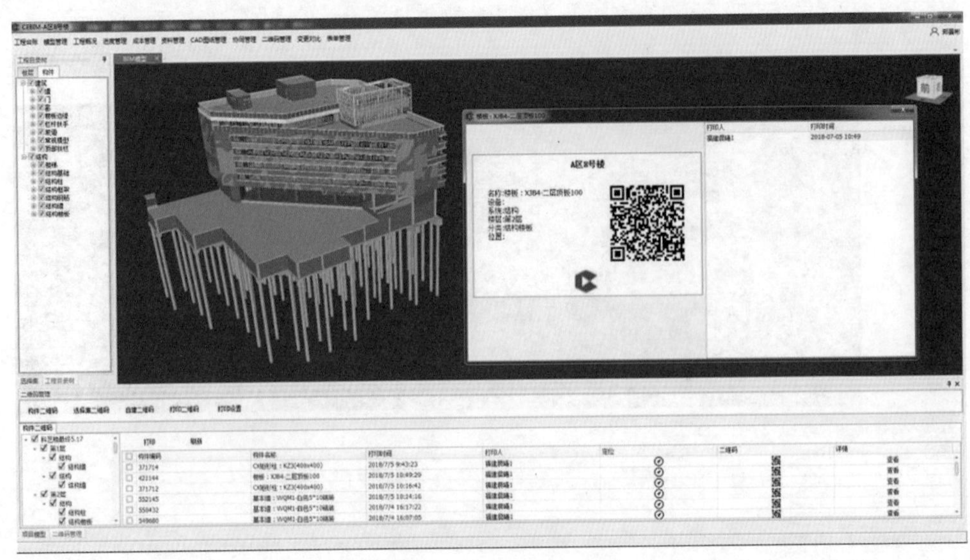

图　7－50

7）物料跟踪。物料跟踪进度一目了然。精准把控需要汇总的信息：例如构件编号对应的构件名称、跟踪状态、跟踪人、跟踪时间及跟踪位置，实时监控物料状态。双击跟踪构件信息即可跟踪到模型位置并高亮显示。通过条件筛选，实时查看跟踪详情，通过不同颜色、跟踪时间进行状态模拟。除此之外，还可以报表形式导出材料跟踪信息，如图 7－51 所示。

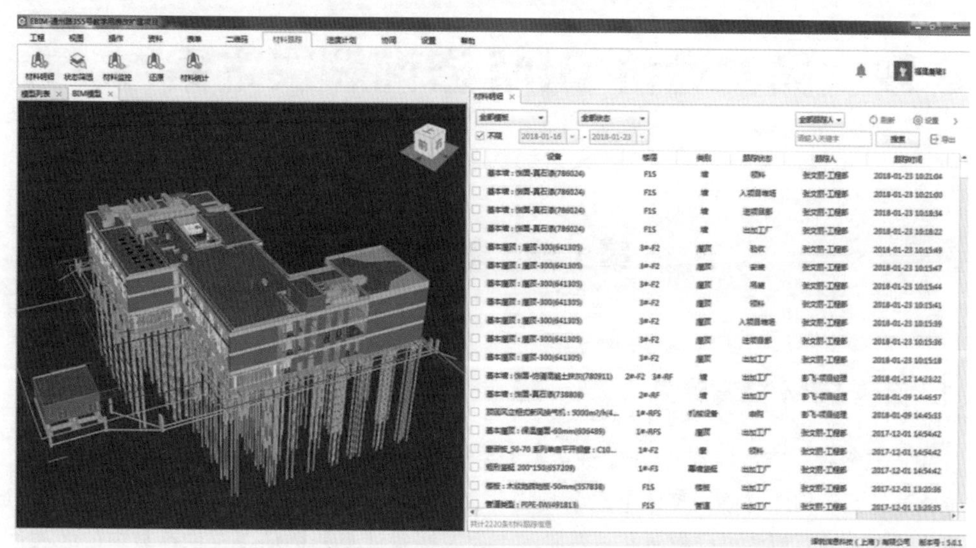

图　7－51

7.3.3　晨曦造价 BIM 云数据库

建立全过程造价 BIM 云数据库，包括 BIM 模型数据库、算量成果数据库、计价成果数据库、协同管理数据库。

BIM 模型数据库集成多专业实体模型，包括土建、机电、钢筋等多专业模型，将工程项目在全生命周期中各个不同阶段的工程信息、过程和资源集成在一个模型中，方便被工程各参与方使用。

晨曦 BIM 算量基于 Revit 平台的全系列 BIM 技术应用，按照模拟手工计算式、按构件类别查看工程量、以清单项目特征值区分工程报表、自动判断并赋予特征值标记、自动汇总图算与手算的工程量等方式，在估算、概算、预算、控制价、合同价、施工进度款支付、决算、运维等各阶段，构建算量成果数据库。

晨曦 BIM 计价依据国标清单规范和各省消耗量定额的工程量计算规则及相关配套文件编制完成。通过兼容 . cxgc、. Xml、Excel 文件等常用算量和计价数据，各级节点数据跨工程自由复制、粘贴，批量对费用定额规定的各项费用进行取费和调整，多样的条件设置等方式，在估算、概算、预算、控制价、合同价、施工进度款支付、决算、运维等各阶段，构建计价成果数据库。

通过将 BIM 与施工进度、成本、质量、安全、资料、物资等信息进行关联，建立协同管理数据库，为工程项目提供基础数据信息并及时保存，为工程项目各个阶段中不同参与单位和人员提供数据信息，搭建交流沟通、共享协同的数据平台。

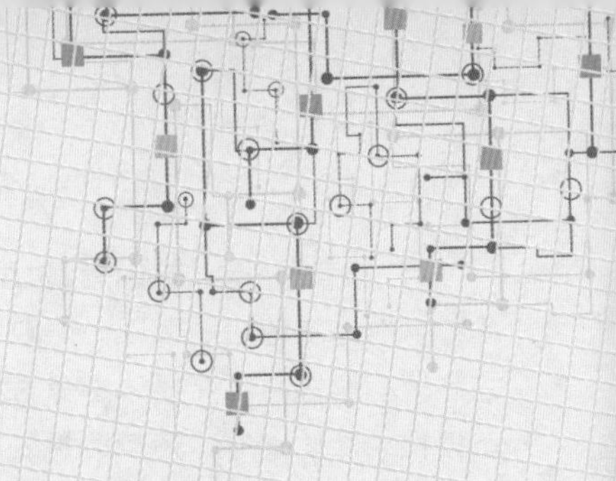

第 8 章　品茗造价 BIM 咨询解决方案

第 1 节　软件介绍

8.1.1 品茗 BIM 算量软件

品茗 BIM 算量软件通过识别 CAD 图纸和手工三维建模两种方式，把设计蓝图转化为面向工程量及计价计算的图形构件对象，整体考虑各类构件之间的扣减关系，可非常直观地解决工程造价人员在招标过程中的算量、过程提量和结算阶段土建工程量计算和钢筋工程量计算中的各类问题。软件内置全国各地的清单定额库、计算规则和钢筋平法相关内容，如图 8－1 所示。

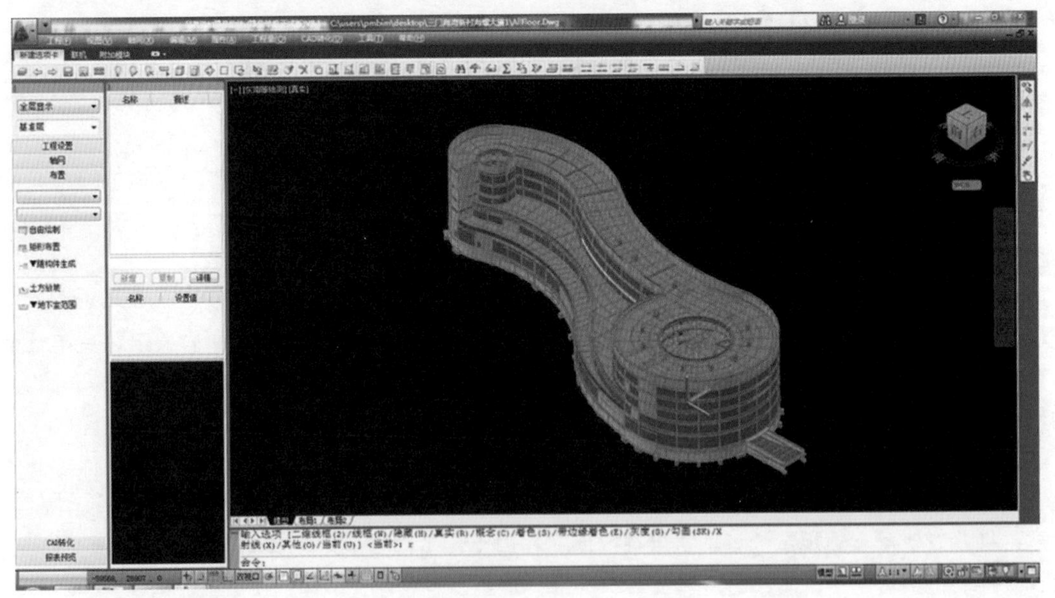

图　8－1

三维立体漫游可视化，模型可编辑并同步关联到工程量的计算结果中，快捷、直观、方便。可利用三维模型对工程项目进行图纸可视化会审、净高检查、控制预留孔洞、分析洞梁间距等 BIM 应用。

8.1.2　品茗 BIM 安装算量软件

品茗 BIM 安装算量软件是基于 AutoCAD 图形平台开发的工程量自动计算软件，也是图形建模与图表结合式的安装算量软件，软件通过手动布置或快速识别 CAD 电子图建模，建立真实的三维图形模型，辅以灵活开放的计算规则设置，可解决给水排水、通风空调、电气、采暖等专业安装工程量计算需求。模型搭建快速、细部精益求精、计算范围全面、计算规则专业、数据汇总快速，可全面解决安装造价人员手工计算繁、错误多、调整乱、汇总繁、效率低、工作重等问题，如图 8－2所示。

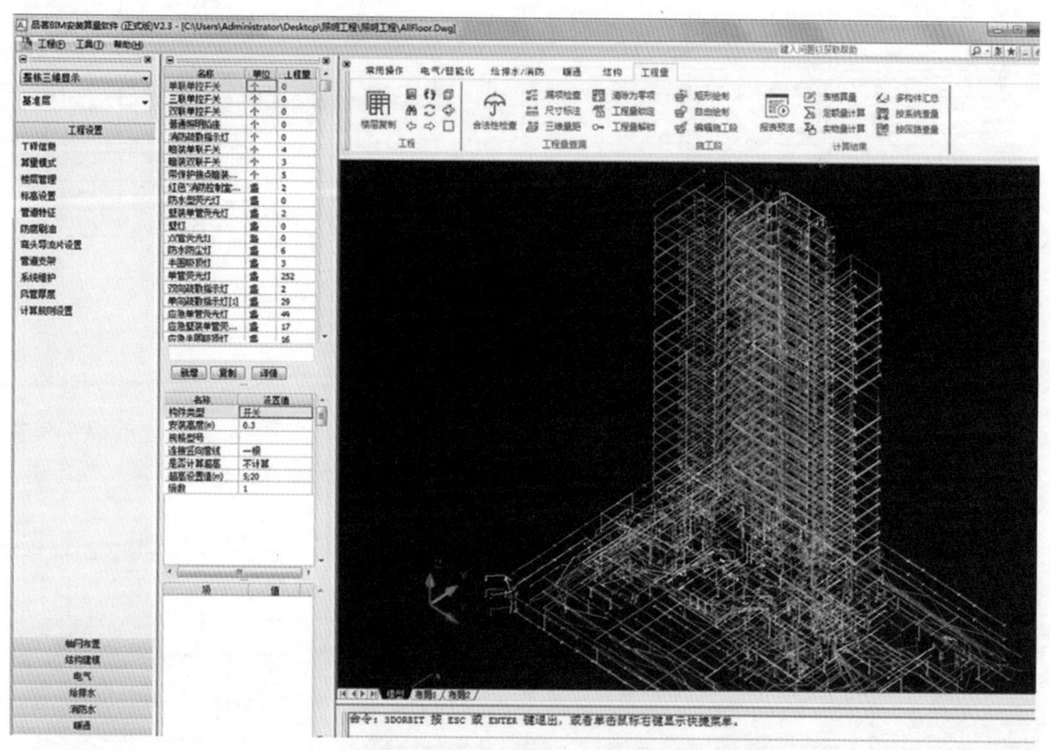

图　8－2

可将安装算量模型中各专业图形进行组合，一键检查不同专业管道碰撞现象；还可将土建模型导入安装模型中进行碰撞检测，避免不当的设计造成施工损失。软件计算准确度高，三维模型最终与实际施工模型达到一致，在保证工程量精确的同时还能指导后期施工。

8.1.3　品茗 HiBIM 工程量计算

品茗 HiBIM 软件直接利用 Revit 设计模型，根据国标清单规范和全国各地定额工程量计算规则，在 Revit 平台上完成工程量计算分析，并快速输出所需要的计算结果和统计报表。计算结果可供计价软件直接使用，同时也可以通过三维模型的扣减关系和报表中的计算式，验证计算的准确性，如图 8－3 所示。

清单汇总表

工程名：1　　　　第1页 共2页

序号	清单编码	清单名称	项目特征	单位	工程量
C.1 机械设备安装工程					
4	030104004	电动壁行悬臂挂式起重机	名称: 型号:	台	16
C.5 建筑智能化工程					
1	030501014	计算机应用、网络系统接地	名称: 安装方式:	系统	182
2	030501016	计算机应用、网络系统试运行	名称: 安装方式:	系统	182
3	030501015	计算机应用、网络系统系统联调	名称: 安装方式:	系统	182
21	030502008	光纤束、光缆外护套	名称:	m	204.137
22	030502015	光缆终端盒	名称:	个	204.137
23	030502019	双绞线缆测试	名称:	链路(点、芯)	204.137
24	2030502022	屏蔽线缆（包含泄漏同轴电缆）	名称:	m	204.137
25	030506001	扩声系统设备	名称:	台	204.137
26	030506004	背景音乐系统设备	名称:	台	204.137
27	030506005	背景音乐系统调试	名称:	台(系统)	204.137
28	030507010	音频、视频及脉冲分配器	名称: 材质: 连接方式:	台(套)	3
29	030507010	音频、视频及脉冲分配器	名称: 材质: 连接方式:	台(套)	3
30	030507018	安全防范全系统调试	名称: 材质: 连接方式:	系统	3

定额汇总表

工程名：1　　　　第3页 共4页

序号	定额编号	定额名称	构件名称	单位	工程量
13	10-866	室内镀锌钢管安装(螺纹连接) DNmm以内	镀锌钢管 (镀锌钢管:DN32;04P自喷灭火给水系统1)	m	99.824
			镀锌钢管 (镀锌钢管:DN32;04P自喷灭火给水系统1)	m	99.824
			镀锌钢管 (镀锌钢管:DN32;04P自喷灭火给水系统1)	m	99.824
14	10-866	室内镀锌钢管安装(螺纹连接) DNmm以内	镀锌钢管 (镀锌钢管:DN32;04P自喷灭火给水系统1)	m	99.824
			镀锌钢管 (镀锌钢管:DN32;04P自喷灭火给水系统1)	m	99.824
			镀锌钢管 (镀锌钢管:DN32;04P自喷灭火给水系统1)	m	99.824
15	10-866	室内镀锌钢管安装(螺纹连接) DNmm以内	镀锌钢管 (镀锌钢管:DN32;04P自喷灭火给水系统1)	m	99.824
			镀锌钢管 (镀锌钢管:DN32;04P自喷灭火给水系统1)	m	99.824
			镀锌钢管 (镀锌钢管:DN32;04P自喷灭火给水系统1)	m	99.824
16	10-419	管道消毒、冲洗 公称直径mm以内	镀锌钢管 (镀锌钢管:DN32;04P自喷灭火给水系统1)	m	99.824
			镀锌钢管 (镀锌钢管:DN32;04P自喷灭火给水系统1)	m	99.824
17	10-419	管道消毒、冲洗 公称直径mm以内	镀锌钢管 (镀锌钢管:DN32;04P自喷灭火给水系统1)	m	99.824
			镀锌钢管 (镀锌钢管:DN32;04P自喷灭火给水系统1)	m	99.824
18	10-190	室内钢塑给水管安装（沟槽连接）公称直径mm以内	镀锌钢管 (镀锌钢管:DN32;04P自喷灭火给水系统1)	m	99.824
			镀锌钢管 (镀锌钢管:DN32;04P自喷灭火给水系统1)	m	99.824
			镀锌钢管 (镀锌钢管:DN32;04P自喷灭火给水系统1)	m	99.824
			镀锌钢管 (镀锌钢管:DN32;04P自喷灭火给水系统1)	m	99.824
19	10-190	室内钢塑给水管安装（沟槽连接）公称直径mm以内	镀锌钢管 (镀锌钢管:DN32;04P自喷灭火给水系统1)	m	99.824
			镀锌钢管 (镀锌钢管:DN32;04P自喷灭火给水系统1)	m	99.824

图 8-3

8.1.4 品茗 HiBIM 基于 Revit 模型创建

品茗 HiBIM 是基于 Revit 平台的 BIM 应用引擎，类 CAD 的操作方式简化了 Revit 的操作难度，其利用 Revit 平台自身的三维建模精度和可扩展性，有效地避免了重复建模，实现了“一模多用”，是 BIM 应用的入口级产品。

品茗 HiBIM 利用 CAD 图纸识别技术，扩展了 120 多个翻模工具，进而简化了 Revit 的操作难度，极大提升了将 CAD 图纸转换成 Revit 模型的速度和精度，如图 8-4 所示。

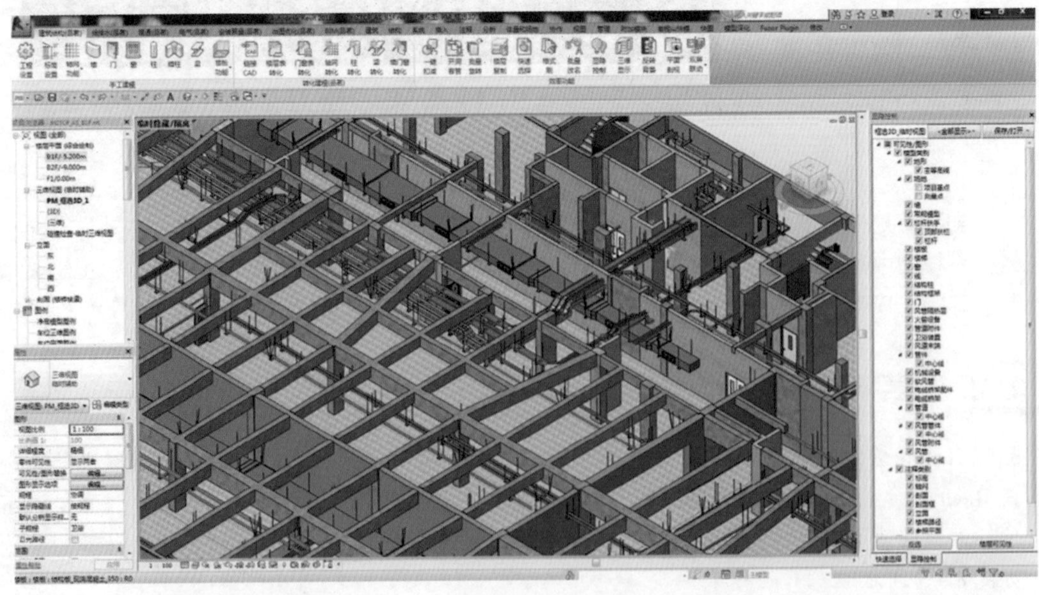

图 8-4

第2节　基于软件的造价全过程控制 BIM 应用

8.2.1　基于算量软件的造价全过程控制 BIM 应用

以算量软件三维模型和数据为载体，关联施工过程中的进度、合同、成本、质量、安全、图纸、物料等信息，为项目提供数据支撑，实现有效决策和精细管理，从而达到减少施工变更、缩短工期、控制成本、提升质量的目的，如图 8－5 所示。

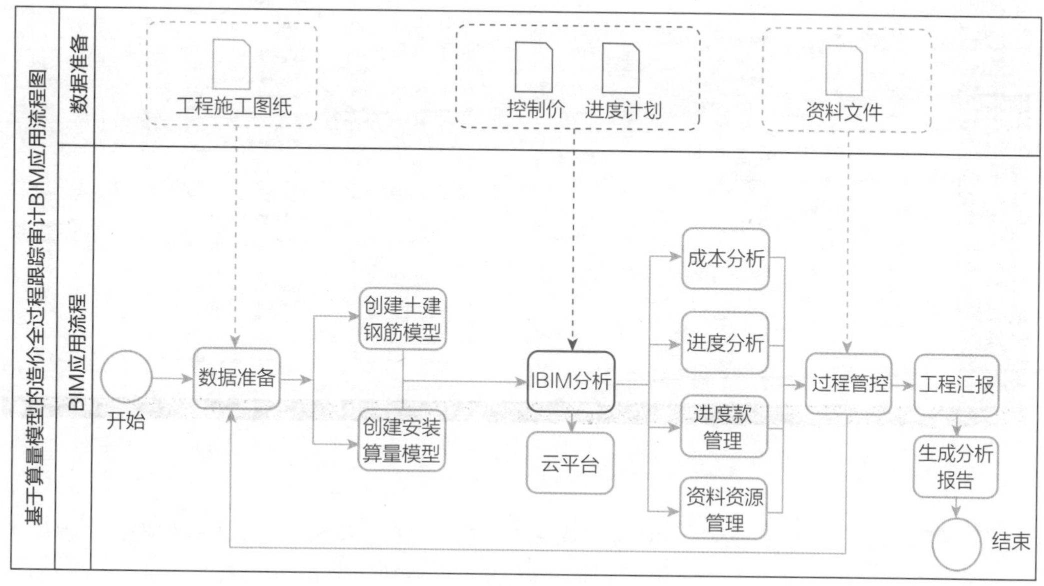

图　8－5

通过 BIM 模型对工程项目事先进行模拟建设，进行各种虚拟环境条件下的分析，以提前发现可能出现的问题，采取预防措施事前控制，以达到优化设计、减少返工、节约工期、减少浪费、降低造价的目的。同时，预建造可生动形象地展示项目投标方案，提升中标率，如图 8－6 所示。

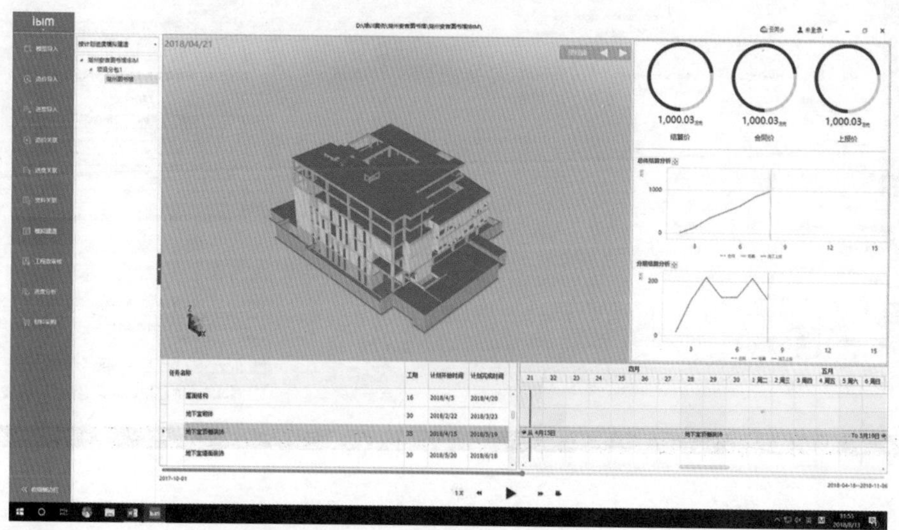

图　8－6

以模型为核心，快捷、直观地分析出当期费用、跟踪审计、进度款支付等，便于掌控整个项目成本和进度，为精准决策提供可靠依据，达到项目预控的目的。BIM 模型就是工程项目的数据中心，有效提升了核心数据的获取效率，如图 8－7 所示。

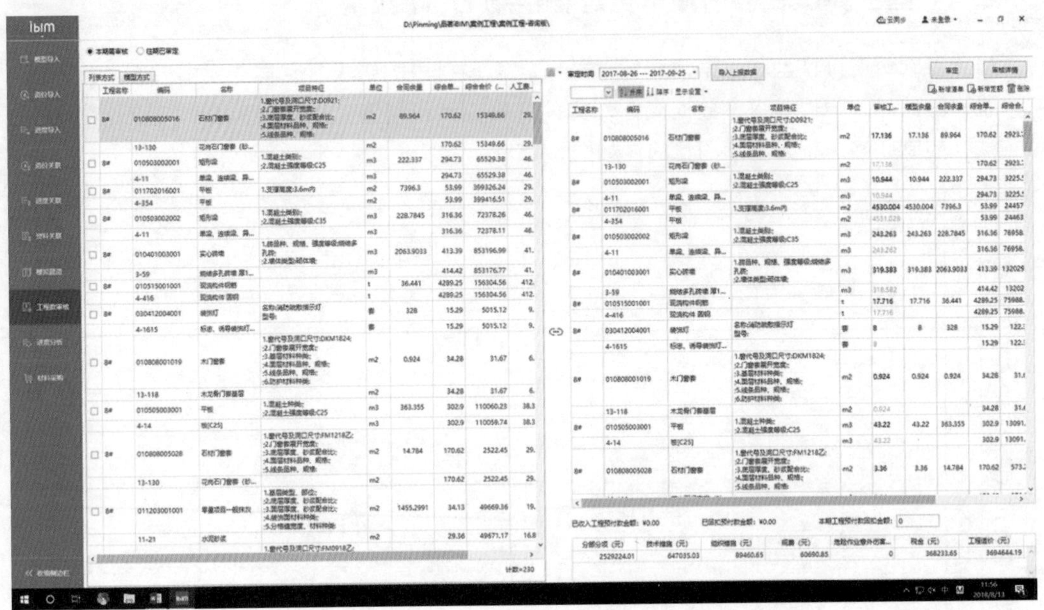

图 8－7

现场照片、变更文档等资料与 BIM 模型进行关联，可快速查看造价变更的依据，并提供各类型的数据报表，对工程量以及主材进行计划与实际核对，有效控制物料和成本，如图 8－8 所示。

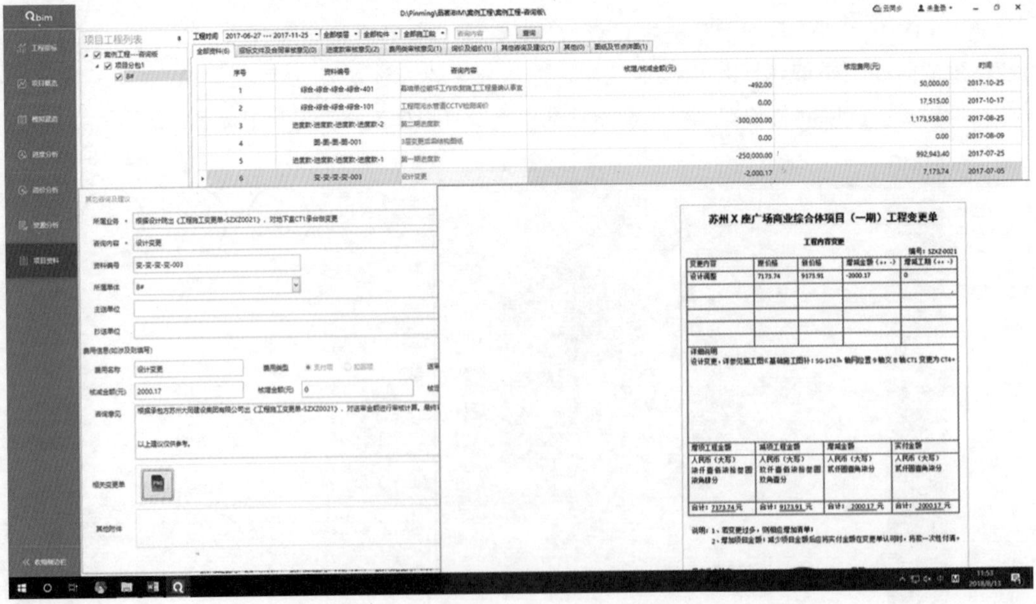

图 8－8

8.2.2 基于 HiBIM 的造价全过程控制 BIM 应用

以品茗 HiBIM 软件三维模型和数据为载体，关联施工过程中的进度、合同、成本、质量、安全、图纸、物料等信息，为项目提供数据支撑，实现有效决策和精细管理，从而达到减少施工变更、缩短工期、控制成本、提升质量的目的，如图 8－9 所示。

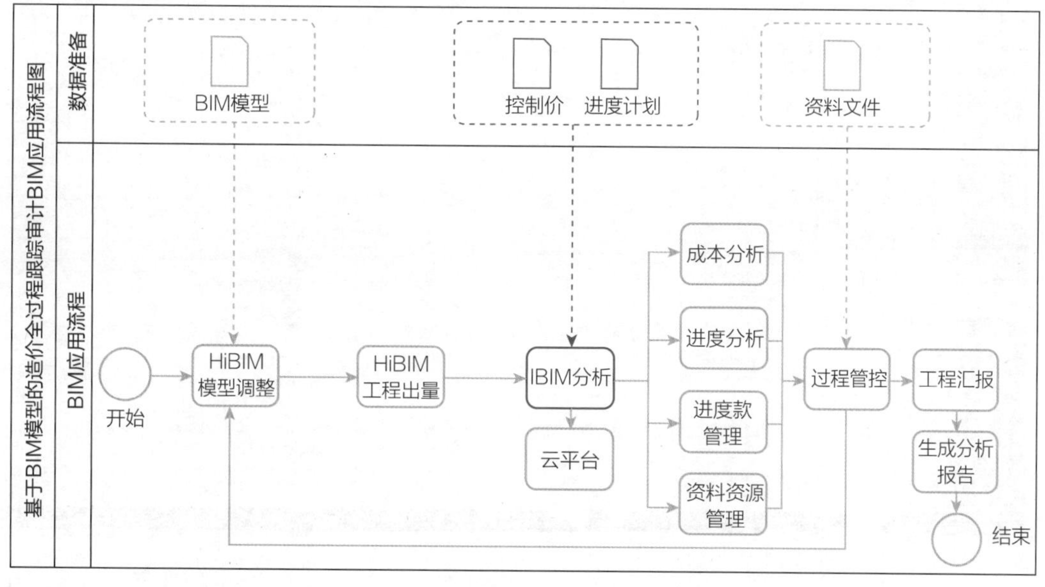

图　8－9

通过 BIM 模型对工程项目事先进行模拟建设，进行各种虚拟环境条件下的分析，以提前发现可能出现的问题，采取预防措施事前控制，以达到优化设计、减少返工、节约工期、减少浪费、降低造价的目的。同时，预建造可生动形象地展示项目投标方案，提升中标率，如图 8－10 所示。

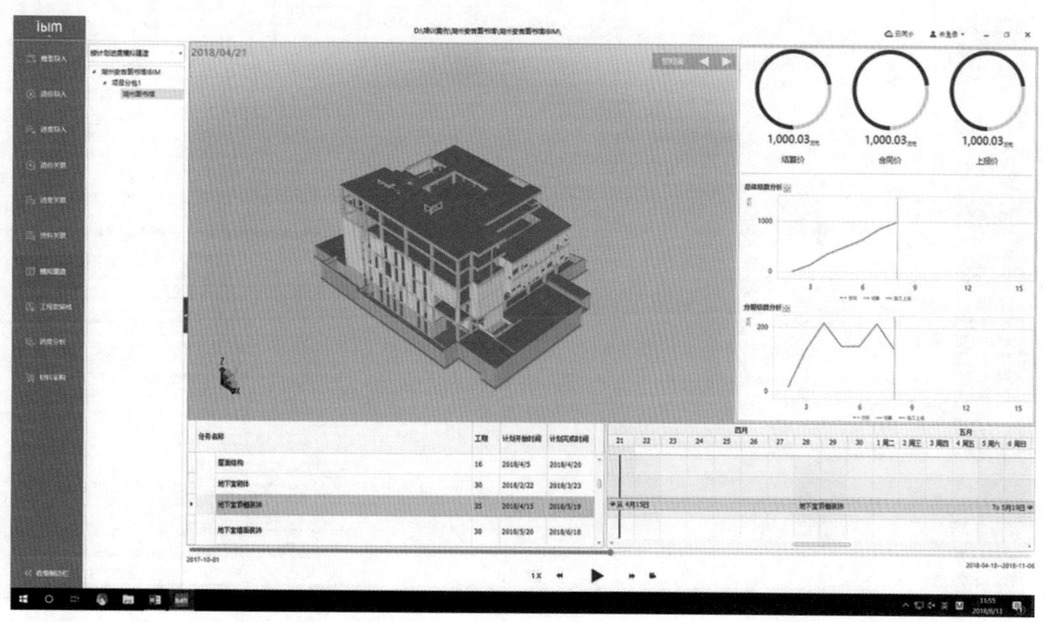

图　8－10

以模型为核心，快捷、直观地分析出当期费用、跟踪审计、进度款支付等，便于掌控整个项目成本和进度，为精准决策提供可靠依据，达到项目预控的目的。BIM 模型就是工程项目的数据中心，有效提升了核心数据的获取效率，如图 8－11 所示。

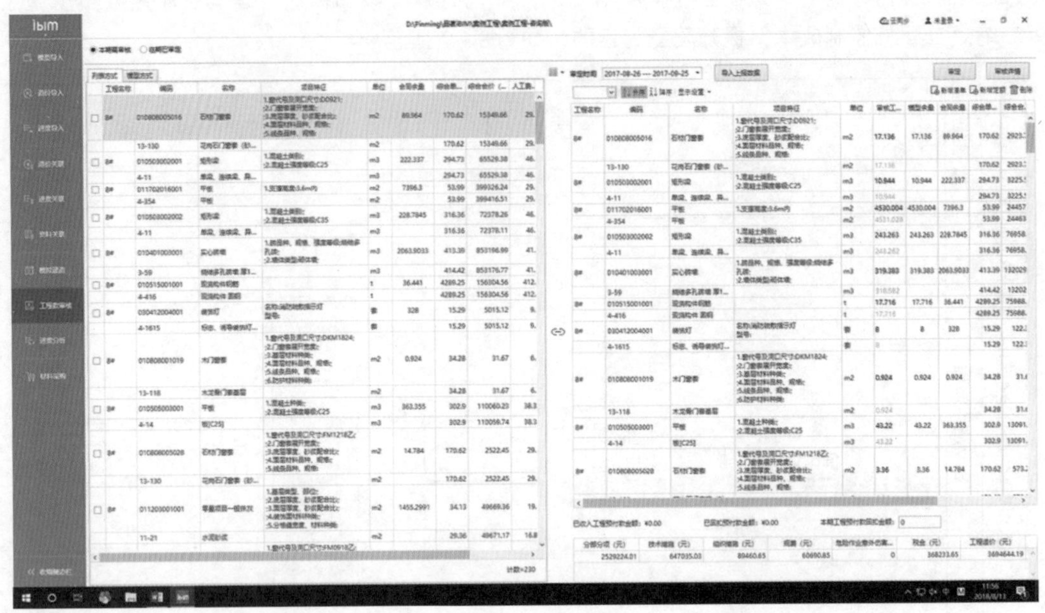

图 8－11

现场照片、变更文档等资料与 BIM 模型进行关联，可快速查看造价变更的依据，并提供各类型的数据报表，对工程量以及主材进行计划与实际核对，有效控制物料和成本，如图 8－12 所示。

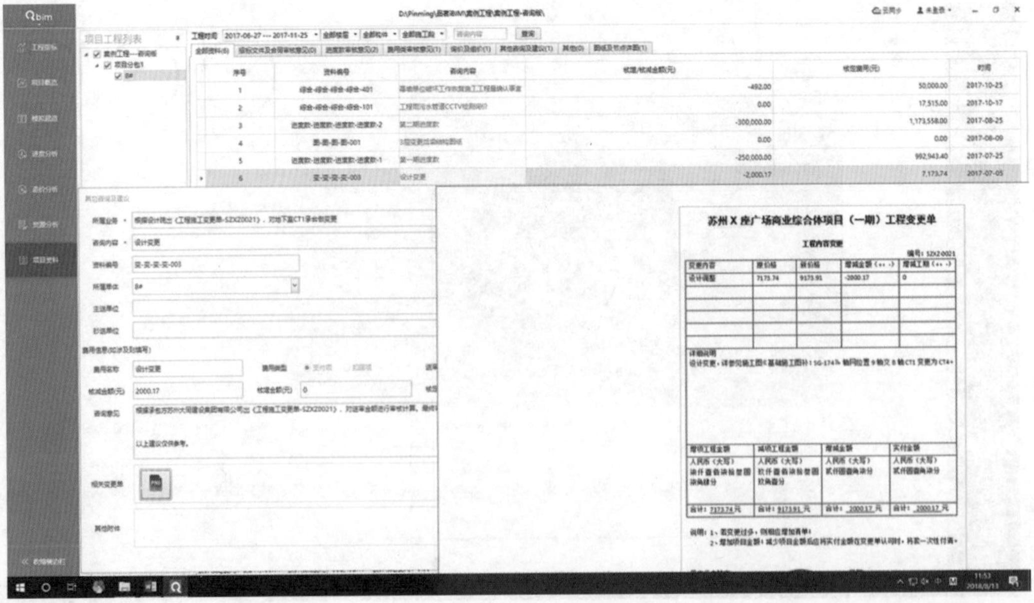

图 8－12

第 3 节　案例分析与应用展示

8.3.1 项目概况

南浔发展大厦位于湖州市南浔区南林路与年丰路交叉口，主要楼号包括 A 楼（25F）带裙房（3F），B 楼（14F）及地下室。A 楼建筑面积为 61750m^2（其中地上建筑面积 47720m^2，地下建筑面积 14030m^2），B 楼建筑面积为 14362.34m^2，高度约 55.8m，标准层层高 3.9m。建筑物结构为现浇钢筋混凝土框架—核心筒结构。本工程由杭州市建设工程管理有限公司负责招标代理，浙江天力建设集团有限公司中标承建，中标合同价 126830539 元，合同工期 900 日历天。造价咨询单位是湖州江南工程咨询有限公司。

通过建立模型可以在工程施工前对整个建筑的情况有所了解，模型中包含了造价信息，对现场的跟踪审计有十分重要的指导作用，如图 8-13 所示。

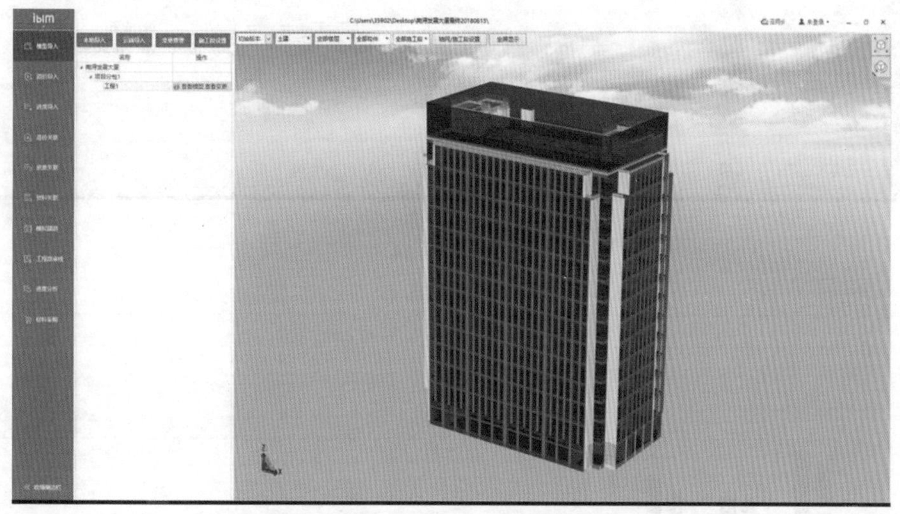

图　8-13

8.3.2 BIM 技术在项目现场全过程造价管理中的应用

1. 项目工期（实际工期与计划工期）对比

根据实际施工情况，进行计划工期和实际工期对比，让业主对工期进度的管理更加直观明了。如图 8-14 所示为南浔发展大厦 B 楼现场跟踪审计实际工期与计划工期的对比图，图中蓝色区块为计划工期的进度，绿色区块为实际工期的进度。从图中可以很明显地看出计划工期与实际工期的对比，便于业主和施工单位对工程总工期的把握。通过图中的对比情况，业主可以根据实际工期的情况及时调整现场进度和资源配置，以保证项目按期完工。

2. 进度款（上报进度款和实际审核的进度款）对比

现场跟踪审计进度款的审核是一个必不可少的环节，通过 iBIM 的管理可以根据项目的实际完成情况，对施工单位上报的每期进度款进行审核，并形成审核对比表，及时了解和掌握施工单位工程项目的完成情况，同时也可以优化常规进度款的上报不能贴合工程实际的情况，使管理方在进度款拨付和资金使用进度计划上能更加合理。图 8－15 为南浔发展大厦 B 楼每期上报进度款和实际进度款的对比图，图 8－16 和图 8－17 分别为南浔发展大厦第 1 期进度款的上报表格和审核表格，从这些图中可以清楚地了解到进度款的拨付情况和施工单位项目的完成情况。

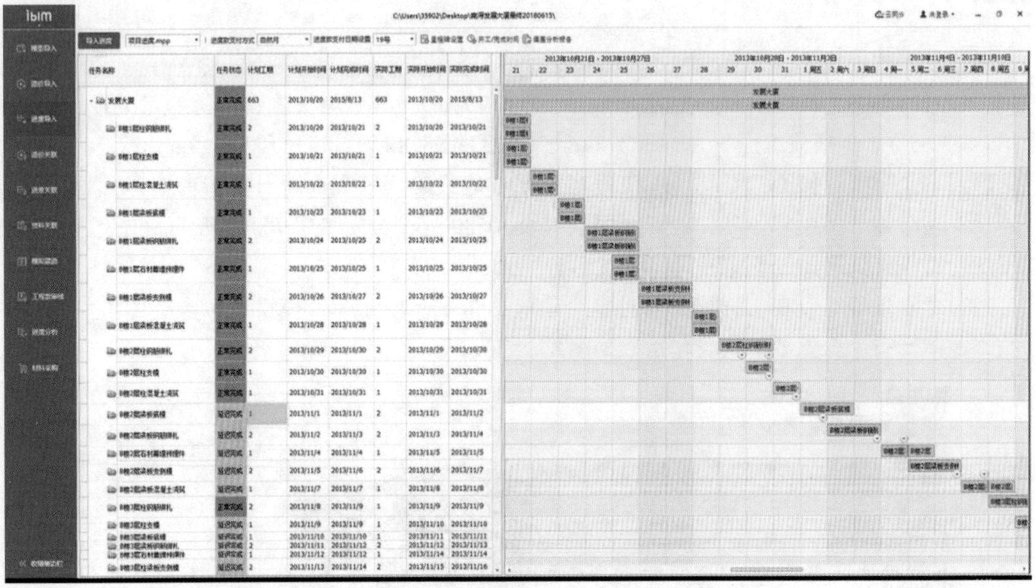

图 8－14

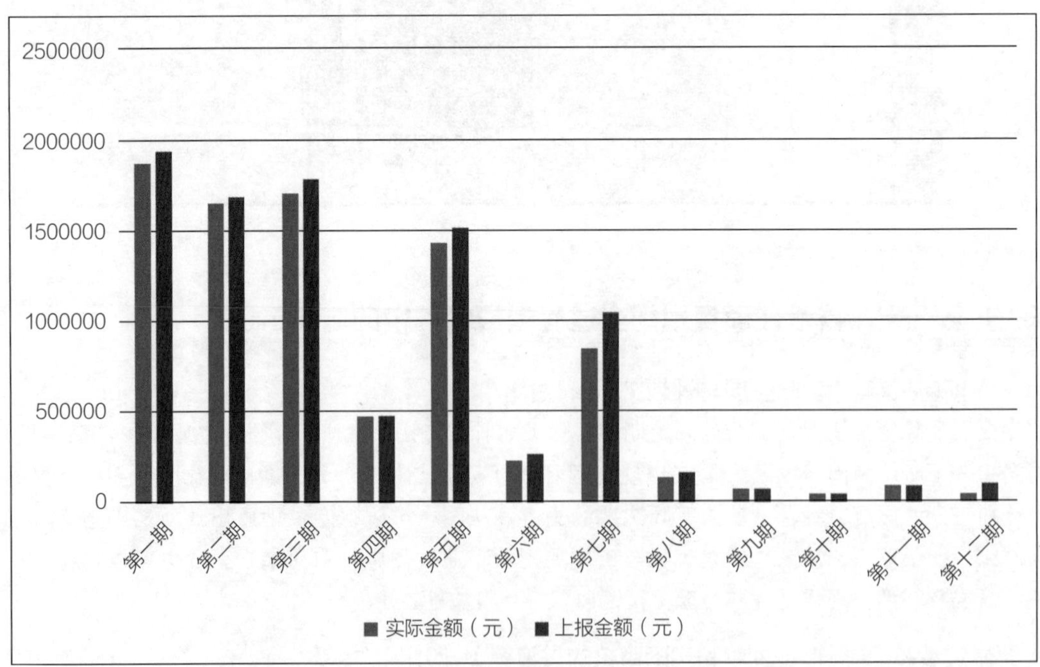

图 8－15

南浔发展大厦项目第1期工程款审核详情											
申报时间	2013-10-20-- -2013-11-19				申报账号			操作时间	2018-08- 23		
一、工程造价											
分部分项（元）	技术措施（元）	组织措施（元）	规费（元）	危险作业意外伤害保险费	税金（元）	工程造价（元）					
1377020.5	384141.75	20915.76	36610.8	2626.78	63982.82	1885298.36					
二、申报详情											
工程名称	工程1										
造价(元)	1885298.36										
清单条数	14										
三、超报详情											
1、模型超											
2、合同超											
工程名称	编码	名称	项目特征	单位	上报工程量	模型工程量	合同工程量	综合单价（元）	综合合价（元）	人工费（元）	材料费（元）
工程1	010902003005	墙模板	现浇砼直形墙~支模高度	m2	207.912	207.912	207.91	36.59	7607.5	17.5	15.06
工程1	4-182换	现浇砼直形墙复合木模~支模		m2	207.912	0	207.91	36.59	7607.5	17.5	15.06
工程1	010902001005	柱模板	现浇砼矩形柱~支模高度	m2	454.343	454.343	454.34	45.29	20577.19	22.65	17.22
工程1	4-156换	现浇砼矩形柱复合木模~支模		m2	454.343	0	454.34	45.29	20577.19	22.65	17.22
3、新增清											

图 8-16

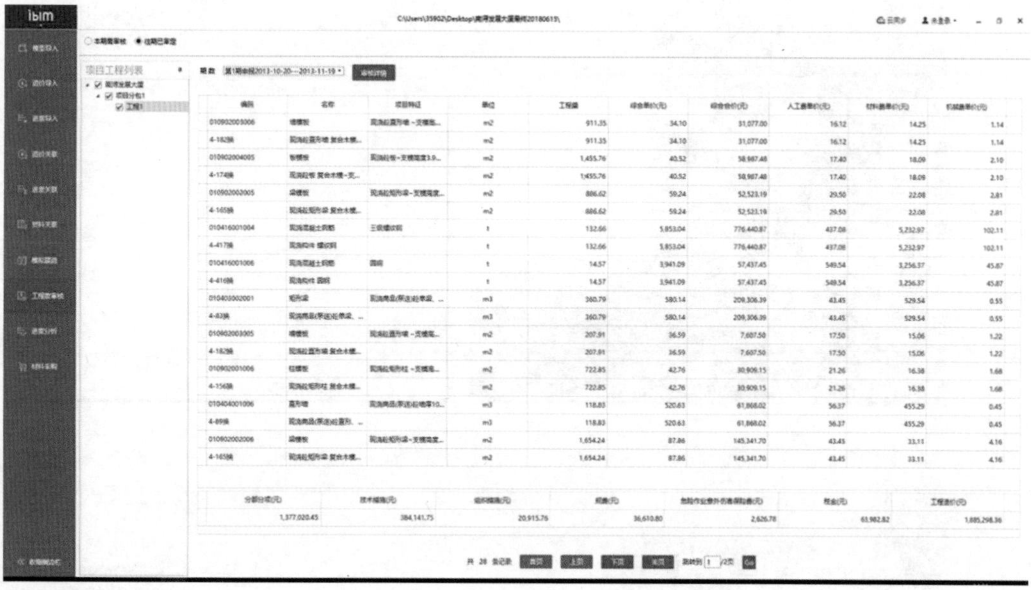

iBIM

期数 第1期申报2013-10-20---2013-11-19

编码	名称	项目特征	单位	工程量	综合单价(元)	综合合价(元)	人工费单价(元)	材料费单价(元)	机械费单价(元)
010902003006	[illegible]	[illegible]	m2	911.35	34.10	31,077.00	16.12	14.25	1.14
4-182换	[illegible]		m2	911.35	34.10	31,077.00	16.12	14.25	1.14
010902004005	[illegible]	[illegible]	m2	1,455.76	40.52	58,987.48	17.40	18.09	2.10
4-174换	[illegible]		m2	1,455.76	40.52	58,987.48	17.40	18.09	2.10
010902002005	[illegible]	[illegible]	m2	886.62	59.24	52,523.19	29.50	22.08	2.81
4-165换	[illegible]		m2	886.62	59.24	52,523.19	29.50	22.08	2.81
010416001004	[illegible]	[illegible]	t	132.66	5,853.04	776,440.87	437.08	5,232.97	102.11
4-417换	[illegible]		t	132.66	5,853.04	776,440.87	437.08	5,232.97	102.11
010416001006	[illegible]	[illegible]	t	14.57	3,941.09	57,437.45	549.54	3,256.37	45.87
4-416换	[illegible]		t	14.57	3,941.09	57,437.45	549.54	3,256.37	45.87
010403002001	[illegible]	[illegible]	m3	360.79	580.14	209,306.39	43.45	529.54	0.55
4-83换	[illegible]		m3	360.79	580.14	209,306.39	43.45	529.54	0.55
010902003005	[illegible]	[illegible]	m2	207.91	36.59	7,607.50	17.50	15.06	1.22
4-182换	[illegible]		m2	207.91	36.59	7,607.50	17.50	15.06	1.22
010902001006	[illegible]	[illegible]	m2	722.85	42.76	30,909.15	21.26	16.38	1.68
4-156换	[illegible]		m2	722.85	42.76	30,909.15	21.26	16.38	1.68
010404001006	[illegible]	[illegible]	m3	118.83	520.63	61,868.02	56.37	455.29	0.45
4-89换	[illegible]		m3	118.83	520.63	61,868.02	56.37	455.29	0.45
010902002006	[illegible]	[illegible]	m2	1,654.24	87.86	145,341.70	43.45	33.11	4.16
4-165换	[illegible]		m2	1,654.24	87.86	145,341.70	43.45	33.11	4.16

分部分项(元)	技术措施(元)	组织措施(元)	规费(元)	危险作业意外伤害保险费(元)	税金(元)	工程造价(元)
1,377,020.45	384,141.75	20,915.76	36,610.80	2,626.78	63,982.82	1,885,298.36

共 20 条记录

图 8-17

3. 联系单的管理

联系单和变更单的管理更加智能，可直接关联到相关变更内容在工程项目的具体位置，查看变更内容更加方便快捷；还直接关联造价，让项目管理者可以直观地知道变更费用、变更位置和变更时间，摒弃了传统上一定要熟悉图纸以及工程才能看懂变更的位置的陋弊。

图 8-18 为南浔发展大厦 B 楼 iBIM 联系单的管理示意图，图中标有“变”的标志之处表明该处有变更联系单，通过点击该标志可以查看联系单的具体内容（包括变更时间、项目变更的具体位置、工程款的变更等，具体如图 8-19、图 8-20 所示），让业主和施工方都一目了然，也便于工程的结算管理。

图 8-18

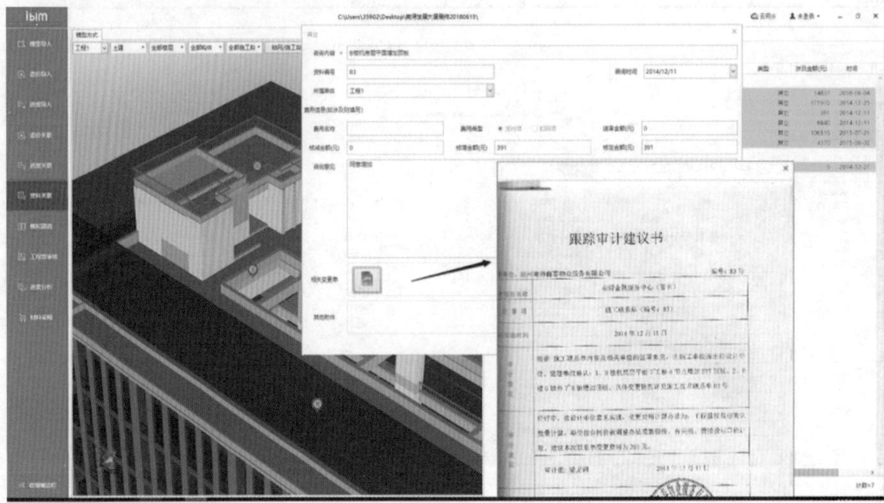

图 8-19

图 8-20

8.3.3　BIM 技术在项目工程资金管理中的应用

1. 模拟建造施工

在施工过程中使用 BIM 可以模拟房屋建造，大大提高建设效率。通过 BIM 的模拟建造功能，可以将实际施工工序关联实际工程价格，并能直观地看到工程建造过程中的价款以及三价对比。图 8－21 为南浔发展大厦 B 楼的模拟建造过程，该功能可以让建造过程资金控制更加简单，让进度控制更加明了，优化了以往要查看网络进度计划图的不直观性。

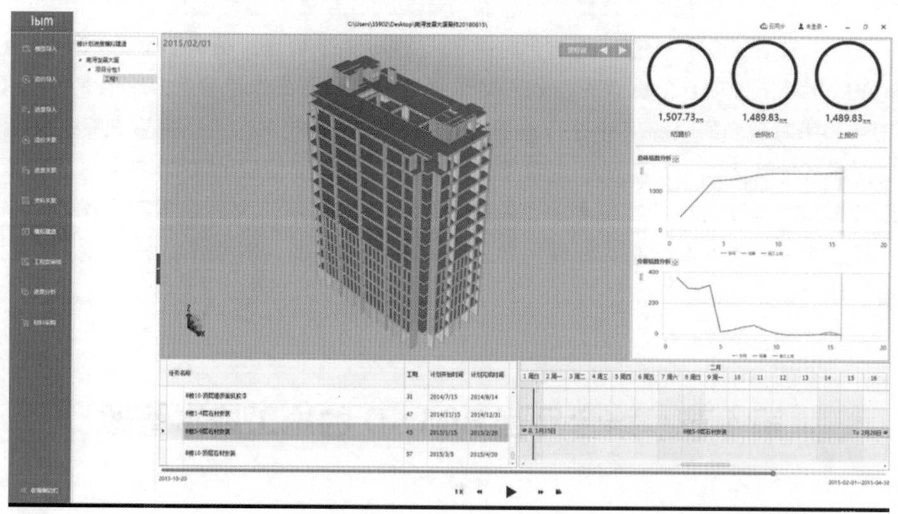

图　8－21

2. 资金使用进度分析

通过 BIM 的管理还可以分析资金使用情况，图 8－22 为资金的进度分析，在进度分析中把工程所有工序全部拆分到每天当中，能直接得出每天的资金使用情况，让业主对接下来的资金使用安排更加合理。图 8－22 中上图为每天资金的使用情况折线图，易于表现每天资金使用变化趋势；

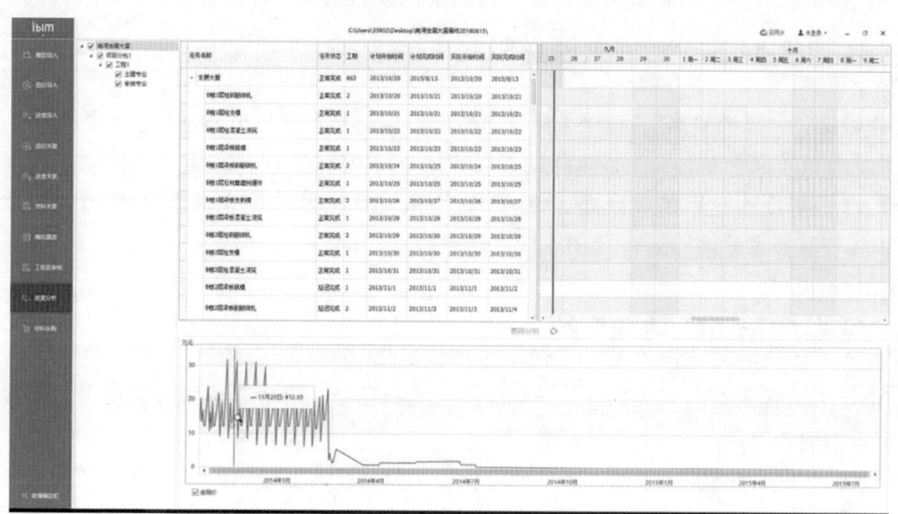

图　8－22

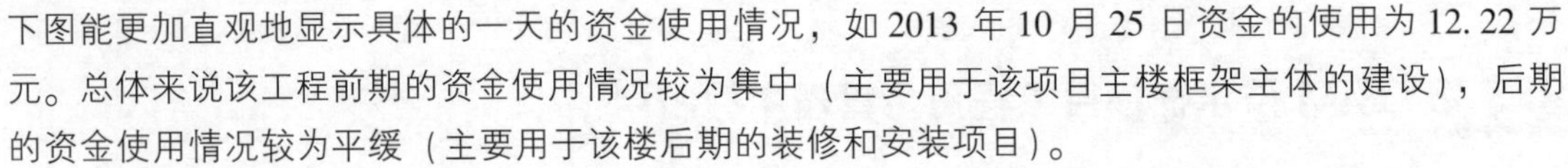

下图能更加直观地显示具体的一天的资金使用情况，如 2013 年 10 月 25 日资金的使用为 12.22 万元。总体来说该工程前期的资金使用情况较为集中（主要用于该项目主楼框架主体的建设），后期的资金使用情况较为平缓（主要用于该楼后期的装修和安装项目）。

8.3.4 项目总结

BIM 技术是建设行业的一项重大革新技术，基于 BIM 技术的工程项目信息化必将作为提高建筑行业效率和利润的有效途径之一。工程造价控制是建设管理的一个核心部分，它始终贯穿于工程建设的全过程，基于 BIM 技术的跟踪审计旨在对建设工程全生命过程实施动态审核，统一管理，它将事前、事中和事后 3 个环节有机地结合，并进行实时动态管理，更具科学性和合理性。基于 BIM 技术的跟踪审计工程项目信息管理模式无疑是提高施工现场工作和管理效率的有效模式。

应用 BIM 技术对现场的跟踪审计进行管理可以取得很好的效果，主要内容包括工期管理、资金管理、变更联系单管理等，有利于业主对整个工程的资金使用情况和工期进度情况有很好的掌握，并可以进行及时调整。通过对南浔发展大厦项目 BIM 的应用，大大提高了工作效率，使现场跟踪审计的管理变得有条不紊，并且处理问题效率高、出错率低，对整个工程的进行起到了很好的指导作用。

第 4 节　结合品茗 BIM 5D 的施工成本管理

8.4.1 品茗 BIM 5D 基本介绍

BIM 5D 是以 BIM 三维模型和数据为载体，关联施工过程中的进度、合同、成本、图纸、变更等信息，为项目提供数据支撑，为施工企业的决策层、管理层、各业务部门提供及时、准确的运营数据，实现专业化的应用、精细化的管理及集约化的经营，从而达到减少施工变更，缩短工期、控制成本、提升工程质量，实现对项目的强管控以及大数据积累的有效工具。

8.4.2 品茗 BIM 5D 数据来源说明

BIM 5D 数据分为三种数据：3D 模型数据、时间进度数据及造价成本数据。

时间进度数据来源于 Microsoft Project 软件编辑的 mpp 格式文件；造价成本数据来源于品茗造价计控软件 V5.3 导出的通用接口数据 XML 格式文件；3D 模型数据来源于品茗 BIM 土建算量软件、品茗 BIM 安装算量软件、品茗 HiBIM 软件导出的 P－BIM 格式文件。

8.4.3 品茗 BIM 5D 功能介绍

品茗 BIM 5D 大体上归为六大功能：分包管理、实时造价、进度款申报、进度差异管理、人材机管理和项目数据管理。

1）分包管理：通过预算成本跟合同价的对比，可以快速有效地进行项目施工前的成本风险评估，进而估算利润，从而在进行专业分包的时候可以有效地进行差异化分包合同的拟定，以求达到利润最大值。

2）实时造价：项目各个构件的数据（包括量、价、进度）都可以在 BIM 5D 模型上实时查看，并可以根据发生的变更，实时录入变化的造价数据，从而改变总体造价数据，实现了实时造价的功能，无须回到原始建模软件和计价软件中去修改，并支持一定范围内的模型内工程量调整和造价数据调整。

3）进度款申报：根据设置好的进度款申报日期，软件可以自动调出该段时间内的工程数据，并可以在一定范围内调整对应清单消耗量中的工程量数据，以符合施工工程量申报要求，提交给审计单位或甲方。并可根据调整的工程量数据，自动计算出工程总造价信息，无须使用传统算量和计价软件，并将措施费也一并算出来，直接导出相应的 Excel 表即可。

4）进度差异管理：通过对计划进度和实际进度的偏差模拟，可以有效地在模型中发现进度偏差的位置，并根据实际进度编制时录入的偏差原因，自动整理出一份完整的偏差分析报告，可用于项目后期的追溯以及竣工验收时的记录汇报。

5）人材机管理：品茗 BIM 5D 可以用两种模式来实现人材机管理，一种模式符合造价人员操作习惯，根据清单定额的人材机含量配比以及相应的工程量自动算出对应的各个构件中的人材机数据，进而进行数据分析；另一种模式符合现场管理人员使用，按照实际的人工、材料、机械、专业分包的使用量、出入库情况等，对项目的材料采购、现场领料等都具有一定的参考价值。然后可以进行量差对比分析，对于材料的出库使用情况进行验证，检查是否存在材料浪费及误操作等情况。

6）项目数据管理：通过品茗 BIM 5D 可以对项目各阶段的四算对比、变更分析、指标数据等一览无余，并可以结合项目数据平台进行云端查看，也可以为以后企业建立大数据平台做铺垫。

通过品茗 BIM 5D 的这六大功能，可以让项目从原始成本需求上进行信息化管理，有效地辅助项目管理人员对项目成本和进度进行分析决策。

参考文献

[1] 朱溢镕，黄丽华，肖跃军. BIM 造价应用 [M]. 北京：化学工业出版社，2016.
[2] 刘伊生，等. 建设工程造价管理 [M]. 北京：中国建筑工业出版社，2013.